# Netty
# 原理解析与开发实战

柳伟卫◎著

北京大学出版社
PEKING UNIVERSITY PRESS

## 内 容 简 介

随着互联网应用的发展，企业对于高并发、高性能的网络服务诉求也越来越旺盛，Netty应运而生。Netty是基于JavaNIO构建的高性能网络编程框架，用于构建高并发、高性能、异步、非阻塞的网络应用。本书介绍最新的Netty框架核心概念、设计原理，并通过详细示例对知识点进行讲解，内容涉及广泛、实战案例新颖，令读者学习不再枯燥。同时，案例的选型侧重于解决实际问题，具有很强的应用性。本书的最后还演示了如何从零开始构建一个真实的监控系统，该系统基于Netty、Lite、MySQL、Angular等技术构建，是一款采用微服务架构的分布式应用。

本书主要面向的是对Java高并发、高性能网络编程感兴趣的学生、开发人员、架构师。

**图书在版编目(CIP)数据**

Netty原理解析与开发实战 / 柳伟卫著. — 北京 : 北京大学出版社, 2020.12
ISBN 978-7-301-31807-2

Ⅰ. ①N… Ⅱ. ①柳… Ⅲ. ①JAVA语言－程序设计Ⅳ. ①TP312.8

中国版本图书馆CIP数据核字(2020)第210438号

**书　　名** Netty原理解析与开发实战
Netty YUANLI JIEXI YU KAIFA SHIZHAN
**著作责任者** 柳伟卫　著
**责 任 编 辑** 张云静　吴秀川
**标 准 书 号** ISBN 978-7-301-31807-2
**出 版 发 行** 北京大学出版社
**地　　址** 北京市海淀区成府路205 号　100871
**网　　址** http://www. pup. cn　　新浪微博: @ 北京大学出版社
**电 子 信 箱** pup7@ pup. cn
**电　　话** 邮购部 010-62752015　发行部 010-62750672　编辑部 010-62570390
**印 刷 者** 天津中印联印务有限公司
**经 销 者** 新华书店
787毫米×1092毫米　16开本　39.75印张　865千字
2020年12月第1版　2020年12月第1次印刷
**印　　数** 1-3000册
**定　　价** 128.00元

---

# 前言

INTRODUCTION

## 写作背景

Java 语言从初创之日起，就是为网络而生的。随着互联网应用的发展，Java 也被越来越多的企业所采用。然而，在面对高性能、高并发的诉求时，原生的 Java API 却显得力不从心，因此 Netty 应运而生。Netty 致力于构建高并发、高性能、异步、非阻塞的网络应用。Netty 提供了一致的网络编程模型，可以在 OIO、NIO 等传输方式之间自由地切换而不必大规模更改代码。同时 Netty 也提供了丰富的协议，支持开箱即用地构建常用网络协议应用。正是因为这些优点，Netty 自面世以来就成为了开发者开发网络应用的首选。为了推广 Netty 技术，笔者自 2015 年开始，在个人博客陆续发表了 Netty 相关的文章。同时，在开源社区推出了《Netty 4.x 用户指南》《Netty 实战 ( 精髓 )》《Netty 案例大全》等系列免费教程，受到了网友极大的关注和好评。

本书是笔者关于 Netty 的最新总结，全面介绍了 Netty 的技术原理，深入挖掘 Netty 的底层源码，并提供了大量实战案例辅助学习。本书的最后部分还演示了如何从零开始构建一个真实监控系统，该系统基于 Netty、Lite、MySQL、Angular 等技术构建，是一款采用微服务架构的分布式应用。因此，通过本书的学习，读者一定能踏进高性能网络编程的大门，掌握动手开发的能力，提升个人职场竞争力。

## 内容介绍

本书分为以下几部分：

- 入门（第 1~2 章）：介绍 Netty 基本概念、架构，使读者对 Netty 有初步的认识。
- 进阶（第 3~6 章）：介绍 Netty 核心组件及线程模型，包括 Channel、字节缓冲区、引导程序、线程模型等，使读者可以上手开发 Netty 应用。
- 高阶（第 7~11 章）：介绍 Netty 高级用法及综合案例分析，使读者能够理解网络编码中的高级用法。
- 实战（第 12~16 章）：演示基于 Netty 构建真实分布式应用的过程，使读者能够掌握设计和开发 Netty 分布式应用的能力。

## 本书特点

### 1. 可与笔者在线上交流

本书提供线上交流网址：https://github.com/waylau/netty-4-user-guide-demos/issues。

读者有任何技术上的问题，都可以向笔者提问。

### 2. 提供了基于知识点的实例和综合性实战案例

本书提供了丰富的基于 Netty 技术点的实例，这些案例贯穿全书，将理论讲解最终落实到代码实现上来。在掌握了基础知识之后，另外提供了一个综合性实战案例。这些案例从零开始，最终实现了一个完整分布式监控系统应用，内容具有很高的应用价值和参考性。

### 3. 免费提供书中实例的源文件

我们提供了书中涉及的所有实例的源文件。读者可以一边阅读本书，一边参照源文件动手练习，这样不仅提高了学习的效率，而且可以对书中的内容有更加直观的认识，从而逐渐培养自己的编程能力。

### 4. 覆盖的知识面广

本书囊括了 Netty 所涉及的 OIO、NIO、Selector 模型、Channel、字节缓冲区、引导程序、线程模型、编解码、ChannelHandler 和网络协议等众多核心技术点，技术前瞻，案例丰富。不管是编程初学者，还是编程高手，都能从本书中获益。本书可作为读者案头的工具书，随手翻阅。

**5. 案例的商业性、应用性强**

本书提供的案例多数来源于真正的商业项目，具有极大的参考价值。有些代码甚至可以直接移植到自己的项目中，进行重复使用，使从“学”到“用”这个过程变得更加简单直接。

## 赠送资源

附赠书中相关案例源代码，下载网址为 https://github.com/waylau/netty-4-user-guide-demos。

读者也可以用微信扫描下方二维码关注公众号，输入代码 78912，即可获取下载资源。

## 本书所采用的技术及相关版本

软件的版本是非常重要的，因为不同版本之间存在兼容性问题，而且不同版本的软件所对应的功能也是不同的。本书所列出的技术在版本上相对较新，都是经过笔者大量测试的。读者在自行编写代码时，可以参考本书所列出的版本，从而避免版本兼容性所产生的问题。建议读者将相关开发环境设置得跟本书一致，或者不低于本书所列的配置。详细的版本配置，可以参阅本书“附录”中的内容。

本书示例采用 Eclipse 编写，但示例源码与具体的 IDE 无关，读者可以选择适合自己的 IDE，如 IntelliJ IDEA、NetBeans 等。运行本书示例，请确保 JDK 版本不低于 JDK 8。

## 勘误和交流

本书如有勘误，会在以下网址发布：

https://github.com/waylau/netty-4-user-guide-demos/issues。

由于笔者能力有限、时间仓促，书中难免有错漏之处，欢迎读者通过以下方式与笔者联系。

- 博客：https://waylau.com
- 邮箱：waylau521@gmail.com
- 微博：http://weibo.com/waylau521
- GitHub：https://github.com/waylau

## 致谢

感谢北京大学出版社的各位工作人员为本书的出版所做的努力。

感谢我的父母、妻子 Funny 和两个女儿。由于撰写本书，我牺牲了很多陪伴家人的时间，谢谢他们对我的理解和支持。

感谢关心和支持我的朋友、读者、网友。

**柳伟卫**

# 目录

CONTENTS

# 第1章

# Netty 概述

本章介绍 Netty 产生的背景、特点、核心组件及如何快速开启第一个 Netty 应用。

# 1.1 Java 网络编程进化史

Java 语言从初创之日起，就是为网络而生的。随着互联网应用的发展，Java 也被越来越多的企业所采用。Java 编程语言经历了 20 多年的发展，如今已然成为开发者首选的利器。在最新的 TIOBE 编程语言排行榜中，Java 位居榜首。回顾历史，Java 语言也一直是名列前三甲。图 1-1 展示的是 2020 年 9 月 TIOBE 编程语言排行榜情况。

| Sep 2020 | Sep 2019 | Change | Programming Language | Ratings | Change |
|---|---|---|---|---|---|
| 1 | 2 | ↑ | C | 15.95% | +0.74% |
| 2 | 1 | ↓ | Java | 13.48% | -3.18% |
| 3 | 3 | | Python | 10.47% | +0.59% |
| 4 | 4 | | C++ | 7.11% | +1.48% |
| 5 | 5 | | C# | 4.58% | +1.18% |
| 6 | 6 | | Visual Basic | 4.12% | +0.83% |
| 7 | 7 | | JavaScript | 2.54% | +0.41% |
| 8 | 9 | ↑ | PHP | 2.49% | +0.62% |
| 9 | 19 | ⇈ | R | 2.37% | +1.33% |
| 10 | 8 | ↓ | SQL | 1.76% | -0.19% |

图 1-1　编程语言排名

然而，Java 原生的 API 并不是“银弹”，特别是在开发高性能、高并发、高可用应用时，Java 原生 API 的复杂性往往令 Java 开发者望而却步。

## 1.1.1 Java OIO

早期 Java 提供了 java.net 包用于开发网络应用，这类 API 也被称为 Java OIO（Old-blocking I/O，阻塞 I/O）。以下演示了使用 java.net 包及 java.nio 来开发 Echo 协议的客户端及服务器的过程。

提示　Echo 协议是指把接收到的信息按照原样返回，其重要的作用是用于检测和调试网络。这个协议可以基于 TCP/UDP 协议用于服务器检测端口 7 有无信息。有关该协议的内容详见 https://tools.ietf.org/html/rfc862。

### 1. 实战：开发 Echo 协议的服务器

以下是使用原生 java.net 包来开发 Echo 协议的服务器的示例。

```
package com.waylau.java.demo.net;

import java.io.BufferedReader;
import java.io.IOException;
import java.io.InputStreamReader;
import java.io.PrintWriter;
import java.net.ServerSocket;
import java.net.Socket;

/**
 * Blocking Echo Server.
 *
 * @since 1.0.0 2019年9月28日
 * @author <a href="https://waylau.com">Way Lau</a>
 */
public class BlockingEchoServer {

    public static int DEFAULT_PORT = 7;

    /**
     * @param args
     */
    public static void main(String[] args) {

        int port;

        try {
            port = Integer.parseInt(args[0]);
        } catch (RuntimeException ex) {
            port = DEFAULT_PORT;
        }

        ServerSocket serverSocket = null;
        try {
            // 服务器监听
            serverSocket = new ServerSocket(port);
            System.out.println(
                    "BlockingEchoServer已启动，端口：" + port);

        } catch (IOException e) {
            System.out.println(
                    "BlockingEchoServer启动异常，端口：" + port);
            System.out.println(e.getMessage());
        }

        // Java 7 try-with-resource语句
        try (
```

```
                // 接受客户端建立连接，生成 Socket 实例
                Socket clientSocket = serverSocket.accept();
                PrintWriter out =
                        new PrintWriter(clientSocket.getOutputStream(), true);

                // 接收客户端的信息
                BufferedReader in =
                        new BufferedReader(
                            new InputStreamReader(
                                clientSocket.getInputStream())););) {
            String inputLine;
            while ((inputLine = in.readLine()) != null) {

                // 发送信息给客户端
                out.println(inputLine);
                System.out.println("BlockingEchoServer -> "
                        + clientSocket.getRemoteSocketAddress() + ":" + inputLine);
            }
        } catch (IOException e) {
            System.out.println(
                    "BlockingEchoServer 异常！" + e.getMessage());
        }
    }

}
```

上述例子中的 BlockingEchoServer 实现了 Echo 协议。BlockingEchoServer 主要是使用了 java.net 包中的 Socket 和 ServerSocket 类库。这两个类库主要用于开发基于 TCP 的应用。如果是想要开发 UDP 的应用，则需要使用 DatagramSocket 类。

ServerSocket 用于服务器端，而 Socket 是建立网络连接时使用的。在客户端连接服务器成功时，客户端及服务器两端都会产生一个 Socket 实例，通过操作这个实例，来完成所需的会话。对于一个网络连接来说，Socket 是平等的，并没有差别，不因为在服务器端或在客户端而产生不同的级别，不管是 Socket 还是 ServerSocket，它们的工作都是通过 Socket 类和其子类来完成的。

运行 BlockingEchoServer，可以看到控制台输出内容如下。

```
BlockingEchoServer 已启动，端口：7
```

### 2. 实战：开发 Echo 协议的客户端

以下是使用原生 java.net 包来开发 Echo 协议的客户端的示例。

```
package com.waylau.java.demo.net;

import java.io.BufferedReader;
import java.io.IOException;
import java.io.InputStreamReader;
```

```java
import java.io.PrintWriter;
import java.net.Socket;
import java.net.UnknownHostException;

/**
 * Blocking Echo Client.
 *
 * @since 1.0.0 2019年9月28日
 * @author <a href="https://waylau.com">Way Lau</a>
 */
public class BlockingEchoClient {

    /**
     * @param args
     */
    public static void main(String[] args) {
        if (args.length != 2) {
            System.err.println(
                "用法：java BlockingEchoClient <host name> <port number>");
            System.exit(1);
        }

        String hostName = args[0];
        int portNumber = Integer.parseInt(args[1]);

        try (
            Socket echoSocket = new Socket(hostName, portNumber);
            PrintWriter out =
                new PrintWriter(echoSocket.getOutputStream(), true);
            BufferedReader in =
                new BufferedReader(
                    new InputStreamReader(echoSocket.getInputStream()));
            BufferedReader stdIn =
                new BufferedReader(
                    new InputStreamReader(System.in))
        ) {
            String userInput;
            while ((userInput = stdIn.readLine()) != null) {
                out.println(userInput);
                System.out.println("echo: " + in.readLine());
            }
        } catch (UnknownHostException e) {
            System.err.println("不明主机，主机名为：" + hostName);
            System.exit(1);
        } catch (IOException e) {
            System.err.println("不能从主机中获取I/O，主机名为：" +
                hostName);
            System.exit(1);
```

```
        }
    }

}
```

BlockingEchoClient 的 Socket 的使用方法与 BlockingEchoServer 的 Socket 的使用方法基本类似。如果本地的 JDK 版本是 11 以上，则可以跳过编译阶段直接运行源码，命令如下。

```
$ java BlockingEchoClient.java localhost 7
```

> 提示　从 JDK 11 开始，可以直接运行启动 Java 源码文件。有关 Java 的最新特性，可见笔者所著的《Java 核心编程》。

当 BlockingEchoClient 客户端与 BlockingEchoServer 服务器建立了连接之后，客户端就可以与服务器进行交互了。

在客户端输入“a”字符时，服务器也会将“a”发送回客户端，客户端输入的任务内容，服务器也会原样返回。图 1-2 是 BlockingEchoClient 客户端发送并接收消息的效果。

```
C:\Windows\System32\cmd.exe - java  BlockingEchoClient.java localhost 7

D:\workspaceGithub\netty-4-user-guide-demos\netty4-demos\src\main\java\com\waylau\java\demo\net
>java BlockingEchoClient.java localhost 7
a
echo: a
hello waylau
echo: hello waylau
```

图 1-2　客户端与服务器交互的过程

BlockingEchoServer 控制台输出内容如下。

```
BlockingEchoServer 已启动，端口：7
BlockingEchoServer -> /127.0.0.1:52831:a
BlockingEchoServer -> /127.0.0.1:52831:hello waylau
```

本节示例，可以在 com.waylau.java.demo.net 包下找到。

#### 3. java.net 包 API 的缺点

BlockingEchoClient 和 BlockingEchoServer 代码只是一个简单的示例。如果要创建一个复杂的客户端—服务器协议仍然需要大量的样板代码，并且要求开发者必须掌握相当多的底层技术细节才能使它整个流畅地运行起来。Socket 和 ServerSocket 类库的 API 只支持由本地系统套接字库提供的所谓的阻塞函数，因此客户端与服务器的通信是阻塞的，并且要求每个新加入的连接，必须在服务器中创建一个新的 Socket 实例。这极大消耗了服务器的性能，并且也使得连接数受到了限制。

## 1.1.2 ▶ 网络编程的相关概念

同步和异步及阻塞和非阻塞是在网络编码中经常遇到的几个核心的概念。

### 1. 同步和异步

同步和异步描述的是用户线程与内核的交互方式。

- 同步：用户线程发起I/O请求后需要等待或者轮询内核I/O操作完成后才能继续执行。
- 异步：用户线程发起I/O请求后仍继续执行，当内核I/O操作完成后会通知用户线程，或者调用用户线程注册的回调函数。

BlockingEchoClient 客户端与 BlockingEchoServer 服务器所实现的方式是同步的。

### 2. 阻塞和非阻塞

阻塞和非阻塞描述的是用户线程调用内核 I/O 操作的方式。

- 阻塞：I/O 操作需要彻底完成后才返回到用户空间。
- 非阻塞：I/O 操作被调用后立即返回给用户一个状态值，无须等到 I/O 操作彻底完成。

一个 I/O 操作其实分成了两个步骤：发起 I/O 请求和实际的 I/O 操作。阻塞 I/O 和非阻塞 I/O 的区别在于第一步，发起 I/O 请求是否会被阻塞，如果阻塞直到完成，那么就是传统的阻塞 I/O，如果不阻塞，那么就是非阻塞 I/O。同步 I/O 和异步 I/O 的区别就在于第二个步骤是否阻塞，如果实际的 I/O 读写阻塞请求进程，那么就是同步 I/O 。

BlockingEchoClient 客户端与 BlockingEchoServer 服务器所实现的方式是阻塞的。

那么 Java 是否可以实现非阻塞的 I/O 程序呢？答案是肯定的。

## 1.1.3 ▶ Java NIO

从 Java 1.4 开始，Java 提供了 NIO（New I/O），用来替代标准 Java I/O API（指 1.1.1 节所描述的早期的 Java 网络编程 API）。Java NIO 也被称为“Non-blocking I/O”，提供了非阻塞 I/O 的方式，用法与标准 I/O 有非常大的差异。

Java NIO 提供了以下几个核心概念。

- 通道（Channel）和缓冲区（Buffer）：标准的 I/O 是基于字节流和字符流进行操作，而 NIO 是基于通道和缓冲区进行操作，数据总是从通道读取到缓冲区中，或者从缓冲区写入到通道中。
- 非阻塞 I/O（Non-blocking I/O）：Java NIO 可以非阻塞地使用 I/O，例如，当线程从通道读取数据到缓冲区时，线程还可以进行其他操作。当数据被写入到缓冲区时，线程可以继续处理它。从缓冲区写入通道也类似。
- 选择器（Selector）：Java NIO 引入了选择器的概念，选择器用于监听多个通道的事件（例如，连接打开，数据到达）。因此，单个线程可以监听多个数据通道，这极大地提升了单机的并发能力。

Java NIO API 位于 java.nio 包下。以下是 Java NIO 版本实现的支持 Echo 协议的客户端及服务器。

### 1. 实战：开发 NIO 版本的 Echo 服务器

以下是使用原生 Java NIO API 来开发 Echo 协议的服务器的示例。

```
package com.waylau.java.demo.nio;

import java.io.IOException;
import java.net.InetSocketAddress;
import java.nio.ByteBuffer;
import java.nio.channels.SelectionKey;
import java.nio.channels.Selector;
import java.nio.channels.ServerSocketChannel;
import java.nio.channels.SocketChannel;
import java.util.Iterator;
import java.util.Set;

/**
 * Non Bloking Echo Server.
 *
 * @since 1.0.0 2019年9月28日
 * @author <a href="https://waylau.com">Way Lau</a>
 */
public class NonBlokingEchoServer {
    public static int DEFAULT_PORT = 7;

    /**
     * @param args
     */
    public static void main(String[] args) {
        int port;

        try {
            port = Integer.parseInt(args[0]);
        } catch (RuntimeException ex) {
            port = DEFAULT_PORT;
        }

        ServerSocketChannel serverChannel;
        Selector selector;
        try {
            serverChannel = ServerSocketChannel.open();
            InetSocketAddress address = new InetSocketAddress(port);
            serverChannel.bind(address);
            serverChannel.configureBlocking(false);
            selector = Selector.open();
```

```
    serverChannel.register(selector, SelectionKey.OP_ACCEPT);

    System.out.println("NonBlokingEchoServer 已启动，端口：" + port);
} catch (IOException ex) {
    ex.printStackTrace();
    return;
}

while (true) {
    try {
        selector.select();
    } catch (IOException e) {
        System.out.println("NonBlockingEchoServer 异常!" + e.getMessage());
    }
    Set<SelectionKey> readyKeys = selector.selectedKeys();
    Iterator<SelectionKey> iterator = readyKeys.iterator();
    while (iterator.hasNext()) {
        SelectionKey key = iterator.next();
        iterator.remove();
        try {
            // 可连接
            if (key.isAcceptable()) {
                ServerSocketChannel server = (ServerSocketChannel) key.channel();
                SocketChannel client = server.accept();

                System.out.println("NonBlokingEchoServer 接受客户端的连接：" +
                client);

                // 设置为非阻塞
                client.configureBlocking(false);

                // 客户端注册到 Selector
                SelectionKey clientKey = client.register(selector,
                        SelectionKey.OP_WRITE | SelectionKey.OP_READ);

                // 分配缓存区
                ByteBuffer buffer = ByteBuffer.allocate(100);
                clientKey.attach(buffer);
            }

            // 可读
            if (key.isReadable()) {
                SocketChannel client = (SocketChannel) key.channel();
                ByteBuffer output = (ByteBuffer) key.attachment();
                client.read(output);

                System.out.println(client.getRemoteAddress()
                    + " -> NonBlokingEchoServer：" + output.toString());
```

```
                    key.interestOps(SelectionKey.OP_WRITE);
                }

                // 可写
                if (key.isWritable()) {
                    SocketChannel client = (SocketChannel) key.channel();
                    ByteBuffer output = (ByteBuffer) key.attachment();
                    output.flip();
                    client.write(output);

                    System.out.println("NonBlokingEchoServer  -> "
                        + client.getRemoteAddress() + ":" + output.toString());

                    output.compact();

                    key.interestOps(SelectionKey.OP_READ);
                }
            } catch (IOException ex) {
                key.cancel();
                try {
                    key.channel().close();
                } catch (IOException cex) {
                }
            }
        }
    }
}

}
```

上述例子中的 NonBlokingEchoServer 实现了 Echo 协议，ServerSocketChannel 与 ServerSocket 的功能类似。相比较而言，ServerSocket 读和写操作都是同步阻塞的，在面对高并发的场景时，需要消耗大量的线程来维持连接。CPU 在大量的线程之间频繁切换，性能损耗很大。一旦单机的连接超过 1 万，甚至达到几万的时候，服务器的性能会急剧下降。

NIO 的 Selector 却很好地解决了这个问题，用主线程（一个线程或者是 CPU 个数的线程）保持住所有的连接，管理和读取客户端连接的数据，将读取的数据交给后面的线程处理，后续线程处理完业务逻辑后，将结果交给主线程，主线程再发送响应给客户端，这样少量的线程就可以处理大量连接的请求。

在上述 NonBlokingEchoServer 例子中，使用 Selector 注册 Channel，然后调用它的 select() 方法。select() 方法会一直阻塞到某个注册的通道有事件就绪。一旦 select() 方法返回，线程就可以处理这些事件。事件包括新连接进来（OP_ACCEPT）、数据接收（OP_READ）等。

运行以上代码，可以看到控制台输出内容如下。

```
NonBlokingEchoServer 已启动，端口：7
```

### 2. 实战：开发 NIO 版本的 Echo 客户端

以下是使用原生 NIO API 来开发 Echo 协议的客户端的示例。

```
package com.waylau.java.demo.nio;

import java.io.BufferedReader;
import java.io.IOException;
import java.io.InputStreamReader;
import java.net.InetSocketAddress;
import java.net.UnknownHostException;
import java.nio.ByteBuffer;
import java.nio.channels.SocketChannel;

/**
 * Non Blocking Echo Client.
 *
 * @since 1.0.0 2019年9月28日
 * @author <a href="https://waylau.com">Way Lau</a>
 */
public class NonBlockingEchoClient {

    /**
     * @param args
     */
    public static void main(String[] args) {
        if (args.length != 2) {
            System.err.println("用法： java NonBlockingEchoClient <host name>
<port number>");
            System.exit(1);
        }

        String hostName = args[0];
        int portNumber = Integer.parseInt(args[1]);

        SocketChannel socketChannel = null;
        try {
            socketChannel = SocketChannel.open();
            socketChannel.connect(new InetSocketAddress(hostName, portNumber));
        } catch (IOException e) {
            System.err.println("NonBlockingEchoClient异常： " + e.getMessage());
            System.exit(1);
        }

        ByteBuffer writeBuffer = ByteBuffer.allocate(32);
        ByteBuffer readBuffer = ByteBuffer.allocate(32);

        try (BufferedReader stdIn = new BufferedReader(new
InputStreamReader(System.in))) {
```

```
            String userInput;
            while ((userInput = stdIn.readLine()) != null) {
                writeBuffer.put(userInput.getBytes());
                writeBuffer.flip();
                writeBuffer.rewind();

                // 写消息到管道
                socketChannel.write(writeBuffer);

                // 管道读消息
                socketChannel.read(readBuffer);

                // 清理缓冲区
                writeBuffer.clear();
                readBuffer.clear();
                System.out.println("echo: " + userInput);
            }
        } catch (UnknownHostException e) {
            System.err.println("不明主机，主机名为：" + hostName);
            System.exit(1);
        } catch (IOException e) {
            System.err.println("不能从主机中获取I/O，主机名为：" + hostName);
            System.exit(1);
        }
    }

}
```

NonBlockingEchoClient 的 SocketChannel 的使用方法与 NonBlokingEchoServer 的 SocketChannel 的使用方法基本类似。启动客户端，命令如下。

```
$ java NonBlockingEchoClient.java localhost 7
```

当 NonBlockingEchoClient 客户端与 NonBlokingEchoServer 服务器建立了连接之后，客户端就可以与服务器进行交互了。

在客户端输入“a”字符时，服务器也会将“a”发送回客户端，客户端输入的任务内容，服务器也会原样返回。图 1–3 是 NonBlockingEchoClient 客户端发送并接收消息的效果。

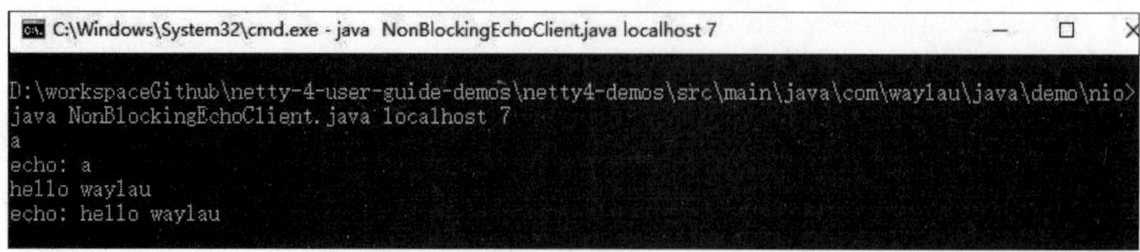


图 1–3　客户端与服务器交互的过程

NonBlokingEchoServer 控制台输出内容如下。

```
NonBlokingEchoServer 已启动，端口：7
NonBlokingEchoServer 接受客户端的连接：java.nio.channels.SocketChannel[connected
local=/127.0.0.1:7 remote=/127.0.0.1:56515]
NonBlokingEchoServer  -> /127.0.0.1:56515：java.nio.HeapByteBuffer[pos=0 lim=0
cap=100]
/127.0.0.1:56515 -> NonBlokingEchoServer：java.nio.HeapByteBuffer[pos=1
lim=100 cap=100]
NonBlokingEchoServer  -> /127.0.0.1:56515：java.nio.HeapByteBuffer[pos=1 lim=1
cap=100]
/127.0.0.1:56515 -> NonBlokingEchoServer：java.nio.HeapByteBuffer[pos=12
lim=100 cap=100]
NonBlokingEchoServer  -> /127.0.0.1:56515：java.nio.HeapByteBuffer[pos=12
lim=12 cap=100]
```

本节示例，可以在 com.waylau.java.demo.nio 包下找到。

## 1.1.4 ▶ Java AIO

从 Java 1.7 开始，Java 提供了 AIO（异步 I/O）。Java AIO 也被称为“NIO.2”，提供了异步 I/O 的方式，用法与标准 I/O 有非常大的差异。

Java AIO 采用“订阅—通知”模式，即应用程序向操作系统注册 I/O 监听，然后继续做自己的事情。当操作系统发生 I/O 事件，并且准备好数据后，再主动通知应用程序，触发相应的函数。图 1-4 展示了 Java AIO 的处理流程。

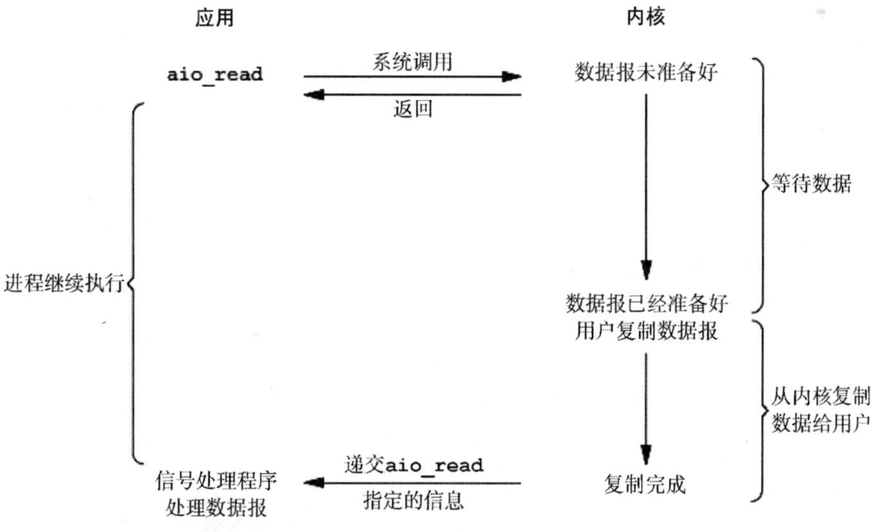


图 1-4 Java AIO 的处理流程

和同步 I/O 一样，Java 的 AIO 也是由操作系统支持的。微软的 Windows 系统提供了一种异步 I/O 技术——IOCP（I/O CompletionPort，I/O 完成端口），而在 Linux 平台下并没有这种异步 I/O 技术，而是使用 epoll 对异步 I/O 进行模拟。

Java AIO API 同 Java NIO 一样，都是位于 java.nio 包下。以下是 Java AIO 版本实现的支持 Echo 协议的客户端及服务器示例。

### 1. 实战：开发 AIO 版本的 Echo 服务器

以下是使用原生 Java AIO API 来开发 Echo 协议的服务器的示例。

```
package com.waylau.java.demo.aio;

import java.io.IOException;
import java.net.InetSocketAddress;
import java.net.StandardSocketOptions;
import java.nio.ByteBuffer;
import java.nio.channels.AsynchronousServerSocketChannel;
import java.nio.channels.AsynchronousSocketChannel;
import java.util.concurrent.ExecutionException;
import java.util.concurrent.Future;

/**
 * Async Echo Server.
 *
 * @since 1.0.0 2019年9月29日
 * @author <a href="https://waylau.com">Way Lau</a>
 */
public class AsyncEchoServer {
    public static int DEFAULT_PORT = 7;

    /**
     * @param args
     */
    public static void main(String[] args) {
        int port;

        try {
            port = Integer.parseInt(args[0]);
        } catch (RuntimeException ex) {
            port = DEFAULT_PORT;
        }

        AsynchronousServerSocketChannel serverChannel;
        try {
            serverChannel = AsynchronousServerSocketChannel.open();
            InetSocketAddress address = new InetSocketAddress(port);
            serverChannel.bind(address);

            // 设置阐述
            serverChannel.setOption(StandardSocketOptions.SO_RCVBUF, 4 * 1024);
            serverChannel.setOption(StandardSocketOptions.SO_REUSEADDR, true);
```

```
            System.out.println("AsyncEchoServer 已启动，端口：" + port);
        } catch (IOException ex) {
            ex.printStackTrace();
            return;
        }

        while (true) {

            // 可连接
            Future<AsynchronousSocketChannel> future = serverChannel.accept();
            AsynchronousSocketChannel socketChannel = null;
            try {
                socketChannel = future.get();
            } catch (InterruptedException | ExecutionException e) {
                System.out.println("AsyncEchoServer 异常!" + e.getMessage());
            }

            System.out.println("AsyncEchoServer 接受客户端的连接：" + socketChannel);

            // 分配缓存区
            ByteBuffer buffer = ByteBuffer.allocate(100);

            try {
                while (socketChannel.read(buffer).get() != -1) {
                    buffer.flip();
                    socketChannel.write(buffer).get();


                    System.out.println("AsyncEchoServer  -> "
                            + socketChannel.getRemoteAddress() + ":" + buffer.toString());


                    if (buffer.hasRemaining()) {
                        buffer.compact();
                    } else {
                        buffer.clear();
                    }
                }

                socketChannel.close();
            } catch (InterruptedException | ExecutionException | IOException e) {
                System.out.println("AsyncEchoServer 异常!" + e.getMessage());

            }

        }

    }
}
```

上述例子的 AsyncEchoServer 实现了 Echo 协议，AsynchronousServerSocketChannel 与 ServerSocketChannel 的功能类似。相比较而言，AsynchronousServerSocketChannel 实现了异步的 I/O，而无须再使用 Selector，因此整体代码比 ServerSocketChannel 简化很多。

运行以上代码，可以看到控制台输出内容如下。

```
AsyncEchoServer 已启动，端口：7
```

### 2. 实战：开发 AIO 版本的 Echo 客户端

以下是使用原生 AIO API 来开发 Echo 协议的客户端的示例。

```
package com.waylau.java.demo.aio;

import java.io.BufferedReader;
import java.io.IOException;
import java.io.InputStreamReader;
import java.net.InetSocketAddress;
import java.net.UnknownHostException;
import java.nio.ByteBuffer;
import java.nio.channels.AsynchronousSocketChannel;

/**
 * Async Echo Client.
 *
 * @since 1.0.0 2019年9月30日
 * @author <a href="https://waylau.com">Way Lau</a>
 */
public class AsyncEchoClient {

    /**
     * @param args
     */
    public static void main(String[] args) {
        if (args.length != 2) {
                System.err.println("用法： java AsyncEchoClient <host name> <port
number>");
            System.exit(1);
        }

        String hostName = args[0];
        int portNumber = Integer.parseInt(args[1]);

        AsynchronousSocketChannel socketChannel = null;
        try {
            socketChannel = AsynchronousSocketChannel.open();
            socketChannel.connect(new InetSocketAddress(hostName, portNumber));
        } catch (IOException e) {
```

```
            System.err.println("AsyncEchoClient 异常: " + e.getMessage());
            System.exit(1);
        }

        ByteBuffer writeBuffer = ByteBuffer.allocate(32);
        ByteBuffer readBuffer = ByteBuffer.allocate(32);

        try (BufferedReader stdIn = new BufferedReader(new InputStreamReader(System.in))) {
            String userInput;
            while ((userInput = stdIn.readLine()) != null) {
                writeBuffer.put(userInput.getBytes());
                writeBuffer.flip();
                writeBuffer.rewind();

                // 写消息到管道
                socketChannel.write(writeBuffer);

                // 管道读消息
                socketChannel.read(readBuffer);

                // 清理缓冲区
                writeBuffer.clear();
                readBuffer.clear();
                System.out.println("echo: " + userInput);
            }
        } catch (UnknownHostException e) {
            System.err.println("不明主机，主机名为: " + hostName);
            System.exit(1);
        } catch (IOException e) {
            System.err.println("不能从主机中获取 I/O，主机名为: " + hostName);
            System.exit(1);
        }
    }

}
```

AsyncEchoClient 的 AsynchronousSocketChannel 的使用方法与 NonBlockingEchoClient 的 SocketChannel 的使用方法基本类似。启动客户端，命令如下。

```
$ java AsyncEchoClient.java localhost 7
```

当 AsyncEchoClient 客户端与 AsyncEchoServer 服务器建立了连接之后，客户端就可以与服务器进行交互了。

在客户端输入“a”字符时，服务器也会将“a”发送回客户端，客户端输入的任务内容，服务器也会原样返回。图 1-5 是 NonBlockingEchoClient 客户端发送并接收消息的效果。

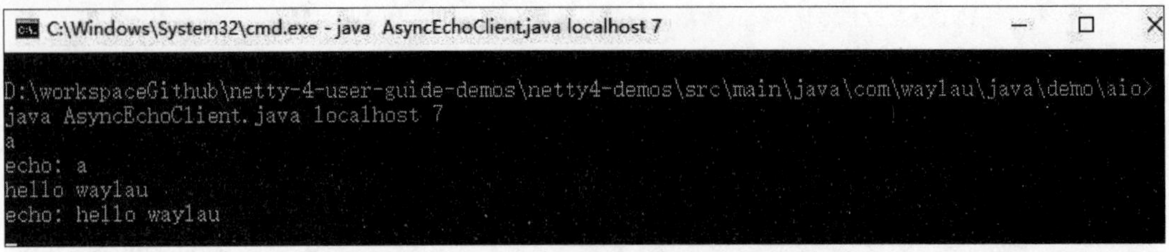

```
C:\Windows\System32\cmd.exe - java  AsyncEchoClient.java localhost 7

D:\workspaceGithub\netty-4-user-guide-demos\netty4-demos\src\main\java\com\waylau\java\demo\aio>
java AsyncEchoClient.java localhost 7
a
echo: a
hello waylau
echo: hello waylau
```

图 1-5　客户端与服务器交互的过程

AsyncEchoServer 控制台输出内容如下。

```
AsyncEchoServer 已启动，端口：7
AsyncEchoServer 接受客户端的连接：sun.nio.ch.WindowsAsynchronousSocketChannelImpl
[connected local=/127.0.0.1:7 remote=/127.0.0.1:57573]
AsyncEchoServer  -> /127.0.0.1:57573：java.nio.HeapByteBuffer[pos=1 lim=1
cap=100]
AsyncEchoServer  -> /127.0.0.1:57573：java.nio.HeapByteBuffer[pos=12 lim=12
cap=100]
```

本节示例，可以在 com.waylau.java.demo.aio 包下找到。

### 1.1.5 ▶ Java 原生 API 之痛

虽然，Java 的 NIO 和 AIO 可以提供非阻塞、异步的 I/O 实现，但用这些 API 实现一款真正的网络应用则并非易事。在前几节的示例中也可以发现，Java 的 NIO 和 AIO 比 Java 标准 Java I/O API 要复杂很多。

其次，在前几节的示例中并没有使用多线程，因此并发能力并不好。如果要引入线程池，则程序的复杂性将进一步提升。

再次，Java 的 NIO 和 AIO 并没有提供断连重连、网络闪断、半包读写、失败缓存、网络拥塞和异常码流等的处理，这些都需要开发者自己来补齐相关的工作。

最后，AIO 在实践中，并没有比 NIO 更好。正如前文所说的，AIO 在不同的平台有不同的实现，Windows 系统下使用的是 IOCP 异步 I/O 技术，而在 Linux 平台下使用 epoll 对异步 I/O 进行模拟，所以 AIO 在 Linux 下的性能并不理想。AIO 也没有提供对 UDP 的支持。

综上，在实际的大型互联网项目中，Java 原生的 API 应用并不广泛，取而代之的是另外一款第三方 Java 框架，这就是 Netty。

## 1.2 Netty 的优势

Netty 是一个提供异步事件驱动（Asynchronous Event-Driven）的网络应用框架，是一个用以快速开发高性能、可扩展协议的服务器和客户端。Apple、Twitter、Facebook、Google、阿里巴巴和华为等知名企业都是 Netty 的忠实用户。那么 Netty 到底具有什么样的魅力呢？

### 1.2.1 ▶ 非阻塞 I/O

Netty 是基于 Java NIO API 实现的网络应用框架，使用它可以快速简单地开发网络应用程序，如服务器和客户端的协议。Netty 大大简化了网络程序的开发过程，如 TCP 和 UDP 的 Socket 服务的开发。

由于是基于 NIO 的 API，因此，Netty 可以提供非阻塞的 I/O 操作，极大提升了性能。同时，Netty 内部封装了 Java NIO API 的复杂性，并提供了线程池的处理，使得开发 NIO 的应用变得极其简单。

### 1.2.2 ▶ 丰富的协议

Netty 提供了简单、易用的 API，但这并不意味着应用程序会有难维护和性能低的问题。Netty 是一个精心设计的框架，它从许多协议的实现中吸收了很多的经验，如 FTP、SMTP、HTTP、许多二进制和基于文本的传统协议。

Netty 支持丰富的网络协议，如 TCP、UDP、HTTP、HTTP/2、WebSocket 和 SSL/TLS 等，这些协议实现开箱即用，因此，Netty 开发者能够在不失灵活性的前提下来实现开发的简易性、高性能和稳定性。

有关 Netty 协议的内容，会在“第 9 章 常用网络协议”深入探讨。

### 1.2.3 ▶ 异步和事件驱动

正如前文所说，Java AIO 在不同的平台有不同的实现，导致 AIO 在 Linux 下的性能并不理想。因此，Netty 并没有基于 AIO API 来实现。那么 Netty 是如何实现异步的呢？

Netty 是异步事件驱动的框架，该框架体现为所有的 I/O 操作都是异步的，所有的 I/O 调用会立即返回，并不保证调用成功与否，但是调用会返回 ChannelFuture。Netty 会通过 ChannelFuture 通知调用是成功了还是失败了，抑或是取消了。

同时，Netty 是基于事件驱动的，调用者并不能立刻获得结果，而是通过事件监听机制，用户可以方便地主动获取或者通过通知机制获得 I/O 操作结果。

当 Future 对象刚刚创建时，处于非完成状态，调用者可以通过返回的 ChannelFuture 来获取操作执行的状态，再通过注册监听函数来执行完成后的操作。常见操作如下。

- 通过 isDone 方法来判断当前操作是否完成。
- 通过 isSuccess 方法来判断已完成的当前操作是否成功。

- 通过 getCause 方法来获取已完成的当前操作失败的原因。
- 通过 isCancelled 方法来判断已完成的当前操作是否被取消。
- 通过 addListener 方法来注册监听器，当操作已完成（isDone 方法返回完成），将会通知指定的监听器。如果 Future 对象已完成，则通知指定的监听器。

例如，下面的代码中绑定端口是异步操作，当绑定操作处理完，将会调用相应的监听器处理逻辑。

```
serverBootstrap.bind(port).addListener(future -> {
    if (future.isSuccess()) {
    System.out.println(" 端口绑定成功 !");
    } else {
    System.err.println(" 端口绑定失败 !");
    }
  });
```

相比传统阻塞 I/O，Netty 异步处理的好处是不会造成线程阻塞，线程在 I/O 操作期间可以执行别的程序，在高并发情形下会更稳定并拥有更高的吞吐量。

有关 Netty 事件驱动方面的内容，会在“2.2 事件驱动”一节深入探讨。

### 1.2.4 ▶ 精心设计的 API

在 Java 领域，Netty 并非是唯一的网络框架，但如果对比这些框架，即可发现 Netty 有其独到之处——Netty 的哲学设计理念。Netty 从开始就为用户提供了体验最好的 API 及实现设计。

传统的 Java I/O API 在应对不同的传输协议时需要使用不同的类型和方法。例如，java.net.Socket 和 java.net.DatagramSocket 并不具有相同的超类型，因此，这就需要使用不同的调用方式执行 Socket 操作。

这种模式上的不匹配使得在更换一个网络应用的传输协议时变得复杂和困难。由于 Java I/O API 缺乏协议间的移植性，当试图在不修改网络传输层的前提下增加多种协议支持时便会产生问题。并且理论上讲，多种应用层协议可运行在多种传输层协议之上，如 TCP、UDP、SCTP 和串口通信。

让这种情况变得更糟的是，Java 新的 NIO API 与原有的阻塞式的 I/O API 并不兼容，Java AIO 也是如此。由于所有的 API 无论是在其设计上还是性能上都彼此不同，在进入开发阶段时，开发者常常只能被迫地选择一种 API。

例如，在用户数较小的时候可能会选择使用传统的阻塞 API，毕竟与 Java NIO 相比使用阻塞 API 将更加容易一些。然而，当业务量呈指数增长并且服务器需要同时处理成千上万的客户连接时，便会遇到问题。这种情况下可能会尝试使用 Java NIO，但是复杂的 NIO Selector 编程接口又会耗费大量时间并最终会阻碍快速开发。

Netty 提供了一个叫作 Channel 的统一的异步 I/O 编程接口，这个编程接口抽象了所有点对点的通信操作。也就是说，如果应用是基于 Netty 的某一种传输实现，那么同样的，应用也可以运行在 Netty 的另一种传输实现上。Channel 常见的子接口有 DatagramChannel、DomainSocketChannel、DuplexChannel、Http2StreamChannel、SctpChannel、SctpServerChannel、ServerChannel、ServerDomainSocketChannel、ServerSocketChannel、SocketChannel、UdtChannel、UdtServerChannel 和 UnixChannel 等。Channel 常见的子类有 EmbeddedChannel、EpollDatagramChannel、EpollDomainSocketChannel、EpollServerDomainSocketChannel、EpollServerSocketChannel、EpollSocketChannel、KQueueDatagramChannel、KQueueDomainSocketChannel、KQueueServerDomainSocketChannel、KQueueServerSocketChannel、KQueueSocketChannel、LocalChannel、LocalServerChannel、NioDatagramChannel、NioSctpChannel、NioSctpServerChannel、NioServerSocketChannel、NioSocketChannel、NioUdtAcceptorChannel、NioUdtByteAcceptorChannel、NioUdtByteConnectorChannel、NioUdtByteRendezvousChannel、NioUdtMessageAcceptorChannel、NioUdtMessageConnectorChannel、NioUdtMessageRendezvousChannel、OioByteStreamChannel、OioDatagramChannel、OioSctpChannel、OioSctpServerChannel、OioServerSocketChannel、OioSocketChannel 和 RxtxChannel 等。切换不同的传输实现，通常只需对代码进行几行的修改调整，例如，选择一个不同的 ChannelFactory 实现即可。

此外，还可以利用新的传输实现没有写入的优势，只需替换一些构造器的调用方法即可，例如串口通信。而且由于核心 API 具有高度的可扩展性，还可以完成自身的传输实现。

有关 Netty Channel 的内容，会在“第 3 章 Channel”深入探讨。

### 1.2.5 ▶ 丰富的缓冲实现

Netty 使用自建的缓存 API，而不是使用 Java NIO 的 ByteBuffer 来表示一个连续的字节序列。与 ByteBuffer 相比，这种方式拥有明显的优势。Netty 使用新的缓冲类型 ByteBuf（io.netty.buffer.ByteBuf），并且被设计为可从底层解决 ByteBuffer 问题，同时还可满足日常网络应用开发需要的缓冲类型。Netty 主要有以下特性。

- 允许使用自定义的缓冲类型。
- 复合缓冲类型中内置透明的零拷贝实现。
- 开箱即用的动态缓冲类型，具有像 StringBuffer 一样的动态缓冲能力。
- 不再需要调用 flip() 方法。
- 正常情况下具有比 ByteBuffer 更快的响应速度。

有关 Netty 的缓冲内容，会在“第 4 章 字节缓冲区”深入探讨。

### 1.2.6 ▶ 高效的网络传输

针对网络传输，Java 从 1.1 版本开始就提供了序列化功能，但是在实际项目中，却很少使用 Java 原生的序列化来进行消息的编解码及传输。

李林锋在《Netty 权威指南》一书中坦言，Java 原生的序列化主要存在以下几个弊端。

- 无法跨语言。
- 序列化后码流太大。
- 序列化后性能太低。

业界有非常多的框架用于解决上述问题，如 Google Protobuf、JBoss Marshalling、Facebook Thrift 等。针对这些框架，Netty 都提供了相应的包将这些框架集成到应用中。同时，Netty 本身也提供了众多的编解码工具，方便开发者使用。开发者也可以基于 Netty 来开发高效的网络传输应用，例如，在业界成熟的案例有高性能消息中间件 Apache RocketMQ、异步编程框架 Eclipse Vert.x、高性能 PRC 框架 Apache Dubbo 等。有关 Netty 的序列化内容，会在“第 7 章　编解码”深入探讨。

## 1.3 Netty 核心概念

在本节，将研究 Netty 提供的核心功能及其如何构成一个完整的网络应用开发堆栈顶部的核心。图 1–6 是 Netty 的架构图。

从上述架构图可以看出，Netty 主要由三大块组成。

- 核心组件。
- 传输服务。
- 协议。

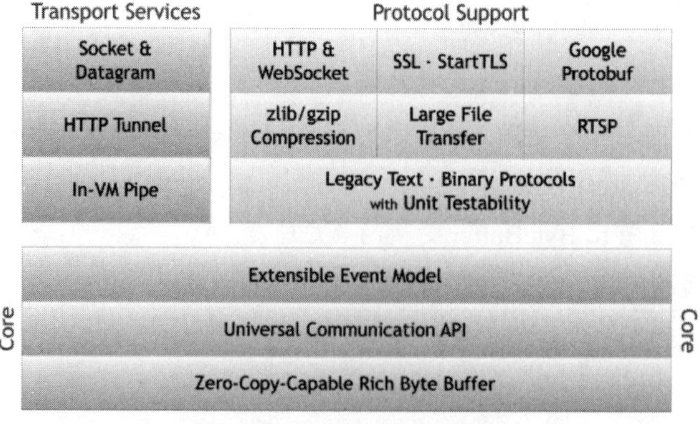


图 1–6　Netty 的架构图

## 1.3.1 ▶ 核心组件

核心组件包括事件模型、字节缓冲区和通信 API。

### 1. 事件模型

在前面一节已提到，Netty 是异步事件驱动的框架，该框架体现为所有的 I/O 操作都是异步的，调用者并不能立刻获得结果，而是通过事件监听机制，用户可以方便地主动获取或者通过通知机制获得 I/O 操作结果。

Netty 将所有的事件按照它们与入站或出站数据流的相关性进行了分类。

可能由入站数据或者相关的状态更改而触发的事件包括以下几项。

- 连接已被激活或者连接失活。
- 数据读取。
- 用户事件。
- 错误事件。

出站事件是未来将会触发的某个动作的操作结果，包括以下动作。

- 打开或者关闭到远程节点的连接。
- 将数据写到或者冲刷到套接字。

每个事件都可以被分发给 ChannelHandler 类中的某个用户实现的方法。

### 2. 字节缓冲区

在前面一节也提到了，Netty 使用了区别于 Java ByteBuffer 的新的缓冲类型 ByteBuf。ByteBuf 提供了丰富的特性。

### 3. 通信 API

Netty 的通信 API 都被抽象在 Channel 里，以统一的异步 I/O 编程接口来满足所有点对点的通信操作。

## 1.3.2 ▶ 传输服务

Netty 内置了一些可开箱即用的传输服务。因为并不是它们所有的传输都支持每一种协议，所以必须选择一个和应用程序所使用的协议相兼容的传输。以下是 Netty 提供的所有的传输。

### 1. NIO

io.netty.channel.socket.nio 包用于支持 NIO。该包下面的实现是使用 java.nio.channels 包作为基础（基于选择器的方式）。

#### 2. epoll

io.netty.channel.epoll 包用于支持由 JNI 驱动的 epoll 和非阻塞 IO。需要注意的是，这个 epoll 传输只能在 Linux 上获得支持。epoll 同时提供了多种特性，如 SO_REUSEPORT 等，比 NIO 传输更快，而且是完全非阻塞的。

在前面几节也介绍了，Java AIO 在 Linux 平台下使用了 epoll 对异步 I/O 进行模拟，因此 Netty 的性能并不会比 AIO 差。

#### 3. OIO

io.netty.channel.socket.oio 包用于支持使用 java.net 包作为基础的阻塞 I/O。

#### 4. 本地

io.netty.channel.local 包用于支持在 VM 内部通过管道进行通信的本地传输。

#### 5. 内嵌

io.netty.channel.embedded 包作为内嵌传输，允许使用 ChannelHandler 而又不需要一个真正的基于网络的传输。这通常在测试 ChannelHandler 实现时非常有用。

### 1.3.3 ▶ 协议支持

Netty 支持丰富的网络协议，如 TCP、UDP、HTTP、HTTP/2、WebSocket、SSL/TLS、FTP、SMTP、二进制和基于文本的协议等，这些协议可实现开箱即用，因此，Netty 开发者能够在不失灵活性的前提下实现开发的简易性、高性能和稳定性。

## 1.4 Netty 开发环境的搭建

本节介绍 Netty 开发环境的搭建。

Netty 所需的开发环境并不复杂，基本上只要有基本的 Java 开发环境就能适用，主要是以下三大开发环境。

- JDK。
- Maven。
- IDE。

除了要求 JDK 版本不低于 8 外，其他工具没有特殊的要求，只要选择熟悉的工具即可。如果本地环境已经具备了上述要求，则可以直接跳过本节进入下一节的学习。

本节所介绍的开发环境是基于最新版本的 JDK、Maven 和 Eclipse 来搭建的。

### 1.4.1 ▶ 安装 JDK

最新版本 JDK 的下载地址为：https://www.oracle.com/technetwork/java/javase/downloads/index.html。

根据不同操作系统选择不同的安装包。以 Windows 环境为例，可通过 jdk-13_windows-x64_bin.exe 或 jdk-13_windows-x64_bin.zip 来进行安装。.exe 文件的安装方式较为简单，按照界面提示单击“下一步”按钮即可。下面演示 .zip 安装方式。

#### 1. 解压 .zip 文件到指定位置

将 jdk-13_windows-x64_bin.zip 文件解压到指定的目录下即可。例如，本书放置在 D:\Program Files\jdk-13 的位置，该位置下包含的文件如图。

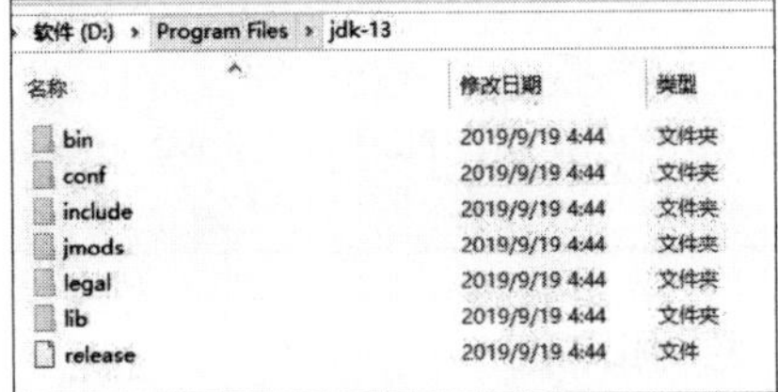


图 1-7 解压文件

#### 2. 设置环境变量

在 Windows“系统属性”的“高级”中单击“环境变量”按钮，在“环境变量”窗口单击“新建”按钮来创建系统变量“JAVA_HOME”，其值指向了 JDK 的安装目录，如图 1-8 所示。

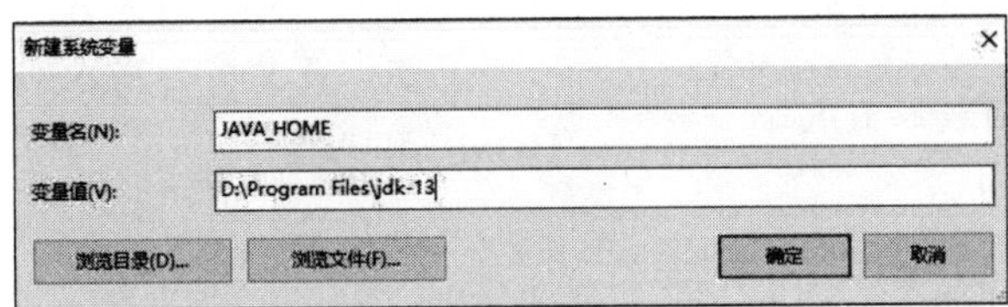


图 1-8 系统变量

同时在用户变量“Path”中，追加值“%JAVA_HOME%”，如图 1-9 所示。

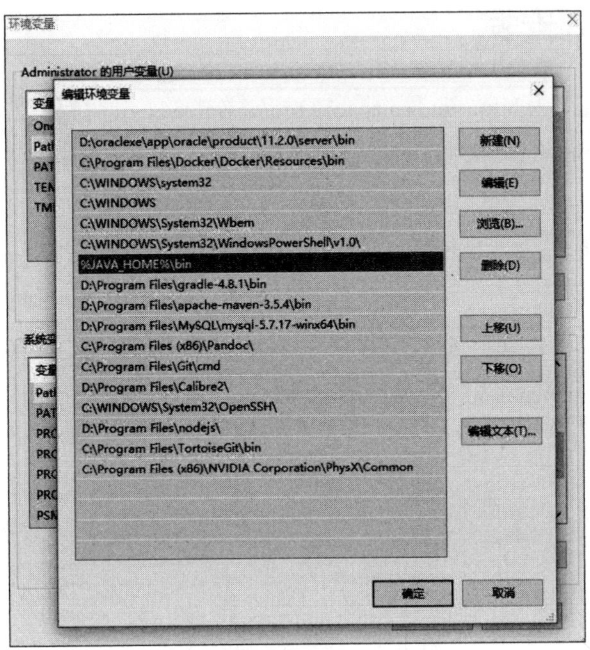


图 1-9 用户变量

> **注意** JDK 13 已经无须再安装 JRE，设置环境变量时也不用设置 CLASSPATH 了。

### 3. 验证安装

执行“java -version”命令进行安装的验证。

```
>java -version
java version "13" 2019-09-17
Java(TM) SE Runtime Environment (build 13+33)
Java HotSpot(TM) 64-Bit Server VM (build 13+33, mixed mode, sharing)
```

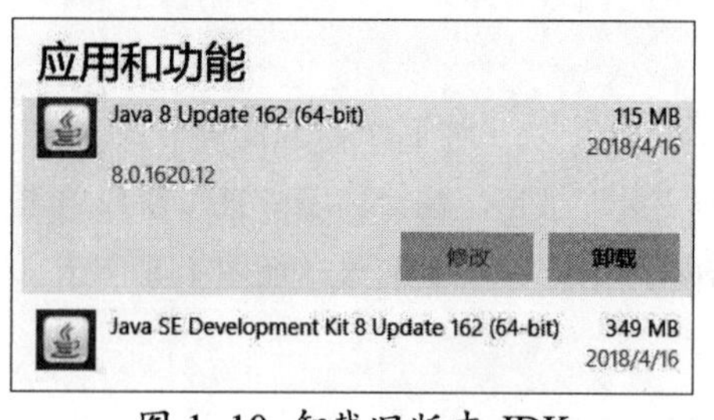


图 1–10　卸载旧版本 JDK

如果出现上述信息，则说明 JDK 已经安装完成。

如果显示的内容还是安装前的 JDK 旧版本，则可按照如下步骤解决。首先，卸载旧版本的 JDK，如图 1–10 所示。

其次，在命令行输入如下指令来设置 JAVA_HOME 和 Path。

```
>SET JAVA_HOME=D:\Program Files\jdk-13

>SET Path=%JAVA_HOME%\bin
```

## 1.4.2 ▶ Maven 安装

Maven 的下载页面为 http://maven.apache.org/download.cgi，找到最新的下载包，单击下载即可。本例为 apache-maven-3.6.2-bin.zip。

### 1. 安装

首先解压 zip，将 apache-maven-3.6.2 文件夹复制到任意目录下。本例为 D:\Program Files\apache-maven-3.6.2。

接着在环境变量中添加一个系统变量，变量名为“MAVEN_HOME”，变量值为“D:\Program Files\apache-maven-3.6.2”，如图 1–11 所示。

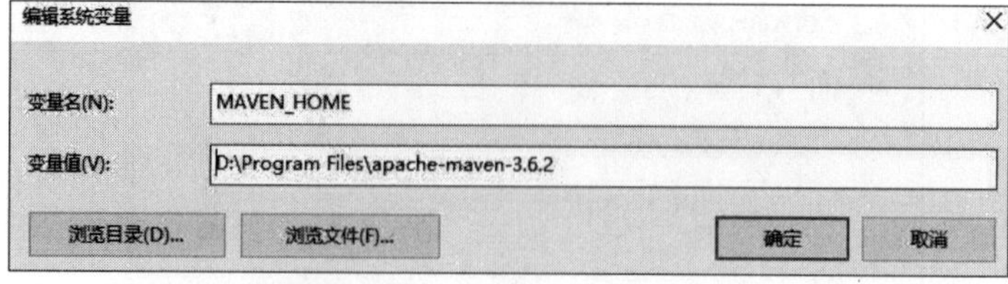


图 1–11　Maven 系统变量

最后，在环境变量中的系统变量的 Path 中添加“%M2_HOME%”。

在命令行下输入“mvn –version”以验证 Maven 是否安装成功。出现图 1–12 所示的界面，则证明安装成功。

```
命令提示符
C:\Users\User>mvn --version
Apache Maven 3.6.2 (40f52333136460af0dc0d7232c0dc0bcf0d9e117; 2019-08-27T23:06:16+08:00)
Maven home: D:\Program Files\apache-maven-3.6.2\bin\..
Java version: 13, vendor: Oracle Corporation, runtime: D:\Program Files\jdk-13
Default locale: zh_CN, platform encoding: GBK
OS name: "windows 10", version: "10.0", arch: "amd64", family: "windows"
```

图 1–12 验证 Maven 的安装

#### 2. 配置

找到 Maven 安装目录的 conf 目录，在该目录下有 settings.xml 文件，该文件即为 Maven 的配置文件。

（1）设置本地仓库。

建一个文件夹作为仓位，本例为 D:\workspaceMaven。

在配置文件中找到被注释的 <localRepository>/path/to/local/repo</localRepository> 并将它启用，写上仓库的路径，即为 <localRepository>D:\workspaceMaven</localRepository> 。

（2）设置镜像。

Maven 默认的中央仓库的服务器在国外，因此有时下载速度会很慢。为了加快下载速度，可以设置镜像选择国内的地址。

在配置文件中找到 <mirrors> 节点，在该节点下添加如下镜像。

```
<mirror>
    <id>nexus-aliyun</id>
    <mirrorOf>*</mirrorOf>
    <name>Nexus aliyun</name>
    <url>http://maven.aliyun.com/nexus/content/groups/public</url>
</mirror>
```

### 1.4.3 ▶ 安装 Eclipse

常用的 Java 开发工具很多，例如，IDE 类的有 Visual Studio Code、Eclipse、WebStorm、NetBeans、IntelliJ IDEA 等，可以选择自己所熟悉的 IDE。

在本书中，推荐采用 Eclipse 来开发 Java 应用。不仅是因为 Eclipse 采用 Java 语言开发，对 Java 有着一流的支持，而且这款 IDE 还是免费的，可以随时下载使用。

Eclipse 的下载地址为：https://www.eclipse.org/downloads/packages/。

本书使用 eclipse-SDK-I20190920-1800-win32-x86_64.zip 来进行安装。

下面演示 .zip 安装方式。

### 1. 解压 .zip 文件到指定位置

将 eclipse-SDK-I20190920-1800-win32-x86_64.zip 文件解压到指定的目录下即可。例如，本书放置在了 D:\ProgramFiles\eclipse-SDK-I20190920-1800-win32-x86_64\eclipse，该位置下包含如图 1–13 所示的文件。

软件 (D:) › Program Files › eclipse-SDK-I20190920-1800-win32-x86_64 › eclipse

| 名称 | 修改日期 | 类型 | 大小 |
|---|---|---|---|
| configuration | 2019/9/22 8:34 | 文件夹 | |
| dropins | 2019/9/20 20:02 | 文件夹 | |
| features | 2019/9/20 20:02 | 文件夹 | |
| p2 | 2019/9/20 20:02 | 文件夹 | |
| plugins | 2019/9/20 20:02 | 文件夹 | |
| readme | 2019/9/20 20:02 | 文件夹 | |
| .eclipseproduct | 2019/9/16 18:04 | ECLIPSEPRODUC... | 1 KB |
| artifacts.xml | 2019/9/20 20:02 | xml 文件 | 136 KB |
| eclipse.exe | 2019/9/20 20:03 | 应用程序 | 416 KB |
| eclipse.ini | 2019/9/20 20:02 | 配置设置 | 1 KB |
| eclipsec.exe | 2019/9/20 20:03 | 应用程序 | 128 KB |

图 1–13　解压文件

### 2. 打开 Eclipse

双击 eclipse.exe 文件，即可打开 Eclipse。

### 3. 配置工作区间

默认的工作区间如图 1–14 所示。用户也可以指定自己的工作区间。

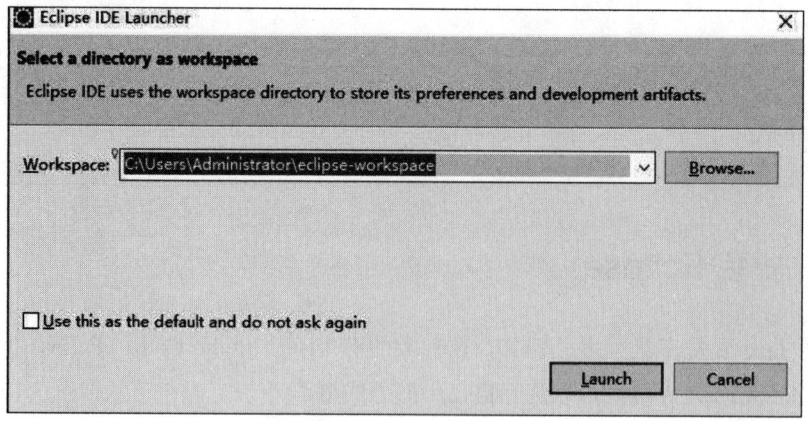


图 1–14　指定工作区间

### 4. 配置 JDK

默认情况下，Eclipse 会自动按照系统变量“JAVA_HOME”来查找所安装的 JDK，无须特殊配置。

如果要自定义 JDK 版本，可以选择 Window → Preferences → Installed JREs 命令来找到

配置对话框，如图 1–15 所示。

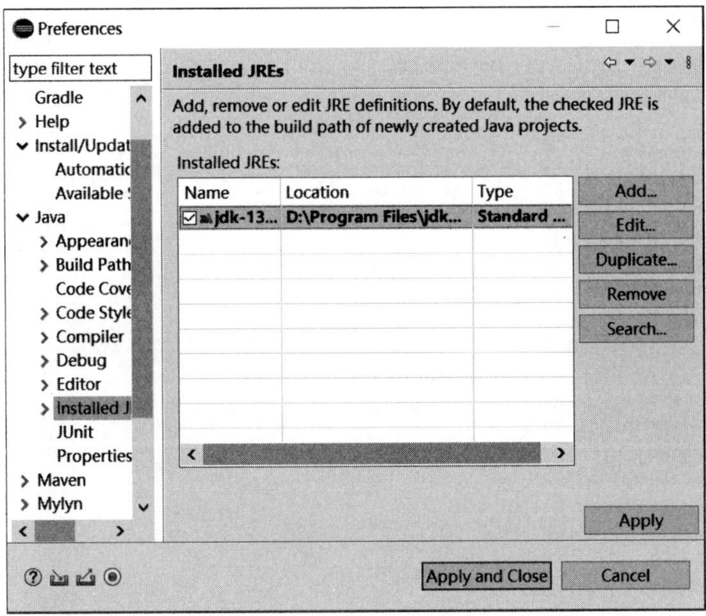


图 1–15 配置 JDK

### 5. 配置 Maven

默认情况下，Eclipse 会使用内嵌的 Maven。

如果要配置本地安装的 Maven，可以选择 Window → Preferences → Maven 命令打开配置 Maven 安装目录的对话框，如图 1–16 所示。

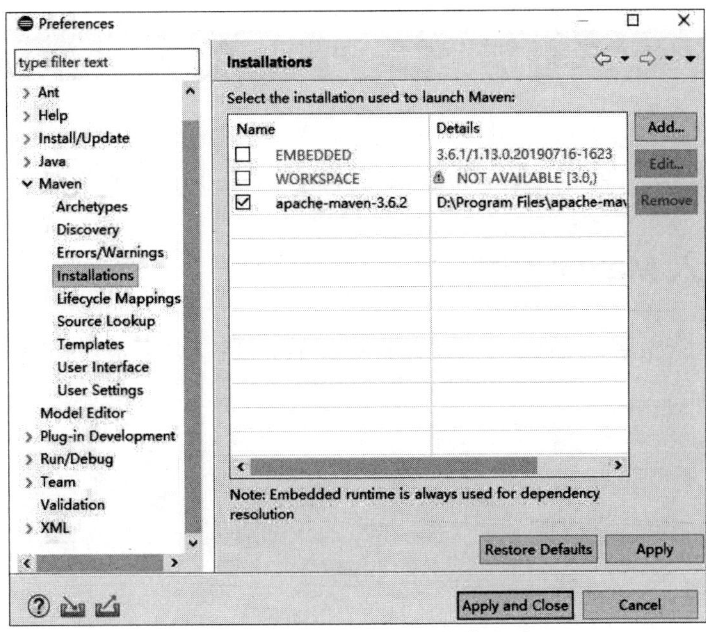


图 1–16 配置 Maven 安装目录

同时，将 Maven 的配置指向本地安装的 Maven 的配置文件，如图 1–17 所示。

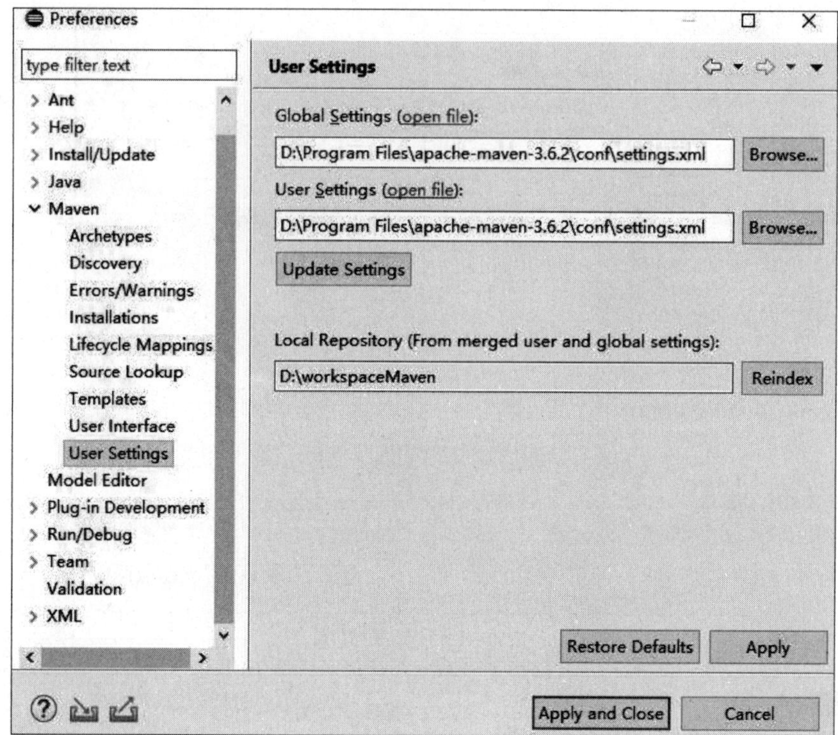


图 1–17　配置 Maven 配置文件

# 1.5 实战：快速开启第一个 Netty 应用

本节学习快速开启第一个Netty应用，这个Netty应用实现了Echo协议的服务器和客户端。

## 1.5.1 ▶ 引入 Maven 依赖

Netty 使用 Maven 进行项目管理，因此将 Netty 的依赖引入项目是非常简单的。在 pom.xml 添加如下配置即可。

```
<dependency>
    <groupId>io.netty</groupId>
    <artifactId>netty-all</artifactId>
    <version>4.1.52.Final</version>
</dependency>
```

netty-all 是集合了 Netty 所有模块的一个全集。这样，通过一个依赖就能适用到 Netty 所有的功能。当然，Netty 是可剪裁的，如果熟悉 Netty 的组成，也可以按照所需引入 Netty 的某些模块。例如，如果只想使用 netty-codec-redis 模块，只需要添加如下配置。

```
<dependency>
    <groupId>io.netty</groupId>
    <artifactId>netty-codec-redis</artifactId>
    <version>4.1.52.Final</version>
</dependency>
```

从 Netty 的 pom 文件（https://github.com/netty/netty/blob/4.1/pom.xml）也可以看出，Netty 由以下模块组成。

```
<modules>
    <module>all</module>
    <module>dev-tools</module>
    <module>common</module>
    <module>buffer</module>
    <module>codec</module>
    <module>codec-dns</module>
    <module>codec-haproxy</module>
    <module>codec-http</module>
    <module>codec-http2</module>
    <module>codec-memcache</module>
    <module>codec-mqtt</module>
    <module>codec-redis</module>
    <module>codec-smtp</module>
    <module>codec-socks</module>
    <module>codec-stomp</module>
    <module>codec-xml</module>
    <module>resolver</module>
    <module>resolver-dns</module>
    <module>tarball</module>
    <module>transport</module>
    <module>transport-native-unix-common-tests</module>
    <module>transport-native-unix-common</module>
    <module>transport-native-epoll</module>
    <module>transport-native-kqueue</module>
    <module>transport-rxtx</module>
    <module>transport-sctp</module>
    <module>transport-udt</module>
    <module>handler</module>
    <module>handler-proxy</module>
    <module>example</module>
    <module>testsuite</module>
    <module>testsuite-autobahn</module>
    <module>testsuite-http2</module>
    <module>testsuite-osgi</module>
```

```
    <module>testsuite-shading</module>
    <module>testsuite-native-image</module>
    <module>microbench</module>
    <module>bom</module>
  </modules>
```

## 1.5.2 ▶ 实战：开发 Echo 协议的服务器

以下是使用 Netty 来开发 Echo 协议的服务器的示例。

### 1. 编写管道处理器

先从 ChannelHandler（管道处理器）的实现开始。ChannelHandler 是由 Netty 生成并用来处理 I/O 事件的，实现代码如下。

```
package com.waylau.netty.demo.echo;

import io.netty.channel.ChannelHandlerContext;
import io.netty.channel.ChannelInboundHandlerAdapter;

/**
 * Echo Server Handler.
 *
 * @since 1.0.0 2019年10月2日
 * @author <a href="https://waylau.com">Way Lau</a>
 */
public class EchoServerHandler extends ChannelInboundHandlerAdapter {

    @Override
    public void channelRead(ChannelHandlerContext ctx, Object msg) {
          System.out.println(ctx.channel().remoteAddress() + " -> Server :" +
msg);

        // 写消息到管道
        ctx.write(msg);// 写消息
        ctx.flush(); // 冲刷消息

        // 上面两个方法等同于 ctx.writeAndFlush(msg);
    }

    @Override
    public void exceptionCaught(ChannelHandlerContext ctx, Throwable cause) {

        // 当出现异常就关闭连接
        cause.printStackTrace();
        ctx.close();
    }
}
```

EchoServerHandler 继承自 ChannelInboundHandlerAdapter，这个类实现了 ChannelInboundHandler 接口。ChannelInboundHandler 提供了许多事件处理的接口方法，当然也可以覆盖这些方法。现在仅仅只需要继承 ChannelInboundHandlerAdapter 类，而不是去实现接口方法。

这里覆盖了 chanelRead() 事件处理方法。每当从客户端收到新的数据时，这个方法会在收到消息时被调用。在这个例子中，收到的消息的类型是 Object。通过调用 ChannelHandlerContext 的 write() 和 flush() 方法，把消息写入管道，并最终会发送给客户端。其中，write() 和 flush() 有一个简便的方法，就是 writeAndFlush()。

exceptionCaught() 事件处理的方法是，当出现 Throwable 对象才会被调用，即当 Netty 出现 I/O 错误或者处理器在处理事件过程中抛出异常时。在大部分情况下，捕获的异常应该被记录下来并且把关联的 Channel 关闭掉。然而对于这个方法的处理，根据不同异常的情况有不同的实现，如可能在关闭连接之前发送一个错误码的响应消息。

目前为止一切都还不错，已经实现了 Echo 服务器的一半功能，剩下的是需要编写一个 main() 方法来启动服务端的 EchoServerHandler。

### 2. 编写服务器主程序

服务器主程序代码如下。

```
package com.waylau.netty.demo.echo;

import io.netty.bootstrap.ServerBootstrap;
import io.netty.channel.ChannelFuture;
import io.netty.channel.ChannelOption;
import io.netty.channel.EventLoopGroup;
import io.netty.channel.nio.NioEventLoopGroup;
import io.netty.channel.socket.nio.NioServerSocketChannel;

/**
 * Echo Server.
 *
 * @since 1.0.0 2019年10月2日
 * @author <a href="https://waylau.com">Way Lau</a>
 */
public class EchoServer {

    public static int DEFAULT_PORT = 7;

    public static void main(String[] args) throws Exception {
        int port;

        try {
            port = Integer.parseInt(args[0]);
        } catch (RuntimeException ex) {
            port = DEFAULT_PORT;
```

```
        }

        // 多线程事件循环器
        EventLoopGroup bossGroup = new NioEventLoopGroup(); // boss
        EventLoopGroup workerGroup = new NioEventLoopGroup(); // worker

        try {
            // 启动 NIO 服务的引导程序类
            ServerBootstrap b = new ServerBootstrap();

            b.group(bossGroup, workerGroup) // 设置 EventLoopGroup
            .channel(NioServerSocketChannel.class) // 指明新的 Channel 的类型
            .childHandler(new EchoServerHandler()) // 指定 ChannelHandler
            .option(ChannelOption.SO_BACKLOG, 128) // 设置 ServerChannel 的一些选项
               .childOption(ChannelOption.SO_KEEPALIVE, true); // 设置 ServerChannel 的子
Channel 的选项

            // 绑定端口，开始接收进来的连接
            ChannelFuture f = b.bind(port).sync();

            System.out.println("EchoServer 已启动，端口：" + port);

            // 等待服务器 socket 关闭
            // 在这个例子中，这不会发生，但可以优雅地关闭服务器
            f.channel().closeFuture().sync();
        } finally {

            // 优雅地关闭
            workerGroup.shutdownGracefully();
            bossGroup.shutdownGracefully();
        }

    }
}
```

NioEventLoopGroup 是用来处理 I/O 操作的多线程事件循环器。Netty 提供了许多不同的 EventLoopGroup 的实现来处理不同的传输。在这个例子中实现了一个服务端的应用，因此会有两个 NioEventLoopGroup 被使用。第一个叫作“boss”，用来接收进来的连接。第二个叫作“worker”，用来处理已经被接收的连接，一旦 boss 接收到连接，就会把连接信息注册到 worker 上。如何知道多少个线程已经被使用，如何映射到已经创建的 Channel 上都需要依赖 EventLoopGroup 的实现，并且可以通过构造函数来配置它们的关系。

ServerBootstrap 是一个启动 NIO 服务的引导程序类。可以在这个服务中直接使用 Channel，但这是一个复杂的处理过程，在很多情况下并不需要这样做。

- group 方法用于设置 EventLoopGroup。
- 通过 channel 方法，可以指定新连接进来的 Channel 类型为 NioServerSocketChannel 类。

- childHandler 用于指定 ChannelHandler，也就是前面实现的 EchoServerHandler。
- 可以通过 option 设置指定的 Channel 来实现 NioServerSocketChannel 的配置参数。比如参数 tcpNoDelay 和 keepAlive，可以在一个 TCP/IP 的服务端应用中进行设置。
- childOption 和 option 的区别在于，option 主要设置 ServerChannel 的一些选项，而 childOption 主要设置 ServerChannel 的子 Channel 的选项。
- bind 用于绑定端口启动服务。

至此，已可熟练地完成基于 Netty 的服务器程序了。

## 1.5.3 ▶ 实战：开发 Echo 协议的客户端

以下是使用 Netty 来开发 Echo 协议的客户端的示例。

### 1. 编写管道处理器

先从 ChannelHandler 的实现开始，实现代码如下。

```
package com.waylau.netty.demo.echo;

import io.netty.buffer.ByteBuf;
import io.netty.channel.ChannelHandlerContext;
import io.netty.channel.ChannelInboundHandlerAdapter;
import io.netty.util.CharsetUtil;

public class EchoClientHandler extends ChannelInboundHandlerAdapter {
    @Override
    public void channelRead(ChannelHandlerContext ctx, Object msg) {

        // 从管道读消息
        ByteBuf buf = (ByteBuf) msg; // 转为 ByteBuf 类型
        String m = buf.toString(CharsetUtil.UTF_8);  // 转为字符串
        System.out.println( "echo :" + m);
    }

    @Override
    public void exceptionCaught(ChannelHandlerContext ctx, Throwable cause) {

        // 当出现异常就关闭连接
        cause.printStackTrace();
        ctx.close();
    }
}
```

EchoClientHandler 与服务器的 EchoServerHandler 类似，唯一的差异是，在 channelRead 方法中将接收到的消息转为字符串，方便在控制台打印出来。channelRead 接收到的消息类型是 ByteBuf。ByteBuf 提供了转为字符串的方便方法。

接下来要编写一个 main() 方法来启动客户端的 EchoClientHandler。

### 2. 编写客户端主程序

客户端主程序代码如下。

```
package com.waylau.netty.demo.echo;

import java.io.BufferedReader;
import java.io.IOException;
import java.io.InputStreamReader;
import java.net.UnknownHostException;
import java.nio.ByteBuffer;

import io.netty.bootstrap.Bootstrap;
import io.netty.buffer.ByteBuf;
import io.netty.buffer.Unpooled;
import io.netty.channel.Channel;
import io.netty.channel.ChannelFuture;
import io.netty.channel.ChannelOption;
import io.netty.channel.EventLoopGroup;
import io.netty.channel.nio.NioEventLoopGroup;
import io.netty.channel.socket.nio.NioSocketChannel;

/**
 * Echo Client.
 *
 * @since 1.0.0 2019年10月2日
 * @author <a href="https://waylau.com">Way Lau</a>
 */
public final class EchoClient {

    public static void main(String[] args) throws Exception {
        if (args.length != 2) {
            System.err.println("用法：java EchoClient <host name> <port number>");
            System.exit(1);
        }

        String hostName = args[0];
        int portNumber = Integer.parseInt(args[1]);

        // 配置客户端
        EventLoopGroup group = new NioEventLoopGroup();
        try {
            Bootstrap b = new Bootstrap();
            b.group(group)
            .channel(NioSocketChannel.class)
            .option(ChannelOption.TCP_NODELAY, true)
            .handler(new EchoClientHandler());
```

```
            // 连接到服务器
            ChannelFuture f = b.connect(hostName, portNumber).sync();

            Channel channel = f.channel();
            ByteBuffer writeBuffer = ByteBuffer.allocate(32);
            try (BufferedReader stdIn = new BufferedReader(new InputStreamReader(System.in))) {
                String userInput;
                while ((userInput = stdIn.readLine()) != null) {
                    writeBuffer.put(userInput.getBytes());
                    writeBuffer.flip();
                    writeBuffer.rewind();

                    // 转为 ByteBuf
                    ByteBuf buf = Unpooled.copiedBuffer(writeBuffer);

                    // 写消息到管道
                    channel.writeAndFlush(buf);

                    // 清理缓冲区
                    writeBuffer.clear();
                }
            } catch (UnknownHostException e) {
                System.err.println("不明主机，主机名为： " + hostName);
                System.exit(1);
            } catch (IOException e) {
                System.err.println("不能从主机中获取 I/O，主机名为：" + hostName);
                System.exit(1);
            }
        } finally {

            // 优雅地关闭
            group.shutdownGracefully();
        }
    }
}
```

客户端与服务器代码类似，客户端只需要一个 NioEventLoopGroup 即可。

在上述例子中，通过 Unpooled.copiedBuffer 方法将控制台输入的内容转为 ByteBuf 类型，并通过 writeAndFlush 写入管道。

至此，基于 Netty 的客户端程序已经完成。

### 1.5.4 ▶ 测试运行

分别启动服务器 EchoServer 和客户端 EchoClient 程序。

在 EchoClient 控制台中输入消息进行测试。在客户端输入“a”字符时，服务器也会将

"a"发送回客户端，客户端输入的任务内容，服务器也会原样返回。客户端发送并接收消息的效果如下。

```
a
echo :a
hello waylau
echo :hello waylau
```

EchoServer 控制台输出内容如下。

```
EchoServer 已启动，端口：7
/127.0.0.1:52237 -> Server :PooledUnsafeDirectByteBuf(ridx: 0, widx: 1, cap:
1024)
/127.0.0.1:52237 -> Server :PooledUnsafeDirectByteBuf(ridx: 0, widx: 12, cap:
1024)
```

本节示例，可以在 com.waylau.netty.demo.echo 包下找到。

# 第 2 章

# Netty 架构设计

本章深入介绍 Netty 的架构设计，解密高并发之道。

# 2.1 理解 Selector 模型

Java NIO 是基于 Selector 模型来实现非阻塞的 I/O。Netty 底层是基于 Java NIO 实现的，因此也使用了 Selector 模型。

Selector 模型解决了传统的阻塞 I/O 编程一个客户端一个线程的问题。Selector 提供了一种机制，用于监视一个或多个 NIO 通道，并识别何时可以使用一个或多个 NIO 通道进行数据传输。这样，一个线程可以管理多个通道，从而管理多个网络连接。

Selector 模型并非 Java 语言独有，Node.js 也用到了类似的机制。在传统的高并发场景中，其解决方案往往是使用多线程模型，也就是为每个业务逻辑提供一个系统线程，通过系统线程切换来弥补同步 I/O 调用时的时间开销。而在 Node.js 中使用的是单线程模型，对于所有 I/O 都采用异步式的请求方式，避免了频繁的上下文切换。Node.js 在执行的过程中会维护一个事件队列，程序在执行时进入事件循环等待下一个事件到来，每个异步式 I/O 请求完成后会被推送到事件队列，等待程序进程进行处理。Node.js 的异步机制是基于事件的，所有的磁盘 I/O、网络通信、数据库查询都以非阻塞的方式请求，返回的结果由事件循环来处理。Node.js 进程在同一时刻只会处理一个事件，完成后立即进入事件循环（Event Loop）检查并处理后面的事件。所以 Node.js 能够提供高性能、高并发的处理请求[①]。

Selector 提供了选择执行已经就绪的任务的能力。从底层来看，Selector 会轮询 Channel 是否已经准备好执行每个 I/O 操作。Selector 允许单线程处理多个 Channel。仅用单个线程来处理多个 Channels 的好处是，只需要更少的线程来处理通道。事实上，可以只用一个线程处理所有的通道，这样会大量减少线程之间上下文切换的开销。因此，Selector 也是一种多路复用技术。

图 2-1 是单线程使用一个 Selector 处理 3 个 Channel 的示例图。

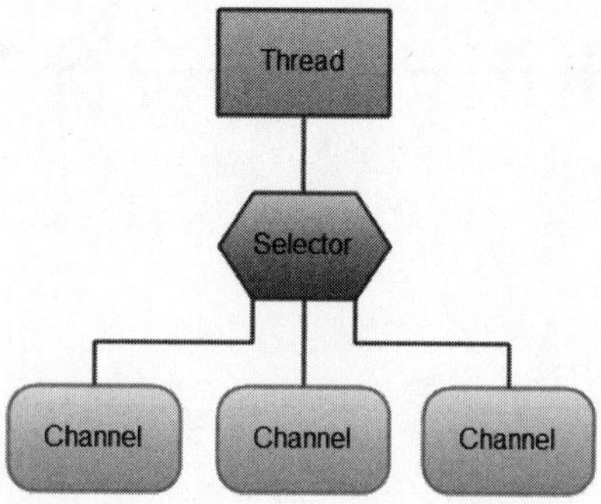

图 2-1 Selector 处理 Channel 的示例图

## 2.1.1 SelectableChannel

并不是所有的 Channel 都是可以被 Selector 复用的，只有抽象类 SelectableChannel 的子类才能被 Selector 复用。例如，FileChannel 就不能被选择器复用，因为 FileChannel 不是 SelectableChannel 的子类。

① 有关 Node.js 方面的内容，可以参阅笔者所著的《Node.js 企业级应用开发实战》。

为了与 Selector 一起使用，SelectableChannel 必须首先通过 register 方法来注册此类的实例。此方法返回一个新的 SelectionKey 对象，该对象表示 Channel 已经在 Selector 进行了注册。向 Selector 注册后，Channel 将保持注册状态，直到注销为止。一个 Channel 最多可以使用任何一个特定的 Selector 注册一次，但相同的 Channel 可以注册到多个 Selector 上。可以通过调用 isRegistered 方法来确定是否向一个或多个 Selector 注册了 Channel。

SelectableChannel 可以安全地供多个并发线程使用。

### 2.1.2 ▶ Channel 注册到 Selector

使用 SelectableChannel 的 register 方法，可将 Channel 注册到 Selector。方法接口如下。

```
SelectionKey register(Selector sel, int ops)
abstract SelectionKey register(Selector sel, int ops, Object att)
```

其中各选项说明如下。

- sel：指定 Channel 要注册的 Selector。
- ops：指定 Selector 需要查询的通道的操作。

可以供 Selector 查询的通道操作主要有以下 4 种，定义在了 SelectionKey 中。

- OP_READ：可读。
- OP_WRITE：可写。
- OP_CONNECT：连接。
- OP_ACCEPT：接收。

如果 Selector 对通道的多个操作类型感兴趣，可以用“位或”操作符来实现，如下面的示例。

```
// 客户端注册到 Selector
SelectionKey clientKey = socketChannel.register(selector,
        SelectionKey.OP_WRITE | SelectionKey.OP_READ);
```

一旦通道具备完成某个操作的条件，表示该通道的某个操作已经就绪，就可以被 Selector 查询到，程序即可对通道进行对应的操作。

- 某个 SocketChannel 通道可以连接到一个服务器，则处于 OP_CONNECT 状态。
- 一个 ServerSocketChannel 服务器通道准备好接收新进入的连接，则处于 OP_ACCEPT 状态。
- 一个有数据可读的 Channel，可以说是 OP_READ 状态。
- 一个等待写数据的通道可以说是 OP_WRITE 状态。

### 2.1.3 ▶ SelectionKey

Channel 和 Selector 的关系确定好后，并且一旦 Channel 处于某种就绪的状态，就可以被选择器查询到。这个工作在调用 Selector 的 select 方法时完成。select 方法的作用，是对感兴趣的通道操作进行就绪状态的查询。

Selector 可以不断地查询 Channel 中发生的操作的就绪状态，还可以挑选感兴趣的操作就绪状态。一旦通道有操作的就绪状态达成，并且是 Selector 感兴趣的操作，就会被 Selector 选中，放入 SelectionKey 集合中。

一个 SelectionKey 包含了注册在 Selector 的通道操作的类型，如 SelectionKey.OP_READ，也包含了特定的 Channel 与特定的 Selector 之间的注册关系。

SelectionKey 包含了 interest 集合，代表了所选择的感兴趣的事件集合。可以通过 SelectionKey 读写 interest 集合，例如：

```
int interestSet = selectionKey.interestOps();

boolean isInterestedInAccept  = interestSet & SelectionKey.OP_ACCEPT;
boolean isInterestedInConnect = interestSet & SelectionKey.OP_CONNECT;
boolean isInterestedInRead    = interestSet & SelectionKey.OP_READ;
boolean isInterestedInWrite   = interestSet & SelectionKey.OP_WRITE;
```

可以看到，用“位与”操作 interest 集合和给定的 SelectionKey 常量，可以确定某个确定的事件是否在 interest 集合中。

SelectionKey 包含了 ready 集合。ready 集合是通道已经准备就绪的操作的集合。在一次选择之后，会首先访问这个 ready 集合。可以这样访问 ready 集合：

```
int readySet = selectionKey.readyOps();
```

也可以用检测 interest 集合的方法，来检测 channel 中什么事件或操作已经就绪。但是，也可以使用以下 4 种方法，它们都会返回一个布尔类型。

```
selectionKey.isAcceptable();
selectionKey.isConnectable();
selectionKey.isReadable();
selectionKey.isWritable();
```

从 SelectionKey 访问 Channel 和 Selector 非常简单，示例如下。

```
Channel  channel  = selectionKey.channel();

Selector selector = selectionKey.selector();
```

可以将一个对象或者其他信息附着到 SelectionKey 上，这样就能方便地识别某个特定的通道。例如，可以附加 Buffer 或是包含聚集数据的某个对象，使用方法如下。

```
selectionKey.attach(theObject);

Object attachedObj = selectionKey.attachment();
```

还可以在用 register() 方法向 Selector 注册 Channel 的时候附加对象。例如：

```
SelectionKey key = channel.register(selector, SelectionKey.OP_READ,
theObject);
```

### 2.1.4 遍历 SelectionKey

一旦调用了 select 方法，并且返回值表明有一个或更多个通道就绪了，然后可以通过调用 selector 的 selectedKeys() 方法，访问 SelectionKey 集合中的就绪通道，如下所示。

```
Set<SelectionKey> readyKeys = selector.selectedKeys();
```

当 Selector 注册 Channel 时，Channel.register() 方法会返回一个 SelectionKey 对象。这个对象代表了注册到该 Selector 的通道。可以通过 SelectionKey 的 selectedKeySet() 方法访问这些对象。

可以遍历这个已选择的键集合来访问就绪的通道，代码如下。

```
Set<SelectionKey> readyKeys = selector.selectedKeys();
Iterator<SelectionKey> iterator = readyKeys.iterator();
while (iterator.hasNext()) {
    SelectionKey key = iterator.next();
    iterator.remove();
    try {
        // 可连接
        if (key.isAcceptable()) {
            // ...
        }

        // 可读
        if (key.isReadable()) {
            // ...
        }

        // 可写
        if (key.isWritable()) {
            // ...
        }
    }
}
```

这个循环遍历已选择键集中的每个键，并检测各个键所对应的通道的就绪事件。

> **注意** 每次迭代记得调用 iterator.remove()。Selector 不会自己从已选择键集中移除 SelectionKey 实例，必须在处理完通道时自己移除。下次该通道变成就绪时，Selector 会再次将其放入已选择键集中。

## 2.2 事件驱动

Netty 是异步的事件驱动网络应用框架。以事件为驱动的编程模型称为事件驱动架构（Event Driven Architecture，EDA）。

对于事件大家应该都不会陌生，特别是在 GUI 编程中，单击一个按钮，往往会触发一个“单击”事件，这个特别容易理解。在 Netty 中，事件是指对某些操作感兴趣的事。例如，某个 Channel 注册了 OP_READ，说明该 Channel 对读感兴趣，当 Channel 中有可读的数据时，它会得到一个事件的通知。

在 Netty 事件驱动模型中包括以下核心组件。

### 2.2.1 ▶ Channel

Channel（管道）是 Java NIO 的一个基本抽象，代表了一个连接到如硬件设备、文件、网络 socket 等实体的开放连接，或者是一个能够完成一种或多种（如读或写等）不同 I/O 操作的程序。

### 2.2.2 ▶ 回调

一个回调（Callback）就是一个方法，一个提供给另一个的方法的引用。这让另一个方法可以在适当的时候回过头来调用这个回调方法。回调在很多编程情形中被广泛使用（如 JavaScript），是用于通知相关方某个操作已经完成最常用的方法之一。

Netty 在处理事件时内部使用了回调。当一个回调被触发，事件可以被 ChannelHandler 的接口处理。以下是 Echo 服务器示例中的代码，当 Channel 中有可读的消息时，EchoServerHandler 的回调方法 channelRead 就会被调用。

```
package com.waylau.netty.demo.echo;

import io.netty.channel.ChannelHandlerContext;
import io.netty.channel.ChannelInboundHandlerAdapter;

public class EchoServerHandler extends ChannelInboundHandlerAdapter {

    @Override
    public void channelRead(ChannelHandlerContext ctx, Object msg) {
        System.out.println(ctx.channel().remoteAddress() + " -> Server :" + msg);

        // 写消息到管道
        ctx.write(msg);// 写消息
```

```
        ctx.flush(); // 冲刷消息

        // 上面两个方法等同于 ctx.writeAndFlush(msg);
    }

    @Override
    public void exceptionCaught(ChannelHandlerContext ctx, Throwable cause) {

        // 当出现异常就关闭连接
        cause.printStackTrace();
        ctx.close();
    }
}
```

## 2.2.3 ▶ Future

一个 Future 提供了另一个当操作完成时如何通知应用的方法。Future 对象充当了一个存放异步操作结果的占位符（placeholder）角色，它会在将来某个时间完成并且提供对操作结果的访问。

Java 5 新增了 Future 接口，用于描述异步计算的结果。虽然 Future 及相关使用方法提供了异步执行任务的能力，但是对于结果的获取却很不方便，只能通过阻塞或者轮询的方式得到任务的结果。阻塞的方式显然和异步编程的初衷相违背，轮询的方式又会耗费 CPU 资源，而且也不能及时地得到计算结果。这非常麻烦，所以 Netty 提供了 ChannelFuture 实现，用于执行异步操作。

提示：Java 8 中提供了 CompletableFuture 接口用于异步操作，读者可以自行了解[①]。

ChannelFuture 提供了额外的方法来注册一个或者多个 ChannelFutureListener 实例。监听者的回调方法 operationComplete() 在操作完成时被调用。然后监听者可以查看这个操作是否成功完成。如果出错了，可以从 Future 获取 Throwable。简单来说，ChannelFutureListener 提供的通知机制免去了手动检查操作完成情况的麻烦。

在 Netty 中所有的 I/O 操作都是异步的，所有的 I/O 调用都将立即返回一个 ChannelFuture 实例，该实例提供有关 I/O 操作的结果或状态的信息。

在 I/O 操作开始时，将创建一个新的 Future 对象。新的 Future 最初并未完成，因为 I/O 操作尚未完成，所以既没有成功，也没有失败和取消。如果 I/O 操作成功完成、失败或取消，则 Future 标记为已完成，其中将包含更多特定信息，例如失败原因。请注意，即使失败和取

① 有关 Java 最新方面的内容，可以参阅笔者所著的《Java 核心编程》。

消也属于完成状态。图 2–2 所示的状态流程图说明了状态转换的时机。

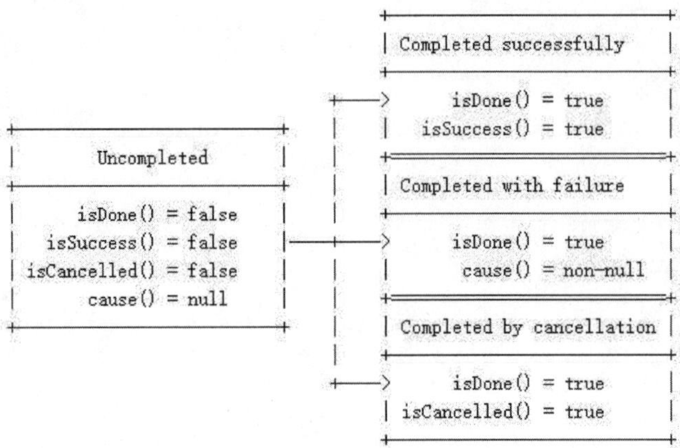


图 2–2　Future 状态转换图

以下是一个 ChannelFutureListener 使用的示例。

```
@Override
public void channelRead(ChannelHandlerContext ctx, Object msg) {
    ChannelFuture future = ctx.channel().close();
    future.addListener(new ChannelFutureListener() {
        public void operationComplete(ChannelFuture future) {
            // ...
        }
    });
}
```

## 2.2.4 ▶ 事件及处理器

Netty 用细分的事件来通知状态的变化或者操作的状况，这可以基于发生的事件来触发适当的行为。这类行为包括以下几种。

- 记录日志。
- 数据转换。
- 流量控制。
- IP 过滤。
- 应用程序逻辑。

Netty 所有事件是按照它们与入站或出站数据流的相关性进行分类的。可能的入站事件包括以下几种。

- 连接已被激活或者连接失活。
- 数据读取。
- 用户事件。

- 错误事件。

可能的出站事件包括以下几种。

- 打开或者关闭到远程节点的连接。
- 将数据写到或者冲刷到套接字。

每个事件都可以被分发给 ChannelHandler 类中的某个用户实现的方法。图 2–3 展示了一个事件是如何被一个这样的 ChannelHandler 链所处理的。

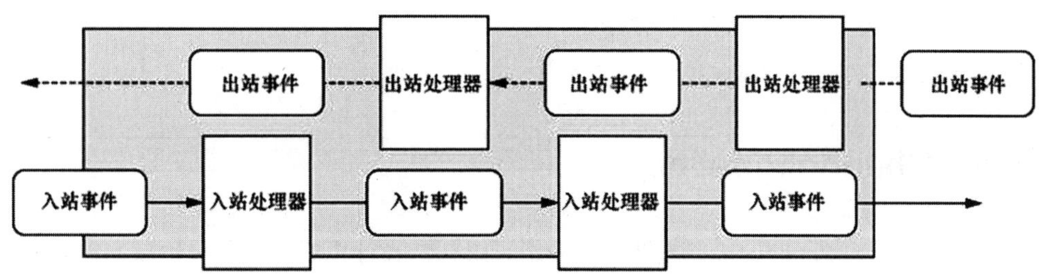


图 2–3　ChannelHandler 链

Netty 提供了大量预定义的可以开箱即用的 ChannelHandler 实现。当然，用户也可以自定义 ChannelHandler。

## 2.3 责任链模式

责任链模式 (Chain of Responsibility Pattern) 是一种常见的行为模式。责任链模式使多个对象都有处理请求的机会，从而避免了请求的发送者和接收者之间的耦合关系。将这些对象串成一条链，并沿着这条链一直传递该请求，直到有对象处理它为止。

责任链模式的重点在这个“链”上，由一条链去处理相似的请求，在链中决定谁来处理这个请求，并返回相应的结果。在 Netty 中，定义了 ChannelPipeline 接口用于对责任链的抽象。

责任链模式会定义一个抽象处理器（Handler）角色，该角色对请求进行抽象，并定义一个方法来设定和返回对下一个处理器的引用。在 Netty 中，定义了 ChannelHandler 接口承担该角色。

### 2.3.1 ▶ 责任链模式的优缺点

责任链模式的优点是将请求和处理分开，请求者不知道是谁处理的，处理者可以不用知道请求的全貌。这样就能按需扩展整个链路，使整个系统的灵活性都提高了。

责任链模式也有一定的缺点，总结如下。

- 降低了程序的性能。因为每个请求都是从链头遍历到链尾，当链比较长的时候，性能会大幅下降。

- 不方便调试。由于该模式采用了类似递归的方式，调试的时候逻辑比较复杂。

因此，在实际应用中要区分应用场景，不能乱用。责任链模式在 Java EE 中应用非常广泛，如 Spring MVC、Struts2 中的 Servlet 过滤器就是典型的责任链模式的应用，可以对用户请求进行层层过滤处理。

责任链模式在实际项目中往往应用在如下场景。

- 一个请求需要一系列的处理工作。
- 业务流的处理，例如文件审批。
- 对系统进行扩展补充。

## 2.3.2 ▶ ChannelPipeline

Netty 的 ChannelPipeline 接口设计，就采用了责任链设计模式，底层采用双向链表的数据结构，将链上的各个处理器串联起来。客户端每一个请求的到来，ChannelPipeline 中所有的处理器都有机会处理它，因此，对于入栈的请求，全部从头节点开始往后传播，一直传播到尾节点。图 2-4 图描述了 ChannelPipeline 中 ChannelHandler 是如何处理 I/O 事件的。

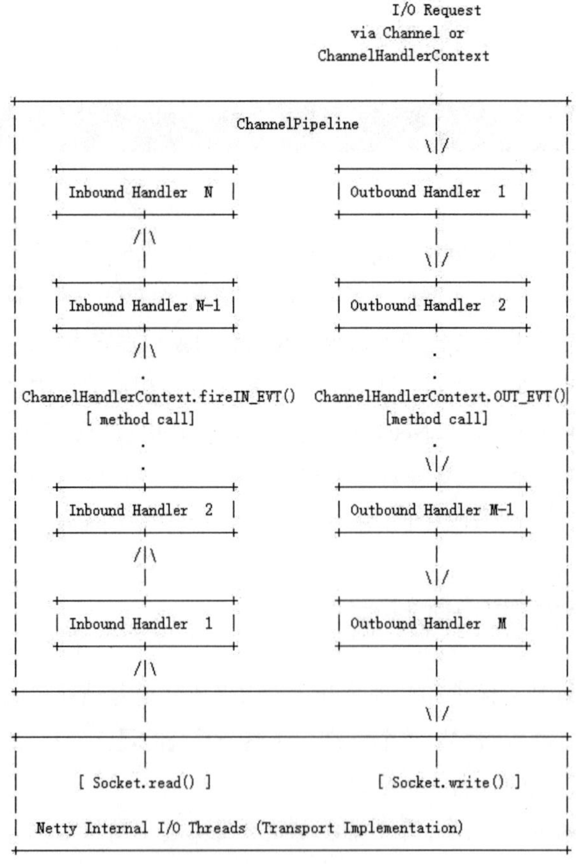


图 2-4 ChannelPipeline

在图 2–4 中，I/O 事件由 ChannelInboundHandler 或 ChannelOutboundHandler 处理，并通过调用 ChannelHandlerContext 中定义的事件传播方法（例如 ChannelHandlerContext.fireChannelRead(Object) 和 ChannelOutboundInvoker.write(Object)）转发到其最近的处理器上。

入站事件由入站处理器按自下而上的方向进行处理，如图 2–4 中左侧箭头所示。入站处理器通常会处理由图底部的 I/O 线程生成的入站数据。通常通过实际的输入操作（例如 SocketChannel.read(ByteBuffer)）从远端读取入站数据。如果入站事件超出了顶部入站处理器的范围，则将其静默丢弃，或者在需要时记录下来。

出站事件由出站处理器按自上向下的方向进行处理，如图 2–4 中右侧箭头所示。出站处理器通常会生成或转换出站流量，例如写请求。如果出站事件超出了底部出站处理器，则由与通道关联的 I/O 线程处理。I/O 线程通常执行实际的输出操作，例如 SocketChannel.write(ByteBuffer)。

观察下面所创建的 ChannelPipeline 的示例。

```
ChannelPipeline p = ...;
p.addLast("1", new InboundHandlerA());
p.addLast("2", new InboundHandlerB());
p.addLast("3", new OutboundHandlerA());
p.addLast("4", new OutboundHandlerB());
p.addLast("5", new InboundOutboundHandlerX());
```

在上面的示例中，其名称以 Inbound 开头的类表示它是一个入站处理器，名称以 Outbound 开头的类表示它是一个出站处理器。事件进站时，处理器评估顺序为 1、2、3、4、5。当事件出站时，顺序为 5、4、3、2、1。

ChannelPipeline 虽然初始化了 5 个处理器，但这些处理器并不一定全部会执行。比如以下情况。

- 3 和 4 没有实现 ChannelInboundHandler，因此入站事件的实际评估顺序为：1、2 和 5。
- 1 和 2 没有实现 ChannelOutboundHandler，因此出站事件的实际评估顺序为：5、4 和 3。
- 如果 5 同时实现 ChannelInboundHandler 和 ChannelOutboundHandler，则入站和出站事件的评估顺序可能分别为 1、2、5 和 5、4、3。

有关 ChannelPipeline 的内容，还会在“3.7 ChannelPipeline 接口”一节深入探讨。

### 2.3.3 ▶ 将事件传递给下一个处理器

如图 2–4 所示，处理器必须调用 ChannelHandlerContext 中的事件传播方法，以将事件转发到其下一个处理器。

对于入站事件的传播方法有以下几种。

- ChannelHandlerContext.fireChannelRegistered()
- ChannelHandlerContext.fireChannelActive()

- ChannelHandlerContext.fireChannelRead(Object)
- ChannelHandlerContext.fireChannelReadComplete()
- ChannelHandlerContext.fireExceptionCaught(Throwable)
- ChannelHandlerContext.fireUserEventTriggered(Object)
- ChannelHandlerContext.fireChannelWritabilityChanged()
- ChannelHandlerContext.fireChannelInactive()
- ChannelHandlerContext.fireChannelUnregistered()

对于出站事件的传播方法有以下几种。

- ChannelOutboundInvoker.bind(SocketAddress, ChannelPromise)
- ChannelOutboundInvoker.connect(SocketAddress, SocketAddress, ChannelPromise)
- ChannelOutboundInvoker.write(Object, ChannelPromise)
- ChannelHandlerContext.flush()
- ChannelHandlerContext.read()
- ChannelOutboundInvoker.disconnect(ChannelPromise)
- ChannelOutboundInvoker.close(ChannelPromise)
- ChannelOutboundInvoker.deregister(ChannelPromise)

以下示例说明了事件传播通常是如何完成的。

```
public class MyInboundHandler extends ChannelInboundHandlerAdapter {
    @Override
    public void channelActive(ChannelHandlerContext ctx) {
        System.out.println("Connected!");
        ctx.fireChannelActive();
    }
}

public class MyOutboundHandler extends ChannelOutboundHandlerAdapter {
    @Override
    public void close(ChannelHandlerContext ctx, ChannelPromise promise) {
        System.out.println("Closing ..");
        ctx.close(promise);
    }
}
```

# 第3章

3

# Channel

Channel 顾名思义就是“管道”，代表网络 socket 或能够进行 I/O 操作的组件的连接关系。

本章详细讲解 Netty 中 Channel 相关的功能和接口。

# 3.1 Channel详解

Channel代表网络socket或能够进行I/O操作的组件的连接关系。这些I/O操作包括读、写、连接和绑定。

Netty 中的 Channel 为用户提供如下功能。

- 查询当前 Channel 的状态。例如，是打开还是已连接状态等。
- 提供 Channel 的参数配置。例如，接收缓冲区大小。
- 提供支持的 I/O 操作。例如，读、写、连接和绑定。
- 提供ChannelPipeline。ChannelPipeline 用于处理所有与 Channel 关联的 I/O 事件和请求。

## 3.1.1 ▶ Channel 特点

Netty 中的 Channel 具有以下特点。

### 1. 所有 I/O 操作都是异步的

Netty 中的所有 I/O 操作都是异步的。这意味着任何 I/O 调用都将立即返回，而不保证所请求的 I/O 操作在调用结束时已完成。相反，在调用时都将返回一个 ChannelFuture 实例，用来代表未来的结果。该实例会在 I/O 操作真正完成后（包括成功、失败、被取消）通知用户，然后就可以得到具体的 I/O 操作的结果。

### 2. Channel 是分层的

Channel 是有层级关系的，一个 Channel 会有一个对应的 parent，该 parent 也是一个 Channel。并且根据 Channel 创建的不同，它的 parent 也会不一样。例如，一个 SocketChannel 连接上 ServerSocketChannel 之后，该 SocketChannel 的 parent 就会是该 ServerSocketChannel。层次结构的语义取决于 Channel 使用了何种传输实现方式。

例如，可以重新定义一种 Channel 的实现，在该 Channel 上创建一个共享此通道的用来连接 SSH 的子通道。

### 3. 向下转型以下访问特定于传输的操作

某些传输公开了特定于该传输的相关操作，因此可以将该 Channel 向下转换为子类型以调用此类操作。例如，对于旧的 I/O 数据报传输，DatagramChannel 提供了多播加入 / 离开操作。

### 4. 释放资源

一旦 Channel 完成，调用 ChannelOutboundInvoker.close() 或 ChannelOutboundInvoker.close(ChannelPromise) 来释放所有资源是非常重要的。这样可确保以适当的方式（即文件句柄）释放所有资源。

## 3.1.2 ▶ Channel 接口方法

以下是 Channel 接口的核心源码。

```
package io.netty.channel;

import io.netty.buffer.ByteBuf;
import io.netty.buffer.ByteBufAllocator;
import io.netty.channel.socket.DatagramChannel;
import io.netty.channel.socket.DatagramPacket;
import io.netty.channel.socket.ServerSocketChannel;
import io.netty.channel.socket.SocketChannel;
import io.netty.util.AttributeMap;

import java.net.InetSocketAddress;
import java.net.SocketAddress;

public interface Channel extends AttributeMap,
        ChannelOutboundInvoker, Comparable<Channel> {

    ChannelId id();
    EventLoop eventLoop();
    Channel parent();
    ChannelConfig config();
    boolean isOpen();
    boolean isRegistered();
    boolean isActive();
    ChannelMetadata metadata();
    SocketAddress localAddress();
    SocketAddress remoteAddress();
    ChannelFuture closeFuture();
    boolean isWritable();
    long bytesBeforeUnwritable();
    long bytesBeforeWritable();
    Unsafe unsafe();
    ChannelPipeline pipeline();
    ByteBufAllocator alloc();
    @Override
    Channel read();
    @Override
    Channel flush();
    interface Unsafe {
        RecvByteBufAllocator.Handle recvBufAllocHandle();
        SocketAddress localAddress();
        SocketAddress remoteAddress();
        void register(EventLoop eventLoop, ChannelPromise promise);
        void bind(SocketAddress localAddress, ChannelPromise promise);
        void connect(SocketAddress remoteAddress,
```

```
            SocketAddress localAddress, ChannelPromise promise);
        void disconnect(ChannelPromise promise);
        void close(ChannelPromise promise);
        void closeForcibly();
        void deregister(ChannelPromise promise);
        void beginRead();
        void write(Object msg, ChannelPromise promise);
        void flush();
        ChannelPromise voidPromise();
        ChannelOutboundBuffer outboundBuffer();
    }
}
```

从上述源码可以看到 Channel 接口除了继承了 AttributeMap、ChannelOutboundInvoker、Comparable<Channel> 外，还提供了诸多的接口。

- id() 方法将返回一个全局唯一的 ChannelId，该 ChannelId 由以下规则构成。
  - 服务器的 Mac 地址。
  - 当前的进程 ID。
  - System.currentTimeMillis()。
  - System.nanoTime()。
  - 一个随机的 32 位整数。
  - 一个顺序增长的 32 位整数。
- eventLoop() 方法将返回分配给该 Channel 的 EventLoop，一个 EventLoop 就是一个线程，用来处理连接的生命周期中所发生的事件。
- parent() 方法将返回该 Channel 的父 Channel。
- config() 方法将返回该 Channel 的 ChannelConfig，ChannelConfig 中包含了该 Channel 的所有配置设置，并且支持热更新。
- pipeline() 方法将返回该 Channel 所对应的 ChannelPipeline。
- alloc() 方法将返回分配给该 Channel 的 ByteBufAllocator，可以用来分配 ByteBuf。

除了以上这些方法外，Channel 还继承了 ChannelOutboundInvoker 接口。该接口中的大部分方法返回值都是 ChannelFuture（还有一部分方法的返回值是 ChannelPromise），这也证明了 Channel 的所有操作都是异步的。因为一个 ChannelFuture 就是一个异步方法执行结果的占位符。这个方法什么时候被执行取决于若干的因素，因此无法准确地预测。但是有一点可以肯定的是，它将会被执行，并且所有关联在同一个 Channel 上的操作都被保证将以它们被调用的顺序被执行。

### 3.1.3 ChannelOutboundInvoker 接口

ChannelOutboundInvoker 接口声明了所有的出站的网络操作。以下是 ChannelOutboundInvoker

接口的核心源码。

```
package io.netty.channel;

import io.netty.util.concurrent.EventExecutor;
import io.netty.util.concurrent.FutureListener;

import java.net.ConnectException;
import java.net.SocketAddress;

public interface ChannelOutboundInvoker {
    ChannelFuture bind(SocketAddress localAddress);
    ChannelFuture connect(SocketAddress remoteAddress);
    ChannelFuture connect(SocketAddress remoteAddress,
                    SocketAddress localAddress);
    ChannelFuture disconnect();
    ChannelFuture close();
    ChannelFuture deregister();
    ChannelFuture bind(SocketAddress localAddress,
                    ChannelPromise promise);
    ChannelFuture connect(SocketAddress remoteAddress,
                     ChannelPromise promise);
    ChannelFuture connect(SocketAddress remoteAddress,
            SocketAddress localAddress, ChannelPromise promise);
    ChannelFuture disconnect(ChannelPromise promise);
    ChannelFuture close(ChannelPromise promise);
    ChannelFuture deregister(ChannelPromise promise);
    ChannelOutboundInvoker read();
    ChannelFuture write(Object msg);
    ChannelFuture write(Object msg, ChannelPromise promise);
    ChannelOutboundInvoker flush();
    ChannelFuture writeAndFlush(Object msg, ChannelPromise promise);
    ChannelFuture writeAndFlush(Object msg);
    ChannelPromise newPromise();
    ChannelProgressivePromise newProgressivePromise();
    ChannelFuture newSucceededFuture();
    ChannelFuture newFailedFuture(Throwable cause);
    ChannelPromise voidPromise();
}
```

从上述源码可以看到ChannelOutboundInvokerd接口中的大部分方法返回值都是ChannelFuture及ChannelPromise。因此，ChannelOutboundInvoker接口的操作都是异步的。

ChannelFuture与ChannelPromise的差异在于，ChannelFuture用于获取异步的结果，而ChannelPromise则是对ChannelFuture进行扩展，支持写的操作。因此，ChannelPromise也被称为可写的ChannelFuture。

### 3.1.4 ▶ AttributeMap 接口

Channel 接口继承了 AttributeMap 接口，那么 AttributeMap 接口的作用是什么呢？

以下是 AttributeMap 接口的核心源码。

```
package io.netty.util;

public interface AttributeMap {
    <T> Attribute<T> attr(AttributeKey<T> key);
    <T> boolean hasAttr(AttributeKey<T> key);
}
```

从源码可以看到，AttributeMap 其实就是类似于 Map 的键值对，而键就是 AttributeKey 类型，值是 Attribute 类型。换言之，AttributeMap 是用来存放属性的。

ChannelHandlerContext 是联系 ChannelHandler 和 ChannelPipeline 之间的桥梁。需要注意的是，可以将 ChannelHandler 实例添加到多个 ChannelPipeline 中。这意味着一个 ChannelHandler 实例可以具有多个 ChannelHandlerContext，因此，如果将一个 ChannelHandler 实例多次添加到一个或多个 ChannelPipelines 中，则可以使用不同的 ChannelHandlerContext 调用该实例。AttributeMap 附属在 ChannelHandlerContext 上，同时也是线程安全的，也就是说如果 Channel a 上的 ChannelHandlerContext 中的 AttributeMap，是无法被 Channel b 上的 ChannelHandlerContext 读取到的。

Netty 提供了 AttributeMap 的默认实现类 DefaultAttributeMap。与 JDK 中的 ConcurrentHashMap 相比，在高并发下 DefaultAttributeMap 可以更加节省内存。

DefaultAttributeMap 的核心源码如下。

```
package io.netty.util;

import java.util.concurrent.atomic.AtomicReference;
import java.util.concurrent.atomic.AtomicReferenceArray;
import java.util.concurrent.atomic.AtomicReferenceFieldUpdater;

public class DefaultAttributeMap implements AttributeMap {

    @SuppressWarnings("rawtypes")
    private static final AtomicReferenceFieldUpdater<DefaultAttributeMap,
            AtomicReferenceArray> updater =
                AtomicReferenceFieldUpdater.newUpdater(DefaultAttributeMap.class,
                    AtomicReferenceArray.class, "attributes");

    private static final int BUCKET_SIZE = 4;
    private static final int MASK = BUCKET_SIZE  - 1;

    // 延迟初始化以减少内存消耗；由上面的 AtomicReferenceFieldUpdater 更新
```

```
@SuppressWarnings("UnusedDeclaration")
private volatile AtomicReferenceArray<DefaultAttribute<?>> attributes;

@SuppressWarnings("unchecked")
@Override
public <T> Attribute<T> attr(AttributeKey<T> key) {
    if (key == null) {
        throw new NullPointerException("key");
    }
    AtomicReferenceArray<DefaultAttribute<?>> attributes = this.attributes;
    if (attributes == null) {
        // 不使用 ConcurrentHashMap，因为那样会引发高内存消耗
        attributes = new AtomicReferenceArray<DefaultAttribute<?>>(BUCKET_SIZE);

        if (!updater.compareAndSet(this, null, attributes)) {
            attributes = this.attributes;
        }
    }

    int i = index(key);
    DefaultAttribute<?> head = attributes.get(i);
    if (head == null) {
        // head 不存在，这意味着还可以添加属性而无须同步，而只须使用 compareAndSet
        // 最糟糕的情况是，需要退回到同步并浪费两个分配
        head = new DefaultAttribute();
        DefaultAttribute<T> attr = new DefaultAttribute<T>(head, key);
        head.next = attr;
        attr.prev = head;
        if (attributes.compareAndSet(i, null, head)) {
            // 能够添加它，所以马上返回属性
            return attr;
        } else {
            head = attributes.get(i);
        }
    }

    synchronized (head) {
        DefaultAttribute<?> curr = head;
        for (;;) {
            DefaultAttribute<?> next = curr.next;
            if (next == null) {
                DefaultAttribute<T> attr = new DefaultAttribute<T>(head, key);
                curr.next = attr;
                attr.prev = curr;
                return attr;
            }

            if (next.key == key && !next.removed) {
                return (Attribute<T>) next;
```

```
                }
                curr = next;
            }
        }
    }

    @Override
    public <T> boolean hasAttr(AttributeKey<T> key) {
        if (key == null) {
            throw new NullPointerException("key");
        }
        AtomicReferenceArray<DefaultAttribute<?>> attributes = this.attributes;
        if (attributes == null) {
            // 属性不存在
            return false;
        }

        int i = index(key);
        DefaultAttribute<?> head = attributes.get(i);
        if (head == null) {
            // 没有指向 head 的属性存在
            return false;
        }

        // 需要在 need 上同步
        synchronized (head) {
            // 从 head.next 开始，因为 head 本身不存储属性
            DefaultAttribute<?> curr = head.next;
            while (curr != null) {
                if (curr.key == key && !curr.removed) {
                    return true;
                }
                curr = curr.next;
            }
            return false;
        }
    }

    // ...
}
```

从上述源码可以看出，DefaultAttributeMap 使用了 AtomicReferenceArray、synchronized 等来保证并发的安全性。

AtomicReferenceArray 类提供了可以原子读取和写入的底层引用数组的操作，并且还包含高级原子操作。AtomicReferenceArray 支持对底层引用数组变量的原子操作。它具有获取和设置方法，如在变量上的读取和写入。compareAndSet() 方法用于判断当前值是否等于预期值，如果是，则以原子方式将位置 i 的元素设置为给定的更新值。

# 3.2 ChannelHandler 接口

Netty 的 ChannelHandler 充当了所有处理入站和出站数据的应用程序逻辑的容器。事实上，ChannelHandler 可专门用于几乎任何类型的动作，例如，将数据从一种格式转换为另外一种格式，或者处理转换过程中所抛出的异常。下面 Echo 服务器示例中的 EchoServerHandler 就是一个典型的 ChannelHandler。

```
package com.waylau.netty.demo.echo;

import io.netty.channel.ChannelHandlerContext;
import io.netty.channel.ChannelInboundHandlerAdapter;

public class EchoServerHandler extends ChannelInboundHandlerAdapter {

    @Override
    public void channelRead(ChannelHandlerContext ctx, Object msg) {
        System.out.println(ctx.channel().remoteAddress() + " -> Server :" + msg);

        // 写消息到管道
        ctx.write(msg);// 写消息
        ctx.flush(); // 冲刷消息

        // 上面两个方法等同于 ctx.writeAndFlush(msg);
    }

    @Override
    public void exceptionCaught(ChannelHandlerContext ctx, Throwable cause) {

        // 当出现异常就关闭连接
        cause.printStackTrace();
        ctx.close();
    }
}
```

## 3.2.1 ▶ ChannelHandler 的生命周期

ChannelHandler 接口本身没有提供太多的方法，以下是 ChannelHandler 接口核心的源码。

```
package io.netty.channel;

import io.netty.util.Attribute;
import io.netty.util.AttributeKey;
```

```
import java.lang.annotation.Documented;
import java.lang.annotation.ElementType;
import java.lang.annotation.Inherited;
import java.lang.annotation.Retention;
import java.lang.annotation.RetentionPolicy;
import java.lang.annotation.Target;

public interface ChannelHandler {
    void handlerAdded(ChannelHandlerContext ctx) throws Exception;
    void handlerRemoved(ChannelHandlerContext ctx) throws Exception;
    @Deprecated
     void exceptionCaught(ChannelHandlerContext ctx, Throwable cause) throws
Exception;

    @Inherited
    @Documented
    @Target(ElementType.TYPE)
    @Retention(RetentionPolicy.RUNTIME)
    @interface Sharable {
        // no value
    }
}
```

上述方法定义了 ChannelHandler 的生命周期。

- handlerAdded：当把 ChannelHandler 添加到 ChannelPipeline 中时被调用。
- handlerRemoved：当从 ChannelPipeline 中移除 ChannelHandler 时被调用。
- exceptionCaught：当处理过程中在 ChannelPipeline 中有错误产生时被调用。

这些方法中的每一个都接受一个 ChannelHandlerContext 参数。ChannelHandler 应该通过上下文对象与其所属的 ChannelPipeline 进行交互。使用上下文对象，ChannelHandler 可以在上游或下游传递事件，动态修改管道或存储特定于处理器的信息（使用 AttributeKey）。

### 3.2.2 ▶ ChannelHandler 接口子类

虽然 ChannelHandler 接口本身没有提供太多的方法，但是它有众多的子接口和子类对其进行功能的扩展。

ChannelHandler 接口的核心直接子类型主要有以下几个。

- ChannelInboundHandler：用于处理入站 I/O 事件。
- ChannelOutboundHandler：用于处理出站 I/O 操作。
- ChannelHandlerAdapter：采用适配器模式的 ChannelHandler 适配器。

上述类型，还会在后续章节继续讲解。

Netty 内置了众多的 ChannelHandler，都是基于上述 3 个类型进行扩展的，例如，常用的有

Base64Decoder（Base64 解码器）、Base64Encoder（Base64 编码器）、ByteToMessageCodec（字节到消息编解码器）、ByteToMessageDecoder（字节到消息解码器）、LengthFieldBasedFrameDecoder（基于长度字段的帧解码器）、MessageToByteEncoder（消息到字节编码器）、MessageToMessageCodec（消息到消息编解码器）、MessageToMessageDecoder（消息到消息解码器）、MessageToMessageEncoder（消息到消息编码器）等。

## 3.3 ChannelInboundHandler 接口

ChannelInboundHandler 接口用于处理入站 I/O 事件。以下是 ChannelInboundHandler 接口核心的源码。

```
package io.netty.channel;

public interface ChannelInboundHandler extends ChannelHandler {
    void channelRegistered(ChannelHandlerContext ctx) throws Exception;
    void channelUnregistered(ChannelHandlerContext ctx) throws Exception;
    void channelActive(ChannelHandlerContext ctx) throws Exception;
    void channelInactive(ChannelHandlerContext ctx) throws Exception;
    void channelRead(ChannelHandlerContext ctx, Object msg) throws Exception;
    void channelReadComplete(ChannelHandlerContext ctx) throws Exception;
     void userEventTriggered(ChannelHandlerContext ctx, Object evt) throws
Exception;
     void channelWritabilityChanged(ChannelHandlerContext ctx) throws
Exception;
    @Override
    @SuppressWarnings("deprecation")
     void exceptionCaught(ChannelHandlerContext ctx, Throwable cause) throws
Exception;
}
```

在上述源码中，定义了 ChannelInboundHandler 的生命周期方法。这些方法将会在数据被接收时或者与其对应的 Channel 状态发生改变时被调用。正如前面所提到的，这些方法和 Channel 的生命周期密切相关。

- channelRegistered：当 Channel 已经注册到它的 EventLoop 并且能够处理 I/O 时被调用。
- channelUnregistered：当 Channel 从它的 EventLoop 注销并且无法处理任何 I/O 时被调用。
- channelActive：当 Channel 处于活动状态时被调用。此时 Channel 已经连接 / 绑定并且已经就绪。
- channelInactive：当 Channel 离开活动状态并且不再连接它的远程节点时被调用。
- channelReadComplete：当 Channel 上的一个读操作完成时被调用。

- channelRead：当从 Channel 读取数据时被调用。
- userEventTriggered：当 ChannelnboundHandler.fireUserEventTriggered() 方法被调用时被调用，因为一个 POJO 被传进了 ChannelPipeline。
- ChannelWritabilityChanged：当 Channel 的可写状态发生改变时被调用。用户可以确保写操作不会完成得太快（以避免发生 OutOfMemoryError）或者可以在 Channel 变为再次可写时恢复写入。可以通过调用 Channel 的 isWritable() 方法来检测 Channel 的可写性。与可写性相关的阈值可以通过 Channel.config().setWriteHighWaterMark() 和 Channel.config().setWriteLowWaterMark() 方法来设置。

当某个 ChannelInboundHandler 的实现重写 channelRead() 方法时，它将负责显式地释放与池化的 ByteBuf 实例相关的内存。Netty 为此提供了一个实用方法 ReferenceCountUtil.release()。

下面是一个“丢弃服务器”的例子中的处理器 DiscardServerHandler，其通过 ReferenceCountUtil.release() 方法来将接收到的消息直接“丢弃”掉。

```
package com.waylau.netty.demo.discard;

import io.netty.buffer.ByteBuf;
import io.netty.channel.ChannelHandlerContext;
import io.netty.channel.ChannelInboundHandlerAdapter;
import io.netty.util.ReferenceCountUtil;

/**
 * Discard Server Handler.
 *
 * @since 1.0.0 2019年10月5日
 * @author <a href="https://waylau.com">Way Lau</a>
 */
public class DiscardServerHandler extends ChannelInboundHandlerAdapter {

    @Override
    public void channelRead(ChannelHandlerContext ctx, Object msg) {

        // 默默地丢弃收到的数据
        ByteBuf in = (ByteBuf) msg;
        try {
            while (in.isReadable()) {
                // 打印消息内容
                System.out.print((char) in.readByte());
                System.out.flush();
            }
        } finally {
            // 释放消息
            ReferenceCountUtil.release(msg);
        }
```

```
    }

    @Override
    public void exceptionCaught(ChannelHandlerContext ctx, Throwable cause) {
        // 当出现异常就关闭连接
        cause.printStackTrace();
        ctx.close();
    }
}
```

本节示例，可以在 com.waylau.java.demo.discard 包下找到。

## 3.4 ChannelOutboundHandler 接口

ChannelOutboundHandler 接口用于处理出站 I/O 操作。

以下是 ChannelOutboundHandler 接口核心的源码。

```
package io.netty.channel;

import java.net.SocketAddress;

public interface ChannelOutboundHandler extends ChannelHandler {
    void bind(ChannelHandlerContext ctx, SocketAddress localAddress,
ChannelPromise promise) throws Exception;
    void connect(
            ChannelHandlerContext ctx, SocketAddress remoteAddress,
            SocketAddress localAddress, ChannelPromise promise) throws Exception;
    void disconnect(ChannelHandlerContext ctx, ChannelPromise promise) throws Exception;
    void close(ChannelHandlerContext ctx, ChannelPromise promise) throws Exception;
    void deregister(ChannelHandlerContext ctx, ChannelPromise promise) throws Exception;
    void read(ChannelHandlerContext ctx) throws Exception;
    void write(ChannelHandlerContext ctx, Object msg, ChannelPromise promise) throws
Exception;
    void flush(ChannelHandlerContext ctx) throws Exception;
}
```

在上述源码中，定义了 ChannelOutboundHandler 的方法。这些方法将被 Channel、ChannelPipeline 及 ChannelHandlerContext 调用。

ChannelOutboundHandler 的一个强大的功能是可以按需推迟操作或者事件，这使得可以通过一些复杂的方法来处理请求。例如，如果到远端的写入被暂停了，那么可以推迟冲刷操作并在稍后继续。

下面是 ChannelOutboundHandler 方法的具体含义。

- bind：当请求将 Channel 绑定到本地地址时被调用。
- connect：当请求将 Channel 连接到远端时被调用。
- disconnect：当请求将 Channel 从远端断开时被调用。
- close：当请求关闭 Channel 时被调用。
- deregister：当请求将 Channel 从它的 EventLoop 注销时被调用。
- read：当请求从 Channel 读取更多的数据时被调用。
- write：当请求通过 Channel 将数据写到远程节点时被调用。
- flush：当请求通过 Channel 将入队数据冲刷到远端点时被调用。

## 3.5 ChannelHandlerAdapter 抽象类

ChannelHandlerAdapter 抽象类是采用适配器模式的 ChannelHandler 适配器。

### 3.5.1 ChannelHandlerAdapter 方法及其子类

ChannelHandlerAdapter 类是对 ChannelHandler 接口的一个基本实现。作为一个适配器，ChannelHandlerAdapter 并没有提供太多的功能，仅仅是处理了是否共享的问题。

下面是 ChannelHandlerAdapter 抽象类的核心源码。

```
package io.netty.channel;

import io.netty.channel.ChannelHandlerMask.Skip;
import io.netty.util.internal.InternalThreadLocalMap;

import java.util.Map;

public abstract class ChannelHandlerAdapter implements ChannelHandler {
    boolean added;

    protected void ensureNotSharable() {
        if (isSharable()) {
            throw new IllegalStateException("ChannelHandler "
                    + getClass().getName() + " is not allowed to be shared");
        }
    }

    public boolean isSharable() {
```

```
        Class<?> clazz = getClass();
        Map<Class<?>, Boolean> cache =
                InternalThreadLocalMap.get().handlerSharableCache();
        Boolean sharable = cache.get(clazz);
        if (sharable == null) {
            sharable = clazz.isAnnotationPresent(Sharable.class);
            cache.put(clazz, sharable);
        }
        return sharable;
    }

    @Override
    public void handlerAdded(ChannelHandlerContext ctx) throws Exception {
        // NOOP
    }

    @Override
    public void handlerRemoved(ChannelHandlerContext ctx) throws Exception {
        // NOOP
    }

    @Skip
    @Override
    @Deprecated
    public void exceptionCaught(ChannelHandlerContext ctx, Throwable cause)
            throws Exception {
        ctx.fireExceptionCaught(cause);
    }
}
```

从上述源码可以看到，ChannelHandlerAdapter 抽象类对于所要实现的接口都给了空实现，而且对于共享态的处理也只提供了基础的工具。

ChannelHandlerAdapter 抽象类有 4 个子类，分别是 ChannelInboundHandlerAdapter、ChannelOutboundHandlerAdapter、CleartextHttp2ServerUpgradeHandler 和 Http2FrameLogger，其中 ChannelInboundHandlerAdapter 和 ChannelOutboundHandlerAdapter 是经常被使用的两个适配器。

### 3.5.2 ▶ ChannelInboundHandlerAdapter 类

ChannelInboundHandlerAdapter 是 ChannelInboundHandler 实现的抽象基类，提供了所有方法的实现。

```
package io.netty.channel;

import io.netty.channel.ChannelHandlerMask.Skip;
```

```
public class ChannelInboundHandlerAdapter extends ChannelHandlerAdapter
        implements ChannelInboundHandler {

    @Skip
    @Override
    public void channelRegistered(ChannelHandlerContext ctx) throws Exception {
        ctx.fireChannelRegistered();
    }

    @Skip
    @Override
    public void channelUnregistered(ChannelHandlerContext ctx) throws Exception {
        ctx.fireChannelUnregistered();
    }

    @Skip
    @Override
    public void channelActive(ChannelHandlerContext ctx) throws Exception {
        ctx.fireChannelActive();
    }

    @Skip
    @Override
    public void channelInactive(ChannelHandlerContext ctx) throws Exception {
        ctx.fireChannelInactive();
    }

    @Skip
    @Override
    public void channelRead(ChannelHandlerContext ctx, Object msg)
            throws Exception {
        ctx.fireChannelRead(msg);
    }

    @Skip
    @Override
    public void channelReadComplete(ChannelHandlerContext ctx) throws Exception {
        ctx.fireChannelReadComplete();
    }

    @Skip
    @Override
    public void userEventTriggered(ChannelHandlerContext ctx, Object evt) throws Exception {
        ctx.fireUserEventTriggered(evt);
    }

    @Skip
    @Override
```

```
    public void channelWritabilityChanged(ChannelHandlerContext ctx) throws Exception {
        ctx.fireChannelWritabilityChanged();
    }

    @Skip
    @Override
    @SuppressWarnings("deprecation")
    public void exceptionCaught(ChannelHandlerContext ctx, Throwable cause)
            throws Exception {
        ctx.fireExceptionCaught(cause);
    }
}
```

从上述源码可以看出，此实现只是将操作转发到 ChannelPipeline 中的下一个 ChannelHandler。

### 3.5.3 ▶ ChannelOutboundHandlerAdapter 类

ChannelOutboundHandlerAdapter 是 ChannelOutboundHandler 实现的抽象基类。ChannelOutbound HandlerAdapter 的核心源码如下。

```
package io.netty.channel;

import io.netty.channel.ChannelHandlerMask.Skip;

import java.net.SocketAddress;

public class ChannelOutboundHandlerAdapter extends ChannelHandlerAdapter
implements ChannelOutboundHandler {

    @Skip
    @Override
    public void bind(ChannelHandlerContext ctx, SocketAddress localAddress,
            ChannelPromise promise) throws Exception {
        ctx.bind(localAddress, promise);
    }

    @Skip
    @Override
    public void connect(ChannelHandlerContext ctx, SocketAddress remoteAddress,
            SocketAddress localAddress, ChannelPromise promise) throws Exception {
        ctx.connect(remoteAddress, localAddress, promise);
    }

    @Skip
    @Override
    public void disconnect(ChannelHandlerContext ctx, ChannelPromise promise)
```

```
            throws Exception {
        ctx.disconnect(promise);
    }

    @Skip
    @Override
    public void close(ChannelHandlerContext ctx, ChannelPromise promise)
            throws Exception {
        ctx.close(promise);
    }

    @Skip
    @Override
    public void deregister(ChannelHandlerContext ctx, ChannelPromise promise)
            throws Exception {
        ctx.deregister(promise);
    }

    @Skip
    @Override
    public void read(ChannelHandlerContext ctx) throws Exception {
        ctx.read();
    }

    @Skip
    @Override
    public void write(ChannelHandlerContext ctx, Object msg, ChannelPromise promise)
            throws Exception {
        ctx.write(msg, promise);
    }

    @Skip
    @Override
    public void flush(ChannelHandlerContext ctx) throws Exception {
        ctx.flush();
    }
}
```

从上述源码可以看出，此实现仅仅是通过 ChannelHandlerContext 转发每个方法调用而已。

## 3.6 适配器的作用

大部分的ChannelHandler都是继承自ChannelInboundHandlerAdapter和ChannelOutboundHandlerAdapter，那么 Netty 设计这些适配器的用意是什么呢？

在 Netty 中，使用适配器的原因是，适配器的子类并不需要实现父类中的所有方法，而是按需覆盖适配器的方法即可。这样子类的代码就会显得比较简洁。

下面以 Echo 服务器 EchoServerHandler 代码为例进行说明。

```
package com.waylau.netty.demo.echo;

import io.netty.channel.ChannelHandlerContext;
import io.netty.channel.ChannelInboundHandlerAdapter;

public class EchoServerHandler extends ChannelInboundHandlerAdapter {

    @Override
    public void channelRead(ChannelHandlerContext ctx, Object msg) {
        System.out.println(ctx.channel().remoteAddress() + " -> Server :" + msg);

        // 写消息到管道
        ctx.write(msg);// 写消息
        ctx.flush(); // 冲刷消息

        // 上面两个方法等同于 ctx.writeAndFlush(msg);
    }

    @Override
    public void exceptionCaught(ChannelHandlerContext ctx, Throwable cause) {

        // 当出现异常就关闭连接
        cause.printStackTrace();
        ctx.close();
    }
}
```

在上述代码中，EchoServerHandler 是 ChannelInboundHandlerAdapter 适配器的子类，只关心读和异常捕获操作，因此只需要覆盖父类的 channelRead 和 exceptionCaught 两个方法即可。EchoServerHandler 的代码看起来非常简洁清晰。

## 3.7 ChannelPipeline 接口

在第 2 章已经对 ChannelPipeline 接口做了初步的介绍。ChannelPipeline 接口设计采用了责任链设计模式，底层采用双向链表的数据结构，将链上的各个处理器串联起来。客户端每一个请求的到来，ChannelPipeline 中的所有的处理器都有机会处理它。

ChannelPipeline 接口核心源码如下。

```
package io.netty.channel;

import io.netty.buffer.ByteBuf;
import io.netty.util.concurrent.DefaultEventExecutorGroup;
import io.netty.util.concurrent.EventExecutorGroup;

import java.net.SocketAddress;
import java.nio.ByteBuffer;
import java.nio.channels.SocketChannel;
import java.util.List;
import java.util.Map;
import java.util.Map.Entry;
import java.util.NoSuchElementException;

public interface ChannelPipeline
        extends ChannelInboundInvoker, ChannelOutboundInvoker,
                Iterable<Entry<String, ChannelHandler>> {

    ChannelPipeline addFirst(String name, ChannelHandler handler);
    ChannelPipeline addFirst(EventExecutorGroup group, String name,
          ChannelHandler handler);
    ChannelPipeline addLast(String name, ChannelHandler handler);
    ChannelPipeline addLast(EventExecutorGroup group, String name,
          ChannelHandler handler);
    ChannelPipeline addBefore(String baseName, String name,
          ChannelHandler handler);
    ChannelPipeline addBefore(EventExecutorGroup group, String baseName,
          String name, ChannelHandler handler);
    ChannelPipeline addAfter(String baseName, String name, ChannelHandler handler);
    ChannelPipeline addAfter(EventExecutorGroup group, String baseName,
          String name, ChannelHandler handler);
    ChannelPipeline addFirst(ChannelHandler... handlers);
    ChannelPipeline addFirst(EventExecutorGroup group, ChannelHandler... handlers);
    ChannelPipeline addLast(ChannelHandler... handlers);
    ChannelPipeline addLast(EventExecutorGroup group, ChannelHandler... handlers);
    ChannelPipeline remove(ChannelHandler handler);
    ChannelHandler remove(String name);
    <T extends ChannelHandler> T remove(Class<T> handlerType);
    ChannelHandler removeFirst();
    ChannelHandler removeLast();
    ChannelPipeline replace(ChannelHandler oldHandler, String newName,
          ChannelHandler newHandler);
    ChannelHandler replace(String oldName, String newName, ChannelHandler newHandler);
    <T extends ChannelHandler> T replace(Class<T> oldHandlerType, String newName,
                                      ChannelHandler newHandler);
    ChannelHandler first();
    ChannelHandlerContext firstContext();
    ChannelHandler last();
    ChannelHandlerContext lastContext();
```

```
    ChannelHandler get(String name);
    <T extends ChannelHandler> T get(Class<T> handlerType);
    ChannelHandlerContext context(ChannelHandler handler);
    ChannelHandlerContext context(String name);
    ChannelHandlerContext context(Class<? extends ChannelHandler> handlerType);
    Channel channel();
    List<String> names();
    Map<String, ChannelHandler> toMap();
    @Override
    ChannelPipeline fireChannelRegistered();
    @Override
    ChannelPipeline fireChannelUnregistered();
    @Override
    ChannelPipeline fireChannelActive();
    @Override
    ChannelPipeline fireChannelInactive();
    @Override
    ChannelPipeline fireExceptionCaught(Throwable cause);
    @Override
    ChannelPipeline fireUserEventTriggered(Object event);
    @Override
    ChannelPipeline fireChannelRead(Object msg);
    @Override
    ChannelPipeline fireChannelReadComplete();
    @Override
    ChannelPipeline fireChannelWritabilityChanged();
    @Override
    ChannelPipeline flush();
}
```

Netty 提供了 ChannelPipeline 接口的默认实现类 DefaultChannelPipeline。

### 3.7.1 ▶ 创建 ChannelPipeline

ChannelPipeline 数据管道是与 Channel 通道绑定的，一个 Channel 通道对应一个 ChannelPipeline，ChannelPipeline 是在 Channel 初始化时被创建的。

观察下面的 DiscardServer 示例。

```
public void run() throws Exception {
    EventLoopGroup bossGroup = new NioEventLoopGroup(); // (1)
    EventLoopGroup workerGroup = new NioEventLoopGroup();
    try {
        ServerBootstrap b = new ServerBootstrap(); // (2)
        b.group(bossGroup, workerGroup)
            .channel(NioServerSocketChannel.class) // (3)
            .childHandler(new ChannelInitializer<SocketChannel>() { // (4)
                @Override
```

```
                public void initChannel(SocketChannel ch) throws Exception {

                    // 添加ChannelHandler到ChannelPipeline
                    ch.pipeline().addLast(new DiscardServerHandler());
                }
            })
            .option(ChannelOption.SO_BACKLOG, 128)          // (5)
            .childOption(ChannelOption.SO_KEEPALIVE, true); // (6)

        // 绑定端口，开始接收进来的连接
        ChannelFuture f = b.bind(port).sync(); // (7)

        System.out.println("DiscardServer已启动，端口：" + port);

        // 等待服务器socket 关闭
        // 在这个例子中，这不会发生，但可以优雅地关闭服务器
        f.channel().closeFuture().sync();
    } finally {
        workerGroup.shutdownGracefully();
        bossGroup.shutdownGracefully();
    }
}
```

从上述代码中可以看到，当 ServerBootstrap 初始化后，直接就可以获取到 SocketChannel 上的 ChannelPipeline，而无须用户手动实例化，因为 Netty 会为每个 Channel 连接创建一个 ChannelPipeline。

Channel 的大部分子类都继承了 AbstractChannel，在创建实例时也会调用 AbstractChannel 构造器。在 AbstractChannel 构造器中会创建 ChannelPipeline 管道实例，核心代码如下。

```
public abstract class AbstractChannel extends DefaultAttributeMap implements
Channel {
    // ...

    protected AbstractChannel(Channel parent, ChannelId id) {
        this.parent = parent;
        this.id = id;
        unsafe = newUnsafe();
        pipeline = newChannelPipeline();
    }

    protected DefaultChannelPipeline newChannelPipeline() {
        return new DefaultChannelPipeline(this);
    }

    // ...
}
```

在上述代码中可以看到，在创建 Channel 时，会由 Channel 创建 DefaultChannelPipeline 类的实例。DefaultChannelPipeline 类是 ChannelPipeline 接口的默认实现。

pipeline 是 AbstractChannel 的属性，内部维护着一个以 AbstractChannelHandlerContext 为节点的双向链表，创建的 head 和 tail 节点分别指向链表头尾，源码如下。

```
public class DefaultChannelPipeline implements ChannelPipeline {
    // ...

    protected DefaultChannelPipeline(Channel channel) {
        this.channel = ObjectUtil.checkNotNull(channel, "channel");
        succeededFuture = new SucceededChannelFuture(channel, null);
        voidPromise =  new VoidChannelPromise(channel, true);

        tail = new TailContext(this);
        head = new HeadContext(this);

        head.next = tail;
        tail.prev = head;
    }

    // ...

     final class TailContext extends AbstractChannelHandlerContext implements
ChannelInboundHandler {

        TailContext(DefaultChannelPipeline pipeline) {
            super(pipeline, null, TAIL_NAME, TailContext.class);
            setAddComplete();
        }

        // ...
    }

    final class HeadContext extends AbstractChannelHandlerContext
        implements ChannelOutboundHandler, ChannelInboundHandler {

        HeadContext(DefaultChannelPipeline pipeline) {
            super(pipeline, null, HEAD_NAME, HeadContext.class);
            unsafe = pipeline.channel().unsafe();
            setAddComplete();
        }

        // ...

    }

    // ...
}
```

从上述源码可以看到，TailContext 和 headContext 都继承了 AbstractChannelHandlerContext 并是实现了 ChannelHandler 接口。AbstractChannelHandlerContext 内部维护着 next、prev 链表指针和入站、出站节点方向等。其中 TailContext 实现了 ChannelInboundHandler，HeadContext 实现了 ChannelOutboundHandler 和 ChannelInboundHandler。

## 3.7.2 ▶ ChannelPipeline 事件传输机制

通过 ChannelPipeline 的 addLast() 方法来添加 ChannelHandler，并为这个 ChannelHandler 创建一个对应的 DefaultChannelHandlerContext 实例。

```
public class DefaultChannelPipeline implements ChannelPipeline {
    // ...

    @Override
    public final ChannelPipeline addLast(EventExecutorGroup group, String name,
ChannelHandler handler) {
        final AbstractChannelHandlerContext newCtx;
        synchronized (this) {
            checkMultiplicity(handler);

            newCtx = newContext(group, filterName(name, handler), handler);

            addLast0(newCtx);

            if (!registered) {
                newCtx.setAddPending();
                callHandlerCallbackLater(newCtx, true);
                return this;
            }

            EventExecutor executor = newCtx.executor();
            if (!executor.inEventLoop()) {
                callHandlerAddedInEventLoop(newCtx, executor);
                return this;
            }
        }
        callHandlerAdded0(newCtx);
        return this;
    }

    // ...

    private AbstractChannelHandlerContext newContext(EventExecutorGroup group,
String name, ChannelHandler handler) {
        return new DefaultChannelHandlerContext(this, childExecutor(group),
```

```
name, handler);
    }

    // ...
}
```

1. **处理出站事件**

当处理出站事件时，channelRead() 方法的示例如下：

```
public class EchoServerHandler extends ChannelInboundHandlerAdapter {

    @Override
    public void channelRead(ChannelHandlerContext ctx, Object msg) {
        System.out.println(ctx.channel().remoteAddress() + " -> Server :" + msg);

        // 写消息到管道
        ctx.write(msg);// 写消息
    }

    // ...
}
```

上述代码中的 write() 方法会触发一个出站事件，该方法会调用 DefaultChannelPipeline 上的 write 方法。

```
@Override
public final ChannelFuture write(Object msg) {
    return tail.write(msg);
}
```

从上述源码可以看到，调用的是 DefaultChannelPipeline 上尾部节点（tail）的 write 方法。

上述方法最终会调用到 AbstractChannelHandlerContext 的 write() 方法。

```
private void write(Object msg, boolean flush, ChannelPromise promise) {
    ObjectUtil.checkNotNull(msg, "msg");
    try {
        if (isNotValidPromise(promise, true)) {
            ReferenceCountUtil.release(msg);
            return;
        }
    } catch (RuntimeException e) {
        ReferenceCountUtil.release(msg);
        throw e;
    }

    // 查找下一个节点
    final AbstractChannelHandlerContext next = findContextOutbound(flush ?
```

```
        (MASK_WRITE | MASK_FLUSH) : MASK_WRITE);
    final Object m = pipeline.touch(msg, next);
    EventExecutor executor = next.executor();
    if (executor.inEventLoop()) {
        if (flush) {
            next.invokeWriteAndFlush(m, promise);
        } else {
            next.invokeWrite(m, promise);
        }
    } else {
        final AbstractWriteTask task;
        if (flush) {
            task = WriteAndFlushTask.newInstance(next, m, promise);
        }  else {
            task = WriteTask.newInstance(next, m, promise);
        }
        if (!safeExecute(executor, task, promise, m)) {
            task.cancel();
        }
    }
}
```

上述 Write() 方法会查找下一个出站的节点，也就是当前 ChannelHandler 后的一个出站类型的 ChannelHandler，并调用下一个节点的 invokeWrite() 方法。

```
private void invokeWrite(Object msg, ChannelPromise promise) {
    if (invokeHandler()) {
        invokeWrite0(msg, promise);
    } else {
        write(msg, promise);
    }
}
```

接着调用 invokeWrite0() 方法，该方法会最终调用 ChannelOutboundHandler 的 write 方法。

```
private void invokeWrite0(Object msg, ChannelPromise promise) {
    try {
        ((ChannelOutboundHandler) handler()).write(this, msg, promise);
    } catch (Throwable t) {
        notifyOutboundHandlerException(t, promise);
    }
}
```

至此完成了第一个节点的处理，开始执行下一个节点并不断循环。

所以，处理出站事件时，数据传输的方向是从尾部节点（tail）到头部节点（head）。

**2. 处理入站事件**

入站事件处理的起点是触发 ChannelPipeline fire 方法，例如 fireChannelActive() 方法的示例如下。

```
public class DefaultChannelPipeline implements ChannelPipeline {
    // ...

    @Override
    public final ChannelPipeline fireChannelActive() {
        AbstractChannelHandlerContext.invokeChannelActive(head);
        return this;
    }

    // ...
}
```

从上述源码可以看到，处理的是头部节点（head）。AbstractChannelHandlerContext.invokeChannelActive 方法定义如下。

```
static void invokeChannelActive(final AbstractChannelHandlerContext next) {
    EventExecutor executor = next.executor();
    if (executor.inEventLoop()) {
        next.invokeChannelActive();
    } else {
        executor.execute(new Runnable() {
            @Override
            public void run() {
                next.invokeChannelActive();
            }
        });
    }
}
```

该方法会最终调用 ChannelInboundHandler 的 channelActive 方法。

```
private void invokeChannelActive() {
    if (invokeHandler()) {
        try {
            ((ChannelInboundHandler) handler()).channelActive(this);
        } catch (Throwable t) {
            notifyHandlerException(t);
        }
    } else {
        fireChannelActive();
    }
}
```

至此完成了第一个节点的处理，开始执行下一个节点不断循环。

所以，处理入站事件时，数据传输的方向是从头部节点（head）到尾部节点（tail）。

## 3.8 ChannelPipeline 中的 ChannelHandler

从 3.7 节的 ChannelPipeline 接口核心源码可以看出，ChannelPipeline 是通过 addXxx 或者 removeXxx 方法来将 ChannelHandler 动态地添加到 ChannelPipeline，或者从 ChannelPipeline 移除 ChannelHandler 的。那么 ChannelPipeline 是如何保障并发访问时的安全性呢？

以 addLast 方法为例，DefaultChannelPipeline 的源码如下。

```
 @Override
public final ChannelPipeline addLast(EventExecutorGroup group,
        String name, ChannelHandler handler) {
    final AbstractChannelHandlerContext newCtx;

    // synchronized 保障线程安全
    synchronized (this) {
        checkMultiplicity(handler);

        newCtx = newContext(group, filterName(name, handler), handler);

        addLast0(newCtx);

        if (!registered) {
            newCtx.setAddPending();
            callHandlerCallbackLater(newCtx, true);
            return this;
        }

        EventExecutor executor = newCtx.executor();
        if (!executor.inEventLoop()) {
            callHandlerAddedInEventLoop(newCtx, executor);
            return this;
        }
    }
    callHandlerAdded0(newCtx);
    return this;
}
```

从上述源码可以看到，使用 synchronized 关键字保障了线程的安全访问。其他方法的实现方式也是类似。

# 3.9 ChannelHandlerContext 接口

ChannelHandlerContext 接口是联系 ChannelHandler 与其 ChannelPipeline 之间的纽带。

每当有 ChannelHandler 添加到 ChannelPipeline 中时，都会创建 ChannelHandlerContext。ChannelHandlerContext 的主要功能是管理它所关联的 ChannelHandler 和在同一个 ChannelPipeline 中的其他 ChannelHandler 之间的交互。例如，ChannelHandlerContext 可以通知 ChannelPipeline 中的下一个 ChannelHandler 开始执行及动态修改其所属的 ChannelPipeline。

ChannelHandlerContext 中包含了许多方法，其中一些方法也出现在 Channel 和 ChannelPipeline 中。如果通过 Channel 或 ChannelPipeline 的实例来调用这些方法，它们就会在整个 ChannelPipeline 中传播。相比之下，一样的方法在 ChannelHandlerContext 的实例上调用，就只会从当前的 ChannelHandler 开始并传播到相关管道中的下一个有处理事件能力的 ChannelHandler 中。因此，ChannelHandlerContext 所包含的事件流比其他类中同样的方法都要短，利用这一点可以尽可能高地提高性能。

## 3.9.1 ▶ ChannelHandlerContext 与其他组件的关系

图 3-1 展示了 ChannelPipeline、Channel、ChannelHandler 和 ChannelHandlerContext 之间的关系并做如下说明。

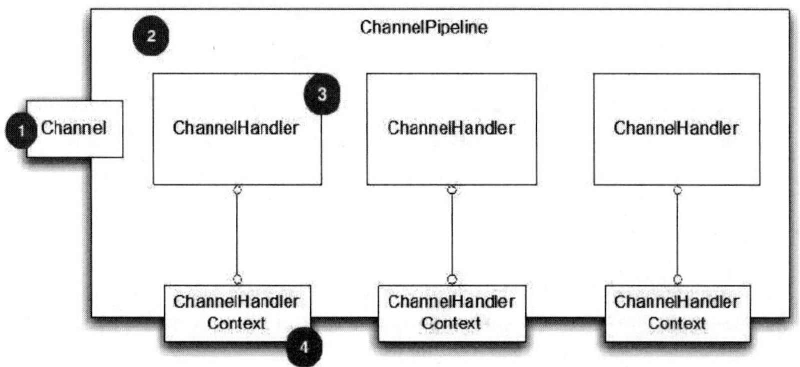


图 3-1 ChannelHandlerContext 与其他组件的关系

（1）Channel 被绑定到 ChannelPipeline。

（2）和 Channel 绑定的 ChannelPipeline 包含了所有的 ChannelHandler。

（3）ChannelHandler。

（4）当添加 ChannelHandler 到 ChannelPipeline 时，ChannelHandlerContext 被创建。

### 3.9.2 ▶ 跳过某些 ChannelHandler

下面代码，展示了从 ChannelHandlerContext 获取到 Channel 的引用，并通过调用 Channel 上的 write() 方法来触发一个写事件到流中。

```
ChannelHandlerContext ctx = context;
Channel channel = ctx.channel();  // 获取 ChannelHandlerContext 上的 Channel
channel.write(msg);
```

以下代码展示了从 ChannelHandlerContext 获取到 ChannelPipeline。

```
ChannelHandlerContext ctx = context;
ChannelPipeline pipeline = ctx.pipeline();       // 获取 ChannelHandlerContext 上的
                                                 // ChannelPipeline
pipeline.write(msg);
```

上述两个示例，事件流是一样的。虽然被调用的 Channel 或 ChannelPipeline 上的 write() 方法将一直传播事件通过整个 ChannelPipeline，但是在 ChannelHandler 的级别上，事件从一个 ChannelHandler 到下一个 ChannelHandler 的移动是由 ChannelHandlerContext 上的调用完成的。

图 3-2 展示了通过 Channel 或者 ChannelPipeline 进行的事件传播机制，并说明如下。

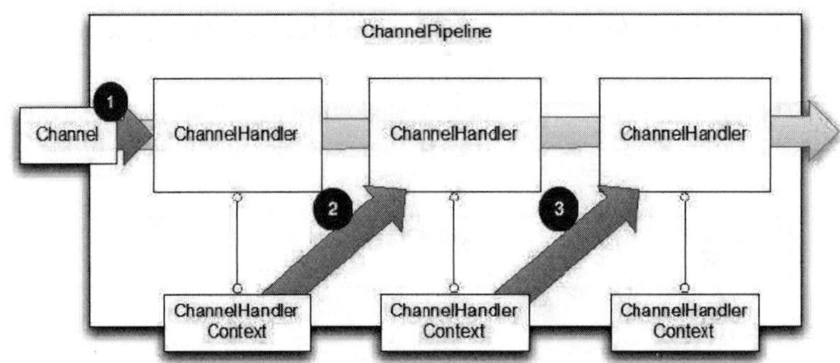


图 3-2　通过 Channel 或者 ChannelPipeline 进行的事件传播机制

在上图中可以看出：

（1）事件传递给 ChannelPipeline 的第一个 ChannelHandler；

（2）ChannelHandler 通过关联的 ChannelHandlerContext 传递事件给 ChannelPipeline 中的下一个；

（3）ChannelHandler 通过关联的 ChannelHandlerContext 传递事件给 ChannelPipeline 中的下一个。

从上面的流程可以看出，如果通过 Channel 或 ChannelPipeline 的实例来调用这些方法，它们就会在整个 ChannelPipeline 中传播。那么是否可以跳过某些处理器呢？答案是肯定的。

通过减少 ChannelHandler 不感兴趣的事件的传递减少开销，并排除掉特定的对此事件感兴趣的处理器的处理以提升性能。想要实现从一个特定的 ChannelHandler 开始处理，必须引用与此 ChannelHandler 的前一个 ChannelHandler 关联的 ChannelHandlerContext。这个 ChannelHandlerContext 将会调用与自身关联的 ChannelHandler 的下一个 ChannelHandler，代码如下。

```
ChannelHandlerContext ctx = context;
ctx.write(msg);
```

直接调用 ChannelHandlerContext 的 write() 方法，将会把缓冲区发送到下一个 ChannelHandler。

如图 3–3 所示，消息将会从下一个 ChannelHandler 开始流过 ChannelPipeline，绕过所有在它之前的 ChannelHandler，说明如下。

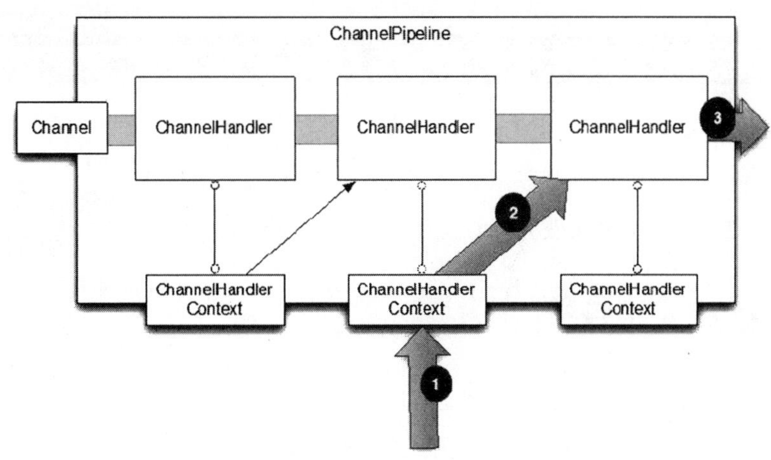


图 3–3 绕过之前的 ChannelHandler

（1）执行 ChannelHandlerContext 方法调用。

（2）事件发送到了下一个 ChannelHandler。

（3）经过最后一个 ChannelHandler 后，事件从 ChannelPipeline 中移除。

图3-3所示是一种常见的情形，当要调用某个特定的ChannelHandler操作时，它尤其有用。例如，在 Echo 服务器中就使用了上述用法。

```
public class EchoServerHandler extends ChannelInboundHandlerAdapter {

    @Override
    public void channelRead(ChannelHandlerContext ctx, Object msg) {
        System.out.println(ctx.channel().remoteAddress() + " -> Server :" + msg);

        // 写消息到管道
        ctx.write(msg);// 写消息
        ctx.flush(); // 冲刷消息

        // 上面两个方法等同于 ctx.writeAndFlush(msg);
    }
```

```
    @Override
    public void exceptionCaught(ChannelHandlerContext ctx, Throwable cause) {

        // 当出现异常就关闭连接
        cause.printStackTrace();
        ctx.close();
    }
}
```

# 3.10 Channel 异常处理

在 Java 程序中，异常处理就是家常便饭，也是任何真实应用程序的重要组成部分。在 Netty 中可以通过多种方式来实现异常的处理，但主要是分为入站和出站两大类。

## 3.10.1 ▶ 处理入站异常

在 Echo 服务器的 ChannelHandler 中，可以看到如下代码。

```
public class EchoServerHandler extends ChannelInboundHandlerAdapter {

    // ...

    @Override
    public void exceptionCaught(ChannelHandlerContext ctx, Throwable cause) {

        // 当出现异常就关闭连接
        cause.printStackTrace();
        ctx.close();
    }
}
```

上述示例中，exceptionCaught 是用于处理 ChannelHandler 过程中的异常。跟踪父类的源码，可以发现 exceptionCaught 方法最终是定义在 ChannelInboundHandler 中的。

以下是 ChannelInboundHandler 的核心源码。

```
package io.netty.channel;

public interface ChannelInboundHandler extends ChannelHandler {

    // ...
```

```
    @Override
    @SuppressWarnings("deprecation")
     void exceptionCaught(ChannelHandlerContext ctx, Throwable cause) throws
Exception;
}
```

这意味着，如果是要处理入站过程中的异常，则按需覆盖 exceptionCaught 方法即可。例如，可以选择打印异常的堆栈信息或者关闭连接。

因为异常将会继续按照入站方向流动，所以实现了 exceptionCaught 方法的 ChannelInboundHandler 通常位于 ChannelPipeline 的最后。这确保了所有的入站异常都会被处理，无论它们发生在 ChannelPipeline 中的什么位置。

如果不实现任何处理入站异常的逻辑或者没有消费该异常，Netty 的默认实现是简单地将当前异常转发给 ChannelPipeline 中的下一个 ChannelHandler。以下是 ChannelInboundHandlerAdapter 的核心源码。

```
public class ChannelInboundHandlerAdapter extends ChannelHandlerAdapter
        implements ChannelInboundHandler {

    // ...

    @Skip
    @Override
    @SuppressWarnings("deprecation")
    public void exceptionCaught(ChannelHandlerContext ctx, Throwable cause)
            throws Exception {
        ctx.fireExceptionCaught(cause);
    }
}
```

从上述代码可以看出父类 ChannelInboundHandlerAdapter 的 exceptionCaught，最终触发的是 ChannelPipeline 中的下一个 ChannelHandler 的 fireExceptionCaught。

如果异常到达了 ChannelPipeline 的尾端，仍然未被处理，那么 Netty 会记录该异常的日志（前提是开启了 WARN 日志级别），以下是源码。

```
abstract class AbstractChannelHandlerContext
        implements ChannelHandlerContext, ResourceLeakHint {

    // ...

    static void invokeExceptionCaught(final AbstractChannelHandlerContext next,
            final Throwable cause) {
        ObjectUtil.checkNotNull(cause, "cause");
        EventExecutor executor = next.executor();
        if (executor.inEventLoop()) {
```

```
            next.invokeExceptionCaught(cause);
        } else {
            try {
                executor.execute(new Runnable() {
                    @Override
                    public void run() {
                        next.invokeExceptionCaught(cause);
                    }
                });
            } catch (Throwable t) {

                // 如果开启了 WARN 日志级别，则会记录异常的日志
                if (logger.isWarnEnabled()) {
                    logger.warn("Failed to submit an exceptionCaught() event.", t);
                    logger.warn("The exceptionCaught() event that was failed to submit was:",
cause);
                }
            }
        }
    }
}
```

在上述代码中，logger.warn() 方法用于记录日志。

## 3.10.2 ▶ 处理出站异常

Netty 中 ChannelHandler 的 exceptionCaught 只能处理入站过程中的异常，如果是出站异常，则需要在出站操作过程中添加监听器来监听消息是否发送成功。可以通过 ChannelFuture.addListener(GenericFutureListener) 方法来添加监听器，这样就会得到异步 I/O 操作的结果。

以下是一个时间服务器中的例子。

```
package com.waylau.netty.demo.time;

import io.netty.buffer.ByteBuf;
import io.netty.channel.ChannelFuture;
import io.netty.channel.ChannelFutureListener;
import io.netty.channel.ChannelHandlerContext;
import io.netty.channel.ChannelInboundHandlerAdapter;

/**
 * Time Server Handler.
 *
 * @since 1.0.0 2019年10月7日
 * @author <a href="https://waylau.com">Way Lau</a>
 */
```

```
public class TimeServerHandler extends ChannelInboundHandlerAdapter {

    @Override
    public void channelActive(final ChannelHandlerContext ctx) {
        final ByteBuf time = ctx.alloc().buffer(4);
        time.writeInt((int) (System.currentTimeMillis() / 1000L + 2208988800L));

        // 出站操作返回 ChannelFuture
        final ChannelFuture f = ctx.writeAndFlush(time);

        // 增加监听器
        f.addListener(new ChannelFutureListener() {

            // 操作完成，关闭管道
            @Override
            public void operationComplete(ChannelFuture future) {
                ctx.close();
            }
        });
    }

    @Override
    public void exceptionCaught(ChannelHandlerContext ctx, Throwable cause) {
        cause.printStackTrace();
        ctx.close();
    }
}
```

在上述例子中，ctx.writeAndFlush() 操作会返回一个 ChannelFuture，而在 ChannelFuture 上可以添加监听器以监听 ChannelFuture 的执行结果。在 ChannelFuture 操作完成之后，执行 ctx.close() 以关闭管道。

上述实例化的监听器 ChannelFutureListener 是 GenericFutureListener 接口的实现之一。以下是 GenericFutureListener 接口的源码。

```
package io.netty.util.concurrent;

import java.util.EventListener;

public interface GenericFutureListener<F extends Future<?>>
        extends EventListener {
    void operationComplete(F future) throws Exception;
}
```

从上述源码中可以看到，GenericFutureListener 只有一个方法 operationComplete，因此在使用 ChannelFutureListener 时，覆盖该方法即可。

ChannelFutureListener 内部还提供了 3 个默认的实现，核心代码如下。

```
package io.netty.channel;

import io.netty.util.concurrent.Future;
import io.netty.util.concurrent.GenericFutureListener;

public interface ChannelFutureListener
        extends GenericFutureListener<ChannelFuture> {
    ChannelFutureListener CLOSE = new ChannelFutureListener() {
        @Override
        public void operationComplete(ChannelFuture future) {
            future.channel().close();
        }
    };

    ChannelFutureListener CLOSE_ON_FAILURE = new ChannelFutureListener() {
        @Override
        public void operationComplete(ChannelFuture future) {
            if (!future.isSuccess()) {
                future.channel().close();
            }
        }
    };

    ChannelFutureListener FIRE_EXCEPTION_ON_FAILURE = new ChannelFutureListener() {
        @Override
        public void operationComplete(ChannelFuture future) {
            if (!future.isSuccess()) {
                future.channel().pipeline().fireExceptionCaught(future.cause());
            }
        }
    };
}
```

上述 3 个实现的具体含义如下。

- CLOSE：关闭管道。
- CLOSE_ON_FAILURE：在失败时关闭管道。
- FIRE_EXCEPTION_ON_FAILURE：在失败时触发异常。

因此，如果想在 ChannelFuture 完成时关闭管道，可以使用下面的示例。

```
// 出站操作返回 ChannelFuture
final ChannelFuture f = ctx.writeAndFlush(time);

// 增加监听器
f.addListener(ChannelFutureListener.CLOSE);
```

## 3.11 NIO传输

回顾下面的Echo服务器主程序代码。

```
package com.waylau.netty.demo.echo;

import io.netty.bootstrap.ServerBootstrap;
import io.netty.channel.ChannelFuture;
import io.netty.channel.ChannelOption;
import io.netty.channel.EventLoopGroup;
import io.netty.channel.nio.NioEventLoopGroup;
import io.netty.channel.socket.nio.NioServerSocketChannel;

public class EchoServer {

    public static int DEFAULT_PORT = 7;

    public static void main(String[] args) throws Exception {
        int port;

        try {
            port = Integer.parseInt(args[0]);
        } catch (RuntimeException ex) {
            port = DEFAULT_PORT;
        }

        // 多线程事件循环器
        EventLoopGroup bossGroup = new NioEventLoopGroup(); // boss
        EventLoopGroup workerGroup = new NioEventLoopGroup(); // worker

        try {
            // 启动NIO服务的引导程序类
            ServerBootstrap b = new ServerBootstrap();

            b.group(bossGroup, workerGroup) // 设置EventLoopGroup
            .channel(NioServerSocketChannel.class) // 指明新的Channel的类型
            .childHandler(new EchoServerHandler()) // 指定ChannelHandler
            .option(ChannelOption.SO_BACKLOG, 128) // 设置ServerChannel的一些选项
          .childOption(ChannelOption.SO_KEEPALIVE, true); // 设置ServerChannel的子Channel的选项

            // 绑定端口，开始接收进来的连接
            ChannelFuture f = b.bind(port).sync();
```

```
            System.out.println("EchoServer 已启动，端口：" + port);

            // 等待服务器 socket 关闭
            // 在这个例子中，这不会发生，但可以优雅地关闭服务器
            f.channel().closeFuture().sync();
        } finally {

            // 优雅地关闭
            workerGroup.shutdownGracefully();
            bossGroup.shutdownGracefully();
        }

    }
}
```

在上述代码中，ServerBootstrap 是一个启动 NIO 服务的引导程序类。

- group 方法用于设置 NioEventLoopGroup。
- 通过 channel 方法，指定新连接进来的 Channel 类型为 NioServerSocketChannel 类。

NioEventLoopGroup 和 NioServerSocketChannel 用于处理 NIO 传输。

### 3.11.1 ▶ NioEventLoopGroup 类

NioEventLoopGroup 类是一个多线程的事件循环器，其核心代码如下。

```
public class NioEventLoopGroup extends MultithreadEventLoopGroup {

    public NioEventLoopGroup() {
        this(0);
    }

    public NioEventLoopGroup(int nThreads) {
        this(nThreads, (Executor) null);
    }

    public NioEventLoopGroup(int nThreads, ThreadFactory threadFactory) {
        this(nThreads, threadFactory, SelectorProvider.provider());
    }

    public NioEventLoopGroup(int nThreads, Executor executor) {
        this(nThreads, executor, SelectorProvider.provider());
    }

    public NioEventLoopGroup(
            int nThreads, ThreadFactory threadFactory,
            final SelectorProvider selectorProvider) {
```

```
        this(nThreads, threadFactory, selectorProvider,
                DefaultSelectStrategyFactory.INSTANCE);
    }

    public NioEventLoopGroup(int nThreads, ThreadFactory threadFactory,
        final SelectorProvider selectorProvider,
        final SelectStrategyFactory selectStrategyFactory) {
        super(nThreads, threadFactory, selectorProvider, selectStrategyFactory,
RejectedExecutionHandlers.reject());
    }

    public NioEventLoopGroup(
            int nThreads, Executor executor,
            final SelectorProvider selectorProvider) {
        this(nThreads, executor, selectorProvider,
                DefaultSelectStrategyFactory.INSTANCE);
    }

    public NioEventLoopGroup(int nThreads, Executor executor,
                            final SelectorProvider selectorProvider,
                            final SelectStrategyFactory selectStrategyFactory) {
            super(nThreads, executor, selectorProvider, selectStrategyFactory,
RejectedExecutionHandlers.reject());
    }

    public NioEventLoopGroup(int nThreads, Executor executor,
                            EventExecutorChooserFactory chooserFactory,
                            final SelectorProvider selectorProvider,
                            final SelectStrategyFactory selectStrategyFactory) {
        super(nThreads, executor, chooserFactory, selectorProvider,
              selectStrategyFactory, RejectedExecutionHandlers.reject());
    }

    public NioEventLoopGroup(int nThreads, Executor executor,
                            EventExecutorChooserFactory chooserFactory,
                            final SelectorProvider selectorProvider,
                            final SelectStrategyFactory selectStrategyFactory,
                            final RejectedExecutionHandler rejectedExecutionHandler) {
        super(nThreads, executor, chooserFactory, selectorProvider,
              selectStrategyFactory, rejectedExecutionHandler);
    }

    public NioEventLoopGroup(int nThreads, Executor executor,
                            EventExecutorChooserFactory chooserFactory,
                            final SelectorProvider selectorProvider,
```

```
                        final SelectStrategyFactory selectStrategyFactory,
                        final RejectedExecutionHandler rejectedExecutionHandler,
                        final EventLoopTaskQueueFactory taskQueueFactory) {
        super(nThreads, executor, chooserFactory, selectorProvider,
            selectStrategyFactory, rejectedExecutionHandler, taskQueueFactory);
    }

    ...
```

从上述代码可以看出，NioEventLoopGroup 继承自 MultithreadEventLoopGroup，构造方法主要继承自 MultithreadEventLoopGroup 的构造函数。NioEventLoopGroup 可以指定线程数，如果不指定，则默认设置线程数为 0。

MultithreadEventLoopGroup 构造函数的核心代码如下。

```
public abstract class MultithreadEventLoopGroup
        extends MultithreadEventExecutorGroup
        implements EventLoopGroup {
    private static final int DEFAULT_EVENT_LOOP_THREADS;

    protected MultithreadEventLoopGroup(int nThreads,
                Executor executor, Object... args) {
        super(nThreads == 0 ? DEFAULT_EVENT_LOOP_THREADS
                        : nThreads, executor, args);
    }

    protected MultithreadEventLoopGroup(int nThreads,
                ThreadFactory threadFactory, Object... args) {
        super(nThreads == 0 ? DEFAULT_EVENT_LOOP_THREADS
                        : nThreads, threadFactory, args);
    }

    protected MultithreadEventLoopGroup(int nThreads,
                Executor executor,
                EventExecutorChooserFactory chooserFactory,
                Object... args) {
        super(nThreads == 0 ? DEFAULT_EVENT_LOOP_THREADS
                        : nThreads, executor, chooserFactory, args);
    }

    ...
```

从上述方法可以看出，如果在构造函数的参数中传入的线程数是 0，则会使用 DEFAULT_EVENT_LOOP_THREADS 常量指定的数作为线程数。那么 DEFAULT_EVENT_LOOP_THREADS 常量又是如何指定的呢？观察下面的方法。

```
static {
    DEFAULT_EVENT_LOOP_THREADS = Math.max(1,
        SystemPropertyUtil.getInt("io.netty.eventLoopThreads",
            NettyRuntime.availableProcessors() * 2));

    if (logger.isDebugEnabled()) {
        logger.debug("-Dio.netty.eventLoopThreads: {}",
            DEFAULT_EVENT_LOOP_THREADS);
    }
}
```

从上述方法可以看出，先从启动参数 io.netty.eventLoopThreads 中获取值，如果没有就取可用处理器的两倍数。上述结果再与 1 比较，取其最大值。因此，一般而言，DEFAULT_EVENT_LOOP_THREADS 都是会大于 1 的。

有关 EventLoopGroup 的内容，在第 6 章中还会详细讲解。

### 3.11.2 ▶ NioServerSocketChannel 类

NioServerSocketChannel 类是一个 ServerSocketChannel 的实现，它使用基于 NIO 选择器的实现来接受新连接。以下是 NioServerSocketChannel 类的核心代码。

```
public class NioServerSocketChannel extends AbstractNioMessageChannel
        implements io.netty.channel.socket.ServerSocketChannel {

    private static final ChannelMetadata METADATA =
            new ChannelMetadata(false, 16);
    private static final SelectorProvider DEFAULT_SELECTOR_PROVIDER =
            SelectorProvider.provider();

    private static final InternalLogger logger =
            InternalLoggerFactory.getInstance(NioServerSocketChannel.class);

    private static ServerSocketChannel newSocket(SelectorProvider provider) {
        try {
            return provider.openServerSocketChannel();
        } catch (IOException e) {
            throw new ChannelException(
                    "Failed to open a server socket.", e);
        }
    }

    private final ServerSocketChannelConfig config;

    public NioServerSocketChannel() {
        this(newSocket(DEFAULT_SELECTOR_PROVIDER));
    }
```

```
    public NioServerSocketChannel(SelectorProvider provider) {
        this(newSocket(provider));
    }

    public NioServerSocketChannel(ServerSocketChannel channel) {
        super(null, channel, SelectionKey.OP_ACCEPT);
        config = new NioServerSocketChannelConfig(this, javaChannel().socket());
    }
```

上述代码中，使用 super(null, channel, SelectionKey.OP_ACCEPT) 来调用父类的 AbstractNioMessageChannel 的构造函数，而 AbstractNioMessageChannel 的构造函数最终是调用 AbstractNioChannel 的构造函数，代码如下。

```
protected AbstractNioChannel(Channel parent,
        SelectableChannel ch, int readInterestOp) {
    super(parent);
    this.ch = ch;
    this.readInterestOp = readInterestOp;
    try {
        // 设置为非阻塞
        ch.configureBlocking(false);
    } catch (IOException e) {
        try {
            ch.close();
        } catch (IOException e2) {
            logger.warn("Failed to close a partially initialized socket.", e2);
        }

        throw new ChannelException("Failed to enter non-blocking mode.", e);
    }
}
```

上述方法中，调用了 AbstractNioChannel 父类的构造函数。

```
protected AbstractChannel(Channel parent) {
    this.parent = parent;
    id = newId();
    unsafe = newUnsafe();
    pipeline = newChannelPipeline();
}
```

上述方法实例化了以下 3 个属性。

```
private final ChannelId id;
private final Unsafe unsafe;
private final DefaultChannelPipeline pipeline;
```

再次观察 AbstractNioChannel 的构造函数，其中的 ch.configureBlocking(false) 用于设置 Channel 为非阻塞 I/O。

NioServerSocketChannel 的 newSocket(DEFAULT_SELECTOR_PROVIDER) 方法最终是使用 SelectorProvider 的 openServerSocketChannel() 来打开 ServerSocketChannel。有关 ServerSocket Channel 的内容已经在 1.1.3 节中详细介绍了。

## 3.12 OIO 传输

Netty 推荐采用 NIO 传输，但同时也提供了 OIO 传输以供用户对阻塞 I/O 操作的支持。

Netty 程序可以很方便地从 NIO 传输切换到 OIO 传输。观察以下 OIO 版本的 Echo 服务器主程序代码。

```
package com.waylau.netty.demo.echo;

import io.netty.bootstrap.ServerBootstrap;
import io.netty.channel.ChannelFuture;
import io.netty.channel.ChannelOption;
import io.netty.channel.EventLoopGroup;
import io.netty.channel.oio.OioEventLoopGroup;
import io.netty.channel.socket.oio.OioServerSocketChannel;

public class OioEchoServer {

    public static int DEFAULT_PORT = 7;

    public static void main(String[] args) throws Exception {
        int port;

        try {
            port = Integer.parseInt(args[0]);
        } catch (RuntimeException ex) {
            port = DEFAULT_PORT;
        }

        // 多线程事件循环器
        EventLoopGroup bossGroup = new OioEventLoopGroup(); // boss
        EventLoopGroup workerGroup = new OioEventLoopGroup(); // worker

        try {
            // 启动 NIO 服务的引导程序类
            ServerBootstrap b = new ServerBootstrap();
```

```
            b.group(bossGroup, workerGroup) // 设置 EventLoopGroup
            .channel(OioServerSocketChannel.class) // 指明新的 Channel 的类型
            .childHandler(new EchoServerHandler()) // 指定 ChannelHandler
            .option(ChannelOption.SO_BACKLOG, 128) // 设置 ServerChannel 的一些选项
            .childOption(ChannelOption.SO_KEEPALIVE, true); // 设置 ServerChannel 的子 Channel 的选项

            // 绑定端口，开始接收进来的连接
            ChannelFuture f = b.bind(port).sync();

            System.out.println("EchoServer 已启动，端口：" + port);

            // 等待服务器 socket 关闭
            // 在这个例子中，这不会发生，但可以优雅地关闭服务器
            f.channel().closeFuture().sync();
        } finally {

            // 优雅地关闭
            workerGroup.shutdownGracefully();
            bossGroup.shutdownGracefully();
        }

    }
}
```

从 NIO 传输切换到 OIO 传输所做的变更非常小，主要是以下两点。

- NioEventLoopGroup 改为了 OioEventLoopGroup。
- NioServerSocketChannel 改为了 OioServerSocketChannel。

OioEventLoopGroup 和 OioServerSocketChannel 用于处理 OIO 传输。

### 3.12.1 OioEventLoopGroup 类

OioEventLoopGroup 类是一个多线程的事件循环器，其核心代码如下。

```
@Deprecated
public class OioEventLoopGroup extends ThreadPerChannelEventLoopGroup {

    public OioEventLoopGroup() {
        this(0);
    }

    public OioEventLoopGroup(int maxChannels) {
        this(maxChannels, Executors.defaultThreadFactory());
    }

    public OioEventLoopGroup(int maxChannels, Executor executor) {
        super(maxChannels, executor);
```

```
    }

    public OioEventLoopGroup(int maxChannels, ThreadFactory threadFactory) {
        super(maxChannels, threadFactory);
    }
}
```

从上述代码可以看出，OioEventLoopGroupp 继承自 ThreadPerChannelEventLoopGroup，构造方法主要继承自 ThreadPerChannelEventLoopGroup 的构造函数。OioEventLoopGroupp 可以指定最大 Channel 数，如果不指定，则默认设置最大 Channel 数为 0。

MultithreadEventLoopGroup 的构造函数的核心代码如下。

```
protected ThreadPerChannelEventLoopGroup(int maxChannels,
        ThreadFactory threadFactory, Object... args) {
    this(maxChannels, new ThreadPerTaskExecutor(threadFactory), args);
}

protected ThreadPerChannelEventLoopGroup(int maxChannels,
        Executor executor, Object... args) {
    if (maxChannels < 0) {
        throw new IllegalArgumentException(String.format(
                "maxChannels: %d (expected: >= 0)", maxChannels));
    }
    if (executor == null) {
        throw new NullPointerException("executor");
    }

    if (args == null) {
        childArgs = EmptyArrays.EMPTY_OBJECTS;
    } else {
        childArgs = args.clone();
    }

    this.maxChannels = maxChannels;
    this.executor = executor;

    tooManyChannels = ThrowableUtil.unknownStackTrace(
            ChannelException.newStatic("too many channels (max: " + maxChannels + ')',
null),
            ThreadPerChannelEventLoopGroup.class, "nextChild()");
}
```

从上述方法可以看出，在实例化时会创建一个 ThreadPerTaskExecutor。ThreadPerTaskExecutor 的源码如下。

```
package io.netty.util.concurrent;

import java.util.concurrent.Executor;
```

```
import java.util.concurrent.ThreadFactory;

public final class ThreadPerTaskExecutor implements Executor {
    private final ThreadFactory threadFactory;

    public ThreadPerTaskExecutor(ThreadFactory threadFactory) {
        if (threadFactory == null) {
            throw new NullPointerException("threadFactory");
        }
        this.threadFactory = threadFactory;
    }

    @Override
    public void execute(Runnable command) {
        threadFactory.newThread(command).start();
    }
}
```

从上述方法可以看出，ThreadPerTaskExecutor 执行器在每次接收到命令请求时，都会启动一个新的线程来处理。

有关 EventLoopGroup 的内容，在第 6 章中还会详细讲解。

### 3.12.2 ▶ OioServerSocketChannel 类

OioServerSocketChannel 类是一个 ServerSocketChannel 的实现，其核心代码如下。

```
@Deprecated
public class OioServerSocketChannel extends AbstractOioMessageChannel
                              implements ServerSocketChannel {

    private static final InternalLogger logger =
        InternalLoggerFactory.getInstance(OioServerSocketChannel.class);

    private static final ChannelMetadata METADATA = new ChannelMetadata(false, 1);

    private static ServerSocket newServerSocket() {
        try {
            return new ServerSocket();
        } catch (IOException e) {
            throw new ChannelException("failed to create a server socket", e);
        }
    }

    final ServerSocket socket;
    final Lock shutdownLock = new ReentrantLock();
    private final OioServerSocketChannelConfig config;
```

```
    public OioServerSocketChannel() {
        this(newServerSocket());
    }

    public OioServerSocketChannel(ServerSocket socket) {
        super(null);
        if (socket == null) {
            throw new NullPointerException("socket");
        }

        boolean success = false;
        try {
            socket.setSoTimeout(SO_TIMEOUT);
            success = true;
        } catch (IOException e) {
            throw new ChannelException(
                    "Failed to set the server socket timeout.", e);
        } finally {
            if (!success) {
                try {
                    socket.close();
                } catch (IOException e) {
                    if (logger.isWarnEnabled()) {
                        logger.warn(
                                "Failed to close a partially initialized socket.", e);
                    }
                }
            }
        }
        this.socket = socket;
        config = new DefaultOioServerSocketChannelConfig(this, socket);
    }
    ...
```

上述代码中，使用 super(null) 来调用父类 AbstractOioMessageChannel 的构造函数，而 AbstractOioMessageChannel 的构造函数最终调用的是 AbstractOioChannel 的构造函数，而 AbstractOioChannel 的构造函数调用了其父类 AbstractChannel 的构造函数。

```
protected AbstractChannel(Channel parent) {
    this.parent = parent;
    id = newId();
    unsafe = newUnsafe();
    pipeline = newChannelPipeline();
}
```

AbstractChannel 与 NioServerSocketChannel 的父类 AbstractChannel 是同一个，因此上述方法也会实例化以下 3 个属性。

```
private final ChannelId id;
```

```
private final Unsafe unsafe;
private final DefaultChannelPipeline pipeline;
```

再次观察 OioServerSocketChannel 的构造函数，其中 newServerSocket() 方法用于创建 java.net.ServerSocket 实例。有关 ServerSocket 的内容，在 1.1.1 节已经详细介绍了。

本节示例，可以在 com.waylau.netty.demo.echo 包下找到。

## 3.13 epoll 传输

Netty 的 NIO 传输基于 Java 提供的异步 / 非阻塞网络编程的通用抽象。虽然这保证了 Netty 的非阻塞 API 可以在任何平台上使用，但它也有相应的限制，使得某些特定平台的特性无法得到发挥，如 Linux 的 epoll。

Linux 是流行的服务器系统，因此大部分高并发的应用都是部署到 Linux 系统，这也使 Linux 系统催生了大量先进特性的开发。epoll（http://linux.die.net/man/4/epoll）是一个高度可扩展的 I/O 事件通知特性，自 Linux 内核版本 2.5.44（2002）被引入。

io.netty.channel.epoll 包是用于支持由 JNI 驱动的 epoll 和非阻塞 I/O。这个传输只有在 Linux 上可获得支持，并提供了多种特性，如 SO_REUSEPORT 等，比 NIO 传输更快，而且是完全非阻塞的。

Netty 程序可以方便地从 NIO 传输切换到 epoll 传输。以下为 epoll 版本的 Echo 服务器主程序代码。

```
package com.waylau.netty.demo.echo;

import io.netty.bootstrap.ServerBootstrap;
import io.netty.channel.ChannelFuture;
import io.netty.channel.ChannelOption;
import io.netty.channel.EventLoopGroup;
import io.netty.channel.epoll.EpollEventLoopGroup;
import io.netty.channel.epoll.EpollServerSocketChannel;

public class EpollEchoServer {

    public static int DEFAULT_PORT = 7;

    public static void main(String[] args) throws Exception {
        int port;

        try {
            port = Integer.parseInt(args[0]);
```

```
        } catch (RuntimeException ex) {
            port = DEFAULT_PORT;
        }

        // 多线程事件循环器
        EventLoopGroup bossGroup = new EpollEventLoopGroup(); // boss
        EventLoopGroup workerGroup = new EpollEventLoopGroup(); // worker

        try {
            // 启动NIO服务的引导程序类
            ServerBootstrap b = new ServerBootstrap();

            b.group(bossGroup, workerGroup) // 设置EventLoopGroup
            .channel(EpollServerSocketChannel.class) // 指明新的Channel的类型
            .childHandler(new EchoServerHandler()) // 指定ChannelHandler
            .option(ChannelOption.SO_BACKLOG, 128) // 设置ServerChannel的一些选项
              .childOption(ChannelOption.SO_KEEPALIVE, true); // 设置ServerChannel
的子Channel的选项

            // 绑定端口，开始接收进来的连接
            ChannelFuture f = b.bind(port).sync();

            System.out.println("EchoServer已启动，端口：" + port);

            // 等待服务器 socket 关闭
            // 在这个例子中，这不会发生，但可以优雅地关闭服务器
            f.channel().closeFuture().sync();
        } finally {

            // 优雅地关闭
            workerGroup.shutdownGracefully();
            bossGroup.shutdownGracefully();
        }

    }
}
```

从NIO传输切换到epoll传输所做的变更非常小，主要有以下两点。

- NioEventLoopGroup改为EpollEventLoopGroup。
- NioServerSocketChannel改为EpollServerSocketChannel。

EpollEventLoopGroup和EpollServerSocketChannel用于处理epoll传输。

### 3.13.1 ▶ EpollEventLoopGroup类

EpollEventLoopGroup类是一个多线程的事件循环器，其核心代码如下。

```
@Deprecated
public final class EpollEventLoopGroup extends MultithreadEventLoopGroup {
    {
        Epoll.ensureAvailability();
    }

    public EpollEventLoopGroup() {
        this(0);
    }

    public EpollEventLoopGroup(int nThreads) {
        this(nThreads, (ThreadFactory) null);
    }

    @SuppressWarnings("deprecation")
    public EpollEventLoopGroup(int nThreads,
          SelectStrategyFactory selectStrategyFactory) {
        this(nThreads, (ThreadFactory) null, selectStrategyFactory);
    }

    @SuppressWarnings("deprecation")
    public EpollEventLoopGroup(int nThreads, ThreadFactory threadFactory,
          SelectStrategyFactory selectStrategyFactory) {
        this(nThreads, threadFactory, 0, selectStrategyFactory);
    }

    @Deprecated
    public EpollEventLoopGroup(int nThreads, ThreadFactory threadFactory,
          int maxEventsAtOnce) {
        this(nThreads, threadFactory, maxEventsAtOnce,
              DefaultSelectStrategyFactory.INSTANCE);
    }

    @Deprecated
    public EpollEventLoopGroup(int nThreads,
                               ThreadFactory threadFactory,
                               int maxEventsAtOnce,
                               SelectStrategyFactory selectStrategyFactory) {
          super(nThreads, threadFactory, maxEventsAtOnce, selectStrategyFactory,
RejectedExecutionHandlers.reject());
    }

    public EpollEventLoopGroup(int nThreads, Executor executor,
                     SelectStrategyFactory selectStrategyFactory) {
        super(nThreads, executor, 0, selectStrategyFactory,
              RejectedExecutionHandlers.reject());
    }

    public EpollEventLoopGroup(int nThreads, Executor executor,
```

```
            EventExecutorChooserFactory chooserFactory,
            SelectStrategyFactory selectStrategyFactory) {
            super(nThreads, executor, chooserFactory, 0, selectStrategyFactory,
RejectedExecutionHandlers.reject());
    }

    public EpollEventLoopGroup(int nThreads, Executor executor,
            EventExecutorChooserFactory chooserFactory,
            SelectStrategyFactory selectStrategyFactory,
            RejectedExecutionHandler rejectedExecutionHandler) {
        super(nThreads, executor, chooserFactory, 0, selectStrategyFactory,
            rejectedExecutionHandler);
    }

    public EpollEventLoopGroup(int nThreads,
                               Executor executor,
                               EventExecutorChooserFactory chooserFactory,
                               SelectStrategyFactory selectStrategyFactory,
                               RejectedExecutionHandler rejectedExecutionHandler,
                               EventLoopTaskQueueFactory queueFactory) {
        super(nThreads, executor, chooserFactory, 0,
            selectStrategyFactory, rejectedExecutionHandler, queueFactory);
    }

    ...
}
```

从上述代码可以看出，EpollEventLoopGroup 继承自 MultithreadEventLoopGroup，构造方法主要继承自 MultithreadEventLoopGroup 的构造函数。MultithreadEventLoopGroup 的构造函数在前面 NIO 传输中已经介绍了，这里不再赘述。

## 3.13.2 ▶ EpollServerSocketChannel 类

EpollServerSocketChannel 类是一个 ServerSocketChannel 的实现，其核心代码如下。

```
public final class EpollServerSocketChannel
      extends AbstractEpollServerChannel
      implements ServerSocketChannel {

   private final EpollServerSocketChannelConfig config;
   private volatile Collection<InetAddress> tcpMd5SigAddresses =
      Collections.emptyList();

   public EpollServerSocketChannel() {
      super(newSocketStream(), false);
      config = new EpollServerSocketChannelConfig(this);
   }
```

```
    public EpollServerSocketChannel(int fd) {
        this(new LinuxSocket(fd));
    }

    EpollServerSocketChannel(LinuxSocket fd) {
        super(fd);
        config = new EpollServerSocketChannelConfig(this);
    }

    EpollServerSocketChannel(LinuxSocket fd, boolean active) {
        super(fd, active);
        config = new EpollServerSocketChannelConfig(this);
    }
    ...
```

上述代码中，newSocketStream() 来自 io.netty.channel.epoll.LinuxSocket 的静态方法，用于创建 Linux 原生的 Socket。

### 3.13.3 ▶ 限制

正如前文所述，epoll 传输在使用时要考虑其限制条件，只能在支持 epoll 的 Linux 平台上使用。如果在其他平台上使用，则会遇到如下异常。

```
Exception in thread "main" java.lang.UnsatisfiedLinkError: failed to load the
required native library
    at io.netty.channel.epoll.Epoll.ensureAvailability(Epoll.java:80)
    at io.netty.channel.epoll.EpollEventLoop.<clinit>(EpollEventLoop.java:52)
    at io.netty.channel.epoll.EpollEventLoopGroup.newChild(EpollEventLoopGroup.java:142)
    at io.netty.channel.epoll.EpollEventLoopGroup.newChild(EpollEventLoopGroup.java:35)
     at io.netty.util.concurrent.MultithreadEventExecutorGroup.<init>(MultithreadEve
ntExecutorGroup.java:84)
     at io.netty.util.concurrent.MultithreadEventExecutorGroup.<init>(MultithreadEve
ntExecutorGroup.java:58)
     at io.netty.util.concurrent.MultithreadEventExecutorGroup.<init>(MultithreadEve
ntExecutorGroup.java:47)
     at io.netty.channel.MultithreadEventLoopGroup.<init>(MultithreadEventLoopGroup.
java:59)
    at io.netty.channel.epoll.EpollEventLoopGroup.<init>(EpollEventLoopGroup.java:104)
    at io.netty.channel.epoll.EpollEventLoopGroup.<init>(EpollEventLoopGroup.java:91)
    at io.netty.channel.epoll.EpollEventLoopGroup.<init>(EpollEventLoopGroup.java:68)
    at io.netty.channel.epoll.EpollEventLoopGroup.<init>(EpollEventLoopGroup.java:52)
    at io.netty.channel.epoll.EpollEventLoopGroup.<init>(EpollEventLoopGroup.java:45)
    at com.waylau.netty.demo.echo.EpollEchoServer.main(EpollEchoServer.java:30)
Caused by: java.lang.ExceptionInInitializerError
    at io.netty.channel.epoll.Epoll.<clinit>(Epoll.java:39)
```

```
    ... 13 more
Caused by: java.lang.IllegalStateException: Only supported on Linux
    at io.netty.channel.epoll.Native.loadNativeLibrary(Native.java:213)
    at io.netty.channel.epoll.Native.<clinit>(Native.java:57)
    ... 14 more
```

本节示例，可以在 com.waylau.netty.demo.echo 包下找到。

## 3.14 本地传输

Netty 提供了本地（Local）传输，用于在同一个 JVM 中运行的客户端和服务器程序之间的异步通信。本地传输拥有比其他传输方式更高的性能并且产生更少的垃圾。

Netty 程序可以很方便地从 NIO 传输切换到本地传输。观察以下本地传输版本的 Echo 服务器主程序代码。

```
package com.waylau.netty.demo.echo;

import io.netty.bootstrap.ServerBootstrap;
import io.netty.channel.ChannelFuture;
import io.netty.channel.ChannelOption;
import io.netty.channel.EventLoopGroup;
import io.netty.channel.local.LocalEventLoopGroup;
import io.netty.channel.local.LocalServerChannel;

public class LocalEchoServer {

    public static int DEFAULT_PORT = 7;

    public static void main(String[] args) throws Exception {
        int port;

        try {
            port = Integer.parseInt(args[0]);
        } catch (RuntimeException ex) {
            port = DEFAULT_PORT;
        }

        // 多线程事件循环器
        EventLoopGroup bossGroup = new LocalEventLoopGroup(); // boss
        EventLoopGroup workerGroup = new LocalEventLoopGroup(); // worker

        try {
            // 启动 NIO 服务的引导程序类
```

```
            ServerBootstrap b = new ServerBootstrap();

            b.group(bossGroup, workerGroup) // 设置 EventLoopGroup
            .channel(LocalServerChannel.class) // 指明新的 Channel 的类型
            .childHandler(new EchoServerHandler()) // 指定 ChannelHandler
            .option(ChannelOption.SO_BACKLOG, 128) // 设置 ServerChannel 的一些选项
             .childOption(ChannelOption.SO_KEEPALIVE, true); // 设置 ServerChannel 的子 Channel
的选项

            // 绑定端口，开始接收进来的连接
            ChannelFuture f = b.bind(port).sync();

            System.out.println("EchoServer 已启动，端口：" + port);

            // 等待服务器 socket 关闭
            // 在这个例子中，这不会发生，但可以优雅地关闭服务器
            f.channel().closeFuture().sync();
        } finally {

            // 优雅地关闭
            workerGroup.shutdownGracefully();
            bossGroup.shutdownGracefully();
        }

    }
}
```

从 NIO 传输切换到本地传输所做的变更非常小，主要有以下两点。

- NioEventLoopGroup 改为 LocalEventLoopGroup。
- NioServerSocketChannel 改为 LocalServerChannel。

LocalEventLoopGroup 和 LocalServerChannel 用于处理本地传输。

### 3.14.1 ▶ LocalEventLoopGroup 类

LocalEventLoopGroup 类是一个多线程的事件循环器，其核心代码如下。

```
@Deprecated
public class LocalEventLoopGroup extends DefaultEventLoopGroup {

    public LocalEventLoopGroup() { }

    public LocalEventLoopGroup(int nThreads) {
        super(nThreads);
    }

    public LocalEventLoopGroup(int nThreads, ThreadFactory threadFactory) {
```

```
        super(nThreads, threadFactory);
    }
}
```

从上述代码可以看出，LocalEventLoopGroupp 继承自 DefaultEventLoopGroup，其构造方法主要继承自 DefaultEventLoopGroup 的构造函数。LocalEventLoopGroup 可以指定线程数，如果不指定，则默认设置线程数为 0。

DefaultEventLoopGroup 的构造函数的核心代码如下。

```
package io.netty.channel;

import java.util.concurrent.Executor;
import java.util.concurrent.ThreadFactory;

public class DefaultEventLoopGroup extends MultithreadEventLoopGroup {

    public DefaultEventLoopGroup() {
        this(0);
    }

    public DefaultEventLoopGroup(int nThreads) {
        this(nThreads, (ThreadFactory) null);
    }

    public DefaultEventLoopGroup(int nThreads, ThreadFactory threadFactory) {
        super(nThreads, threadFactory);
    }

    public DefaultEventLoopGroup(int nThreads, Executor executor) {
        super(nThreads, executor);
    }

    @Override
    protected EventLoop newChild(Executor executor, Object... args) throws Exception {
        return new DefaultEventLoop(this, executor);
    }
}
```

DefaultEventLoopGroup 继承自 MultithreadEventLoopGroup。MultithreadEventLoopGroup 的构造函数在前面 NIO 传输中已经介绍了，这里不再赘述。

### 3.14.2 ▶ LocalServerChannel 类

LocalServerChannel 类是 AbstractServerChannel 的子类，其核心代码如下。

```
public class LocalServerChannel extends AbstractServerChannel {
```

```
    private final ChannelConfig config = new DefaultChannelConfig(this);
    private final Queue<Object> inboundBuffer = new ArrayDeque<Object>();
    private final Runnable shutdownHook = new Runnable() {
        @Override
        public void run() {
            unsafe().close(unsafe().voidPromise());
        }
    };

    private volatile int state; // 0 - open, 1 - active, 2 - closed
    private volatile LocalAddress localAddress;
    private volatile boolean acceptInProgress;

    public LocalServerChannel() {
        config().setAllocator(new PreferHeapByteBufAllocator(config.getAllocator()));
    }

    @Override
    protected void doBind(SocketAddress localAddress) throws Exception {
        this.localAddress = LocalChannelRegistry.register(this, this.localAddress,
localAddress);
        state = 1;
    }
    ...
```

上述代码中，doBind() 用于绑定到 LocalAddress 本地地址，这样就能实现 JVM 内的通信。本节示例，可以在 com.waylau.netty.demo.echo 包下找到。

## 3.15 内嵌传输

Netty 提供了一种额外的传输方式，可以将一组 ChannelHandler 作为帮助器类嵌入到其他的 ChannelHandler 内部。这种方式称为内嵌（Embedded）传输。通过内嵌传输，将可以扩展一个 ChannelHandler 的功能，而又不需要修改其内部代码。

Netty 提供了 io.netty.channel.local 包以支持内嵌传输。在该包下，只有一个被称为 EmbeddedChannel 类，该类也实现了 Channel 接口。在第 10 章中，将详细地讨论如何使用 EmbeddedChannel 类来为 ChannelHandler 的实现创建单元测试用例。

# 第4章

4

# 字节缓冲区

网络数据传输的基本单位是字节，缓冲区就是存储字节的容器。在存取字节时，会先把字节放入缓冲区，再在操作缓存区实现字节的批量存取以提升性能。

Java NIO 提供了 ByteBuffer 作为它的缓冲区，但是这个类使用起来过于复杂，而且也有些烦琐。因此，Netty 自己实现了 ByteBuf 以替代 ByteBuffer。

本章详细介绍 Netty 字节缓冲区的使用。

# 4.1 ByteBuf类

缓冲区可以简单地理解为一段内存区域。某些情况下，如果程序频繁地操作一个资源（如文件或数据库），则性能会很低，此时为了提升性能，就可以将一部分数据暂时读入内存的一块区域之中，以后直接从此区域中读取数据即可。因为读取内存速度会比较快，这样可以提升程序的性能。

因此，缓冲区决定了网络数据处理的性能。

在Java NIO编程中，Java提供了ByteBuffer（java.nio.ByteBuffer）作为字节缓冲区类型，来表示一个连续的字节序列。但Netty并没有使用Java的ByteBuffer，而是使用了新的自建缓冲类型ByteBuf（io.netty.buffer.ByteBuf）。ByteBuf被设计为一个可从底层解决ByteBuffer问题，并可满足日常网络应用开发需要的缓冲类型，其特性如下。

- 允许使用自定义的缓冲类型。
- 复合缓冲类型中内置的透明的零拷贝实现。
- 开箱即用的动态缓冲类型，具有像StringBuffer一样的动态缓冲能力。
- 不再需要调用的flip()方法。
- 正常情况下具有比ByteBuffer更快的响应速度。

## 4.1.1 ByteBuffer实现原理

使用ByteBuffer读写数据一般遵循以下4个步骤。

- 写入数据到ByteBuffer。
- 调用flip()方法。
- 从ByteBuffer中读取数据。
- 调用clear()方法或者compact()方法。

当向ByteBuffer写入数据时，ByteBuffer会记录下写了多少数据。一旦要读取数据，需要通过flip()方法将ByteBuffer从写入模式切换到读取模式。在读取模式下，可以读取之前写入ByteBuffer的所有数据。

一旦读完了所有的数据，就需要清空缓冲区，让它可以再次被写入。有两种方式能清空缓冲区：调用clear()或compact()方法。clear()方法会清空整个缓冲区。compact()方法只会清除已经读过的数据。任何未读的数据都被移到缓冲区的起始处，新写入的数据将放到缓冲区未读数据的后面。

下面是一个Java NIO实现Echo服务器示例中使用ByteBuffer的例子。

```
// 可写
if (key.isWritable()) {
    SocketChannel client = (SocketChannel) key.channel();
    ByteBuffer output = (ByteBuffer) key.attachment();
    output.flip();
    client.write(output);

    System.out.println("NonBlokingEchoServer  -> "
           + client.getRemoteAddress() + ":"
           + output.toString());

    output.compact();

    key.interestOps(SelectionKey.OP_READ);
}
```

对于 ByteBuffer，其主要有 5 个属性：mark、position、limit、capacity 和 array。

- mark：记录了当前所标记的索引下标。
- position：对于写入模式，表示当前可写入数据的下标；对于读取模式，表示接下来可以读取的数据的下标。
- limit：对于写入模式，表示当前可以写入的数组大小，默认为数组的最大长度；对于读取模式，表示当前最多可以读取的数据的位置下标。
- capacity：表示当前数组的容量大小。
- array：保存了当前写入的数据。

上述变量存在以下关系。

```
0 <= mark <= position <= limit <= capacity
```

这几个数据中，除了 array 是用于保存数据的以外，这里最需要关注的是 position、limit 和 capacity3 个属性，因为对于写入和读取模式，这 3 个属性的表示含义大不一样。图 4-1 展示了 ByteBuffer 写入模式和读取模式的差异。

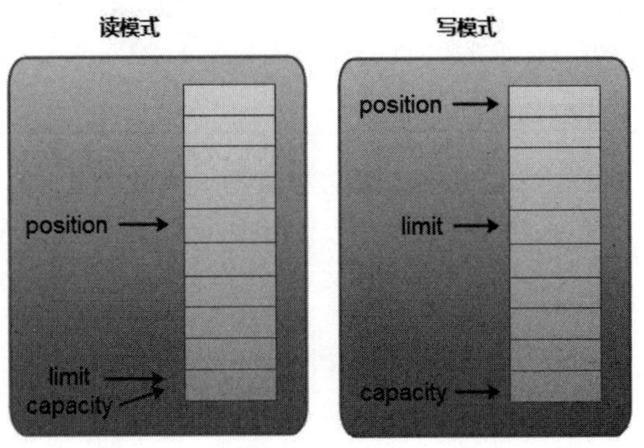


图 4-1　ByteBuffer 写入和读取模式

### 1. ByteBuffer 写入模式

ByteBuffer 在初始化的情况下，将设容量 capacity 是 10 个字节，则 position、limit 和 capacity 三个值如下。

```
position=0
limit=10
capacity=10
```

当写入 4 个字节时，观察图 4-1 左侧读取模式下 ByteBuffer 的 3 个属性。position 的值产生了变化，从 0 换成了 4。换言之，在写入模式下，limit 指向的始终是当前可最多写入的数组索引下标，position 指向的则是下一个可以写入的数据的索引位置，而 capacity 则始终不会变化，即为数组大小。

写入后 position、limit 和 capacity 三个值如下。

```
position=4
limit=10
capacity=10
```

也就是说，后续字节可以写入的区间是索引从 4 到 9。

### 2. ByteBuffer 读取模式

当写入了 4 个字节的数据之后，此时将模式切换为读取模式，那么这里的 position、limit 和 capacity 则变为图 4-1 右侧写入模式下 ByteBuffer 的 3 个属性。

```
position=0
limit=4
capacity=10
```

可以看到，当切换为读取模式之后，limit 指向了最后一个可读取数据的下一个位置，表示最多可读取的数据；position 则指向了数组的初始位置，表示下一个可读取的数据的位置；capacity 还是表示数组的最大容量。当一个一个地读取数据的时候，position 就会依次往下切换，当 position 与 limit 重合时，就表示当前 ByteBuffer 中已没有可读取的数据了。

也就是说，后续字节可以读取的区间是索引从 0 到 4。

### 3. ByteBuffer 写入模式切换为读取模式

读写切换时要调用 flip() 方法。flip() 方法的核心源码如下。

```
public abstract class Buffer {

    // ...

    public Buffer flip() {
        limit = position;
        position = 0;
        mark = -1;
```

```
        return this;
    }

    // ...
}
```

从上述源码可以看到，执行 flip() 后，将 limit 设置为 position，然后将该 position 设置为 0。

### 4. clear() 与 compact() 方法

一旦读完 ByteBuffer 中的数据，需要让 ByteBuffer 准备好再次被写入。可以通过 clear() 或 compact() 方法来完成。

如果调用的是 clear() 方法，position 将被设回 0，limit 被设置成 capacity 的值。换句话说，ByteBuffer 被清空了。ByteBuffer 中的数据并未清除，只是这些标记告诉我们可以从哪里开始往 ByteBuffer 里写数据。

如果 ByteBuffer 中有一些未读的数据，调用 clear() 方法，数据将“被遗忘”，意味着不再有任何标记标注哪些数据被读过，哪些还没有。

clear() 方法的核心源码如下。

```
public abstract class Buffer {

    // ...

    public Buffer clear() {
        position = 0;
        limit = capacity;
        mark = -1;
        return this;
    }

    // ...
}
```

如果 ByteBuffer 中仍有未读的数据，且后续还需要这些数据，但是此时想要先写些数据，那么使用 compact() 方法。

compact() 方法将所有未读的数据复制到 ByteBuffer 起始处。然后将 position 设置到最后一个未读元素后面。limit 属性依然像 clear() 方法一样设置成 capacity。现在 ByteBuffer 准备好写数据了，但是不会覆盖未读的数据。

compact() 方法的核心源码如下。

```
class DirectByteBuffer
    extends MappedByteBuffer
    implements DirectBuffer {

    // ...
```

```
    public ByteBuffer compact() {

        int pos = position();
        int lim = limit();
        assert (pos <= lim);
        int rem = (pos <= lim ? lim - pos : 0);
        try {
            UNSAFE.copyMemory(ix(pos), ix(0), (long)rem << 0);
        } finally {
            Reference.reachabilityFence(this);
        }
        position(rem);
        limit(capacity());
        discardMark();
        return this;
    }

    // ...
}
```

### 4.1.2 ▶ 实战：ByteBuffer 使用案例

为了更好地理解 ByteBuffer，编写了以下示例进行说明。

```
package com.waylau.java.demo.buffer;

import java.nio.ByteBuffer;

/**
 * ByteBuffer Demo.
 *
 * @since 1.0.0 2019年10月7日
 * @author <a href="https://waylau.com">Way Lau</a>
 */
public class ByteBufferDemo {

    /**
     * @param args
     */
    public static void main(String[] args) {
        // 创建一个缓冲区
        ByteBuffer buffer = ByteBuffer.allocate(10);
        System.out.println("------------初始时缓冲区------------");
        printBuffer(buffer);

        // 添加一些数据到缓冲区中
```

```
        System.out.println("------------ 添加数据到缓冲区 ------------");

        String s = "love";
        buffer.put(s.getBytes());
        printBuffer(buffer);

        // 切换成读模式
        System.out.println("------------ 执行 flip 切换到读取模式 ------------");
        buffer.flip();
        printBuffer(buffer);

        // 读取数据
        System.out.println("------------ 读取数据 ------------");

        // 创建一个 limit() 大小的字节数组（因为就只有 limit 这么多个数据可读）
        byte[] bytes = new byte[buffer.limit()];

        // 将读取的数据装进我们的字节数组中
        buffer.get(bytes);
        printBuffer(buffer);

        // 执行 compact
        System.out.println("------------ 执行 compact------------");
        buffer.compact();
        printBuffer(buffer);

        // 执行 clear
        System.out.println("------------ 执行 clear 清空缓冲区 ------------");
        buffer.clear();
        printBuffer(buffer);

    }

    /**
     * 打印出 ByteBuffer 的信息
     *
     * @param buffer
     */
    private static void printBuffer(ByteBuffer buffer) {
        System.out.println("mark：" + buffer.mark());
        System.out.println("position：" + buffer.position());
        System.out.println("limit：" + buffer.limit());
        System.out.println("capacity：" + buffer.capacity());
    }
}
```

上述代码中，printBuffer 用于打印 ByteBuffer 属性信息，以观察最新的 ByteBuffer 的状态。执行程序，可以看到控制台输出内容如下。

```
------------初始时缓冲区------------
mark:java.nio.HeapByteBuffer[pos=0 lim=10 cap=10]
position:0
limit:10
capacity:10
------------添加数据到缓冲区------------
mark:java.nio.HeapByteBuffer[pos=4 lim=10 cap=10]
position:4
limit:10
capacity:10
------------执行flip切换到读取模式------------
mark:java.nio.HeapByteBuffer[pos=0 lim=4 cap=10]
position:0
limit:4
capacity:10
------------读取数据------------
mark:java.nio.HeapByteBuffer[pos=4 lim=4 cap=10]
position:4
limit:4
capacity:10
------------执行compact------------
mark:java.nio.HeapByteBuffer[pos=0 lim=10 cap=10]
position:0
limit:10
capacity:10
------------执行clear清空缓冲区------------
mark:java.nio.HeapByteBuffer[pos=0 lim=10 cap=10]
position:0
limit:10
capacity:10
```

本节示例，可以在 com.waylau.java.demo.buffer 包下找到。

### 4.1.3 ▶ ByteBuf 实现原理

在了解了 ByteBuffer 的原理之后，再来理解 Netty 的 ByteBuf 就比较简单了。

ByteBuf 是 Netty 框架封装的数据缓冲区，区别于 ByteBuffer 需要有 position、limit、flip 等属性和操作来控制 byteBuffer 数据读写，Bytebuf 通过两个位置指针来协助缓冲区的读写操作，分别是 readIndex 和 writerIndex。readerIndex、writerIndex 和 capacity 变量存在以下关系。

```
0 <= readerIndex <= writerIndex <= capacity
```

初始化 ByteBuf 时，readIndex 和 writerIndex 取值一开始是 0，如图 4-2 所示。

当执行写入数据之后 writerIndex 会增加，如图 4-3 所示。

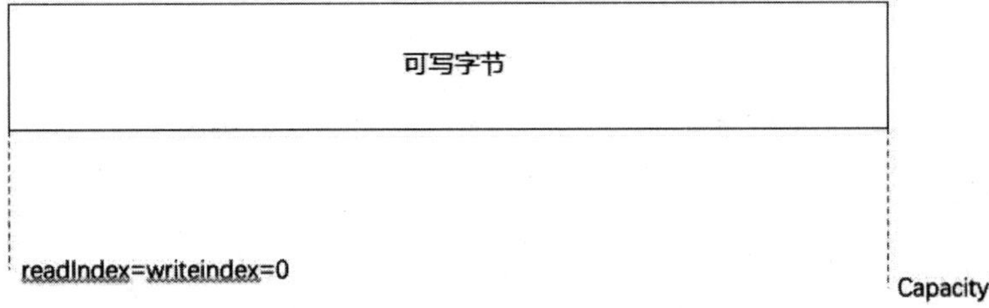


图 4-2　初始化 ByteBuf

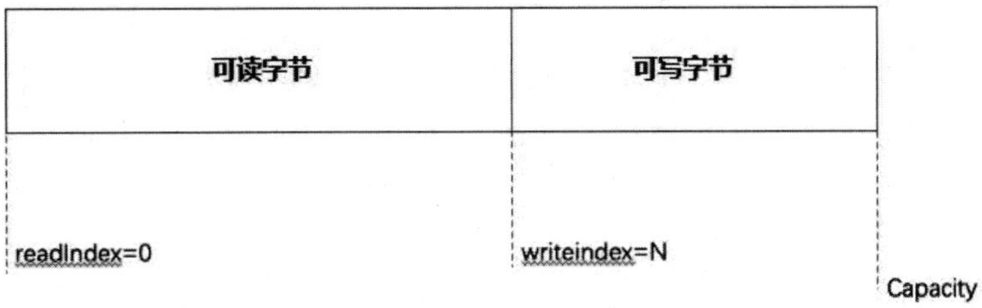

可读字节　可写字节

readIndex=0　writeindex=N　Capacity

图 4-3　写入数据之后

当执行读取数据之后则会使 readIndex 增加，但不会超过 writerIndex，如图 4-4 所示。

废弃字节　可读字节　可写字节

0　readIndex=M　writeindex=N　Capacity

图 4-4　读取数据之后

在读取之后索引 0 到 readIndex 位置的区域被视为废弃字节（discard）。可以调用 discardReadBytes 方法，来释放这部分空间，其作用类似于 ByteBuffer 的 compact 方法，移除无用数据，实现缓冲区的重复使用。图 4-5 展示了执行 discardReadBytes 后的情况，相当于可写的空间变大了。

可读字节　可写字节

readIndex=0　writeindex=N-M　Capacity

图 4-5　执行 discardReadBytes 后的情况

### 4.1.4 ▶ 实战：ByteBuf 使用案例

为了更好地理解 ByteBuf，编写了以下示例。

```
package com.waylau.netty.demo.buffer;

import io.netty.buffer.ByteBuf;
import io.netty.buffer.Unpooled;

/**
 * ByteBuf Demo.
 *
 * @since 1.0.0 2019年10月7日
 * @author <a href="https://waylau.com">Way Lau</a>
 */
public class ByteBufDemo {

    /**
     * @param args
     */
    public static void main(String[] args) {
        // 创建一个缓冲区
        ByteBuf buffer = Unpooled.buffer(10);
        System.out.println("------------初始时缓冲区------------");
        printByteBuffer(buffer);

        // 添加一些数据到缓冲区中
        System.out.println("------------添加数据到缓冲区------------");

        String s = "love";
        buffer.writeBytes(s.getBytes());
        printByteBuffer(buffer);

        // 读取数据
        System.out.println("------------读取数据------------");

        while (buffer.isReadable()) {
            System.out.println(buffer.readByte());
        }

        printByteBuffer(buffer);

        // 执行compact
        System.out.println("------------执行discardReadBytes------------");
        buffer.discardReadBytes();
        printByteBuffer(buffer);

        // 执行clear
```

```
        System.out.println("------------执行 clear 清空缓冲区------------");
        buffer.clear();
        printByteBuffer(buffer);

    }

    /**
     * 打印出 ByteBuffer 的信息
     *
     * @param buffer
     */
    private static void printByteBuffer(ByteBuf buffer) {
        System.out.println("readerIndex: " + buffer.readerIndex());
        System.out.println("writerIndex: " + buffer.writerIndex());
        System.out.println("capacity: " + buffer.capacity());
    }
}
```

上述代码中，printBuffer 用于打印 ByteBuf 属性信息，以观察最新的 ByteBuf 的状态。

执行程序，可以看到控制台输出内容如下。

```
------------初始时缓冲区------------
readerIndex: 0
writerIndex: 0
capacity: 10
------------添加数据到缓冲区------------
readerIndex: 0
writerIndex: 4
capacity: 10
------------读取数据------------
108
111
118
101
readerIndex: 4
writerIndex: 4
capacity: 10
------------执行 discardReadBytes------------
readerIndex: 0
writerIndex: 0
capacity: 10
------------执行 clear 清空缓冲区------------
readerIndex: 0
writerIndex: 0
capacity: 10
```

对比 ByteBuffer 和 ByteBuf 两个示例可以看出，Netty 提供了更加方便地创建 ByteBuf 的工具（Unpooled），同时，也不必再执行 flip() 方法来切换读写模式。对比而言，ByteBuf 更加易于使用。

## 4.1.5 ▶ 实战：ByteBuf 的 3 种使用模式

ByteBuf 共有 3 种使用模式：堆缓冲区模式（Heap Buffer）、直接缓冲区模式（Direct Buffer）和复合缓冲区模式（Composite Buffer）。

### 1. 堆缓冲区模式

堆缓冲区模式又称为“支撑数组”（Backing Array），其数据是存放在 JVM 的堆空间，通过将数据存储在数组中实现。

- 堆缓冲区的优点：数据存储在 JVM 堆中可以快速创建和快速释放，并且提供了数组直接快速访问的方法。
- 堆缓冲区的缺点：每次数据与 I/O 进行传输时，都需要将数据复制到直接缓冲区。

以下是堆缓冲区代码示例。

```
package com.waylau.netty.demo.buffer;

import io.netty.buffer.ByteBuf;
import io.netty.buffer.Unpooled;

/**
 * ByteBuf with Heap Buffer Mode Demo.
 *
 * @since 1.0.0 2019年10月7日
 * @author <a href="https://waylau.com">Way Lau</a>
 */
public class ByteBufHeapBufferDemo {

    /**
     * @param args
     */
    public static void main(String[] args) {

        // 创建一个堆缓冲区
        ByteBuf buffer = Unpooled.buffer(10);
        String s = "waylau";
        buffer.writeBytes(s.getBytes());

        // 检查是否是支撑数组
        if (buffer.hasArray()) {

            // 获取支撑数组的引用
            byte[] array = buffer.array();

            // 计算第一个字节的偏移量
            int offset = buffer.readerIndex() + buffer.arrayOffset();
```

```
            // 可读字节数
            int length = buffer.readableBytes();
            printBuffer(array, offset, length);
        }
    }

    /**
     * 打印出 Buffer 的信息
     *
     * @param buffer
     */
    private static void printBuffer(byte[] array, int offset, int len) {
        System.out.println("array：" + array);
        System.out.println("array->String：" + new String(array));
        System.out.println("offset：" + offset);
        System.out.println("len：" + len);
    }
}
```

上述例子中，printBuffer 用于将缓冲区的信息打印到控制台。执行上述示例，控制台输出内容如下。

```
array：[B@64cee07
array->String：waylau
offset：0
len：6
```

### 2. 直接缓冲区模式

直接缓冲区属于堆外分配的直接内存，不会占用堆的容量。

直接缓冲区的优点：使用 socket 传递数据时性能很好，避免了数据从 JVM 堆内存复制到直接缓冲区的过程，提高了性能。直接缓冲区的缺点：相对于堆缓冲区而言，直接缓冲区分配内存空间和释放更为昂贵。

对于涉及大量 I/O 的数据读写，建议使用直接缓冲区。而对于用于后端的业务消息编解码模块，建议使用堆缓冲区。

以下是直接缓冲区代码示例。

```
package com.waylau.netty.demo.buffer;

import io.netty.buffer.ByteBuf;
import io.netty.buffer.Unpooled;

/**
 * ByteBuf with Direct Buffer Mode Demo.
 *
 * @since 1.0.0 2019年10月7日
 * @author <a href="https://waylau.com">Way Lau</a>
```

```
 */
public class ByteBufDirectBufferDemo {

    /**
     * @param args
     */
    public static void main(String[] args) {

        // 创建一个直接缓冲区
        ByteBuf buffer = Unpooled.directBuffer(10);
        String s = "waylau";
        buffer.writeBytes(s.getBytes());

        // 检查是否是支撑数组
        // 不是支撑数组，则为直接缓冲区
        if (!buffer.hasArray()) {

            // 计算第一个字节的偏移量
            int offset = buffer.readerIndex();

            // 可读字节数
            int length = buffer.readableBytes();

            // 获取字节内容
            byte[] array = new byte[length];
            buffer.getBytes(offset, array);

            printBuffer(array, offset, length);
        }
    }

    /**
     * 打印出 Buffer 的信息
     *
     * @param buffer
     */
    private static void printBuffer(byte[] array, int offset, int len) {
        System.out.println("array：" + array);
        System.out.println("array->String：" + new String(array));
        System.out.println("offset：" + offset);
        System.out.println("len：" + len);
    }
}
```

上述例子中，printBuffer 用于将缓冲区的信息打印到控制台。执行上述示例，控制台输出内容如下。

```
array：[B@6fdb1f78
array->String：waylau
```

```
offset : 0
len : 6
```

### 3. 复合缓冲区模式

复合缓冲区是 Netty 特有的缓冲区。本质上类似于提供一个或多个 ByteBuf 的组合视图，可以根据需要添加和删除不同类型的 ByteBuf。

复合缓冲区的优点：提供一种访问方式让使用者自由地组合多个 ByteBuf，避免了复制和分配新的缓冲区。复合缓冲区的缺点：不支持访问其支撑数组。因此如果要访问，需要先将内容复制到堆内存中，再进行访问。

以下示例是复合缓冲区将堆缓冲区和直接缓冲区组合在一起，没有进行任何复制过程，仅仅创建了一个视图而已。

```
package com.waylau.netty.demo.buffer;

import io.netty.buffer.ByteBuf;
import io.netty.buffer.CompositeByteBuf;
import io.netty.buffer.Unpooled;

/**
 * ByteBuf with Composite Buffer Mode Demo.
 *
 * @since 1.0.0 2019年10月8日
 * @author <a href="https://waylau.com">Way Lau</a>
 */
public class ByteBufCompositeBufferDemo {

    /**
     * @param args
     */
    public static void main(String[] args) {

        // 创建一个堆缓冲区
        ByteBuf heapBuf = Unpooled.buffer(3);
        String way = "way";
        heapBuf.writeBytes(way.getBytes());

        // 创建一个直接缓冲区
        ByteBuf directBuf = Unpooled.directBuffer(3);
        String lau = "lau";
        directBuf.writeBytes(lau.getBytes());

        // 创建一个复合缓冲区
        CompositeByteBuf compositeBuffer = Unpooled.compositeBuffer(10);
        compositeBuffer.addComponents(heapBuf, directBuf); // 将缓冲区添加到符合缓冲区

        // 检查是否是支撑数组.
```

```
        // 不是支撑数组，则为复合缓冲区
        if (!compositeBuffer.hasArray()) {

            for (ByteBuf buffer : compositeBuffer) {
                // 计算第一个字节的偏移量
                int offset = buffer.readerIndex();

                // 可读字节数
                int length = buffer.readableBytes();

                // 获取字节内容
                byte[] array = new byte[length];
                buffer.getBytes(offset, array);

                printBuffer(array, offset, length);
            }

        }
    }

    /**
     * 打印出 Buffer 的信息
     *
     * @param buffer
     */
    private static void printBuffer(byte[] array, int offset, int len) {
        System.out.println("array: " + array);
        System.out.println("array->String: " + new String(array));
        System.out.println("offset: " + offset);
        System.out.println("len: " + len);
    }
}
```

上述例子中，printBuffer 用于将缓冲区的信息打印到控制台。执行上述示例，控制台输出内容如下。

```
array: [B@5a42bbf4
array->String: way
offset: 0
len: 3
array: [B@270421f5
array->String: lau
offset: 0
len: 3
```

有关复合缓冲区的内容，在 4.5 CompositeByteBuf 类一节将继续探讨。

本节示例，可以在 com.waylau.netty.demo.buffer 包下找到。

# 4.2 ByteBufAllocator 接口

ByteBufAllocator 接口的实现负责分配缓冲区。

ByteBufAllocator 接口的直接抽象类是 AbstractByteBufAllocator，而 AbstractByteBufAllocator 有两种实现：PoolByteBufAllocator 和 UnpooledByteBufAllocator。

从命名上可以看出，PoolByteBufAllocator 是将 ByteBuf 实例放入池中，提高了性能，将内存碎片减少到最小。这个实现采用了一种内存分配的高效策略，称为 jemalloc，它已经被好几种现代操作系统所采用（有关 jemalloc 内存分配法可以详见 http://jemalloc.net）。PooledByteBufAllocator 可以重复利用之前分配的内存空间。

UnpooledByteBufAllocator 则没有把 ByteBuf 放入池中，每次被调用时，都会返回一个新的 ByteBuf 实例。这些实例由 JVM 自己负责做 GC 回收。

## 4.2.1 ▶ ByteBufAllocator 接口方法

以下是 ByteBufAllocator 接口的核心源码。

```
package io.netty.buffer;

public interface ByteBufAllocator {
    // 默认分配器
    ByteBufAllocator DEFAULT = ByteBufUtil.DEFAULT_ALLOCATOR;
    ByteBuf buffer();
    ByteBuf buffer(int initialCapacity);
    ByteBuf buffer(int initialCapacity, int maxCapacity);
    ByteBuf ioBuffer();
    ByteBuf ioBuffer(int initialCapacity);
    ByteBuf ioBuffer(int initialCapacity, int maxCapacity);
    ByteBuf heapBuffer();
    ByteBuf heapBuffer(int initialCapacity);
    ByteBuf heapBuffer(int initialCapacity, int maxCapacity);
    ByteBuf directBuffer();
    ByteBuf directBuffer(int initialCapacity);
    ByteBuf directBuffer(int initialCapacity, int maxCapacity);
    CompositeByteBuf compositeBuffer();
    CompositeByteBuf compositeBuffer(int maxNumComponents);
    CompositeByteBuf compositeHeapBuffer();
    CompositeByteBuf compositeHeapBuffer(int maxNumComponents);
    CompositeByteBuf compositeDirectBuffer();
    CompositeByteBuf compositeDirectBuffer(int maxNumComponents);
    boolean isDirectBufferPooled();
    int calculateNewCapacity(int minNewCapacity, int maxCapacity);
}
```

从上面源码可以大致将方法分为以下几类。

- buffer 方法为分配普通缓冲区。
- ioBuffer 方法为分配适用于 I/O 操作的缓冲区。
- heapBuffer 方法为分配堆缓冲区。
- directBuffer 方法为分配直接缓冲区。
- composite 前缀方法为分配符合缓冲区。
- isDirectBufferPooled 方法用于判断直接缓冲区是否是池化。
- calculateNewCapacity 用于计算新 ByteBuf 的容量。

### 4.2.2 ▶ 默认的分配器

可以通过 Java 系统参数（SystemProperty）选项 io.netty.allocator.type 去配置 Netty 的分配器，例如，使用字符串值“unpooled”则为 UnpooledByteBufAllocator 分配器，而如果字符串值是“pooled”则为 PoolByteBufAllocator 分配器。

如果没有指定分配器的类型，Netty 会使用默认的分配器。

从上述源码中可以看到，默认的分配器 ByteBufAllocator.DEFAULT，这个是由 ByteBufUtil.DEFAULT_ALLOCATO 指定的，而 ByteBufUtil.DEFAULT_ALLOCATO 的核心源码如下。

```
import io.netty.util.internal.SystemPropertyUtil;

// ...

public final class ByteBufUtil {

    // ...

    static final ByteBufAllocator DEFAULT_ALLOCATOR;

    static {
        // 如果是 Android 平台则为 "unpooled"，否则为 "pooled"
        String allocType = SystemPropertyUtil.get(
                "io.netty.allocator.type", PlatformDependent.isAndroid() ?
"unpooled" : "pooled");
        allocType = allocType.toLowerCase(Locale.US).trim();

        ByteBufAllocator alloc;
        if ("unpooled".equals(allocType)) {
            alloc = UnpooledByteBufAllocator.DEFAULT;
            logger.debug("-Dio.netty.allocator.type: {}", allocType);
        } else if ("pooled".equals(allocType)) {
            alloc = PooledByteBufAllocator.DEFAULT;
```

```
            logger.debug("-Dio.netty.allocator.type: {}", allocType);
        } else {
            alloc = PooledByteBufAllocator.DEFAULT;
            logger.debug("-Dio.netty.allocator.type: pooled (unknown: {})", allocType);
        }

        DEFAULT_ALLOCATOR = alloc;

          THREAD_LOCAL_BUFFER_SIZE = SystemPropertyUtil.getInt("io.netty.
hreadLocalDirectBufferSize", 0);
        logger.debug("-Dio.netty.threadLocalDirectBufferSize: {}", THREAD_LOCAL_BUFFER_SIZE);

        MAX_CHAR_BUFFER_SIZE = SystemPropertyUtil.getInt("io.netty.maxThreadLocalCharBufferSize", 16 * 1024);
        logger.debug("-Dio.netty.maxThreadLocalCharBufferSize: {}", MAX_CHAR_BUFFER_SIZE);
    }

    // ...
}
```

从上述源码可以看出，在 Netty 4.1.x 版本中，如果是在 Android 平台，则 Netty 的默认分配器是 UnpooledByteBufAllocator；如果是在非 Android 平台，则默认的分配器是 PoolByteBufAllocator。这个也可以从源码中看出来。

### 4.2.3 ▶ 设置 Channel 的分配器

除了在 Java 系统参数中指定分配器外，还可以在 Channel 中指定分配器，设置方式如下。

```
ServerBootstrap b = new ServerBootstrap();
b.group(bossGroup, workerGroup)
    .channel(NioServerSocketChannel.class)
    .childHandler(new ChannelInitializer<SocketChannel>() {
        @Override
        public void initChannel(SocketChannel ch) throws Exception {
            ch.pipeline().addLast(new DiscardServerHandler());
        }
    })
    .option(ChannelOption.SO_BACKLOG, 128)
    .childOption(ChannelOption.ALLOCATOR, PooledByteBufAllocator.DEFAULT); // 设置分配器
```

## 4.3 ByteBufUtil 类

ByteBufUtil 是一个非常有用的工具类，它提供了一系列静态方法用于操作 ByteBuf 对象。

这个类所提供的 API 是通用的，并且和池化无关，所以这些方法已然在分配类的外部实现。这些 ByteBufUtil 方法包括十六进制的转换、字符串的编解码、缓冲区的比较等，还有在前面一节所提到的 Netty 所使用的默认的分配器也是由 ByteBufUtil 提供的。

## 4.3.1 ▶ hexDump 相关的一些方法

这些静态方法中最有价值的可能就是 hexDump 方法，它能够将参数 ByteBuf 的内容以十六进制字符串的方式打印出来，用于输出日志或者打印码流，方便问题定位，提升系统的可维护性。此外，十六进制的版本还可以很容易地转换回实际的字节表示。hexDump 包含了一系列的方法，参数不同，输出的结果也不同。

以下是 ByteBufUtil 类提供的与 hexDump 相关的一些方法，源码如下。

```
/**
* Returns a <a href="http://en.wikipedia.org/wiki/Hex_dump">hex dump</a>
* of the specified buffer's readable bytes.
*/
public static String hexDump(ByteBuf buffer) {
    return hexDump(buffer, buffer.readerIndex(), buffer.readableBytes());
}

/**
* Returns a <a href="http://en.wikipedia.org/wiki/Hex_dump">hex dump</a>
* of the specified buffer's sub-region.
*/
public static String hexDump(ByteBuf buffer, int fromIndex, int length) {
    return HexUtil.hexDump(buffer, fromIndex, length);
}

/**
* Returns a <a href="http://en.wikipedia.org/wiki/Hex_dump">hex dump</a>
* of the specified byte array.
*/
public static String hexDump(byte[] array) {
    return hexDump(array, 0, array.length);
}

/**
* Returns a <a href="http://en.wikipedia.org/wiki/Hex_dump">hex dump</a>
* of the specified byte array's sub-region.
*/
public static String hexDump(byte[] array, int fromIndex, int length) {
    return HexUtil.hexDump(array, fromIndex, length);
}

/**
```

```
* Decode a 2-digit hex byte from within a string.
*/
public static byte decodeHexByte(CharSequence s, int pos) {
   return StringUtil.decodeHexByte(s, pos);
}

/**
* Decodes a string generated by {@link #hexDump(byte[])}
*/
public static byte[] decodeHexDump(CharSequence hexDump) {
   return StringUtil.decodeHexDump(hexDump, 0, hexDump.length());
}

/**
* Decodes part of a string generated by {@link #hexDump(byte[])}
*/
public static byte[] decodeHexDump(CharSequence hexDump, int fromIndex, int
length) {
   return StringUtil.decodeHexDump(hexDump, fromIndex, length);
}
```

## 4.3.2 ▶ 字符串的编码和解码

还有一些比较有用的方法就是对字符串的编码和解码，源码如下。

```
/**
* Encode the given {@link CharBuffer} using the given {@link Charset} into a
new {@link ByteBuf} which
* is allocated via the {@link ByteBufAllocator}.
*/
public static ByteBuf encodeString(ByteBufAllocator alloc, CharBuffer src,
Charset charset) {
   return encodeString0(alloc, false, src, charset, 0);
}

/**
* Encode the given {@link CharBuffer} using the given {@link Charset} into a
new {@link ByteBuf} which
* is allocated via the {@link ByteBufAllocator}.
*
* @param alloc The {@link ByteBufAllocator} to allocate {@link ByteBuf}.
* @param src The {@link CharBuffer} to encode.
* @param charset The specified {@link Charset}.
* @param extraCapacity the extra capacity to alloc except the space for
decoding.
*/
public static ByteBuf encodeString(ByteBufAllocator alloc, CharBuffer src,
```

```
Charset charset, int extraCapacity) {
    return encodeString0(alloc, false, src, charset, extraCapacity);
}

static ByteBuf encodeString0(ByteBufAllocator alloc, boolean enforceHeap,
CharBuffer src, Charset charset,
                            int extraCapacity) {
    final CharsetEncoder encoder = CharsetUtil.encoder(charset);
    int length = (int) ((double) src.remaining() * encoder.maxBytesPerChar()) + extraCapacity;
    boolean release = true;
    final ByteBuf dst;
    if (enforceHeap) {
        dst = alloc.heapBuffer(length);
    } else {
        dst = alloc.buffer(length);
    }
    try {
        final ByteBuffer dstBuf = dst.internalNioBuffer(dst.readerIndex(), length);
        final int pos = dstBuf.position();
        CoderResult cr = encoder.encode(src, dstBuf, true);
        if (!cr.isUnderflow()) {
            cr.throwException();
        }
        cr = encoder.flush(dstBuf);
        if (!cr.isUnderflow()) {
            cr.throwException();
        }
        dst.writerIndex(dst.writerIndex() + dstBuf.position() - pos);
        release = false;
        return dst;
    } catch (CharacterCodingException x) {
        throw new IllegalStateException(x);
    } finally {
        if (release) {
            dst.release();
        }
    }
}

@SuppressWarnings("deprecation")
static String decodeString(ByteBuf src, int readerIndex, int len, Charset charset) {
    if (len == 0) {
        return StringUtil.EMPTY_STRING;
    }
    final byte[] array;
    final int offset;

    if (src.hasArray()) {
        array = src.array();
```

```
        offset = src.arrayOffset() + readerIndex;
    } else {
        array = threadLocalTempArray(len);
        offset = 0;
        src.getBytes(readerIndex, array, 0, len);
    }
    if (CharsetUtil.US_ASCII.equals(charset)) {
        // Fast-path for US-ASCII which is used frequently.
        return new String(array, 0, offset, len);
    }
    return new String(array, offset, len, charset);
}
```

## 4.3.3 ▶ equals 方法

另一个有用的方法是 equals 方法，它被用来判断两个 ByteBuf 实例的相等性，源码如下。

```
/**
* Returns {@code true} if and only if the two specified buffers are
* identical to each other for {@code length} bytes starting at {@code
aStartIndex}
* index for the {@code a} buffer and {@code bStartIndex} index for the {@code b}
buffer.
* A more compact way to express this is:
* <p>
* {@code a[aStartIndex : aStartIndex + length] == b[bStartIndex : bStartIndex
+ length]}
*/
public static boolean equals(ByteBuf a, int aStartIndex, ByteBuf b, int
bStartIndex, int length) {
    if (aStartIndex < 0 || bStartIndex < 0 || length < 0) {
        throw new IllegalArgumentException("All indexes and lengths must be non-negative");
    }
     if (a.writerIndex() - length < aStartIndex || b.writerIndex() - length <
bStartIndex) {
        return false;
    }

    final int longCount = length >>> 3;
    final int byteCount = length & 7;

    if (a.order() == b.order()) {
        for (int i = longCount; i > 0; i --) {
            if (a.getLong(aStartIndex) != b.getLong(bStartIndex)) {
                return false;
            }
            aStartIndex += 8;
```

```
            bStartIndex += 8;
        }
    } else {
        for (int i = longCount; i > 0; i --) {
            if (a.getLong(aStartIndex) != swapLong(b.getLong(bStartIndex))) {
                return false;
            }
            aStartIndex += 8;
            bStartIndex += 8;
        }
    }

    for (int i = byteCount; i > 0; i --) {
        if (a.getByte(aStartIndex) != b.getByte(bStartIndex)) {
            return false;
        }
        aStartIndex ++;
        bStartIndex ++;
    }

    return true;
}

/**
* Returns {@code true} if and only if the two specified buffers are
* identical to each other as described in {@link ByteBuf#equals(Object)}.
* This method is useful when implementing a new buffer type.
*/
public static boolean equals(ByteBuf bufferA, ByteBuf bufferB) {
    final int aLen = bufferA.readableBytes();
    if (aLen != bufferB.readableBytes()) {
        return false;
    }
     return equals(bufferA, bufferA.readerIndex(), bufferB, bufferB.
readerIndex(), aLen);
}
```

## 4.4 ByteBufHolder 接口

ByteBufHolder 接口是 ByteBuf 的容器，在 Netty 中它非常有用，例如，HTTP 的请求消息和应答消息都可以携带消息体，这个消息体就是 ByteBuf 对象。由于不同的协议消息体可以包含不同的协议字段和功能，因此，需要对 ByteBuf 进行包装和抽象，不同的子类可以有不同的实现。为了满足这些定制化的需求，Netty 抽象出了 ByteBufHolder 对象，它包含了一个 ByteBuf，另外还提供了一些其他实用的方法，如缓冲区池化，其中可以从池中借用 ByteBuf，并且在需要时自动释放。

因此，如果想要实现一个将其有效负载存储在 ByteBuf 中的消息对象，那么 ByteBufHolder 将是个不错的选择。

### 4.4.1 ▶ ByteBufHolder 接口方法

ByteBufHolder 接口只有几种用于访问底层数据和引用计数的方法。以下是 ByteBufHolder 接口源码。

```
package io.netty.buffer;

import io.netty.util.ReferenceCounted;

public interface ByteBufHolder extends ReferenceCounted {
    ByteBuf content();
    ByteBufHolder copy();
    ByteBufHolder duplicate();
    ByteBufHolder retainedDuplicate();
    ByteBufHolder replace(ByteBuf content);

    @Override
    ByteBufHolder retain();

    @Override
    ByteBufHolder retain(int increment);

    @Override
    ByteBufHolder touch();

    @Override
    ByteBufHolder touch(Object hint);
}
```

对以上源码说明如下。

- content() 方法用于返回由这个 ByteBufHolder 所持有的 ByteBuf。
- copy() 用于返回这个 ByteBufHolder 的一个深拷贝，包括其所包含的 ByteBuf 的一个非共享拷贝。
- duplicate() 方法用于返回这个 ByteBufHolder 的一个浅拷贝，包括其所包含的 ByteBuf 的一个共享拷贝。
- retainedDuplicate() 方法用于返回这个 ByteBufHolder 保留的浅拷贝。
- replace() 方法用于返回一个指定了内容的新 ByteBufHolder。

## 4.4.2 ▶ ByteBufHolder 接口默认实现

Netty 提供了 ByteBufHolder 接口的默认实现 DefaultByteBufHolder。DefaultByteBufHolder 类的核心源码如下。

```
package io.netty.buffer;

import io.netty.util.IllegalReferenceCountException;
import io.netty.util.internal.StringUtil;

public class DefaultByteBufHolder implements ByteBufHolder {

    private final ByteBuf data;

    public DefaultByteBufHolder(ByteBuf data) {
        if (data == null) {
            throw new NullPointerException("data");
        }
        this.data = data;
    }

    @Override
    public ByteBuf content() {
        if (data.refCnt() <= 0) {
            throw new IllegalReferenceCountException(data.refCnt());
        }
        return data;
    }

    @Override
    public ByteBufHolder copy() {
        return replace(data.copy());
    }

    @Override
    public ByteBufHolder duplicate() {
        return replace(data.duplicate());
    }

    @Override
    public ByteBufHolder retainedDuplicate() {
        return replace(data.retainedDuplicate());
    }

    @Override
    public ByteBufHolder replace(ByteBuf content) {
        return new DefaultByteBufHolder(content);
    }
```

```
@Override
public int refCnt() {
    return data.refCnt();
}

@Override
public ByteBufHolder retain() {
    data.retain();
    return this;
}

@Override
public ByteBufHolder retain(int increment) {
    data.retain(increment);
    return this;
}

@Override
public ByteBufHolder touch() {
    data.touch();
    return this;
}

@Override
public ByteBufHolder touch(Object hint) {
    data.touch(hint);
    return this;
}

@Override
public boolean release() {
    return data.release();
}

@Override
public boolean release(int decrement) {
    return data.release(decrement);
}

protected final String contentToString() {
    return data.toString();
}

@Override
public String toString() {
    return StringUtil.simpleClassName(this) + '(' + contentToString() + ')';
}
```

```
    @Override
    public boolean equals(Object o) {
        if (this == o) {
            return true;
        }
        if (o instanceof ByteBufHolder) {
            return data.equals(((ByteBufHolder) o).content());
        }
        return false;
    }

    @Override
    public int hashCode() {
        return data.hashCode();
    }
}
```

## 4.5 CompositeByteBuf 类

在前面介绍 ByteBuf 的 3 种使用模式时，已经初步接触了 CompositeByteBuf 类的用法。以下是创建复合缓冲区的示例。

```
// 创建一个堆缓冲区
ByteBuf heapBuf = Unpooled.buffer(3);
String way = "way";
heapBuf.writeBytes(way.getBytes());

// 创建一个直接缓冲区
ByteBuf directBuf = Unpooled.directBuffer(3);
String lau = "lau";
directBuf.writeBytes(lau.getBytes());

// 创建一个复合缓冲区
CompositeByteBuf compositeBuffer = Unpooled.compositeBuffer(10);
compositeBuffer.addComponents(heapBuf, directBuf); // 将缓冲区添加到复合缓冲区
```

CompositeByteBuf 是一种虚拟的缓冲区，其用途是将多个缓冲区显示为单个合并缓冲区，类似于数据库中的视图。创建 CompositeByteBuf 时，建议使用 ByteBufAllocator.compositeBuffer() 或 Unpooled.wrappedBuffer() 方法，而不是显式调用构造函数。

例如，在 HTTP 传输的消息中，经常会由两部分组成：头部和主体。这两部分一般由应用程序的不同模块产生，只是在消息被发送时才被组装起来。该应用程序可以选择为多个消

息重用相同的消息主体。当这种情况发生时，对于每个消息都将会创建一个新的头部。因为不想为每个消息都重新分配这两个缓冲区，所以使用 CompositeByteBuf 是一个完美的选择。它在消除了没必要的复制的同时，暴露了通用的 ByteBuf API。

| CompositeByteBuf | |
|---|---|
| ByteBuf<br>头部 | ByteBuf<br>主体 |

图 4-6 消息的结构组成

图 4-6 展示了消息的结构组成。

在 CompositeByteBuf 内部，维护了一个内部类 Component。Component 对 ByteBuf 进行了包装，并维护了在集合中的位置偏移量等信息。以下是 Component 核心源码。

```
private static final class Component {
    final ByteBuf srcBuf; // the originally added buffer
    final ByteBuf buf; // srcBuf unwrapped zero or more times

    int srcAdjustment; // index of the start of this CompositeByteBuf relative to srcBuf
    int adjustment; // index of the start of this CompositeByteBuf relative to buf

    int offset; // offset of this component within this CompositeByteBuf
    int endOffset; // end offset of this component within this CompositeByteBuf

    private ByteBuf slice; // cached slice, may be null

    Component(ByteBuf srcBuf, int srcOffset, ByteBuf buf, int bufOffset,
            int offset, int len, ByteBuf slice) {
        this.srcBuf = srcBuf;
        this.srcAdjustment = srcOffset - offset;
        this.buf = buf;
        this.adjustment = bufOffset - offset;
        this.offset = offset;
        this.endOffset = offset + len;
        this.slice = slice;
    }

    int srcIdx(int index) {
        return index + srcAdjustment;
    }

    int idx(int index) {
        return index + adjustment;
    }

    int length() {
        return endOffset - offset;
    }
```

```
    void reposition(int newOffset) {
        int move = newOffset - offset;
        endOffset += move;
        srcAdjustment -= move;
        adjustment -= move;
        offset = newOffset;
    }

    void transferTo(ByteBuf dst) {
        dst.writeBytes(buf, idx(offset), length());
        free();
    }

    ByteBuf slice() {
        ByteBuf s = slice;
        if (s == null) {
            slice = s = srcBuf.slice(srcIdx(offset), length());
        }
        return s;
    }

    ByteBuf duplicate() {
        return srcBuf.duplicate();
    }

    ByteBuffer internalNioBuffer(int index, int length) {
        return srcBuf.internalNioBuffer(srcIdx(index), length);
    }

    void free() {
        slice = null;
        srcBuf.release();
    }
}
```

当执行 CompositeByteBuf.addComponents() 方法时，最终会把要缓冲区放置到 Component[] 数组中，并维护位置偏移量。以下是 addComponents() 方法的核心源码。

```
private Component[] components; // resized when needed

//...

private CompositeByteBuf addComponents0(boolean increaseWriterIndex,
        final int cIndex, ByteBuf[] buffers, int arrOffset) {
    final int len = buffers.length, count = len - arrOffset;
    int ci = Integer.MAX_VALUE;
    try {
        checkComponentIndex(cIndex);
        shiftComps(cIndex, count); // will increase componentCount
```

```
        int nextOffset = cIndex > 0 ? components[cIndex - 1].endOffset : 0;
        for (ci = cIndex; arrOffset < len; arrOffset++, ci++) {
            ByteBuf b = buffers[arrOffset];
            if (b == null) {
                break;
            }
            Component c = newComponent(ensureAccessible(b), nextOffset);
            components[ci] = c;
            nextOffset = c.endOffset;
        }
        return this;
    } finally {
        if (ci < componentCount) {
            if (ci < cIndex + count) {
                removeCompRange(ci, cIndex + count);
                for (; arrOffset < len; ++arrOffset) {
                    ReferenceCountUtil.safeRelease(buffers[arrOffset]);
                }
            }
            updateComponentOffsets(ci);
        }
        if (increaseWriterIndex && ci > cIndex && ci <= componentCount) {
            writerIndex += components[ci - 1].endOffset - components[cIndex].offset;
        }
    }
}
```

## 4.6 ReferenceCounted 接口

引用计数在计算机中的应用是非常广泛的。引用计数是计算机编程语言中的一种内存管理技术，是指将资源（可以是对象、内存或磁盘空间等）的被引用次数保存起来，当被引用次数变为零时就将其释放的过程。使用引用计数技术可以实现自动资源管理的目的。同时引用计数还可以指使用引用计数技术回收未使用资源的垃圾回收算法。

在 Netty 中，提供了 ReferenceCounted 接口来表达一个引用计数的对象。ByteBuf 和 ByteBufHolder 等都引入了引用计数技术，它们都实现了 ReferenceCounted 接口。

当实例化一个新的 ReferenceCounted 时，它以 1 的引用计数开始。执行 retain() 方法会增加引用计数，而执行 release() 方法则会减少引用计数。如果引用计数减少到 0，则将显式释放对象，并且访问该释放对象通常会导致访问冲突并抛出 IllegalReferenceCountException 异常。

以下是实现 ReferenceCounted 接口的 ReferenceCountUpdater 抽象类的 retain()、release() 方法的核心源码。

```java
package io.netty.util.internal;

import static io.netty.util.internal.ObjectUtil.checkPositive;

import java.util.concurrent.atomic.AtomicIntegerFieldUpdater;

import io.netty.util.IllegalReferenceCountException;
import io.netty.util.ReferenceCounted;

public abstract class ReferenceCountUpdater<T extends ReferenceCounted> {

    // rawIncrement == increment << 1
    private T retain0(T instance, final int increment, final int rawIncrement) {
        int oldRef = updater().getAndAdd(instance, rawIncrement);
        if (oldRef != 2 && oldRef != 4 && (oldRef & 1) != 0) {
            throw new IllegalReferenceCountException(0, increment);
        }
        // don't pass 0!
        if ((oldRef <= 0 && oldRef + rawIncrement >= 0)
                || (oldRef >= 0 && oldRef + rawIncrement < oldRef)) {
            // overflow case
            updater().getAndAdd(instance, -rawIncrement);
            throw new IllegalReferenceCountException(realRefCnt(oldRef), increment);
        }
        return instance;
    }

    private boolean retryRelease0(T instance, int decrement) {
        for (;;) {
            int rawCnt = updater().get(instance), realCnt = toLiveRealRefCnt(rawCnt, decrement);
            if (decrement == realCnt) {
                if (tryFinalRelease0(instance, rawCnt)) {
                    return true;
                }
            } else if (decrement < realCnt) {
                // all changes to the raw count are 2x the "real" change
                if (updater().compareAndSet(instance, rawCnt, rawCnt - (decrement << 1))) {
                    return false;
                }
            } else {
                throw new IllegalReferenceCountException(realCnt, -decrement);
            }
            Thread.yield(); // this benefits throughput under high contention
        }
    }

    // ...
}
```

如果实现 ReferenceCounted 的对象是其他实现 ReferenceCounted 的对象的容器，则当容器的引用计数变为 0 时，包含的对象也将通过 release() 释放。一般来说，是由最后访问（引用计数）对象的那一方来负责将它释放。

## 4.7 Unpooled 类

在 Netty 中，创建一个新的缓冲区，最好的方式并不是调用单个实现的构造函数，而是使用 Unpooled 工具类。这些工具类提供了众多的静态方法来创建新的 ByteBuf，主要分为以下 3 类。

- 分配新缓冲区。
- 创建包装的缓冲区。
- 复制现有的字节数组、字节缓冲区和字符串。

以下是一些 Unpooled 的使用示例。

```
import static io.netty.buffer.Unpooled.*;

// 创建堆缓冲区
ByteBuf heapBuffer    = buffer(128);

// 创建直接缓冲区
ByteBuf directBuffer  = directBuffer(256);

// 创建包装缓冲区
ByteBuf wrappedBuffer = wrappedBuffer(new byte[128], new byte[256]);

// 创建复制缓冲区
ByteBuf copiedBuffer  = copiedBuffer(ByteBuffer.allocate(128));
```

### 4.7.1 ▶ 分配新缓冲区

在前文已经介绍过了 ByteBuf 共有 3 种使用模式：堆缓冲区模式、直接缓冲区模式和复合缓冲区模式。分配新缓冲区的方法可以直接分配这 3 种类型。

以下是 Unpooled 分配新缓冲区的方法的源码。

```
public static ByteBuf buffer() {
    return ALLOC.heapBuffer();
}
```

```
public static ByteBuf directBuffer() {
    return ALLOC.directBuffer();
}

public static ByteBuf buffer(int initialCapacity) {
    return ALLOC.heapBuffer(initialCapacity);
}

public static ByteBuf directBuffer(int initialCapacity) {
    return ALLOC.directBuffer(initialCapacity);
}

public static ByteBuf buffer(int initialCapacity, int maxCapacity) {
    return ALLOC.heapBuffer(initialCapacity, maxCapacity);
}

public static ByteBuf directBuffer(int initialCapacity, int maxCapacity) {
    return ALLOC.directBuffer(initialCapacity, maxCapacity);
}

public static CompositeByteBuf compositeBuffer() {
    return compositeBuffer(AbstractByteBufAllocator.DEFAULT_MAX_COMPONENTS);
}

public static CompositeByteBuf compositeBuffer(int maxNumComponents) {
    return new CompositeByteBuf(ALLOC, false, maxNumComponents);
}
```

其中，buffer() 方法用于创建堆缓冲区，directBuffer() 用于创建直接缓冲区，而 compositeBuffer() 方法用于创建复合缓冲区。从源码也可以看出，分配新缓冲区的方法的实现，依赖于 UnpooledByteBufAllocator 分配器。

## 4.7.2 ▶ 创建包装缓冲区

包装缓冲区是一种缓冲区，它是一个或多个现有字节数组和字节缓冲区的视图。原始数组或缓冲区内容的任何更改都将在包装的缓冲区中可见。

以下是 Unpooled 创建包装缓冲区的方法的源码。

```
public static ByteBuf wrappedBuffer(byte[] array) {
    if (array.length == 0) {
        return EMPTY_BUFFER;
    }
    return new UnpooledHeapByteBuf(ALLOC, array, array.length);
}

public static ByteBuf wrappedBuffer(byte[] array, int offset, int length) {
```

```
    if (length == 0) {
        return EMPTY_BUFFER;
    }

    if (offset == 0 && length == array.length) {
        return wrappedBuffer(array);
    }

    return wrappedBuffer(array).slice(offset, length);
}

public static ByteBuf wrappedBuffer(ByteBuffer buffer) {
    if (!buffer.hasRemaining()) {
        return EMPTY_BUFFER;
    }
    if (!buffer.isDirect() && buffer.hasArray()) {
        return wrappedBuffer(
                buffer.array(),
                buffer.arrayOffset() + buffer.position(),
                buffer.remaining()).order(buffer.order());
    } else if (PlatformDependent.hasUnsafe()) {
        if (buffer.isReadOnly()) {
            if (buffer.isDirect()) {
                return new ReadOnlyUnsafeDirectByteBuf(ALLOC, buffer);
            } else {
                return new ReadOnlyByteBufferBuf(ALLOC, buffer);
            }
        } else {
            return new UnpooledUnsafeDirectByteBuf(ALLOC, buffer, buffer.remaining());
        }
    } else {
        if (buffer.isReadOnly()) {
            return new ReadOnlyByteBufferBuf(ALLOC, buffer);
        } else {
            return new UnpooledDirectByteBuf(ALLOC, buffer, buffer.remaining());
        }
    }
}

public static ByteBuf wrappedBuffer(long memoryAddress, int size, boolean
doFree) {
    return new WrappedUnpooledUnsafeDirectByteBuf(ALLOC, memoryAddress, size, doFree);
}

public static ByteBuf wrappedBuffer(ByteBuf buffer) {
    if (buffer.isReadable()) {
        return buffer.slice();
    } else {
        buffer.release();
```

```
        return EMPTY_BUFFER;
    }
}

public static ByteBuf wrappedBuffer(byte[]... arrays) {
    return wrappedBuffer(arrays.length, arrays);
}

public static ByteBuf wrappedBuffer(ByteBuf... buffers) {
    return wrappedBuffer(buffers.length, buffers);
}

public static ByteBuf wrappedBuffer(ByteBuffer... buffers) {
    return wrappedBuffer(buffers.length, buffers);
}

static <T> ByteBuf wrappedBuffer(int maxNumComponents, ByteWrapper<T> wrapper,
T[] array) {
    switch (array.length) {
    case 0:
        break;
    case 1:
        if (!wrapper.isEmpty(array[0])) {
            return wrapper.wrap(array[0]);
        }
        break;
    default:
        for (int i = 0, len = array.length; i < len; i++) {
            T bytes = array[i];
            if (bytes == null) {
                return EMPTY_BUFFER;
            }
            if (!wrapper.isEmpty(bytes)) {
                return new CompositeByteBuf(ALLOC, false, maxNumComponents, wrapper, array, i);
            }
        }
    }

    return EMPTY_BUFFER;
}

public static ByteBuf wrappedBuffer(int maxNumComponents, byte[]... arrays) {
    return wrappedBuffer(maxNumComponents, CompositeByteBuf.BYTE_ARRAY_WRAPPER, arrays);
}

public static ByteBuf wrappedBuffer(int maxNumComponents, ByteBuf... buffers) {
    switch (buffers.length) {
    case 0:
        break;
```

```
    case 1:
        ByteBuf buffer = buffers[0];
        if (buffer.isReadable()) {
            return wrappedBuffer(buffer.order(BIG_ENDIAN));
        } else {
            buffer.release();
        }
        break;
    default:
        for (int i = 0; i < buffers.length; i++) {
            ByteBuf buf = buffers[i];
            if (buf.isReadable()) {
                return new CompositeByteBuf(ALLOC, false, maxNumComponents, buffers, i);
            }
            buf.release();
        }
        break;
    }
    return EMPTY_BUFFER;
}

public static ByteBuf wrappedBuffer(int maxNumComponents, ByteBuffer... buffers) {
    return wrappedBuffer(maxNumComponents, CompositeByteBuf.BYTE_BUFFER_WRAPPER, buffers);
}
```

包装缓冲区提供的各种包装方法，它们的名称全为 wrappedBuffer()。

### 4.7.3 ▶ 创建复制缓冲区

复制缓冲区是一个或多个现有字节数组、字节缓冲区或字符串的深层副本。与包装缓冲区不同的是，原始数据和复制的缓冲区之间没有共享数据。

复制缓冲区提供了各种复制方法，它们的名称大多是为 copyedBuffer()。以下是 Unpooled 复制缓冲区的方法的源码。

```
  public static ByteBuf copiedBuffer(byte[] array) {
    if (array.length == 0) {
        return EMPTY_BUFFER;
    }
    return wrappedBuffer(array.clone());
}

public static ByteBuf copiedBuffer(byte[] array, int offset, int length) {
    if (length == 0) {
        return EMPTY_BUFFER;
    }
    byte[] copy = PlatformDependent.allocateUninitializedArray(length);
```

```
    System.arraycopy(array, offset, copy, 0, length);
    return wrappedBuffer(copy);
}

public static ByteBuf copiedBuffer(ByteBuffer buffer) {
    int length = buffer.remaining();
    if (length == 0) {
        return EMPTY_BUFFER;
    }
    byte[] copy = PlatformDependent.allocateUninitializedArray(length);
    // Duplicate the buffer so we not adjust the position during our get operation.
    // See https://github.com/netty/netty/issues/3896
    ByteBuffer duplicate = buffer.duplicate();
    duplicate.get(copy);
    return wrappedBuffer(copy).order(duplicate.order());
}

public static ByteBuf copiedBuffer(ByteBuf buffer) {
    int readable = buffer.readableBytes();
    if (readable > 0) {
        ByteBuf copy = buffer(readable);
        copy.writeBytes(buffer, buffer.readerIndex(), readable);
        return copy;
    } else {
        return EMPTY_BUFFER;
    }
}

public static ByteBuf copiedBuffer(byte[]... arrays) {
    switch (arrays.length) {
    case 0:
        return EMPTY_BUFFER;
    case 1:
        if (arrays[0].length == 0) {
            return EMPTY_BUFFER;
        } else {
            return copiedBuffer(arrays[0]);
        }
    }

    // Merge the specified arrays into one array.
    int length = 0;
    for (byte[] a: arrays) {
        if (Integer.MAX_VALUE - length < a.length) {
            throw new IllegalArgumentException(
                    "The total length of the specified arrays is too big.");
        }
        length += a.length;
    }
```

```
    if (length == 0) {
        return EMPTY_BUFFER;
    }

    byte[] mergedArray = PlatformDependent.allocateUninitializedArray(length);
    for (int i = 0, j = 0; i < arrays.length; i ++) {
        byte[] a = arrays[i];
        System.arraycopy(a, 0, mergedArray, j, a.length);
        j += a.length;
    }

    return wrappedBuffer(mergedArray);
}

public static ByteBuf copiedBuffer(ByteBuf... buffers) {
    switch (buffers.length) {
    case 0:
        return EMPTY_BUFFER;
    case 1:
        return copiedBuffer(buffers[0]);
    }

    // Merge the specified buffers into one buffer.
    ByteOrder order = null;
    int length = 0;
    for (ByteBuf b: buffers) {
        int bLen = b.readableBytes();
        if (bLen <= 0) {
            continue;
        }
        if (Integer.MAX_VALUE - length < bLen) {
            throw new IllegalArgumentException(
                    "The total length of the specified buffers is too big.");
        }
        length += bLen;
        if (order != null) {
            if (!order.equals(b.order())) {
                throw new IllegalArgumentException("inconsistent byte order");
            }
        } else {
            order = b.order();
        }
    }

    if (length == 0) {
        return EMPTY_BUFFER;
    }
```

```
    byte[] mergedArray = PlatformDependent.allocateUninitializedArray(length);
    for (int i = 0, j = 0; i < buffers.length; i ++) {
        ByteBuf b = buffers[i];
        int bLen = b.readableBytes();
        b.getBytes(b.readerIndex(), mergedArray, j, bLen);
        j += bLen;
    }

    return wrappedBuffer(mergedArray).order(order);
}

public static ByteBuf copiedBuffer(ByteBuffer... buffers) {
    switch (buffers.length) {
    case 0:
        return EMPTY_BUFFER;
    case 1:
        return copiedBuffer(buffers[0]);
    }

    // Merge the specified buffers into one buffer.
    ByteOrder order = null;
    int length = 0;
    for (ByteBuffer b: buffers) {
        int bLen = b.remaining();
        if (bLen <= 0) {
            continue;
        }
        if (Integer.MAX_VALUE - length < bLen) {
            throw new IllegalArgumentException(
                    "The total length of the specified buffers is too big.");
        }
        length += bLen;
        if (order != null) {
            if (!order.equals(b.order())) {
                throw new IllegalArgumentException("inconsistent byte order");
            }
        } else {
            order = b.order();
        }
    }

    if (length == 0) {
        return EMPTY_BUFFER;
    }

    byte[] mergedArray = PlatformDependent.allocateUninitializedArray(length);
    for (int i = 0, j = 0; i < buffers.length; i ++) {
        // Duplicate the buffer so we not adjust the position during our get operation.
        // See https://github.com/netty/netty/issues/3896
```

```
        ByteBuffer b = buffers[i].duplicate();
        int bLen = b.remaining();
        b.get(mergedArray, j, bLen);
        j += bLen;
    }

    return wrappedBuffer(mergedArray).order(order);
}

public static ByteBuf copiedBuffer(CharSequence string, Charset charset) {
    if (string == null) {
        throw new NullPointerException("string");
    }

    if (string instanceof CharBuffer) {
        return copiedBuffer((CharBuffer) string, charset);
    }

    return copiedBuffer(CharBuffer.wrap(string), charset);
}

public static ByteBuf copiedBuffer(
        CharSequence string, int offset, int length, Charset charset) {
    if (string == null) {
        throw new NullPointerException("string");
    }
    if (length == 0) {
        return EMPTY_BUFFER;
    }

    if (string instanceof CharBuffer) {
        CharBuffer buf = (CharBuffer) string;
        if (buf.hasArray()) {
            return copiedBuffer(
                    buf.array(),
                    buf.arrayOffset() + buf.position() + offset,
                    length, charset);
        }

        buf = buf.slice();
        buf.limit(length);
        buf.position(offset);
        return copiedBuffer(buf, charset);
    }

    return copiedBuffer(CharBuffer.wrap(string, offset, offset + length), charset);
}

public static ByteBuf copiedBuffer(char[] array, Charset charset) {
```

```
    if (array == null) {
        throw new NullPointerException("array");
    }
    return copiedBuffer(array, 0, array.length, charset);
}

public static ByteBuf copiedBuffer(char[] array, int offset, int length,
Charset charset) {
    if (array == null) {
        throw new NullPointerException("array");
    }
    if (length == 0) {
        return EMPTY_BUFFER;
    }
    return copiedBuffer(CharBuffer.wrap(array, offset, length), charset);
}

private static ByteBuf copiedBuffer(CharBuffer buffer, Charset charset) {
    return ByteBufUtil.encodeString0(ALLOC, true, buffer, charset, 0);
}
```

还有一些复制缓冲区的方法，专门用于复制数值型的数据，它们的名称以 copy 开头。以下是这些方法的源码。

```
public static ByteBuf copyInt(int value) {
    ByteBuf buf = buffer(4);
    buf.writeInt(value);
    return buf;
}

public static ByteBuf copyInt(int... values) {
    if (values == null || values.length == 0) {
        return EMPTY_BUFFER;
    }
    ByteBuf buffer = buffer(values.length * 4);
    for (int v: values) {
        buffer.writeInt(v);
    }
    return buffer;
}

public static ByteBuf copyShort(int value) {
    ByteBuf buf = buffer(2);
    buf.writeShort(value);
    return buf;
}

public static ByteBuf copyShort(short... values) {
    if (values == null || values.length == 0) {
```

```
        return EMPTY_BUFFER;
    }
    ByteBuf buffer = buffer(values.length * 2);
    for (int v: values) {
        buffer.writeShort(v);
    }
    return buffer;
}

public static ByteBuf copyShort(int... values) {
    if (values == null || values.length == 0) {
        return EMPTY_BUFFER;
    }
    ByteBuf buffer = buffer(values.length * 2);
    for (int v: values) {
        buffer.writeShort(v);
    }
    return buffer;
}

public static ByteBuf copyMedium(int value) {
    ByteBuf buf = buffer(3);
    buf.writeMedium(value);
    return buf;
}

public static ByteBuf copyMedium(int... values) {
    if (values == null || values.length == 0) {
        return EMPTY_BUFFER;
    }
    ByteBuf buffer = buffer(values.length * 3);
    for (int v: values) {
        buffer.writeMedium(v);
    }
    return buffer;
}

public static ByteBuf copyLong(long value) {
    ByteBuf buf = buffer(8);
    buf.writeLong(value);
    return buf;
}

public static ByteBuf copyLong(long... values) {
    if (values == null || values.length == 0) {
        return EMPTY_BUFFER;
    }
    ByteBuf buffer = buffer(values.length * 8);
    for (long v: values) {
```

```
        buffer.writeLong(v);
    }
    return buffer;
}

public static ByteBuf copyBoolean(boolean value) {
    ByteBuf buf = buffer(1);
    buf.writeBoolean(value);
    return buf;
}

public static ByteBuf copyBoolean(boolean... values) {
    if (values == null || values.length == 0) {
        return EMPTY_BUFFER;
    }
    ByteBuf buffer = buffer(values.length);
    for (boolean v: values) {
        buffer.writeBoolean(v);
    }
    return buffer;
}

public static ByteBuf copyFloat(float value) {
    ByteBuf buf = buffer(4);
    buf.writeFloat(value);
    return buf;
}

public static ByteBuf copyFloat(float... values) {
    if (values == null || values.length == 0) {
        return EMPTY_BUFFER;
    }
    ByteBuf buffer = buffer(values.length * 4);
    for (float v: values) {
        buffer.writeFloat(v);
    }
    return buffer;
}

public static ByteBuf copyDouble(double value) {
    ByteBuf buf = buffer(8);
    buf.writeDouble(value);
    return buf;
}

public static ByteBuf copyDouble(double... values) {
    if (values == null || values.length == 0) {
        return EMPTY_BUFFER;
    }
```

```
    ByteBuf buffer = buffer(values.length * 8);
    for (double v: values) {
        buffer.writeDouble(v);
    }
    return buffer;
}
```

## 4.8 零拷贝

零拷贝（zero-copy）是一种 I/O 操作优化技术，可以快速高效地将数据从文件系统移动到网络接口，而不需要将其从内核空间复制到用户空间，其在 FTP 或者 HTTP 等协议中可以显著地提升性能。但是需要注意的是，并不是所有的操作系统都支持这一特性，目前只有在使用 NIO 和 Epoll 传输时才可使用该特性。需要注意，它不能用于实现了数据加密或者压缩的文件系统上，只能传输文件的原始内容。这类原始内容也包括加密了的文件内容。

### 4.8.1 理解传统 I/O 操作存在的性能问题

以下是传统 I/O 读写操作的过程。

#### 1. 读操作

当使用传统方式进行读操作时，主要流程如图 4-7 所示。

上述流程具体分为以下几个步骤。

- 应用程序发起读数据操作，触发 read() 系统调用。这时操作系统会进行一次上下文切换（把用户空间切换到内核空间）。
- 通过磁盘控制器把数据复制到内核缓冲区（页缓存）中，这里发生了一次 DMA Copy。
- 然后内核将数据复制到用户空间的应用缓冲区中，发生了一次 CPU Copy。
- read 调用返回后，会再进行一次上下文切换（把内核空间切换到用户空间）。

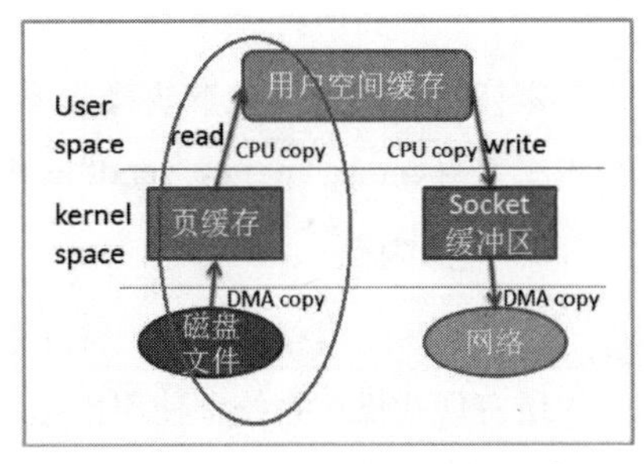


图 4-7 传统方式进行读操作

上述读操作，发生了 2 次上下文切换和 2 次数据复制（一次是 DMA Copy，一次是 CPU Copy）。

值得注意的是，DMA Copy 是内核从磁盘上面读取数据，这是不消耗 CPU 时间的，是通过磁盘控制器完成的。

### 2. 写操作

当使用传统方式进行写操作时，主要流程如图 4–8 所示。

上述流程具体分为以下几个步骤。

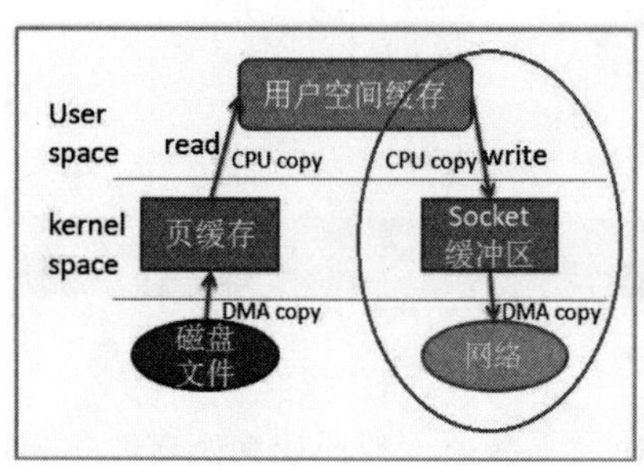


图 4-8 传统方式进行写操作

- 应用发起写操作，触发 write() 系统调用，操作进行一次上下文切换（从用户空间切换为内核空间）。
- 把数据复制到内核缓冲区 Socket 缓冲区，做了一次 CPU Copy。
- 内核空间再把数据复制到磁盘或其他存储器（网卡，进行网络传输），进行了 DMA Copy。
- 写入结束后返回，又从内核空间切换到用户空间。

上述写操作，也是发生了 2 次上下文切换和 2 次数据复制（一次是 DMA Copy，一次是 CPU Copy）。

### 3. 总结传统 I/O 操作存在的性能问题

从上述读写两个操作可以看出，传统的 I/O 读写操作，总共进行了 4 次上下文切换，4 次数据复制动作。数据在内核空间和应用空间之间来回复制，其实并没有做任何有意义的逻辑，就是单纯的复制而已。所以这个机制太浪费时间了，而且浪费的是 CPU 的时间。

那么是否可以让数据不要来回复制呢？零拷贝就是来解决这个问题的。

## 4.8.2 ▶ 零拷贝技术原理

零拷贝主要是用来解决操作系统在处理 I/O 操作时，频繁复制数据的问题。关于零拷贝技术主要有 mmap+write、sendfile 和 splice 等几种方式。

### 1. 虚拟内存

在了解零拷贝技术之前，先了解虚拟内存的概念。

所有现代操作系统都使用虚拟内存，使用虚拟地址取代物理地址，主要有以下几点好处。

- 多个虚拟内存可以指向同一个物理地址。
- 虚拟内存空间可以远远大于物理内存空间。

利用上面的第一条特性可以优化，可以把内核空间和用户空间的虚拟地址映射到同一个物理地址，这样在 I/O 操作时就不需要来回复制了。

图 4–9 展示了虚拟内存的原理。

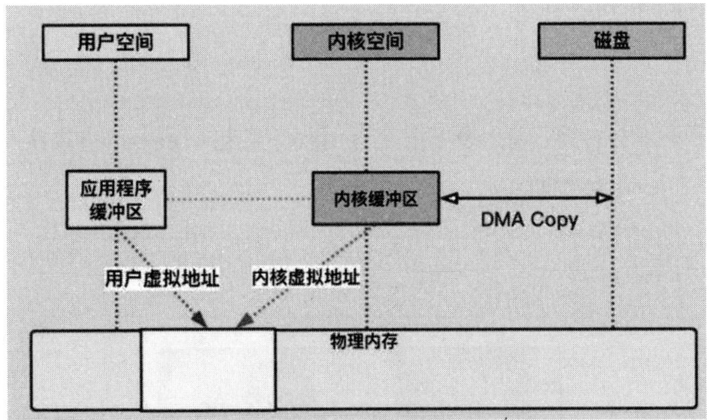


图 4–9　虚拟内存

### 2. mmap/write 方式

使用 mmap/write 方式替换原来的传统 I/O 方式，就是利用了虚拟内存的特性。图 4–10 展示了 mmap/write 方式的原理。

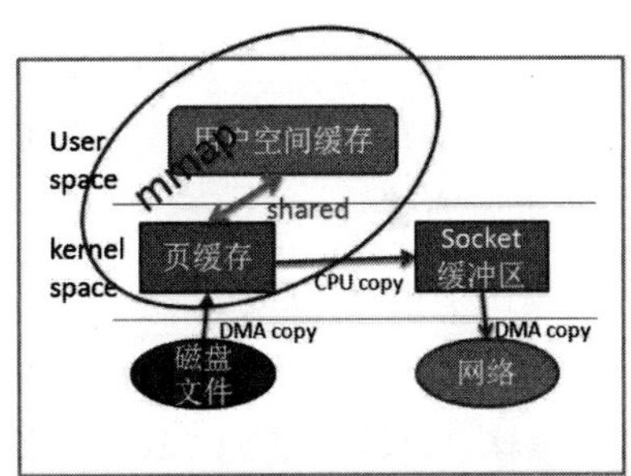


图 4–10　mmap/write 方式

整体流程的核心区别就是，把数据读取到内核缓冲区后，应用程序进行写入操作时，直接把内核的 Read Buffer 的数据复制到 Socket Buffer 以便写入，这次内核之间的复制也是需要 CPU 参与的。

上述流程就少了一个 CPU Copy，提升了 I/O 的速度。不过发现上下文的切换还是 4 次并没有减少，这是因为还是要应用程序发起 write 操作。那能不能减少上下文切换呢？这就需要 sendfile 方式来进一步优化。

### 3. sendfile 方式

从 Linux 2.1 版本开始，Linux 引入了 sendfile 来简化操作。sendfile 方式可以替换上面的 mmap/write 方式来进一步优化。

sendfile 将以下操作：

```
mmap();
write();
```

替换为：

```
sendfile();
```

这样就减少了上下文切换，因为少了一个应用程序发起write操作，直接发起sendfile操作。图 4-11 展示了 sendfile 原理。

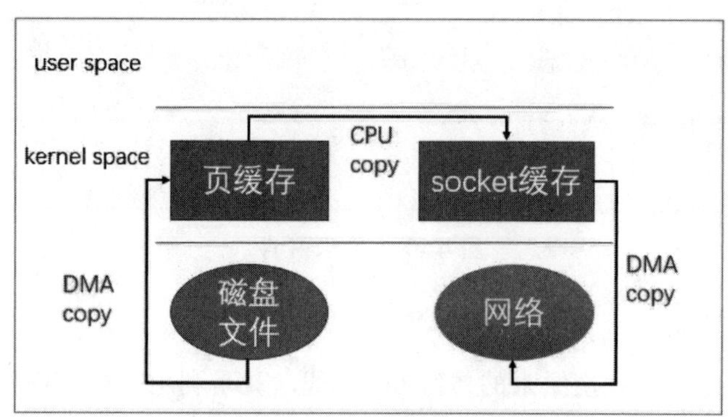


图 4-11　sendfile 方式

sendfile 方式只有 3 次数据复制（其中只有 1 次 CPU Copy）以及 2 次上下文切换。那能不能把 CPU Copy 减少到没有呢？这就需要带有 scatter/gather 的 sendfile 方式了。

### 4. 带有 scatter/gather 的 sendfile 方式

Linux 2.4 内核进行了优化，提供了带有 scatter/gather 的 sendfile 操作，这个操作可以把最后一次 CPU Copy 去除。其原理就是在内核空间 Read Buffer 和 Socket Buffer 不做数据复制，而是将 Read Buffer 的内存地址、偏移量记录到相应的 Socket Buffer 中，这样就不需要复制。其本质和虚拟内存的解决方法思路一样，就是内存地址的记录。

图 4-12 展示了 scatter/gather 的 sendfile 原理。

scatter/gather 的 sendfile 只有 2 次数据复制（都是 DMA Copy）及 2 次上下文切换。CPU Copy 已经完全没有。不过这一种收集复制功能是需要硬件及驱动程序支持的。

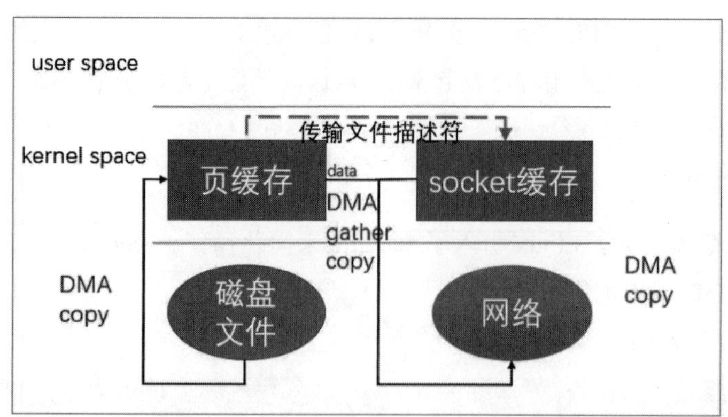


图 4-12　scatter/gather 的 sendfile

### 5. splice 方式

splice 调用和 sendfile 非常类似，用户应用程序必须拥有两个已经打开的文件描述符，一个表示输入设备，另一个表示输出设备。与 sendfile 不同的是，splice 允许任意两个文件之间互相连接，而并不只是文件到 socket 进行数据传输。对于从一个文件描述符发送数据到 socket 这种特例来说，一直都是使用 sendfile 系统调用，而 splice 一直以来就只是一种机制，它并不仅限于 sendfile 的功能。也就是说，sendfile 只是 splice 的一个子集。在 Linux 2.6.17 版本引入了 splice，而在 Linux 2.6.23 版本中，sendfile 机制的实现已经没有了，但是其 API 及相应的功能还存在，只不过 API 及相应的功能是利用了 splice 机制来实现的。

和 sendfile 不同的是，splice 不需要硬件支持。

### 6. 总结

无论是传统 I/O 方式，还是引入零拷贝之后，2 次 DMA copy 是都少不了的。因为两次 DMA 都是依赖硬件完成的。所以，所谓的零拷贝，都是为了减少 CPU copy 及减少了上下文的切换。

图 4–13 展示了各种零拷贝技术的对比图。

| | CPU拷贝 | DMA拷贝 | 系统调用 | 上下文切换 |
|---|---|---|---|---|
| 传统方法 | 2 | 2 | read/write | 4 |
| 内存映射 | 1 | 2 | mmap/write | 4 |
| sendfile | 1 | 2 | sendfile | 2 |
| sendfile with dma scatter/gather copy | 0 | 2 | sendfile | 2 |
| splice | 0 | 2 | splice | 2 |

图 4–13　零拷贝技术的对比图

## 4.8.3 ▶ Java 实现零拷贝

Java 实现零拷贝是基于底层操作系统的。就目前而言，Java 支持 2 种零拷贝技术：mmap/write 方式及 sendfile 方式。

### 1. Java 提供 mmap/write 方式

Java NIO 提供的 MappedByteBuffer，用于提供 mmap/write 方式。

Java NIO 中的 Channel 就相当于操作系统中的内核缓冲区，有可能是读缓冲区，也有可能是网络缓冲区，而 Buffer 就相当于操作系统中的用户缓冲区。

以下是一个 MappedByteBuffer 的使用示例。

```
File f = new File("out.txt");
try (
```

```
    FileChannel fc = new RandomAccessFile(f, "rw").getChannel();
) {
    // 生成 MappedByteBuffer
    MappedByteBuffer mbb = fc.map(FileChannel.MapMode.READ_WRITE, 0, f.length());
    mbb.put("waylau".getBytes()); // 将字符转换成字节

    fc.position(f.length()); // 定位到文件末尾
    mbb.clear();
    fc.write(mbb);
}
```

上述示例中，通过 FileChannel.map() 方法来创建 MappedByteBuffer，该方法底层就是调用了 Linux 的 mmap() 实现的。该方法将内核缓冲区的内存和用户缓冲区的内存做了一个地址映射。这种方式适合读取大文件，同时也能对文件内容进行更改，但是如果其后要通过 SocketChannel 发送，还是需要 CPU 进行数据的复制。

使用 MappedByteBuffer，如果是小文件，执行效率不高。而且 MappedByteBuffer 只能通过调用 FileChannel 的 map() 取得，再没有其他方式。因此，Java 中设计 MappedByteBuffer 就是为大文件准备的。

#### 2. Java 提供 sendfile 方式

Java FileChannel.transferTo() 底层实现就是通过 Linux 的 sendfile() 实现的。该方法直接将当前通道内容传输到另一个通道，没有涉及 Buffer 的任何操作。

以下是 FileChannel.transferTo() 的使用示例。

```
FileChannel sourceChannel = new RandomAccessFile(source, "rw").getChannel();
SocketChannel socketChannel = SocketChannel.open(sa);
sourceChannel.transferTo(0, sourceChannel.size(), socketChannel);
```

### 4.8.4 ▶ Netty 实现零拷贝

Netty 中的零拷贝的实现是基于 Java 的，换言之，底层也是基于操作系统实现的。相比于 Java 中的零拷贝而言，Netty 的零拷贝更多的是偏向于优化数据操作的概念。

Netty 的零拷贝体现在如下几个方面。

- Netty 提供了 CompositeByteBuf 类，它可以将多个 ByteBuf 合并为一个逻辑上的 ByteBuf，避免了各个 ByteBuf 之间的复制。
- 通过 wrap 操作，可以将 byte[] 数组、ByteBuf、ByteBuffer 等包装成一个 Netty ByteBuf 对象，进而避免了复制操作。
- ByteBuf 支持 slice 操作，因此可以将 ByteBuf 分解为多个共享同一个存储区域的 ByteBuf，避免了内存的复制。
- 通过 FileRegion 包装的 FileChannel.tranferTo 实现文件传输，可以直接将文件缓冲区的数据发送到目标 Channel，避免了通过循环 write 方式导致的内存复制问题。

从上面几个方法可以看出，前 3 个方法都是广义零拷贝，其实现方式都是为了减少不必要数据复制，偏向于应用层数据优化的操作。而第 4 个方法，FileRegion 包装的 FileChannel.tranferTo，才是真正的零拷贝（狭义零拷贝）。

下面分别来看其每一种实现。

### 1. CompositeByteBuf 方式

有关 CompositeByteBuf 的用法，前面几节也已经介绍过。CompositeByteBuf 将多个 ByteBuf 合并为一个逻辑上的 ByteBuf，类似于用一个链表，把分散的多个 ByteBuf 通过引用连接起来。分散的多个 ByteBuf 在内存中可能是大小各异、互不相连的区域，通过链表串联起来，作为一整块逻辑上的大区域。而在实际数据读取时，还是会去各自每一小块上读取。

图 4–14 展示了 CompositeByteBuf 的原理图。

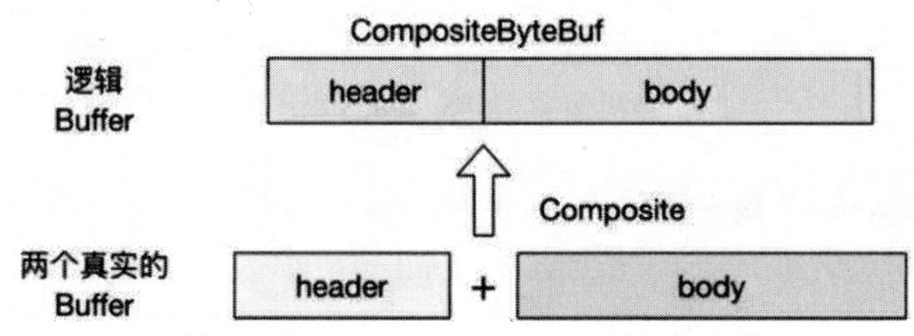


图 4–14 CompositeByteBuf 的原理图

以下是 CompositeByteBuf 使用的代码示例。

```
ByteBuf header = ...
ByteBuf body = ...

CompositeByteBuf compositeByteBuf = Unpooled.compositeBuffer();
compositeByteBuf.addComponents(true, header, body);
```

### 2. wrap 方式

可以通过 wrap 操作来实现零拷贝。

通过 wrap 操作，可以将 byte[] 数组、ByteBuf、ByteBuffer 等包装成一个 Netty ByteBuf 对象。例如，通过 Unpooled.wrappedBuffer 方法来将 bytes 包装成为一个 UnpooledHeapByteBuf 对象，而在包装的过程中，是不会有复制操作的。即最后生成的 ByteBuf 对象是和 bytes 数组共用了同一个存储空间，对 bytes 的修改也会反映到 ByteBuf 对象中。

以下是 Unpooled.wrappedBuffer 使用的代码示例。

```
ByteBuf header = ...
ByteBuf body = ...

ByteBuf allByteBuf = Unpooled.wrappedBuffer(header, body);
```

### 3. slice 方式

可以通过 slice 操作实现零拷贝。

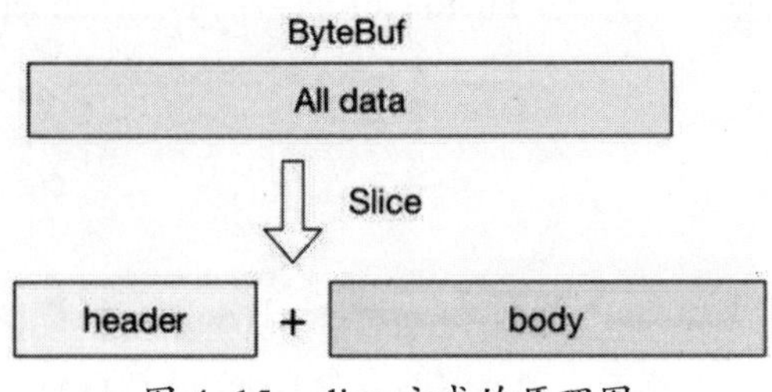


图 4–15　slice 方式的原理图

通过 slice 操作，将 ByteBuf 分解为多个共享同一个存储区域的 ByteBuf。slice 恰好是将一整块区域，划分成逻辑上独立的小区域。在读取每个逻辑小区域时，实际会去按 slice(int index, int length) 方法中的 index 和 length 去读取原内存 buffer 的数据。

图 4–15 展示了 slice 方式的原理图。

以下是 slice 使用的代码示例。

```
ByteBuf byteBuf = ...
ByteBuf header = byteBuf.slice(0, 5);
ByteBuf body = byteBuf.slice(5, 10);
```

### 4. FileRegion 方式

可以通过 FileRegion 实现零拷贝。

FileRegion 底层包装的 Java 的 FileChannel.tranferTo 实现文件传输，因此可以直接将文件缓冲区的数据发送到目标 Channel。这种方式才是真正操作系统级别的零拷贝。

以下是 FileRegion 使用的代码示例。

```
@Override
public void channelRead0(ChannelHandlerContext ctx, String msg) throws
Exception {
    RandomAccessFile raf = null;
    long length = -1;
    try {
        // 1. 通过 RandomAccessFile 打开一个文件 .
        raf = new RandomAccessFile(msg, "r");
        length = raf.length();
    } catch (Exception e) {
         ctx.writeAndFlush("ERR: " + e.getClass().getSimpleName() + ": " + e.getMessage() +
'\n');
        return;
    } finally {
        if (length < 0 && raf != null) {
            raf.close();
        }
    }

    ctx.write("OK: " + raf.length() + '\n');
    if (ctx.pipeline().get(SslHandler.class) == null) {
        // 2. 调用 raf.getChannel() 获取一个 FileChannel
```

```
        // 3. 将 FileChannel 封装成一个 DefaultFileRegion
        ctx.write(new DefaultFileRegion(raf.getChannel(), 0, length));
    } else {
        // SSL enabled - cannot use zero-copy file transfer.
        ctx.write(new ChunkedFile(raf));
    }
    ctx.writeAndFlush("\n");
}
```

## 4.9 动态扩容

在实例化一个 ByteBuf 对象时，可以设置一个 capacity（容量）。那么如果写入的内容已经超过容量怎么办呢？Netty 提供了动态扩容的机制，当 writerIndex 达到 capacity 时，再往里面写入内容，ByteBuf 就会进行扩容。

### 4.9.1 ▶ 需要动态扩容的原因

如果容量无法动态扩展将会给用户带来很大的麻烦。例如，当要解析某条报文内容时，需要事先分配缓冲区。如果缓冲区分配的太小，则会导致报文解析失败；如果缓冲区设置的太大，有可能会导致缓冲区的浪费。特别是在海量推送服务系统中，资源是非常紧缺的，看似微小的资源浪费最终造成的是整个服务端内存负担。假设单条推送消息最大上限为 10KB，消息平均大小为 5KB，为了满足 10KB 消息的处理，缓冲区的容量被设置为 10KB，这样每条链路实际上多消耗了 5KB 内存。如果长链接链路数为 100 万，每个链路都独立持有接收缓冲区，则额外损耗的总内存如下。

```
1000000 * 5KB = 4882.8125MB
```

内存消耗过大，不仅增加了硬件成本，而且大内存容易导致长时间的 Full GC，对系统稳定性会造成比较大的冲击。

因此，如果能够提供灵活的动态调整内存的机制，即接收缓冲区可以根据以往接收的消息进行计算，动态调整内存，利用 CPU 资源来换内存资源，就可以减少资源的浪费。

动态扩容主要有以下几种策略。

- 缓冲区支持容量的扩展和收缩，可以按需灵活调整，以节约内存。
- 接收消息时，可以按照指定的算法对之前接收的消息大小进行分析，并预测未来的消息大小，按照预测值灵活调整缓冲区容量，以做到用最小的资源损耗满足程序正常功能。

自己实现动态扩容机制是复杂的，而这一切，Netty 都提供了。

## 4.9.2 ▶ Netty 实现动态扩容

Netty 提供了 RecvByteBufAllocator 接口以支持容量动态调整。使用 RecvByteBufAllocator 分配的接收缓冲区，其容量可能足够大以读取所有入站数据，并且不会浪费其空间。

对于接收缓冲区的内存分配器，Netty 提供了两个子接口：MaxBytesRecvByteBufAllocator 和 MaxMessagesRecvByteBufAllocator。MaxBytesRecvByteBufAllocator 接口的默认实现类有 DefaultMaxBytesRecvByteBufAllocator。MaxMessagesRecvByteBufAllocator 接口的默认实现有 DefaultMaxMessagesRecvByteBufAllocator。而 DefaultMaxMessagesRecvByteBufAllocator 又有两种子类：

- FixedRecvByteBufAllocator：固定长度的接收缓冲区分配器，由它分配的 ByteBuf 长度都是固定大小的，并不会根据实际数据报的大小动态收缩。但是，如果容量不足，支持动态扩展。
- AdaptiveRecvByteBufAllocator：容量动态调整的接收缓冲区分配器，它会根据之前 Channel 接收到的数据报大小进行计算，如果连续填充满接收缓冲区的可写空间，则动态扩展容量。如果连续 2 次接收到的数据报都小于指定值，则收缩当前的容量，以节约内存。

# 第 5 章

5

# 引导程序

引导程序（Bootstrap）可以理解为是一个程序的入口程序，在 Java 程序中就是一个包含 main 方法的程序。在 Netty 中，引导程序还包含一系列的配置项。

本章详细介绍 Netty 的引导程序。

# 5.1 引导程序类

引导程序类是一种引导程序，使 Netty 程序可以很容易地引导一个 Channel。在 Netty 中，承担引导程序的是 AbstractBootstrap 抽象类。

引导程序类都在 io.netty.bootstrap 包下。AbstractBootstrap 抽象类有两个子类：Bootstrap 和 ServerBootstrap，分别用于引导客户端程序及服务器程序。图 5-1 展示了引导程序类的关系。

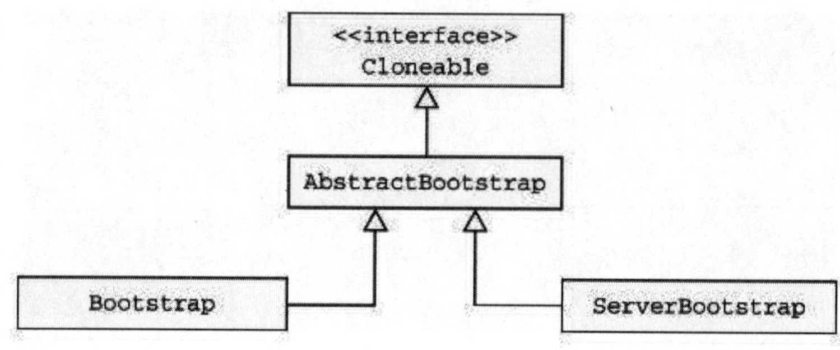


图 5-1　引导程序类的关系

## 5.1.1 AbstractBootstrap 抽象类

从图 5-1 可以看到，AbstractBootstrap 抽象类实现了 Cloneable 接口。那么为什么需要 Cloneable 接口呢？

在 Netty 中经常需要创建多个具有类似配置或者完全相同配置的 Channel。为了支持这种模式而又不避免为每个 Channel 都创建并配置一个新的引导类实例，因此 AbstractBootstrap 被标记为了 Cloneable。在一个已经配置完成的引导类实例上调用 clone() 方法将返回另一个可以立即使用的引导类实例。

这种方式只会创建引导类实例的 EventLoopGroup 的一个浅拷贝，所以，EventLoopGroup 将在所有克隆的 Channel 实例之间共享。这是可以接受的，毕竟这些克隆的 Channel 的生命周期都很短暂，例如，一个典型的场景是创建一个 Channel 以进行一次 HTTP 请求。

以下是 AbstractBootstrap 的核心源码。

```
public abstract class AbstractBootstrap<B extends AbstractBootstrap<B, C>,
      C extends Channel>
      implements Cloneable {

   volatile EventLoopGroup group;
   @SuppressWarnings("deprecation")
   private volatile ChannelFactory<? extends C> channelFactory;
```

```
    private volatile SocketAddress localAddress;
    private final Map<ChannelOption<?>, Object> options =
                 new ConcurrentHashMap<ChannelOption<?>, Object>();
    private final Map<AttributeKey<?>, Object> attrs =
                 new ConcurrentHashMap<AttributeKey<?>, Object>();
    private volatile ChannelHandler handler;

    AbstractBootstrap() {
        // 禁止从其他程序包扩展
    }

    AbstractBootstrap(AbstractBootstrap<B, C> bootstrap) {
        group = bootstrap.group;
        channelFactory = bootstrap.channelFactory;
        handler = bootstrap.handler;
        localAddress = bootstrap.localAddress;
        options.putAll(bootstrap.options);
        attrs.putAll(bootstrap.attrs);
    }

    // ...
}
```

从上述源码可以看出，子类型 B 是其父类型的一个类型参数，因此可以返回到运行时实例的引用以支持方法的链式调用。从私有变量可以看出，AbstractBootstrap 所要管理的启动配置包括 EventLoopGroup、SocketAddress、Channel 配置、ChannelHandler 等信息。

AbstractBootstrap 是禁止被除 io.netty.bootstrap 包外的其他程序所扩展的，因此可以看到 AbstractBootstrap 默认构造方法被设置为了包内可见。

### 5.1.2 ▶ Bootstrap 类

Bootstrap 类是 AbstractBootstrap 抽象类的子类之一，主要用于客户端或者使用了无连接协议的应用程序。

以下是 Bootstrap 类的核心源码。

```
package io.netty.bootstrap;

import io.netty.channel.Channel;
import io.netty.channel.ChannelFuture;
import io.netty.channel.ChannelFutureListener;
import io.netty.channel.ChannelPipeline;
import io.netty.channel.ChannelPromise;
import io.netty.channel.EventLoop;
import io.netty.channel.EventLoopGroup;
import io.netty.resolver.AddressResolver;
```

```java
import io.netty.resolver.DefaultAddressResolverGroup;
import io.netty.resolver.NameResolver;
import io.netty.resolver.AddressResolverGroup;
import io.netty.util.concurrent.Future;
import io.netty.util.concurrent.FutureListener;
import io.netty.util.internal.ObjectUtil;
import io.netty.util.internal.logging.InternalLogger;
import io.netty.util.internal.logging.InternalLoggerFactory;

import java.net.InetAddress;
import java.net.InetSocketAddress;
import java.net.SocketAddress;
import java.util.Map;
import java.util.Map.Entry;

public class Bootstrap extends AbstractBootstrap<Bootstrap, Channel> {

    private static final InternalLogger logger =
          InternalLoggerFactory.getInstance(Bootstrap.class);

    private static final AddressResolverGroup<?> DEFAULT_RESOLVER =
          DefaultAddressResolverGroup.INSTANCE;

    private final BootstrapConfig config = new BootstrapConfig(this);

    @SuppressWarnings("unchecked")
    private volatile AddressResolverGroup<SocketAddress> resolver =
          (AddressResolverGroup<SocketAddress>) DEFAULT_RESOLVER;
    private volatile SocketAddress remoteAddress;

    public Bootstrap() { }

    private Bootstrap(Bootstrap bootstrap) {
       super(bootstrap);
       resolver = bootstrap.resolver;
       remoteAddress = bootstrap.remoteAddress;
    }

    @SuppressWarnings("unchecked")
    public Bootstrap resolver(AddressResolverGroup<?> resolver) {
       this.resolver =
          (AddressResolverGroup<SocketAddress>) (resolver == null
                ? DEFAULT_RESOLVER
                : resolver);
       return this;
    }

    public Bootstrap remoteAddress(SocketAddress remoteAddress) {
       this.remoteAddress = remoteAddress;
```

```
        return this;
    }

    public Bootstrap remoteAddress(String inetHost, int inetPort) {
        remoteAddress =
            InetSocketAddress.createUnresolved(inetHost, inetPort);
        return this;
    }

    public Bootstrap remoteAddress(InetAddress inetHost, int inetPort) {
        remoteAddress = new InetSocketAddress(inetHost, inetPort);
        return this;
    }

    public ChannelFuture connect() {
        validate();
        SocketAddress remoteAddress = this.remoteAddress;
        if (remoteAddress == null) {
            throw new IllegalStateException("remoteAddress not set");
        }

        return doResolveAndConnect(remoteAddress, config.localAddress());
    }

    public ChannelFuture connect(String inetHost, int inetPort) {
        return connect(InetSocketAddress.createUnresolved(inetHost,
              inetPort));
    }

    public ChannelFuture connect(InetAddress inetHost, int inetPort) {
        return connect(new InetSocketAddress(inetHost, inetPort));
    }

    public ChannelFuture connect(SocketAddress remoteAddress) {
        ObjectUtil.checkNotNull(remoteAddress, "remoteAddress");
        validate();
        return doResolveAndConnect(remoteAddress, config.localAddress());
    }

    public ChannelFuture connect(SocketAddress remoteAddress,
            SocketAddress localAddress) {
        ObjectUtil.checkNotNull(remoteAddress, "remoteAddress");
        validate();
        return doResolveAndConnect(remoteAddress, localAddress);
    }

    @Override
    public Bootstrap validate() {
        super.validate();
```

```
        if (config.handler() == null) {
            throw new IllegalStateException("handler not set");
        }
        return this;
    }

    @Override
    @SuppressWarnings("CloneDoesntCallSuperClone")
    public Bootstrap clone() {
        return new Bootstrap(this);
    }

    public Bootstrap clone(EventLoopGroup group) {
        Bootstrap bs = new Bootstrap(this);
        bs.group = group;
        return bs;
    }

    @Override
    public final BootstrapConfig config() {
        return config;
    }

    final SocketAddress remoteAddress() {
        return remoteAddress;
    }

    final AddressResolverGroup<?> resolver() {
        return resolver;
    }

    ...
}
```

上述方法主要分为以下几类。

- group：设置用于处理 Channel 所有事件的 EventLoopGroup。
- channel：指定了 Channel 的实现类。
- localAddress：指定 Channel 应该绑定到的本地地址。如果没有指定，则将由操作系统创建一个随机的地址。或者，也可以通过 bind() 或者 connect() 方法指定 localAddress。
- option：设置 ChannelOption，其将被应用到每个新创建的 Channel 的 ChannelConfig。这些选项将会通过 bind() 或者 connect() 方法设置到 Channel，配置的顺序与调用先后没有关系。这个方法在 Channel 已经被创建后再次调用就不会再起任何效果了。支持什么样的 ChannelOption 取决于所使用的 Channel 类型。
- attr：指定新创建的 Channel 的属性值。这些属性值是通过 bind() 或者 connect() 方法设置到 Channel，配置的顺序取决于调用的先后顺序。这个方法在 Channel 已经被创建后再次调用就不会再起任何效果了。

- handler：设置将被添加到 ChannelPipeline 以接收事件通知的 ChannelHandler。
- remoteAddress：设置远程地址。也可以通过 connect() 方法来指定它。
- clone：创建一个当前 Bootstrap 的克隆，其具有和原始的 Bootstrap 相同的设置信息。
- connect：用于连接到远程节点并返回一个 ChannelFuture，其将会在连接操作完成后接收到通知。
- bind：绑定 Channel 并返回一个 ChannelFuture，其将会在绑定操作完成后接收到通知，在那之后必须调用 Channel。

Bootstrap 类中有许多方法都继承自 AbstractBootstrap 类。

### 5.1.3 ▶ ServerBootstrap 类

ServerBootstrap 类是 AbstractBootstrap 抽象类的子类之一，主要用于引导服务器程序。

以下是 ServerBootstrap 类的核心源码。

```
package io.netty.bootstrap;

import io.netty.channel.Channel;
import io.netty.channel.ChannelConfig;
import io.netty.channel.ChannelFuture;
import io.netty.channel.ChannelFutureListener;
import io.netty.channel.ChannelHandler;
import io.netty.channel.ChannelHandlerContext;
import io.netty.channel.ChannelInboundHandlerAdapter;
import io.netty.channel.ChannelInitializer;
import io.netty.channel.ChannelOption;
import io.netty.channel.ChannelPipeline;
import io.netty.channel.EventLoopGroup;
import io.netty.channel.ServerChannel;
import io.netty.util.AttributeKey;
import io.netty.util.internal.ObjectUtil;
import io.netty.util.internal.logging.InternalLogger;
import io.netty.util.internal.logging.InternalLoggerFactory;

import java.util.Map;
import java.util.Map.Entry;
import java.util.concurrent.ConcurrentHashMap;
import java.util.concurrent.TimeUnit;

public class ServerBootstrap
        extends AbstractBootstrap<ServerBootstrap, ServerChannel> {

    private static final InternalLogger logger =
        InternalLoggerFactory.getInstance(ServerBootstrap.class);
```

```
private final Map<ChannelOption<?>, Object> childOptions =
    new ConcurrentHashMap<ChannelOption<?>, Object>();
private final Map<AttributeKey<?>, Object> childAttrs =
    new ConcurrentHashMap<AttributeKey<?>, Object>();
private final ServerBootstrapConfig config =
    new ServerBootstrapConfig(this);
private volatile EventLoopGroup childGroup;
private volatile ChannelHandler childHandler;

public ServerBootstrap() { }

private ServerBootstrap(ServerBootstrap bootstrap) {
    super(bootstrap);
    childGroup = bootstrap.childGroup;
    childHandler = bootstrap.childHandler;
    childOptions.putAll(bootstrap.childOptions);
    childAttrs.putAll(bootstrap.childAttrs);
}

@Override
public ServerBootstrap group(EventLoopGroup group) {
    return group(group, group);
}

public ServerBootstrap group(EventLoopGroup parentGroup,
    EventLoopGroup childGroup) {
    super.group(parentGroup);
    ObjectUtil.checkNotNull(childGroup, "childGroup");
    if (this.childGroup != null) {
        throw new IllegalStateException("childGroup set already");
    }
    this.childGroup = childGroup;
    return this;
}

public <T> ServerBootstrap childOption(ChannelOption<T> childOption, T value) {
    ObjectUtil.checkNotNull(childOption, "childOption");
    if (value == null) {
        childOptions.remove(childOption);
    } else {
        childOptions.put(childOption, value);
    }
    return this;
}

public <T> ServerBootstrap childAttr(AttributeKey<T> childKey, T value) {
    ObjectUtil.checkNotNull(childKey, "childKey");
    if (value == null) {
```

```
            childAttrs.remove(childKey);
        } else {
            childAttrs.put(childKey, value);
        }
        return this;
    }

    public ServerBootstrap childHandler(ChannelHandler childHandler) {
        this.childHandler = ObjectUtil.checkNotNull(childHandler,
"childHandler");
        return this;
    }

    @Override
    void init(Channel channel) {
        setChannelOptions(channel, options0().entrySet().
toArray(newOptionArray(0)), logger);
        setAttributes(channel, attrs0().entrySet().toArray(newAttrArray(0)));

        ChannelPipeline p = channel.pipeline();

        final EventLoopGroup currentChildGroup = childGroup;
        final ChannelHandler currentChildHandler = childHandler;
        final Entry<ChannelOption<?>, Object>[] currentChildOptions =
                childOptions.entrySet().toArray(newOptionArray(0));
        final Entry<AttributeKey<?>, Object>[] currentChildAttrs =
            childAttrs.entrySet().toArray(newAttrArray(0));

        p.addLast(new ChannelInitializer<Channel>() {
            @Override
            public void initChannel(final Channel ch) {
                final ChannelPipeline pipeline = ch.pipeline();
                ChannelHandler handler = config.handler();
                if (handler != null) {
                    pipeline.addLast(handler);
                }

                ch.eventLoop().execute(new Runnable() {
                    @Override
                    public void run() {
                        pipeline.addLast(new ServerBootstrapAcceptor(
                                ch, currentChildGroup, currentChildHandler,
                                currentChildOptions, currentChildAttrs));
                    }
                });
            }
        });
    }
```

```
@Override
public ServerBootstrap validate() {
    super.validate();
    if (childHandler == null) {
        throw new IllegalStateException("childHandler not set");
    }
    if (childGroup == null) {
        logger.warn("childGroup is not set. Using parentGroup instead.");
        childGroup = config.group();
    }
    return this;
}

private static class ServerBootstrapAcceptor
    extends ChannelInboundHandlerAdapter {

    private final EventLoopGroup childGroup;
    private final ChannelHandler childHandler;
    private final Entry<ChannelOption<?>, Object>[] childOptions;
    private final Entry<AttributeKey<?>, Object>[] childAttrs;
    private final Runnable enableAutoReadTask;

    ServerBootstrapAcceptor(
            final Channel channel,
            EventLoopGroup childGroup,
            ChannelHandler childHandler,
            Entry<ChannelOption<?>,
            Object>[] childOptions,
            Entry<AttributeKey<?>,
            Object>[] childAttrs) {
        this.childGroup = childGroup;
        this.childHandler = childHandler;
        this.childOptions = childOptions;
        this.childAttrs = childAttrs;

        enableAutoReadTask = new Runnable() {
            @Override
            public void run() {
                channel.config().setAutoRead(true);
            }
        };
    }

    @Override
    @SuppressWarnings("unchecked")
    public void channelRead(ChannelHandlerContext ctx, Object msg) {
        final Channel child = (Channel) msg;
```

```
            child.pipeline().addLast(childHandler);

            setChannelOptions(child, childOptions, logger);
            setAttributes(child, childAttrs);

            try {
                childGroup.register(child).addListener(new ChannelFutureListener() {
                    @Override
                    public void operationComplete(ChannelFuture future) throws Exception {
                        if (!future.isSuccess()) {
                            forceClose(child, future.cause());
                        }
                    }
                });
            } catch (Throwable t) {
                forceClose(child, t);
            }
        }

        private static void forceClose(Channel child, Throwable t) {
            child.unsafe().closeForcibly();
            logger.warn("Failed to register an accepted channel: {}", child, t);
        }

        @Override
        public void exceptionCaught(ChannelHandlerContext ctx, Throwable cause)
                throws Exception {
            final ChannelConfig config = ctx.channel().config();
            if (config.isAutoRead()) {
                config.setAutoRead(false);
                ctx.channel().eventLoop()
                    .schedule(enableAutoReadTask, 1, TimeUnit.SECONDS);
            }
            ctx.fireExceptionCaught(cause);
        }
    }

    @Override
    @SuppressWarnings("CloneDoesntCallSuperClone")
    public ServerBootstrap clone() {
        return new ServerBootstrap(this);
    }

    @Deprecated
    public EventLoopGroup childGroup() {
        return childGroup;
    }
```

```
    final ChannelHandler childHandler() {
        return childHandler;
    }

    final Map<ChannelOption<?>, Object> childOptions() {
        return copiedMap(childOptions);
    }

    final Map<AttributeKey<?>, Object> childAttrs() {
        return copiedMap(childAttrs);
    }

    @Override
    public final ServerBootstrapConfig config() {
        return config;
    }
}
```

上述方法主要分为以下几类。

- group：设置 ServerBootstrap 要用的 EventLoopGroup。这个 EventLoopGroup 将用于 ServerChannel 和被接受的子 Channel 的 I/O 处理。
- channel：设置将要被实例化的 ServerChannel 类。
- localAddress：指定 ServerChannel 应该绑定到的本地地址。如果没有指定，则将由操作系统使用一个随机地址。也可以通过 bind() 方法来指定该 localAddress。
- option：指定要应用到新创建的 ServerChannel 的 ChannelConfig 的 ChannelOption。这些选项将会通过 bind() 方法设置到 Channel。在 bind() 方法被调用之后，设置或者改变 ChannelOption 将不会有任何的效果。所支持的 ChannelOption 取决于所使用的 Channel 类型。
- childOption：指定当子 Channel 被接受时，应用到子 Channel 的 ChannelConfig 的 ChannelOption。所支持的 ChannelOption 取决于所使用的 Channel 的类型。
- attr：指定 ServerChannel 上的属性，属性将会通过 bind() 方法设置给 Channel。在调用 bind() 方法之后改变它们将不会有任何的效果。
- childAttr：将属性设置给已经被接受的子 Channel。之后再次调用将不会有任何的效果。
- handler：设置被添加到 ServerChannel 的 ChannelPipeline 中的 ChannelHandler。
- childHandler：设置将被添加到已被接受的子 Channel 的 ChannelPipeline 中的 ChannelHandler。handler() 方法和 childHandler() 方法之间的区别是，handler() 所添加的 ChannelHandler 由接受子 Channel 的 ServerChannel 处理，而 childHandler() 方法所添加的 ChannelHandler 将由已被接受的子 Channel 处理，其代表一个绑定到远程节点的套接字。
- clone：克隆一个设置和原始的 ServerBootstrap 相同的 ServerBootstrap。

- bind：绑定 ServerChannel 并且返回一个 ChannelFuture，其将会在绑定操作完成后收到通知（带着成功或者失败的结果）。

ServerBootstrap 类中有许多方法都继承自 AbstractBootstrap 类。

## 5.2 实战：引导服务器

本节介绍如何来引导 Netty 服务器。

### 5.2.1 ▶ 核心代码

为了能更好地理解引导程序，下面以 Echo 协议的服务器的代码为例。以下是 Echo 协议的服务器核心代码。

```
// 多线程事件循环器
EventLoopGroup bossGroup = new NioEventLoopGroup(); // boss
EventLoopGroup workerGroup = new NioEventLoopGroup(); // worker

try {
    // 启动 NIO 服务的引导程序类
    ServerBootstrap b = new ServerBootstrap();

    b.group(bossGroup, workerGroup) // 设置 EventLoopGroup
    .channel(NioServerSocketChannel.class) // 指明新的 Channel 的类型
    .childHandler(new EchoServerHandler()) // 指定 ChannelHandler
    .option(ChannelOption.SO_BACKLOG, 128) // 设置 ServerChannel 的一些选项
    .childOption(ChannelOption.SO_KEEPALIVE, true); // 设置 ServerChannel 的子 Channel 的选项

    // 绑定端口，开始接收进来的连接
    ChannelFuture f = b.bind(port).sync();

    System.out.println("EchoServer 已启动，端口：" + port);

    // 等待服务器 socket 关闭
    // 在这个例子中，这不会发生，但可以优雅地关闭服务器
    f.channel().closeFuture().sync();
} finally {

    // 优雅地关闭
    workerGroup.shutdownGracefully();
    bossGroup.shutdownGracefully();
}
```

## 5.2.2 核心步骤

引导 Netty 服务器主要分为以下几个核心步骤。

### 1. 实例化引导程序类

在上述代码中，首先是需要实例化引导程序类。由于是服务器端的程序，所以，实例化了一个 ServerBootstrap。

### 2. 设置 EventLoopGroup

设置 ServerBootstrap 的 EventLoopGroup。上述服务器使用了两个 NioEventLoopGroup，一个表示“boss”线程组，另一个表示“worker”线程组。

“boss”线程主要是接收客户端的请求，并将请求转发给“worker”线程处理。

“boss”线程是轻量的，不会处理耗时的任务，因此可以承受高并发的请求。而真实的 I/O 操作都是“worker”线程在执行。

NioEventLoopGroup 是支持多线程的，因此可以执行线程池的大小。如果不指定，则 Netty 会指定一个默认的线程池大小，核心代码如下。

```
private static final int DEFAULT_EVENT_LOOP_THREADS;

static {
    // 默认 EventLoopGroup 线程数
    DEFAULT_EVENT_LOOP_THREADS =
        Math.max(1,
            SystemPropertyUtil.getInt("io.netty.eventLoopThreads",
                NettyRuntime.availableProcessors() * 2));

    if (logger.isDebugEnabled()) {
        logger.debug("-Dio.netty.eventLoopThreads: {}",
            DEFAULT_EVENT_LOOP_THREADS);
    }
}

public NioEventLoopGroup() {
    // 如果不指定，则 nThreads 等于 0
    this(0);
}

protected MultithreadEventLoopGroup(
            int nThreads,
            Executor executor,
            Object... args) {
    // 如果不指定（nThreads 等于 0），则赋默认值 DEFAULT_EVENT_LOOP_THREADS
    super(nThreads == 0
```

```
            ? DEFAULT_EVENT_LOOP_THREADS
            : nThreads, executor, args);
}
```

从上述源码可以看到，如果 NioEventLoopGroup 实例化时，没有指定线程数，则最终赋默认值为 DEFAULT_EVENT_LOOP_THREADS，而默认值 DEFAULT_EVENT_LOOP_THREADS 是根据当前机子的 CPU 处理器的个数乘以 2 得出的。

有关 EventLoopGroup 的内容，在第 6 章还会继续探讨。

### 3. 指定 Channel 的类型

channel() 方法用于指定 ServerBootstrap 的 Channel 类型。在本例中，使用的是 NioServerSocketChannel 类型，代表了服务器是一个基于 ServerSocketChannel 的实现，使用基于 NIO 选择器的实现来接受新连接。

### 4. 指定 ChannelHandler

childHandler() 用于指定 ChannelHandler，以便处理 Channel 请求。上述例子中，指定的是自定义的 EchoServerHandler。

### 5. 设置 Channel 选项

option() 及 childOption() 方法，分别用于设置 ServerChannel 及 ServerChannel 的子 Channel 的选项。这些选项定义在 ChannelOption 类中，包含以下常量。

- ALLOCATOR
- RCVBUF_ALLOCATOR
- MESSAGE_SIZE_ESTIMATOR
- CONNECT_TIMEOUT_MILLIS
- MAX_MESSAGES_PER_READ
- WRITE_SPIN_COUNT
- WRITE_BUFFER_HIGH_WATER_MARK
- WRITE_BUFFER_WATER_MARK
- ALLOW_HALF_CLOSURE
- AUTO_READ
- AUTO_CLOSE
- SO_BROADCAST
- SO_KEEPALIVE
- SO_SNDBUF
- SO_RCVBUF
- SO_REUSEADDR
- SO_LINGER
- SO_BACKLOG
- SO_TIMEOUT
- IP_TOS
- IP_MULTICAST_ADDR
- IP_MULTICAST_IF
- IP_MULTICAST_TTL
- IP_MULTICAST_LOOP_DISABLED
- TCP_NODELAY

有关 ChannelOption 类的内容，在后续章节中还会介绍。

#### 6. 绑定端口启动服务

bind() 方法用于绑定端口，会创建一个 Channel 而后启动服务。

绑定成功之后，返回的是一个 ChannelFuture，以代表是一个异步的操作。在上述例子中，使用的是 sync() 方法，以同步的方式来获取服务启动的结果。

## 5.3 实战：引导客户端

本节介绍如何来引导 Netty 客户端程序。

### 5.3.1 ▶ 核心代码

为了能更好地理解引导程序，以 Echo 协议的客户端的代码为例。以下是 Echo 协议的客户端核心代码。

```
// 配置客户端
EventLoopGroup group = new NioEventLoopGroup();
try {
    Bootstrap b = new Bootstrap();
    b.group(group)
    .channel(NioSocketChannel.class)
    .option(ChannelOption.TCP_NODELAY, true)
    .handler(new EchoClientHandler());

    // 连接到客户端
    ChannelFuture f = b.connect(hostName, portNumber).sync();

    Channel channel = f.channel();
    ByteBuffer writeBuffer = ByteBuffer.allocate(32);
    try (BufferedReader stdIn =
            new BufferedReader(new InputStreamReader(System.in))) {
        String userInput;
        while ((userInput = stdIn.readLine()) != null) {
            writeBuffer.put(userInput.getBytes());
            writeBuffer.flip();
            writeBuffer.rewind();

            // 转为 ByteBuf
            ByteBuf buf = Unpooled.copiedBuffer(writeBuffer);

            // 写消息到管道
```

```
            channel.writeAndFlush(buf);

            // 清理缓冲区
            writeBuffer.clear();
        }
    } catch (UnknownHostException e) {
        System.err.println("不明主机，主机名为：" + hostName);
        System.exit(1);
    } catch (IOException e) {
        System.err.println("不能从主机中获取 I/O，主机名为：" + hostName);
        System.exit(1);
    }
} finally {

    // 优雅地关闭
    group.shutdownGracefully();
}
```

## 5.3.2 ▶ 核心步骤

引导 Netty 客户端主要分为以下几个核心步骤。

### 1. 实例化引导程序类

在上述代码中，首先是需要实例化引导程序类。这里，由于是客户端的程序，所以，实例化了一个 Bootstrap。

### 2. 设置 EventLoopGroup

设置 Bootstrap 的 EventLoopGroup。不同于服务器，客户端只需使用一个 NioEventLoopGroup。

客户端的 NioEventLoopGroup 与服务器端的 NioEventLoopGroup 是一样的，也是支持多线程的，因此可以指定线程池的大小。如果不指定，则 Netty 会指定一个默认的线程池大小，其默认值 DEFAULT_EVENT_LOOP_THREADS 是根据当前计算机的 CPU 处理器的个数乘以 2 得出的。

### 3. 指定 Channel 的类型

channel() 方法用于指定 Bootstrap 的 Channel 类型。在本例中，由于是客户端使用，因此指定的是 NioSocketChannel 类型，代表客户端是一个基于 SocketChannel 的实现，它使用基于 NIO 选择器的实现来发起连接请求。

### 4. 设置 Channel 选项

option() 用于设置 Channel 的选项。这些选项定义在 ChannelOption 类中。

有关 ChannelOption 类的内容，在后续章节中还会介绍。

#### 5. 设置 ChannelHandler

handler() 方法用于设置处理服务端请求的 ChannelHandler。上述例子中，指定的是自定义的 EchoClientHandler。

#### 6. 连接到服务器

connect() 方法用于连接到指定的服务器的 Channel。

连接成功后，返回的是一个 ChannelFuture，以代表是一个异步的操作。在上述例子中，使用的是 sync() 方法，以同步的方式来获取连接服务器的结果。

## 5.4 实战：引导无连接协议

在前面两个 Echo 服务器和客户端示例中，都是使用了面向连接协议（TCP）。本节演示引导使用无连接协议（UDP）的 Netty 程序。

UDP 是用户数据报协议（User Datagrame Protocol）的简称，主要作用是将网络数据流压缩成数据报的形式，提供面向事务的简单信息传送服务。UDP 具有以下特点。

- UDP 传送数据前并不与对方建立连接，即 UDP 是无连接的。
- UDP 接收到的数据报不发送确认信号，发送端不知道数据是否被正确接收。
- UDP 传送数据比 TCP 快，系统开销也少。

在 Netty 中，用 DatagramChannel 来代表无连接协议的 Channel。DatagramChannel 具体实现有 EpollDatagramChannel、KQueueDatagramChannel、NioDatagramChannel 和 OioDatagramChannel。

### 5.4.1 创建无连接协议 Echo 服务器

以下是使用 Netty 来开发无连接协议 Echo 服务器的示例。

#### 1. 编写管道处理器

先从 ChannelHandler 的实现开始，代码如下。

```
package com.waylau.netty.demo.echo;

import io.netty.channel.ChannelHandlerContext;
import io.netty.channel.ChannelInboundHandlerAdapter;
import io.netty.channel.socket.DatagramPacket;

public class DatagramChannelEchoServerHandler
      extends ChannelInboundHandlerAdapter {
```

```
    @Override
    public void channelRead(ChannelHandlerContext ctx, Object msg) {
        // 消息转为DatagramPacket类型
        DatagramPacket packet = (DatagramPacket)msg;

        System.out.println(packet.sender() + " -> Server :" + msg);

        // 构建新DatagramPacket
        DatagramPacket data =
            new DatagramPacket(packet.content(), packet.sender());

        // 写消息到管道
        ctx.write(data);// 写消息
        ctx.flush(); // 冲刷消息

        // 上面两个方法等同于 ctx.writeAndFlush(data);
    }

    @Override
    public void exceptionCaught(ChannelHandlerContext ctx, Throwable cause) {

        // 当出现异常就关闭连接
        cause.printStackTrace();
        ctx.close();
    }
}
```

DatagramChannelEchoServerHandler 与 EchoServerHandler 类似，唯一的差异是，在 channelRead 方法中将接收到的消息转换为 DatagramPacket 类型。

DatagramPacket 类用来表示数据报包，数据报包用来实现无连接包投递服务，是 DatagramChannel 的容器。

DatagramPacket 包含了发送者和接受者的消息。

- 通过 content() 来获取消息内容。
- 通过 sender() 来获取发送者的消息。
- 通过 recipient() 来获取接收者的消息。

在上述示例中，将接收到的 msg 又重启封装成了一个新的 DatagramPacket，将新的 DatagramPacket 的接收者设置为 packet 的发送者，实现将接收到的客户端消息发回给客户端。

### 2. 编写服务器主程序

服务器主程序代码如下。

```
package com.waylau.netty.demo.echo;

import io.netty.bootstrap.Bootstrap;
```

```
import io.netty.channel.ChannelFuture;
import io.netty.channel.ChannelOption;
import io.netty.channel.EventLoopGroup;
import io.netty.channel.nio.NioEventLoopGroup;
import io.netty.channel.socket.nio.NioDatagramChannel;

public class DatagramChannelEchoServer {

    public static int DEFAULT_PORT = 7;

    public static void main(String[] args) throws Exception {
        int port;

        try {
            port = Integer.parseInt(args[0]);
        } catch (RuntimeException ex) {
            port = DEFAULT_PORT;
        }

        // 配置事件循环器
        EventLoopGroup group = new NioEventLoopGroup();

        try {
            // 启动NIO服务的引导程序类
            Bootstrap b = new Bootstrap();

            b.group(group) // 设置EventLoopGroup
            .channel(NioDatagramChannel.class) // 指明新的Channel的类型
            .option(ChannelOption.SO_BROADCAST, true) // 设置Channel的一些选项
            .handler(new DatagramChannelEchoServerHandler()); // 指定ChannelHandler

            // 绑定端口
            ChannelFuture f = b.bind(port).sync();

            System.out.println("DatagramChannelEchoServer已启动，端口：" + port);

            // 等待服务器 socket 关闭
            // 在这个例子中，这不会发生，但可以优雅地关闭服务器
            f.channel().closeFuture().sync();
        } finally {

            // 优雅地关闭
            group.shutdownGracefully();
        }

    }

}
```

接下来介绍上述示例的详细步骤。

## 5.4.2 ▶ 引导无连接服务器核心步骤

引导 Netty 无连接服务器主要分为以下几个核心步骤。

### 1. 实例化引导程序类

在上述代码中，首先是需要实例化引导程序类。这里，由于是无连接协议的程序，所以，实例化了一个 Bootstrap。

### 2. 设置 EventLoopGroup

设置 Bootstrap 的 EventLoopGroup。不同于 TCP 服务器，UDP 服务器只需使用一个 NioEventLoopGroup。

UDP 服务器的 NioEventLoopGroup 是支持多线程的，因此可以指定线程池的大小。如果不指定，则 Netty 会指定一个默认的线程池大小，其默认值 DEFAULT_EVENT_LOOP_THREADS 是根据当前计算机的 CPU 处理器的个数乘以 2 得出的。

有关 EventLoopGroup 的内容，在第 6 章中还会继续探讨。

### 3. 指定 Channel 的类型

channel() 方法用于指定 Bootstrap 的 Channel 类型。在本例中，由于是无连接协议，因此指定的是 NioDatagramChannel 类型，代表了客户端是一个基于 DatagramChannel 的实现，它使用基于 NIO 的数据报通道。

### 4. 设置 Channel 选项

option() 用于设置 Channel 的选项。这些选项定义在 ChannelOption 类中，包含以下常量。

- ALLOCATOR
- RCVBUF_ALLOCATOR
- MESSAGE_SIZE_ESTIMATOR
- CONNECT_TIMEOUT_MILLIS
- MAX_MESSAGES_PER_READ
- WRITE_SPIN_COUNT
- WRITE_BUFFER_HIGH_WATER_MARK
- WRITE_BUFFER_WATER_MARK
- ALLOW_HALF_CLOSURE
- AUTO_READ
- AUTO_CLOSE
- SO_BROADCAST
- SO_KEEPALIVE
- SO_SNDBUF
- SO_RCVBUF
- SO_REUSEADDR
- SO_LINGER
- SO_BACKLOG
- SO_TIMEOUT
- IP_TOS
- IP_MULTICAST_ADDR
- IP_MULTICAST_IF
- IP_MULTICAST_TTL
- IP_MULTICAST_LOOP_DISABLED
- TCP_NODELAY

在本例中，设置 SO_BROADCAST，代表了是发送广播消息。

有关 ChannelOption 类的内容，在后续章节中还会介绍。

**5. 设置 ChannelHandler**

handler() 方法用于设置处理服务端请求的 ChannelHandler。上述例子中，指定的是自定义的 DatagramChannelEchoServerHandler。

**6. 连接到服务器**

bind() 方法用于绑定端口，会创建一个 Channel 而后启动服务。

连接成功之后，返回的是一个 ChannelFuture，以代表是一个异步的操作。在上述例子中，使用的是 sync() 方法，以同步的方式来获取连接服务器的结果。

## 5.4.3 ▶ 创建无连接协议 Echo 客户端

以下是使用 Netty 来开发无连接协议 Echo 协议的客户端的示例。

**1. 编写管道处理器**

先从 ChannelHandler 的实现开始，代码如下。

```
package com.waylau.netty.demo.echo;

import io.netty.channel.ChannelHandlerContext;
import io.netty.channel.ChannelInboundHandlerAdapter;
import io.netty.channel.socket.DatagramPacket;
import io.netty.util.CharsetUtil;

public class DatagramChannelEchoClientHandler
        extends ChannelInboundHandlerAdapter {
    @Override
    public void channelRead(ChannelHandlerContext ctx, Object msg) {

        // 从管道读消息
        DatagramPacket packet = (DatagramPacket) msg; // 转为 DatagramPacket 类型
        String m = packet.content().toString(CharsetUtil.UTF_8);  // 转为字符串
        System.out.println( "echo :" + m);
    }

    @Override
    public void exceptionCaught(ChannelHandlerContext ctx, Throwable cause) {

        // 当出现异常就关闭连接
        cause.printStackTrace();
        ctx.close();
    }
}
```

DatagramChannelEchoClientHandler 与服务器的 EchoServerHandler 类似，唯一的差异是，DatagramChannelEchoClientHandler 在 channelRead 方法中将接收到的消息转为 DatagramPacket，获取 DatagramPacket 中的内容，再在控制台打印出来。

接下来要编写一个 main() 方法来启动客户端的 DatagramChannelEchoClientHandler。

### 2. 编写客户端主程序

客户端主程序代码如下。

```
package com.waylau.netty.demo.echo;

import java.io.BufferedReader;
import java.io.IOException;
import java.io.InputStreamReader;
import java.net.InetSocketAddress;
import java.net.UnknownHostException;
import java.nio.ByteBuffer;

import io.netty.bootstrap.Bootstrap;
import io.netty.buffer.ByteBuf;
import io.netty.buffer.Unpooled;
import io.netty.channel.Channel;
import io.netty.channel.ChannelFuture;
import io.netty.channel.ChannelOption;
import io.netty.channel.EventLoopGroup;
import io.netty.channel.nio.NioEventLoopGroup;
import io.netty.channel.socket.DatagramPacket;
import io.netty.channel.socket.nio.NioDatagramChannel;

public final class DatagramChannelEchoClient {

    public static void main(String[] args) throws Exception {
        if (args.length != 2) {
              System.err.println("用法: java DatagramChannelEchoClient <host
name> <port number>");
            System.exit(1);
        }

        String host = args[0];
        int port = Integer.parseInt(args[1]);

        // 配置客户端
        EventLoopGroup group = new NioEventLoopGroup();
        try {
            Bootstrap b = new Bootstrap();
            b.group(group)
            .channel(NioDatagramChannel.class)
            .option(ChannelOption.SO_BROADCAST, true)
```

```
            .handler(new DatagramChannelEchoClientHandler());

            // 绑定端口
            ChannelFuture f = b.bind(port).sync();

            System.out.println("DatagramChannelEchoClient 已启动，端口：" + port);

            Channel channel = f.channel();
            ByteBuffer writeBuffer = ByteBuffer.allocate(32);
            try (BufferedReader stdIn =
                    new BufferedReader(new InputStreamReader(System.in))) {
                String userInput;
                while ((userInput = stdIn.readLine()) != null) {
                    writeBuffer.put(userInput.getBytes());
                    writeBuffer.flip();
                    writeBuffer.rewind();

                    // 转为 ByteBuf
                    ByteBuf buf = Unpooled.copiedBuffer(writeBuffer);

                    // 写消息到管道
                    // 消息封装为 DatagramPacket 类型
                    channel.writeAndFlush(
                        new DatagramPacket(buf,
                            new InetSocketAddress(host,
                                DatagramChannelEchoServer.DEFAULT_PORT)));

                    // 清理缓冲区
                    writeBuffer.clear();
                }
            } catch (UnknownHostException e) {
                System.err.println("不明主机，主机名为：" + host);
                System.exit(1);
            } catch (IOException e) {
                System.err.println("不能从主机中获取 I/O，主机名为：" + host);
                System.exit(1);
            }
        } finally {

            // 优雅地关闭
            group.shutdownGracefully();
        }
    }
}
```

客户端与服务器代码类似，都是需要使用 Bootstrap 的 bind() 方法来绑定到端口。DatagramChannelEchoClient 与 EchoClient 所不同的是，没有使用 connect() 方法来连接到服务器，因为 DatagramChannelEchoClient 是无连接的，只需要在发送的 DatagramPacket 对象里面指定要发送的地址即可。

在上述例子中，通过 Unpooled.copiedBuffer 方法将控制台输入的内容转为 ByteBuf 类型，再将 ByteBuf 封装到 DatagramPacket 对象中，同时指定了接收者的地址，并通过 writeAndFlush 写入管道。

至此，基于 Netty 的客户端程序已经完成。接下来介绍上述示例的详细步骤。

## 5.4.4 ▶ 引导无连接客户端核心步骤

引导 Netty 无连接客户端主要分为以下几个核心步骤。

### 1. 实例化引导程序类

在上述代码中，首先是需要实例化引导程序类。这里，由于是无连接协议的程序，所以，实例化了一个 Bootstrap。

### 2. 设置 EventLoopGroup

与 DatagramChannelEchoServer 完全一样，只需使用一个 NioEventLoopGroup。

### 3. 指定 Channel 的类型

channel() 方法用于指定 Bootstrap 的 Channel 类型。在本例中，由于是无连接协议，因此跟 DatagramChannelEchoServer 一样，指定的也是 NioDatagramChannel 类型，代表了客户端是一个基于 DatagramChannel 的实现，它使用基于 NIO 的数据报通道。

### 4. 设置 Channel 选项

option() 用于设置 Channel 的选项。这些选项定义在 ChannelOption 类中，包含以下常量。

- ALLOCATOR
- RCVBUF_ALLOCATOR
- MESSAGE_SIZE_ESTIMATOR
- CONNECT_TIMEOUT_MILLIS
- MAX_MESSAGES_PER_READ
- WRITE_SPIN_COUNT
- WRITE_BUFFER_HIGH_WATER_MARK
- WRITE_BUFFER_WATER_MARK
- ALLOW_HALF_CLOSURE
- AUTO_READ
- AUTO_CLOSE
- SO_BROADCAST
- SO_KEEPALIVE
- SO_SNDBUF
- SO_RCVBUF
- SO_REUSEADDR
- SO_LINGER
- SO_BACKLOG
- SO_TIMEOUT
- IP_TOS
- IP_MULTICAST_ADDR
- IP_MULTICAST_IF
- IP_MULTICAST_TTL
- IP_MULTICAST_LOOP_DISABLED
- TCP_NODELAY

与 DatagramChannelEchoServer 一样，在本例中设置 SO_BROADCAST，代表了是发送广播消息。

有关 ChannelOption 类的内容，在后续章节中还会介绍。

#### 5. 设置 ChannelHandler

handler() 方法用于设置处理服务端请求的 ChannelHandler。上述例子中，指定的是自定义的 DatagramChannelEchoClientHandler。

#### 6. 连接到服务器

与 DatagramChannelEchoClientHandler 一样，也是通过 bind() 方法来绑定端口，并创建一个 Channel 而后启动服务。

连接成功之后，返回的是一个 ChannelFuture，以代表是一个异步的操作。在上述例子中，使用的是 sync() 方法，以同步的方式来获取连接服务器的结果。

本节示例，可以在 com.waylau.netty.demo.echo 包下找到。

## 5.5 实战：从 Channel 引导客户端

还有一种引导 Bootstrap 类的方式，是从已经被接受的子 Channel 中引导一个客户端 Channel。图 5-2 展示了从 Channel 引导客户端的过程。

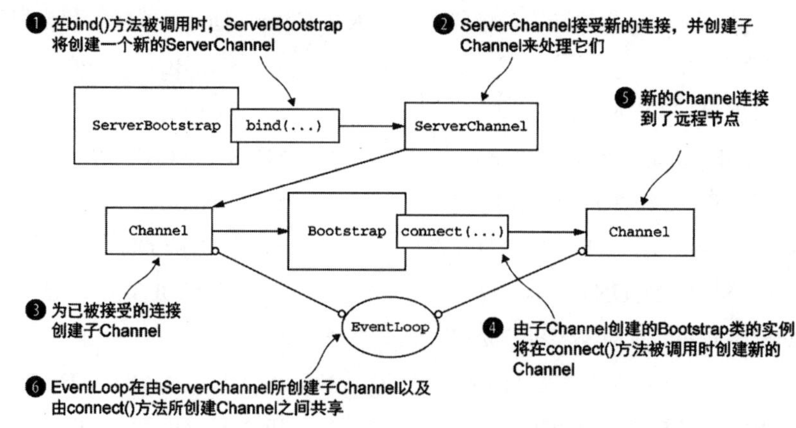


图 5-2 从 Channel 引导客户端

（1）当调用 bind() 时，ServerBootstrap 创建一个新的 ServerChannel。当绑定成功后，这个管道就能接收子 Channel 了。

（2）ServerChannel 接收新连接并且创建子 Channel 来处理这些连接。

（3）子 Channel 用于处理接收到的连接。

（4）由子 Channel 创建的 Bootstrap 类的实例，用于在 connect() 方法被调用时创建一个新的 Channel。

（5）新 Channel 连接到远端。

（6）EventLoop 在由 ServerChannel 所创建的子 Channel 及由 connect() 方法所创建的 Channel 之间共享。

在上述步骤中，从 Channel 引导客户端是共享了同一个 EventLoop，这样就减少了创建 EventLoop 的步骤，消除了上下文切换和相关的开销。这是因为，创建新的 EventLoop 就会创建一个新的线程。因此，EventLoop 实例应该尽量重用，或者限制实例的数量来避免耗尽系统资源。

为了实现 EventLoop 共享，需要通过 Bootstrap.eventLoop() 方法来获取 EventLoop。以下是示例代码。

```
ServerBootstrap bootstrap = new ServerBootstrap(); //1
bootstrap.group(new NioEventLoopGroup(), //2
    new NioEventLoopGroup()).channel(NioServerSocketChannel.class) //3
        .childHandler(      //4
            new SimpleChannelInboundHandler<ByteBuf>() {
            ChannelFuture connectFuture;

            @Override
            public void channelActive(ChannelHandlerContext ctx) throws Exception {
                Bootstrap bootstrap = new Bootstrap();//5
                bootstrap.channel(NioSocketChannel.class) //6
                        .handler(new SimpleChannelInboundHandler<ByteBuf>() {  //7
                            @Override
                            protected void channelRead0(ChannelHandlerContext ctx,
                                    ByteBuf in) throws Exception {
                                System.out.println("接收数据");
                            }
                        });
                bootstrap.group(ctx.channel().eventLoop()); //8
                connectFuture =
                    bootstrap.connect(new InetSocketAddress("waylau.com", 80));  //9
            }

            @Override
            protected void channelRead0(ChannelHandlerContext channelHandlerContext,
                    ByteBuf byteBuf) throws Exception {
                if (connectFuture.isDone()) {
                    // ...省略业务逻辑  //10
                }
            }
        });
ChannelFuture future = bootstrap.bind(new InetSocketAddress(8080));  //11
future.addListener(new ChannelFutureListener() {
    @Override
```

```
    public void operationComplete(ChannelFuture channelFuture) throws Exception {
        if (channelFuture.isSuccess()) {
            System.out.println("Server bound");
        } else {
            System.err.println("Bound attempt failed");
            channelFuture.cause().printStackTrace();
        }
    }
});
```

上述代码的说明如下。

（1）创建一个新的 ServerBootstrap。

（2）指定 EventLoopGroup。

（3）从 ServerChannel 和接收到的管道来注册并获取 EventLoops。

（4）指定 Channel 类型。

（5）创建一个新的 Bootstrap 来连接到远程主机。

（6）指定 Channel 类型。

（7）设置客户端的 ChannelHandler。

（8）使用共享的 EventLoop。

（9）连接到远端。

（10）处理业务逻辑。

（11）通过配置了的 Bootstrap 来绑定到 Channel。

## 5.6 在引导过程中添加多个 ChannelHandler

在之前所有的示例中，在引导过程中通过 handler() 或 childHandler() 方法来添加 ChannelHandler 实例时，都是添加的单个 ChannelHandler，对于简单的程序可能是够用的，但是对于复杂的程序来说则无法满足需求。例如，某个应用程序必须支持多个协议，如 HTTP、WebSocket 等。若在一个 ChannelHandler 中处理这些协议将导致一个庞大而复杂的 ChannelHandler。而如果每个 ChannelHandler 只负责一种协议，则既保证了程序功能的内聚，又能够使得程序拥有良好的扩展。那么，在 Netty 中如何来添加多个 ChannelHandler 呢？答案就是利用 ChannelInitializer 抽象类。

Netty 提供了 ChannelInitializer 抽象类用来初始化 ChannelPipeline 中的 ChannelHandler。ChannelInitializer 自身也是一个特殊的 ChannelHandler。ChannelInitializer 提供了 initChannel() 方法用于多个 ChannelHandler 添加到同一个 ChannelPipeline 中。这样，开发者只需要简

单地向 Bootstrap 或 ServerBootstrap 的实例提供 ChannelInitializer 的实现类即可，并且一旦 Channel 被注册到了它的 EventLoop 之后，就会调用 initChannel() 方法。在该方法返回之后，ChannelInitializer 的实例将会从 ChannelPipeline 中移除它自己。

以下是用法示例。

```
ServerBootstrap bootstrap = new ServerBootstrap();

bootstrap.group(new NioEventLoopGroup(), new NioEventLoopGroup())
    .channel(NioServerSocketChannel.class)
    .childHandler(new ChannelInitializerImpl()); // 设置 ChannelInitializer 的实现
ChannelFuture future = bootstrap.bind(new InetSocketAddress(8080));
future.sync();
```

在上述代码中，通过 childHandler() 方法设置 ChannelInitializer 的实现 ChannelInitializerImpl。ChannelInitializerImpl 的实现方式如下。

```
final class ChannelInitializerImpl extends ChannelInitializer<Channel> {
    @Override
    protected void initChannel(Channel ch) throws Exception {
        ChannelPipeline pipeline = ch.pipeline();
        pipeline.addLast(new HttpClientCodec()); // 添加第 1 个 ChannelHandler
        pipeline.addLast(new HttpObjectAggregator(Integer.MAX_VALUE)); // 添加第
2 个 ChannelHandler

    }
}
```

上述 ChannelInitializerImpl 代码中，ChannelPipeline 可以添加多个 ChannelHandler。

## 5.7 ChannelOption 属性

在前面的章节中已经介绍了可以通过 Bootstrap.option() 来配置 Bootstrap 所需要的配置项。观察以下示例。

```
Bootstrap b = new Bootstrap();

b.group(group)
.channel(NioDatagramChannel.class)
.option(ChannelOption.SO_BROADCAST, true) // 设置 Channel 的一些选项
.handler(new DatagramChannelEchoServerHandler());
```

上述例子中，option() 配置参数类似于一个 Map 结构，而 Map 的键就是 ChannelOption

对象属性。

ChannelOption 对象内置了众多的常量属性，例如，上述例子中的 ChannelOption.SO_BROADCAST。ChannelOption 的核心源码如下。

```
public static final ChannelOption<ByteBufAllocator> ALLOCATOR =
        valueOf("ALLOCATOR");
public static final ChannelOption<RecvByteBufAllocator> RCVBUF_ALLOCATOR =
        valueOf("RCVBUF_ALLOCATOR");
public static final ChannelOption<MessageSizeEstimator> MESSAGE_SIZE_ESTIMATOR =
        valueOf("MESSAGE_SIZE_ESTIMATOR");
public static final ChannelOption<Integer> CONNECT_TIMEOUT_MILLIS =
        valueOf("CONNECT_TIMEOUT_MILLIS");
public static final ChannelOption<Integer> WRITE_SPIN_COUNT =
        valueOf("WRITE_SPIN_COUNT");
public static final ChannelOption<Integer> WRITE_BUFFER_HIGH_WATER_MARK =
        valueOf("WRITE_BUFFER_HIGH_WATER_MARK");
public static final ChannelOption<Integer> WRITE_BUFFER_LOW_WATER_MARK =
        valueOf("WRITE_BUFFER_LOW_WATER_MARK");
public static final ChannelOption<WriteBufferWaterMark> WRITE_BUFFER_WATER_MARK =
        valueOf("WRITE_BUFFER_WATER_MARK");
public static final ChannelOption<Boolean> ALLOW_HALF_CLOSURE =
        valueOf("ALLOW_HALF_CLOSURE");
public static final ChannelOption<Boolean> AUTO_READ =
        valueOf("AUTO_READ");
public static final ChannelOption<Boolean> AUTO_CLOSE =
        valueOf("AUTO_CLOSE");
public static final ChannelOption<Boolean> SO_BROADCAST =
        valueOf("SO_BROADCAST");
public static final ChannelOption<Boolean> SO_KEEPALIVE =
        valueOf("SO_KEEPALIVE");
public static final ChannelOption<Integer> SO_SNDBUF =
        valueOf("SO_SNDBUF");
public static final ChannelOption<Integer> SO_RCVBUF =
        valueOf("SO_RCVBUF");
public static final ChannelOption<Boolean> SO_REUSEADDR =
        valueOf("SO_REUSEADDR");
public static final ChannelOption<Integer> SO_LINGER =
        valueOf("SO_LINGER");
public static final ChannelOption<Integer> SO_BACKLOG =
        valueOf("SO_BACKLOG");
public static final ChannelOption<Integer> SO_TIMEOUT =
        valueOf("SO_TIMEOUT");
public static final ChannelOption<Integer> IP_TOS =
        valueOf("IP_TOS");
public static final ChannelOption<InetAddress> IP_MULTICAST_ADDR =
        valueOf("IP_MULTICAST_ADDR");
public static final ChannelOption<NetworkInterface> IP_MULTICAST_IF =
        valueOf("IP_MULTICAST_IF");
```

```
public static final ChannelOption<Integer> IP_MULTICAST_TTL =
        valueOf("IP_MULTICAST_TTL");
public static final ChannelOption<Boolean> IP_MULTICAST_LOOP_DISABLED =
        valueOf("IP_MULTICAST_LOOP_DISABLED");
public static final ChannelOption<Boolean> TCP_NODELAY =
        valueOf("TCP_NODELAY");
public static final ChannelOption<Boolean> DATAGRAM_CHANNEL_ACTIVE_ON_REGISTRATION =
        valueOf("DATAGRAM_CHANNEL_ACTIVE_ON_REGISTRATION");
public static final ChannelOption<Boolean> SINGLE_EVENTEXECUTOR_PER_GROUP =
        valueOf("SINGLE_EVENTEXECUTOR_PER_GROUP");
```

ChannelOption 各常量属性含义总结如下。

### 1. ALLOCATOR

该属性适用于对象池，用于重用缓冲区。

### 2. RCVBUF_ALLOCATOR

该属性用于 Channel 分配接受 Buffer 的分配器，默认值为 AdaptiveRecvByteBufAllocator. DEFAULT，是一个自适应的接收缓冲区分配器，能根据接收到的数据自动调节大小。可选值为 FixedRecvByteBufAllocator，固定大小的接收缓冲区分配器。

### 3. MESSAGE_SIZE_ESTIMATOR

该属性是消息大小估算器，默认为 DefaultMessageSizeEstimator.DEFAULT。估算 ByteBuf、ByteBufHolder 和 FileRegion 的大小，其中 ByteBuf 和 ByteBufHolder 为实际大小，FileRegion 估算值为 0。该值估算的字节数在计算水位时使用，FileRegion 为 0 可知 FileRegion 不影响高低水位。

### 4. CONNECT_TIMEOUT_MILLIS

该属性是指连接超时毫秒数，默认值 30000 毫秒即 30 秒。

### 5. WRITE_SPIN_COUNT

该属性用于标识一个 Loop 写操作执行的最大次数，默认值为 16。也就是说，对于大数据量的写操作至多进行 16 次，如果 16 次仍没有全部写完数据，此时会提交一个新的写任务给 EventLoop，任务将在下次调度继续执行。这样，其他的写请求才能被响应，不会因为单个大数据量写请求而耽误。

### 6. WRITE_BUFFER_HIGH_WATER_MARK

该属性用于标识写高水位标记，默认值 64KB。如果 Netty 的写缓冲区中的字节超过该值，Channel 的 isWritable() 返回 False。

### 7. WRITE_BUFFER_LOW_WATER_MARK

该属性用于标识写低水位标记，默认值 32KB。当 Netty 的写缓冲区中的字节超过高水位之后若下降到低水位，则 Channel 的 isWritable() 返回 True。写高低水位标记使用户可以控制写入数据速度，从而实现流量控制。推荐做法：每次调用 channl.write(msg) 方法首先调用 channel.isWritable() 判断是否可写。

#### 8. WRITE_BUFFER_WATER_MARK

该属性用于标识写水位标记。

#### 9. ALLOW_HALF_CLOSURE

该属性用于标识一个连接的远端关闭时本地端是否关闭，默认值为 false。值为 false 时，连接自动关闭；值为 true 时，触发 ChannelInboundHandler 的 userEventTriggered() 方法，事件为 ChannelInputShutdownEvent。

#### 10. AUTO_READ

该属性用于标识在 Channel 触发某些事件后（例如 channelActive、channelReadComplete），还会自动调用一次 read()。

#### 11. AUTO_CLOSE

该属性用于标识连接是否自动关闭。

#### 12. SO_BROADCAST

该属性用于设置 Socket 参数，即设置广播模式。

#### 13. SO_KEEPALIVE

该属性用于设置 Socket 参数，默认值为 false。启用该功能时，TCP 会主动探测空闲连接的有效性。可以将此功能视为 TCP 的心跳机制，需要注意的是，默认的心跳间隔是 7200s 即 2 小时。Netty 默认关闭该功能。

#### 14. SO_SNDBUF

该属性对应于套接字选项中的 SO_SNDBUF，用于操作发送缓冲区。

#### 15. SO_RCVBUF

该属性对应于套接字选项中的 SO_RCVBUF，用于操作接收缓冲区。

#### 16. SO_REUSEADDR

该属性对应于套接字选项中的 SO_REUSEADDR，这个参数表示允许重复使用本地地址和端口。

例如，某个服务器进程占用了 TCP 的 80 端口进行监听，此时再次监听该端口就会返回错误，使用该参数就可以解决问题，该参数允许共用该端口。在服务器程序中比较常使用。

例如，某个进程非正常退出，该程序占用的端口可能要被占用一段时间才能允许其他进程使用，而且程序死掉以后，内核需要一定的时间才能够释放此端口，不设置 SO_REUSEADDR。

17. SO_LINGER

该属性是对底层 Socket 参数的简单封装，关闭 Socket 的延迟时间，默认值为 -1，表示禁用该功能。-1 及所有小于 0 的数表示 socket.close() 方法立即返回，但 OS 底层会将发送缓冲区全部发送到对端。0 表示 socket.close() 方法立即返回，OS 放弃发送缓冲区的数据直接向对端发送 RST 包，对端收到复位错误。非 0 整数值表示调用 socket.close() 方法的线程被阻塞，直到延迟时间到或发送缓冲区中的数据发送完毕，若超时，则对端会收到复位错误。

18. SO_BACKLOG

该属性用于 Socket 参数，服务端接受连接的队列长度，如果队列已满，客户端连接将被拒绝。默认值，Windows 为 200，其他为 128。

19. SO_TIMEOUT

该属性用于设定的是 HTTP 连接成功后，等待读取数据或者写数据的最大超时时间，单位为毫秒。如果设置为 0，则表示永远不会超时。

20. IP_TOS

该属性用于 IP 参数，设置 IP 头部的 Type-of-Service 字段，用于描述 IP 包的优先级和 QoS 选项。

21. IP_MULTICAST_ADDR

该属性对应 IP 参数 IP_MULTICAST_IF，设置对应地址的网卡为多播模式。

22. IP_MULTICAST_IF

该属性对应 IP 参数 IP_MULTICAST_IF2，设置对应地址的网卡为多播模式，但支持 IPV6。

23. IP_MULTICAST_TTL

该属性用于 IP 参数，多播数据报的 time-to-live 即存活跳数。

24. IP_MULTICAST_LOOP_DISABLED

该属性用于对应 IP 参数 IP_MULTICAST_LOOP，设置本地回环接口的多播功能。由于 IP_MULTICAST_LOOP 返回 true 表示关闭，所以 Netty 加上后缀 _DISABLED 防止歧义。

25. TCP_NODELAY

该属性用于 TCP 参数，立即发送数据，默认值为 ture（Netty 默认为 true 而操作系统默认为 false）。该值设置 Nagle 算法的启用，该算法将小的碎片数据连接成更大的报文来最小化所发送的报文的数量，如果需要发送一些较小的报文，则需要禁用该算法。Netty 默认禁用该算法，从而最小化报文传输延时。

26. DATAGRAM_CHANNEL_ACTIVE_ON_REGISTRATION

该属性标识 DatagramChannel 注册的 EventLoop，即表示已激活。

27. SINGLE_EVENTEXECUTOR_PER_GROUP

该属性标识线程执行 ChannelPipeline 中的事件，默认值为 true。该值控制执行 ChannelPipeline 中执行 ChannelHandler 的线程。如果为 true，整个 pipeline 由一个线程执行，这样不需要进行线程切换及线程同步，这是 Netty 的推荐做法；如果为 false，ChannelHandler 中的处理过程会由 Group 中的不同线程执行。

## 5.8 优雅地关闭应用

引导类可以使应用程序启动并且运行起来，但是如何优雅地将它关闭呢？

可以让 JVM 在退出时处理好一切，但是这不符合优雅的定义，优雅是指干净地释放资源。关闭 Netty 时，需要留心几个事，最重要的是需要关闭 EventLoopGroup，它将处理任何挂起的事件和任务，并且随后释放所有活动的线程。为此，Netty 提供了 EventLoopGroup.shutdownGracefully() 方法。

shutdownGracefully() 方法调用将会返回一个 Future，这个 Future 将在关闭完成时接收到通知。需要注意的是，shutdownGracefully() 方法也是一个异步的操作，所以需要阻塞等待直到它完成，或者向所返回的 Future 注册一个监听器以在关闭完成时获得通知。以下是示例代码。

```
EventLoopGroup group = new NioEventLoopGroup();
Bootstrap bootstrap = new Bootstrap();
bootstrap.group(group)
.channel(NioSocketChannel.class);
...
Future<?> future = group.shutdownGracefully();

// 阻塞直到 group 已经关闭
future.syncUninterruptibly();
```

或者，也可以在调用 EventLoopGroup.shutdownGracefully() 方法之前，显式地在所有活动的 Channel 上调用 Channel.close() 方法。但是在任何情况下，都需要记得关闭 EventLoopGroup 本身。

# 第 6 章

# 6

# 线程模型

所谓线程模型是指程序内部管理线程的方式。本章介绍 Netty 的线程模型，并解密 Netty 高并发之道。

# 6.1 Java 线程模型的不足

Java 支持多线程编程，因而使得 Java 应用的并发能力得到了提升。Java 的并发 API 集中在 java.util.concurrent 包中，大多数只要接触过 Java 并发编程的读者都不会对该包陌生。

对于大多数 Java 初学者而言，编写正确的并发程序已经足够困难了，而要编写高性能的并发程序则是难上加难。使用 java.util.concurrent 包中的 API 固然可以降低并发编程的难度，但如果不了解线程模型，则仍然无法写出高效的并发程序。

本节，一起了解下 Java 所提供的线程模型及其不足之处。

## 6.1.1 ▶ 实战：Java 线程池示例

由于多核 CPU 的计算机的流行，大多数的现代应用程序都会利用多线程处理技术来有效地利用系统资源。而在早期的 Java 语言中，如果想使用多线程，最常用的方式无非就是按需创建和启动新的 Thread 来执行并发的任务单元。这种方式在高负载下性能会急剧下降，因为不得不创建大量的 Thread，导致占用了过多的系统资源。

Java 5 之后引入了 java.util.concurrent 包中，其中的 Executor API 可以通过线程池的方式来缓存和重用 Thread，因此极大地提高了性能。以下是一个常见的 Java 线程池的使用示例。

```
package com.waylau.java.demo.concurrent;

import java.util.concurrent.BlockingQueue;
import java.util.concurrent.ExecutorService;
import java.util.concurrent.LinkedBlockingQueue;
import java.util.concurrent.ThreadPoolExecutor;
import java.util.concurrent.TimeUnit;

public class ThreadPoolExecutorDemo {

    public static void main(String[] args) {

        // 队列
        BlockingQueue<Runnable> workQueue =
            new LinkedBlockingQueue<>(10);

        // 初始化线程池执行器
        ExecutorService pool =
```

```
        new ThreadPoolExecutor(2, 2, 4000,
                TimeUnit.MILLISECONDS, workQueue);

        for (int i = 0; i < 3; i++) {

            // 提交任务
            pool.submit(new MyTask());
        }
    }

}

class MyTask implements Runnable {

    public void run() {
        System.out.println(Thread.currentThread().getName()
                + " is working");
        try {
            // 模拟一段耗时工作
            TimeUnit.SECONDS.sleep(3);
        } catch (InterruptedException e) {
            e.printStackTrace();
        }

        System.out.println(Thread.currentThread().getName()
                + " done");
    }
}
```

上述示例，运行后，可以看到控制台输出如下。

```
pool-1-thread-1 is working
pool-1-thread-2 is working
pool-1-thread-2 done
pool-1-thread-1 done
pool-1-thread-1 is working
pool-1-thread-1 done
```

该示例使用了 Executor 接口的实现类 ThreadPoolExecutor。以下是 ThreadPoolExecutor 的构造函数源码。

```
public ThreadPoolExecutor(int corePoolSize,
                          int maximumPoolSize,
                          long keepAliveTime,
                          TimeUnit unit,
                          BlockingQueue<Runnable> workQueue) {
    this(corePoolSize, maximumPoolSize, keepAliveTime, unit, workQueue,
```

```
        Executors.defaultThreadFactory(), defaultHandler);
}
```

上述构造函数参数含义如下。

- corePoolSize：线程池核心线程数（平时保留的线程数）。
- maximumPoolSize：线程池最大线程数（当 workQueue 都放不下时，启动新线程，最大线程数）。
- keepAliveTime：超出 corePoolSize 数量的线程的保留时间。
- unit：keepAliveTime 单位。
- workQueue：阻塞队列，存放来不及执行的线程。

本节示例，可以在 com.waylau.java.demo.concurrent 包下找到。

## 6.1.2 ▶ Java 线程池的基本模型

在上述示例中，只管定义线程任务（MyTask），然后通过 submit() 方法将线程任务提交到线程池即可，线程池会自动执行任务。那么线程池内部的原理到底是怎么样的呢？

Java 线程池的基本模型如图 6-1 所示，可描述如下。

- 从池的空闲线程列表中选择一个 Thread，并且指派它去运行一个已提交的任务。
- 当任务完成时，将该 Thread 返回给该列表，使其可被重用。
- 任务堆积的话，会按照策略来生成新的线程去执行任务。

## 6.1.3 ▶ Java 线程池存在的不足之处

虽然 Java 线程池提供了池化和重用线程的机制，相对于简单地为每个任务都创建和销毁线程是一种进步，但是它并不能消除由上下文切换所带来的开销，其弊端也会随着线程数量的增加很快变得明显，并且在高负载下尤其严重。

此外，开发人员使用 Java 线程池来开发高并发的应用，仍然需要具备较高的编程技能，以应对可能会出现的其他和线程相关的问题。例如，如何来抉择是否要在线程池中设置拒绝策略？任务的执行顺序要如何设置？应该怎么选择哪种类型的队列？这些都需要开发者根据当前的应用场景来做相应的决策。

因此，开发者在选择使用 Java 线程池时，一定要有以下风险意识。

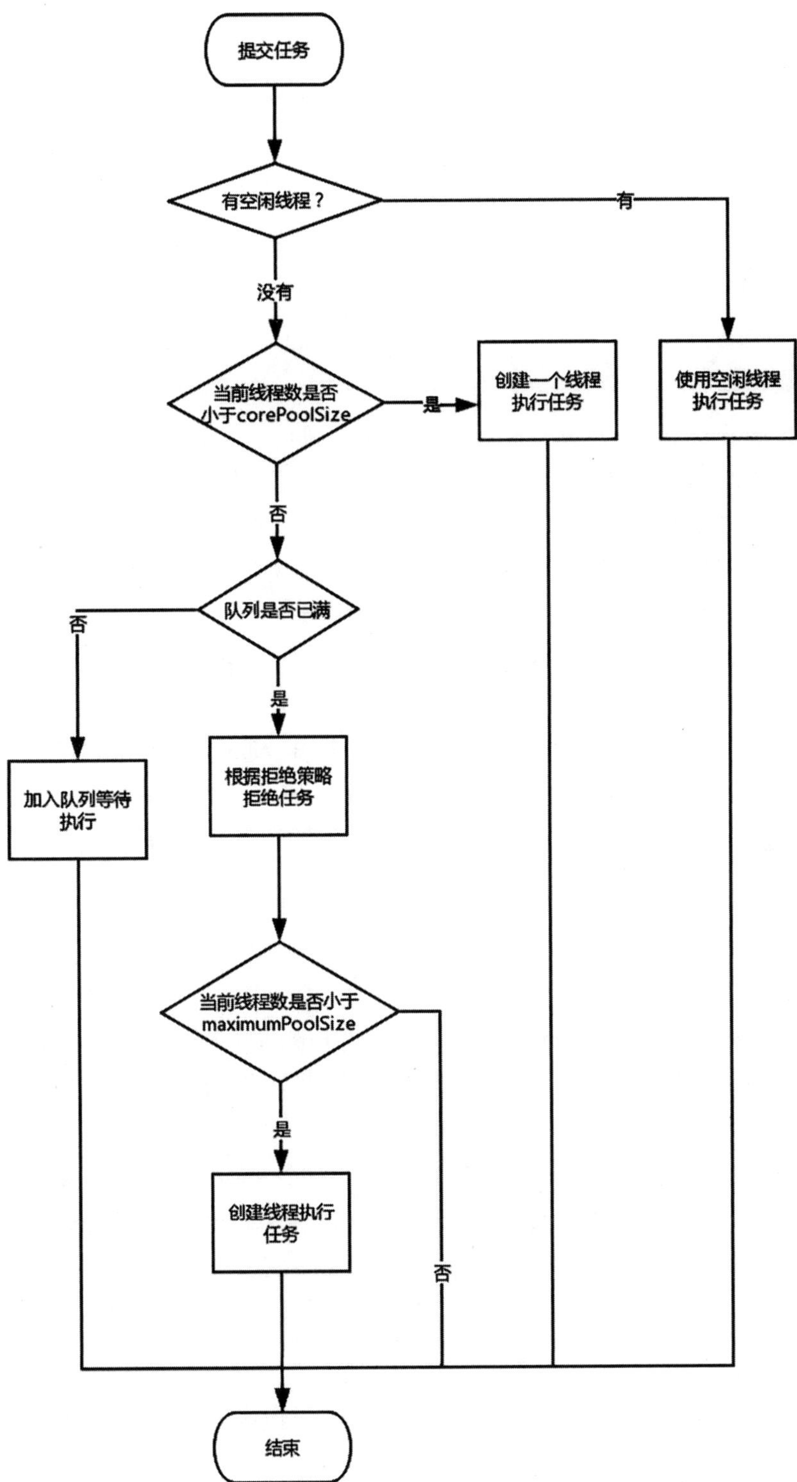


图 6–1　Java 线程池的基本模型

### 1. 死锁

任何多线程应用程序都有死锁的风险。当一组进程或线程中的每一个都在等待一个只有该组中另一个进程才能引起的事件时，这组进程或线程就会产生死锁。

虽然任何多线程程序中都有死锁的风险，但线程池却引入了另一种死锁可能，在那种情况下，所有线程池都在执行已阻塞的等待队列中另一任务的执行结果的任务，但这一任务却因为没有未被占用的线程而不能运行。当线程池被用来实现涉及许多交互对象的模拟，被模拟的对象可以相互发送查询，这些查询接下来作为排队的任务执行，查询对象又同步等待着响应时，会发生这种情况。

### 2. 资源不足

线程池的一个优点在于，相对于其他替代调度机制而言，它们通常执行得很好。但只有恰当地调整了线程池大小时才是这样的。线程消耗包括内存和其他系统资源在内的大量资源。除了 Thread 对象所需的内存之外，每个线程都需要两个可能很大的执行调用堆栈。除此以外，JVM 可能会为每个 Java 线程创建一个本机线程，这些本机线程将消耗额外的系统资源。最后，虽然线程之间切换的调度开销很小，但如果有很多线程，环境切换也可能严重地影响程序的性能。

如果线程池太大，那么被那些线程消耗的资源可能严重地影响系统性能。在线程之间进行切换将会浪费时间，而且使用超出实际需要的线程可能会引起资源匮乏问题，因为线程池正在消耗一些资源，而这些资源可能会被其他任务更有效地利用。除了线程自身所使用的资源以外，服务请求时所做的工作可能需要其他资源，例如，JDBC 连接、套接字或文件。这些也都是有限资源，有太多的并发请求也可能引起失效，例如，不能分配 JDBC 连接等。

### 3. 线程泄漏

各种类型的线程池中有一个严重的风险是线程泄漏，当从池中除去一个线程以执行一项任务，而在任务完成后该线程却没有返回线程池时，会发生这种情况。发生线程泄漏的一种情形出现在任务抛出一个 RuntimeException 或一个 Error 时。如果池类没有捕捉到它们，那么线程只会退出而线程池的大小将会永久减少一个。当这种情况发生的次数足够多时，线程池最终就为空，而且系统将停止，因为没有可用的线程来处理任务。

有些任务可能会永远等待某些资源或来自用户的输入，而这些资源又不能保证变得可用，用户可能也已经回家了，诸如此类的任务会永久停止，而这些停止的任务也会引起和线程泄漏同样的问题。如果某个线程被这样一个任务永久地消耗着，那么它实际上就被从池除去了。对于这样的任务，应该要么只给予它们自己的线程，要么只让它们等待有限的时间。

### 4. 并发错误

线程池和其他排队机制依靠 wait() 和 notify() 方法，但这两个方法都难于使用。如果编码不正确，那么可能丢失通知，导致线程保持空闲状态，尽管队列中有工作要处理。使用这些方法时，必须格外小心。而最好使用现有的、已经知道能工作的实现。

#### 5. 请求过载

大量的请求有可能会压垮了服务器。例如，黑客经常会使用“拒绝服务攻击”这种方式来使某些服务被暂停甚至主机死机。

在这种情形下，需要考虑不能将每个到来的请求都排队到工作队列，因为排在队列中等待执行的任务可能会消耗太多的系统资源并引起资源缺乏。在这种情形下决定如何做取决于实际的应用场景。在某些情况下，可以简单地抛弃请求，依靠更高级别的协议后重试请求。也可以用一个指出服务器暂时很忙的响应来拒绝请求，这种行为也称为“服务熔断”。有关“服务熔断”的内容可以参阅笔者所著的《Spring Cloud 微服务架构开发实战》。

简而言之，使用原生 Java 来开发多线程应用是很复杂的。在接下来的章节中，将会看到 Netty 是如何来简化高并发应用程序的开发。

## 6.2 线程模型的类型

在一般的网络或分布式服务等应用程序中，大都具备一些相同的处理流程，分别如下。

- read：读取请求数据。
- decode：对请求数据进行解码。
- compute：对数据进行处理。
- encode：对回复数据进行编码。
- send：发送回复。

当然在实际应用中每一步的运行效率都是不同的，例如，其中可能涉及 XML 解析、文件传输、Web 页面的加载、计算服务等不同功能。不同的程序设计，会直接影响程序的执行效率。只有了解线程模型，才能探寻出程序高效运作的秘诀。本节讨论常见的线程模型。

著名 Java 专家 Doug Lea 在 *Scalable IO in Java* 一文中，总结了 Java 常见的线程模型，这些模型深深地影响了包括 Netty 在内的高并发软件的设计。现在先从最简单也最容易的传统的服务设计模型入手。

### 6.2.1 ▶ 传统服务设计模型

传统的服务设计模型如图 6–2 所示。

在图 6–2 所示的模型中，对于客户端的每一个请求，服务器都会分发给一个线程，每个线程中都独自处理包括 read（读取）、decode（解码）、compute（计算）、encode（编码）和 send（发送）等的一整套流程。

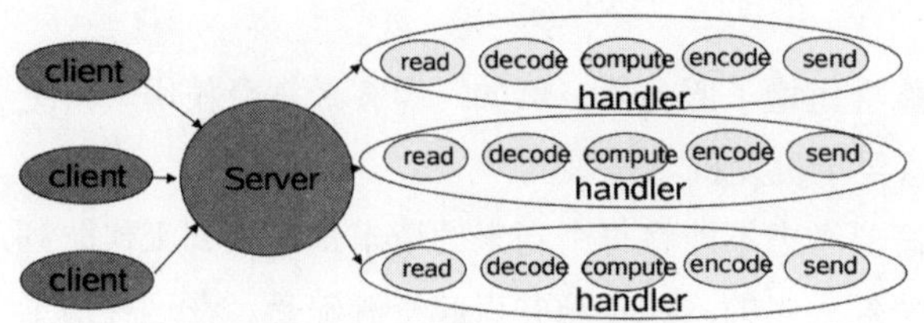


图 6–2　传统的服务设计模型

这种模型由于 I/O 在阻塞时会一直等待，因此在用户负载增加时，性能下降得非常快。

#### 1. 服务器导致阻塞的原因

服务器导致阻塞的原因如下。

- ServerSocket 的 accept 方法，阻塞等待客户端的连接，直到客户端连接成功。
- 线程从 Socket InputStream 读入数据，会进入阻塞状态，直到全部数据读完。
- 线程向 Socket OutputStream 写入数据，会阻塞直到全部数据写完。

有关上述步骤的代码示例，可以参见第 1 章中所介绍的 BlockingEchoServer 中的核心代码。

```
// Java 7 try-with-resource 语句
try (
        // 接受客户端建立链接，生成 Socket 实例
        Socket clientSocket = serverSocket.accept();
        PrintWriter out =
                new PrintWriter(clientSocket.getOutputStream(), true);

        // 接收客户端的信息
        BufferedReader in =
                new BufferedReader(
                    new InputStreamReader(
                        clientSocket.getInputStream()));) {
    String inputLine;
    while ((inputLine = in.readLine()) != null) {

        // 发送信息给客户端
        out.println(inputLine);
        System.out.println("BlockingEchoServer -> "
                + clientSocket.getRemoteSocketAddress()
                + ":" + inputLine);
    }
} catch (IOException e) {
    System.out.println(
            "BlockingEchoServer 异常!" + e.getMessage());
}
```

### 2. 客户端导致阻塞的原因

客户端导致阻塞的原因如下。

- 客户端建立连接时会阻塞，直到连接成功。
- 线程从 Socket 输入流读入数据，如果没有足够数据，读完会进入阻塞状态，直到有数据或者读到输入流末尾。
- 线程从 Socket 输出流写入数据，直到输出所有数据。
- 如果 Socket 使用 setSoLinger 方法设置了 Socket 的延迟时间，那么当 Socket 关闭时，会进入阻塞状态，直到全部数据都发送完或者超时。

有关上述步骤的代码示例，可以参见第 1 章中所介绍的 BlockingEchoClient 中的核心代码。

```
try (
    Socket echoSocket = new Socket(hostName, portNumber);
    PrintWriter out =
        new PrintWriter(echoSocket.getOutputStream(), true);
    BufferedReader in =
        new BufferedReader(
            new InputStreamReader(echoSocket.getInputStream()));
    BufferedReader stdIn =
        new BufferedReader(
            new InputStreamReader(System.in))
) {
    String userInput;
    while ((userInput = stdIn.readLine()) != null) {
        out.println(userInput);
        System.out.println("echo: " + in.readLine());
    }
} catch (UnknownHostException e) {
    System.err.println("不明主机，主机名为：" + hostName);
    System.exit(1);
} catch (IOException e) {
    System.err.println("不能从主机中获取 I/O，主机名为：" +
        hostName);
    System.exit(1);
}
```

## 6.2.2 ▶ NIO 分发模型

使用 NIO 可以减少传统服务设计模型中阻塞所带来的 CPU 等待问题。在构建高性能可伸缩 I/O 服务的过程中，总是期望能够达到以下目标。

- 能够在海量负载连接情况下优雅降级。
- 能够随着硬件资源的增加，性能持续改进。

- 具备低延迟、高吞吐量、可调节的服务质量等特点。

而分发处理就是实现上述目标的一个最佳方式。

### 1. 分发模型

分发模型具有以下几个机制。

- 将一个完整处理过程分解为一个个细小的任务。
- 每个任务执行相关的动作且不产生阻塞。
- 在任务执行状态被触发时才会去执行，例如，只在有数据时才会触发读操作。

在一般的服务开发当中，I/O 事件通常被当做任务执行状态的触发器使用，在处理器处理过程中主要针对的也是 I/O 事件。

### 2. Java NIO 包

Java NIO 包通过以下方式就很好地实现了上述机制。

- 非阻塞的读和写。
- 通过感知 I/O 事件分发任务的执行。

上述模型结合一系列基于事件驱动模型的设计，给高性能 I/O 服务的架构与设计带来丰富的可扩展性。

有关该模型的代码示例，可以参见第 1 章中所介绍的 NonBlokingEchoServer 中的核心代码。

```
ServerSocketChannel serverChannel;
Selector selector;
try {
    serverChannel = ServerSocketChannel.open();
    InetSocketAddress address = new InetSocketAddress(port);
    serverChannel.bind(address);
    serverChannel.configureBlocking(false);
    selector = Selector.open();
    serverChannel.register(selector, SelectionKey.OP_ACCEPT);

    System.out.println("NonBlokingEchoServer 已启动，端口：" + port);
} catch (IOException ex) {
    ex.printStackTrace();
    return;
}

while (true) {
    try {
        selector.select();
    } catch (IOException e) {
        System.out.println("NonBlockingEchoServer 异常！" + e.getMessage());
    }
    Set<SelectionKey> readyKeys = selector.selectedKeys();
    Iterator<SelectionKey> iterator = readyKeys.iterator();
    while (iterator.hasNext()) {
```

```
            SelectionKey key = iterator.next();
            iterator.remove();
            try {
                // 可连接
                if (key.isAcceptable()) {
                    ServerSocketChannel server =
                        (ServerSocketChannel) key.channel();
                    SocketChannel socketChannel = server.accept();

                    System.out.println("NonBlokingEchoServer 接受客户端的连接："
                            + socketChannel);

                    // 设置为非阻塞
                    socketChannel.configureBlocking(false);

                    // 客户端注册到 Selector
                    SelectionKey clientKey = socketChannel.register(selector,
                            SelectionKey.OP_WRITE | SelectionKey.OP_READ);

                    // 分配缓存区
                    ByteBuffer buffer = ByteBuffer.allocate(100);
                    clientKey.attach(buffer);
                }

                // 可读
                if (key.isReadable()) {
                    SocketChannel client = (SocketChannel) key.channel();
                    ByteBuffer output = (ByteBuffer) key.attachment();
                    client.read(output);

                    System.out.println(client.getRemoteAddress()
                            + " -> NonBlokingEchoServer："
                            + output.toString());

                    key.interestOps(SelectionKey.OP_WRITE);
                }

                // 可写
                if (key.isWritable()) {
                    SocketChannel client = (SocketChannel) key.channel();
                    ByteBuffer output = (ByteBuffer) key.attachment();
                    output.flip();
                    client.write(output);

                    System.out.println("NonBlokingEchoServer -> "
                            + client.getRemoteAddress() + "："
                            + output.toString());

                    output.compact();
```

```
            key.interestOps(SelectionKey.OP_READ);
        }
    } catch (IOException ex) {
        key.cancel();
        try {
            key.channel().close();
        } catch (IOException cex) {
            System.out.println("NonBlockingEchoServer 异常 !"
                    + cex.getMessage());
        }
    }
  }
}
```

在上述示例中，采用了基于事件驱动的设计，当有事件触发时，才会调用处理器进行数据处理。

### 6.2.3 ▶ 事件驱动模型

基于事件驱动的架构设计通常比其他架构模型更加有效，因为可以节省一定的性能资源。事件驱动模型下通常不需要为每一个客户端建立一个线程，这意味着更少的线程开销，更少的上下文切换和更少的锁互斥。但基于事件驱动的架构设计，任务的调度可能会慢一些，而且通常实现的复杂度也会增加，相关功能必须分解成简单的非阻塞操作。由于是基于事件驱动的，所以需要跟踪服务的相关状态。

同时，事件驱动的编程通常难度比较高，它必须为服务设计多个逻辑状态，以便跟踪和中断恢复，这也是为什么在非阻塞编程中，会有大量状态机运用的原因。

在 Java NIO 中，总共设计了 4 种事件，每种事件的发生都会调度关联的任务，分别如下。

- OP_ACCEPT：接收连接继续事件，表示服务器监听到了客户连接，服务器可以接收这个连接了。
- OP_CONNECT：连接就绪事件，表示客户与服务器的连接已经建立成功。
- OP_READ：读就绪事件，表示通道中已经有了可读的数据，可以执行读操作了（通道目前有数据，可以进行读操作了）。
- OP_WRITE：写就绪事件，表示已经可以向通道写数据了（通道目前可以用于写操作）。

这些事件定义在 SelectionKey 中，SelectionKey 的核心源码如下。

```
public abstract class SelectionKey {

    public static final int OP_READ = 1 << 0;

    public static final int OP_WRITE = 1 << 2;

    public static final int OP_CONNECT = 1 << 3;
```

```
    public static final int OP_ACCEPT = 1 << 4;
}
```

Netty、Node.js 就是典型的基于事件驱动的架构设计。

## 6.2.4 ▶ Reactor 模型

Reactor 也可以称作反应器模型，它有以下几个特点。

- Reactor 模型中会通过分配适当的处理器来响应 I/O 事件。
- 每个处理器执行非阻塞的操作。
- 通过将处理器绑定到事件进行管理。

Reactor 模型整合了分发模型和事件驱动这两大优势，特别适合处理海量的 I/O 事件及高并发的场景。

### 1. Reactor 处理请求的流程

Reactor 处理请求的流程主要分为读取和写入两种操作。

对于读取操作而言，流程如下。

- 应用程序注册读就绪事件和相关联的事件处理器。
- 事件分离器等待事件的发生。
- 当发生读就绪事件时，事件分离器调用第一步注册的事件处理器。

写入操作类似于读取操作，只不过第一步注册的是写就绪事件。

### 2. Reactor 三种角色

Reactor 模型中定义的 3 种角色。

- Reactor：负责监听和分配事件，将 I/O 事件分派给对应的 Handler。新的事件包含连接建立就绪、读就绪、写就绪等。
- Acceptor：处理客户端新连接，并分派请求到处理器链中。
- Handler：将自身与事件绑定，执行非阻塞读 / 写任务，完成 channel 的读入，完成处理业务逻辑后，负责将结果写出 Channel。可用资源池来管理。

根据不同的应用场景，Reactor 模型又可以细分为单 Reactor 单线程模型、单 Reactor 多线程模型及主从 Reactor 多线程模型。

## 6.2.5 ▶ 单 Reactor 单线程模型

图 6-3 展示的就是单线程下的 Reactor 设计模型。Reactor 线程负责多路分离套接字，Accept 负责接收新连接，并分派请求到 Handler。

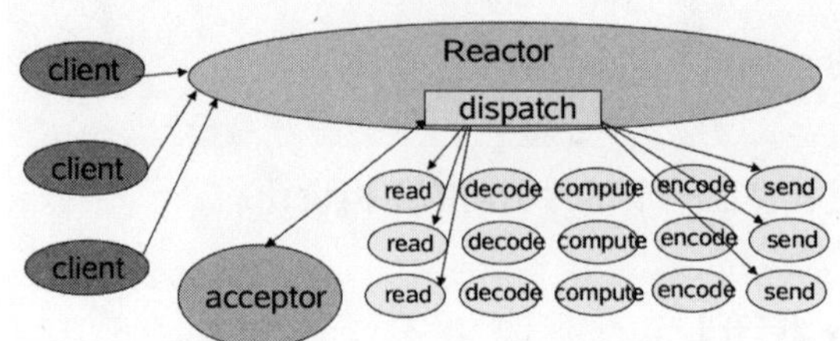

图 6–3 单 Reactor 单线程模型

著名的缓存系统 Redis 就是使用单 Reactor 单线程的模型。

#### 1. 消息处理流程

单 Reactor 单线程模型的消息处理流程如下。

- Reactor 对象通过 select 监控连接事件，收到事件后通过 dispatch 进行转发。
- 如果是连接建立的事件，则由 Acceptor 接收连接，并创建 Handler 处理后续事件。
- 如果不是建立连接事件，则 Reactor 会分发调用 Handler 来响应。
- Handler 会完成 read、decode、compute、encode、send 等一整套流程。

#### 2. 缺点

单 Reactor 单线程模型只是在代码上进行了组件的区分，但是整体操作还是单线程，不能充分利用硬件资源。Handler 业务处理部分没有异步。

对于一些小容量应用场景，可以使用单 Reactor 单线程模型。但是对于高负载、高并发的应用场景却不合适，主要原因如下。

- 即便 Reactor 线程的 CPU 负荷达到 100%，也无法满足海量消息的 read、decode、compute、encode 和 send。
- 当 Reactor 线程负载过重之后，处理速度将变慢，这会导致大量客户端连接超时，超时之后往往会进行重发，这更加重了 Reactor 线程的负载，最终会导致大量消息积压和处理超时，成为系统的性能瓶颈。
- 一旦 Reactor 线程意外中断或者进入死循环，会导致整个系统通信模块不可用，不能接收和处理外部消息，造成节点故障。

为了解决上述问题，单 Reactor 多线程模型便出现了。

### 6.2.6 ▶ 单 Reactor 多线程模型

图 6–4 展示的就是单 Reactor 多线程的设计模型。该模型在事件处理器（Handler）部分采用了多线程（线程池）。

#### 1. 消息处理流程

单 Reactor 多线程模型的消息处理流程如下。

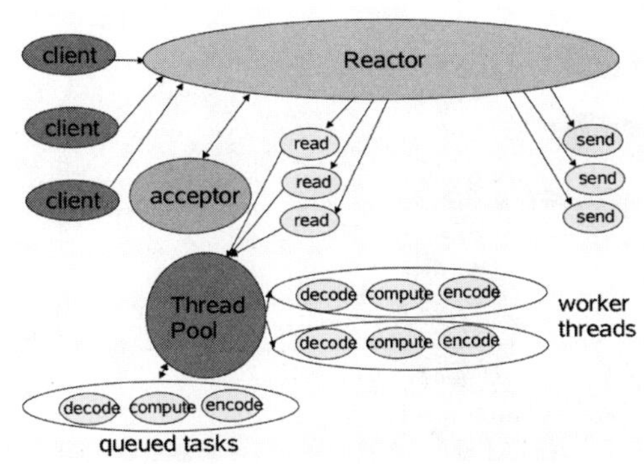


图 6-4 单 Reactor 多线程模型

- Reactor 对象通过 Select 监控客户端请求事件，收到事件后通过 dispatch 进行分发。
- 如果是建立连接请求事件，则由 Acceptor 通过 accept 处理连接请求，然后创建一个 Handler 对象处理连接完成后续的各种事件。
- 如果不是建立连接事件，则 Reactor 会分发调用连接对应的 Handler 来响应。
- Handler 只负责响应事件，不做具体业务处理，通过 Read 读取数据后，会分发给后面的 Worker 线程池进行业务处理。
- Worker 线程池会分配独立的线程完成真正的业务处理，将响应结果发给 Handler 进行处理。
- Handler 收到响应结果后通过 send 将响应结果返回给 Client。

相对于第一种模型来说，该业务逻辑是交由线程池来处理的，Handler 收到响应后通过 send 将响应结果返回给客户端。这样可以降低 Reactor 的性能开销，从而更专注地做事件分发工作，提升了整个应用的吞吐性能。

**2. 缺点**

单 Reactor 多线程模型存在以下问题。

- 多线程数据共享和访问比较复杂。如果子线程完成业务处理后，把结果传递给主线程 Reactor 进行发送，就会涉及共享数据的互斥和保护机制。
- Reactor 承担所有事件的监听和响应，只在主线程中运行，可能会存在性能问题。例如，并发百万客户端连接，或者服务端需要对客户端握手进行安全认证，但是认证本身非常损耗性能。

为了解决上述性能问题，产生了第 3 种主从 Reactor 多线程模型。

## 6.2.7 ▶ 主从 Reactor 多线程模型

图 6-5 展示的就是主从 Reactor 多线程的设计模型。

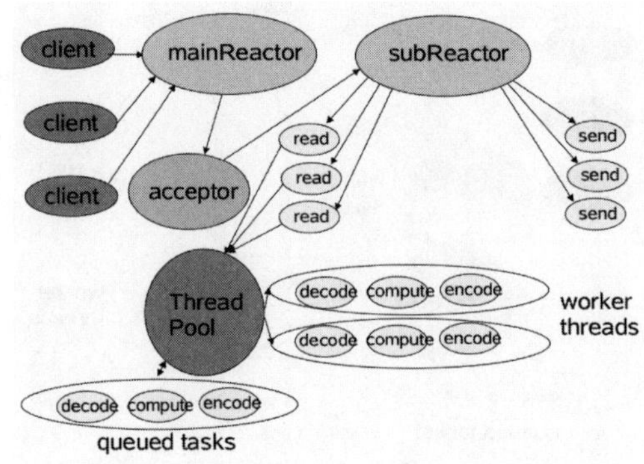

图 6-5　主从 Reactor 多线程模型

相较于单 Reactor 多线程模型，主从 Reactor 多线程模型是将 Reactor 分成两部分。

- mainReactor（主 Reactor）负责监听 Server Socket，用来处理网络 I/O 连接建立操作，将建立的 SocketChannel 指定注册给 subReactor。
- subReactor（从 Reactor）主要和建立起来的 socket 做数据交互和事件业务处理操作。通常，subReactor 个数上可与 CPU 个数等同。

Nginx、Swoole、Memcached 和 Netty 都是采用这种实现。

主从 Reactor 多线程模型的消息处理流程如下。

- 从主线程池中随机选择一个 Reactor 线程作为 Acceptor 线程，用于绑定监听端口，接收客户端连接。
- Acceptor 线程接收客户端连接请求之后创建新的 SocketChannel，将其注册到主线程池的其他 Reactor 线程上，由其负责接入认证、IP 黑白名单过滤、握手等操作。
- 上述步骤完成之后，业务层的链路正式建立，将 SocketChannel 从主线程池的 Reactor 线程的多路复用器上摘除，重新注册到子线程池的线程上，并创建一个 Handler 用于处理各种连接事件。
- 当有新的事件发生时，subReactor 会调用连接对应的 Handler 进行响应。
- Handler 通过 Read 读取数据后，会分发给后面的 Worker 线程池进行业务处理。
- Worker 线程池会分配独立的线程完成真正的业务处理，如将响应结果发给 Handler 进行处理。
- Handler 收到响应结果后通过 Send 将响应结果返回给 Client。

相对于前面几种模型而言，主从 Reactor 多线程模型业务逻辑是交由线程池来处理的，Handler 收到响应后通过 send 将响应结果返回给客户端。这样可以降低 Reactor 的性能开销，从而更专注地做事件分发工作了，提升了整个应用的吞吐性能。

## 6.2.8 ▶ 实战：主从 Reactor 多线程模型示例

以下为主从 Reactor 多线程模型的代码示例。

### 1. Reactor

Reactor 代码如下。

```
package com.waylau.java.demo.reactor.mainsub;

import java.io.IOException;
import java.net.InetSocketAddress;
import java.nio.channels.SelectionKey;
import java.nio.channels.Selector;
import java.nio.channels.ServerSocketChannel;
import java.util.Iterator;
import java.util.Set;

public class Reactor implements Runnable {

    private final Selector selector;
    private final ServerSocketChannel serverSocketChannel;

    public Reactor(int port) throws IOException {
        selector = Selector.open(); // 打开一个 Selector
        serverSocketChannel = ServerSocketChannel.open(); // 建立一个 Server 端通道
        serverSocketChannel.socket().bind(new InetSocketAddress(port)); // 绑定服务端口
        serverSocketChannel.configureBlocking(false); // selector 模式下，所有通道必须
是非阻塞的

        // Reactor 是入口，最初给一个 channel 注册上去的事件都是 accept
        SelectionKey sk =
            serverSocketChannel.register(selector, SelectionKey.OP_ACCEPT);

        // 绑定 Acceptor 处理类
        sk.attach(new Acceptor(serverSocketChannel));
    }

    @Override
    public void run() {
        try {
            while (!Thread.interrupted()) {
                int count = selector.select(); // 就绪事件到达之前，阻塞
                if (count == 0) {
                    continue;
                }
                Set<SelectionKey> selected = selector.selectedKeys(); // 拿到本次 select
获取的就绪事件
                Iterator<SelectionKey> it = selected.iterator();
                while (it.hasNext()) {
                    // 这里进行任务分发
                    dispatch((SelectionKey) (it.next()));
                }
```

```
                selected.clear();
            }
        } catch (IOException e) {
            e.printStackTrace();
        }
    }

    void dispatch(SelectionKey k) {
        // 附带对象为 Acceptor
        Runnable r = (Runnable) (k.attachment());

        // 调用之前注册的回调对象
        if (r != null) {
            r.run();
        }
    }
}
```

该模块内部包含两个核心方法，即 select 和 dispatch，该模块负责监听就绪事件和对事件的分发处理。分发附带的对象为 Acceptor 处理类。

### 2. Acceptor

Acceptor 代码如下。

```
package com.waylau.java.demo.reactor.mainsub;

import java.io.IOException;
import java.nio.channels.SelectionKey;
import java.nio.channels.Selector;
import java.nio.channels.ServerSocketChannel;
import java.nio.channels.SocketChannel;

public class Acceptor implements Runnable {

    private final ServerSocketChannel serverSocketChannel;

    private final int coreNum =
            Runtime.getRuntime().availableProcessors(); // CPU 核心数

     private final Selector[] selectors = new Selector[coreNum]; // 创建 selector 给
SubReactor 使用

    private int next = 0; // 轮询使用 subReactor 的下标索引

    private SubReactor[] reactors = new SubReactor[coreNum]; // subReactor

    private Thread[] threads = new Thread[coreNum]; // subReactor 的处理线程
```

```
    Acceptor(ServerSocketChannel serverSocketChannel)
            throws IOException {
        this.serverSocketChannel = serverSocketChannel;
        // 初始化
        for (int i = 0; i < coreNum; i++) {
            selectors[i] = Selector.open();
            reactors[i] = new SubReactor(selectors[i], i); // 初始化 sub reactor
            threads[i] = new Thread(reactors[i]); // 初始化运行 sub reactor 的线程
            threads[i].start(); // 启动（启动后的执行参考 SubReactor 里的 run 方法）
        }
    }

    @Override
    public void run() {
        SocketChannel socketChannel;
        try {
            socketChannel = serverSocketChannel.accept(); // 连接
            if (socketChannel != null) {
                System.out.println(String.format("accpet %s",
                        socketChannel.getRemoteAddress()));
                socketChannel.configureBlocking(false);

                // 注意一个 selector 在 select 时是无法注册新事件的，因此这里要先暂停 select 方
法触发的程序段
                // 下面的 weakup 和这里的 setRestart 都是做这个事情的，具体参考 SubReactor
里的 run 方法
                reactors[next].registering(true);
                selectors[next].wakeup(); // 使一个阻塞住的 selector 操作立即返回
                SelectionKey selectionKey =
                    socketChannel.register(selectors[next],
                        SelectionKey.OP_READ); // 注册一个读事件
                selectors[next].wakeup(); // 使一个阻塞住的 selector 操作立即返回

                // 本次事件注册完成后，需要再次触发 select 的执行
                // 因此这里 Restart 要在设置回 false（具体参考 SubReactor 里的 run 方法）
                reactors[next].registering(false);

                // 绑定 Handler
                selectionKey.attach(
                    new AsyncHandler(socketChannel, selectors[next], next));
                if (++next == selectors.length) {
                    next = 0; // 越界后重新分配
                }
            }
        } catch (IOException e) {
            e.printStackTrace();
        }
    }
}
```

这个模块负责处理连接就绪事件，并初始化一批 SubReactor 进行分发处理。拿到客户端的 SocketChannel，绑定 Handler，这样就可以继续完成接下来的读写任务了。

### 3. SubReactor

SubReactor 代码如下。

```
package com.waylau.java.demo.reactor.mainsub;

import java.io.IOException;
import java.nio.channels.SelectionKey;
import java.nio.channels.Selector;
import java.util.Iterator;
import java.util.Set;

public class SubReactor implements Runnable {
    private final Selector selector;
    private boolean register = false; // 注册开关表示
    private int num; // 序号，也就是 Acceptor 初始化 SubReactor 时的下标

    SubReactor(Selector selector, int num) {
        this.selector = selector;
        this.num = num;
    }

    @Override
    public void run() {
        while (!Thread.interrupted()) {
            System.out.println(
                String.format("NO %d SubReactor waitting for register...",
                    num));
            while (!Thread.interrupted() && !register) {
                try {
                    if (selector.select() == 0) {
                        continue;
                    }
                } catch (IOException e) {
                    e.printStackTrace();
                }
                Set<SelectionKey> selectedKeys =
                    selector.selectedKeys();
                Iterator<SelectionKey> it =
                    selectedKeys.iterator();
                while (it.hasNext()) {
                    dispatch(it.next());
                    it.remove();
                }
            }
        }
```

```
    }

    private void dispatch(SelectionKey key) {
        Runnable r = (Runnable) (key.attachment());
        if (r != null) {
            r.run();
        }
    }

    void registering(boolean register) {
        this.register = register;
    }

}
```

这个类负责 Acceptor 交给自己的事件 select，在上述例子中实际上就是 read、send 操作。

### 4. AsyncHandler

AsyncHandler 代码如下。

```
package com.waylau.java.demo.reactor.mainsub;

import java.io.IOException;
import java.nio.ByteBuffer;
import java.nio.channels.SelectionKey;
import java.nio.channels.Selector;
import java.nio.channels.SocketChannel;
import java.util.concurrent.ExecutorService;
import java.util.concurrent.Executors;

public class AsyncHandler implements Runnable {

    private final Selector selector;

    private final SelectionKey selectionKey;
    private final SocketChannel socketChannel;

    private ByteBuffer readBuffer = ByteBuffer.allocate(1024);
    private ByteBuffer sendBuffer = ByteBuffer.allocate(2048);

    private final static int READ = 0; // 读取就绪
    private final static int SEND = 1; // 响应就绪
    private final static int PROCESSING = 2; // 处理中

    private int status = READ; // 所有连接完成后都是从一个读取动作开始的

    private int num; // 从反应堆序号

    // 开启线程数为 4 的异步处理线程池
```

```
    private static final ExecutorService workers =
          Executors.newFixedThreadPool(5);

    AsyncHandler(SocketChannel socketChannel,
          Selector selector,
          int num) throws IOException {
       this.num = num; // 为了区分 Handler 从哪个反应堆被触发而执行做的标记
       this.socketChannel = socketChannel; // 接收客户端连接
       this.socketChannel.configureBlocking(false); // 置为非阻塞模式
       selectionKey = socketChannel.register(selector, 0); // 将该客户端注册到 selector
       selectionKey.attach(this); // 附加处理对象，当前是 Handler 对象
       selectionKey.interestOps(SelectionKey.OP_READ); // 连接已完成，那么接下来就是读取动作
       this.selector = selector;
       this.selector.wakeup();
    }

    @Override
    public void run() {
       // 如果一个任务正在异步处理，那么这个 run 是直接不触发任何处理的
       // read 和 send 只负责简单的数据读取和响应，业务处理完全不阻塞这里的处理
       switch (status) {
       case READ:
          read();
          break;
       case SEND:
          send();
          break;
       default:
       }
    }

    private void read() {
       if (selectionKey.isValid()) {
          try {
             readBuffer.clear();

             // read 方法结束，意味着本次“读就绪”变为“读完毕”，标记着一次就绪事件的结束
             int count = socketChannel.read(readBuffer);
             if (count > 0) {
                status = PROCESSING; // 置为处理中
                workers.execute(this::readWorker); // 异步处理
             } else {
                selectionKey.cancel();
                socketChannel.close();
                System.out.println(
                   String.format("NO %d SubReactor read closed",
                      num));
             }
          } catch (IOException e) {
```

```
            System.err.println("处理 read 业务时发生异常！异常信息："
                + e.getMessage());
            selectionKey.cancel();
            try {
                socketChannel.close();
            } catch (IOException e1) {
                System.err.println("处理 read 业务关闭通道时发生异常！异常信息："
                    + e.getMessage());
            }
        }
    }
}

void send() {
    if (selectionKey.isValid()) {
        status = PROCESSING; // 置为执行中
        workers.execute(this::sendWorker); // 异步处理
        selectionKey.interestOps(SelectionKey.OP_READ); // 重新设置为读
    }
}

// 读入信息后的业务处理
private void readWorker() {
    try {

        // 模拟一段耗时操作
        Thread.sleep(5000L);
    } catch (InterruptedException e) {
        e.printStackTrace();
    }
    try {
        System.out.println(String.format("NO %d %s -> Server: %s",
                num, socketChannel.getRemoteAddress(),
                new String(readBuffer.array())));
    } catch (IOException e) {
        System.err.println("异步处理 read 业务时发生异常！异常信息："
            + e.getMessage());
    }
    status = SEND;
    selectionKey.interestOps(SelectionKey.OP_WRITE); // 注册写事件
    this.selector.wakeup(); // 唤醒阻塞在 select 的线程
}

private void sendWorker() {
    try {
        sendBuffer.clear();
        sendBuffer.put(
                String.format("NO %d SubReactor recived %s from %s",
                num,
```

```
                new String(readBuffer.array()),
                socketChannel.getRemoteAddress()).getBytes());
        sendBuffer.flip();

        // write 方法结束，意味着本次写就绪变为写完毕，标记着一次事件的结束
        int count = socketChannel.write(sendBuffer);

        if (count < 0) {
            // 同上，write 场景下，取到 -1，也意味着客户端断开连接
            selectionKey.cancel();
            socketChannel.close();
            System.out.println(
                String.format("%d SubReactor send closed", num));
        }

        // 没断开连接，则再次切换到读
        status = READ;
    } catch (IOException e) {
        System.err.println(" 异步处理 send 业务时发生异常！异常信息："
                + e.getMessage());
        selectionKey.cancel();
        try {
            socketChannel.close();
        } catch (IOException e1) {
            System.err.println(" 异步处理 send 业务关闭通道时发生异常！异常信息："
                    + e.getMessage());
        }
    }
  }
}
```

AsyncHandler 负责接下来的读写操作。

#### 5. MainSubReactorDemo

MainSubReactorDemo 是应用的主入口，代码如下。

```
package com.waylau.java.demo.reactor.mainsub;

import java.io.IOException;

public class MainSubReactorDemo {

    public static void main(String[] args) throws IOException {
        new Thread(new Reactor(2333)).start();
    }

}
```

6. 测试

运行上述应用及客户端，可以看到控制台输出如下。

```
2 SubReactor waitting for register...
7 SubReactor waitting for register...
0 SubReactor waitting for register...
3 SubReactor waitting for register...
1 SubReactor waitting for register...
4 SubReactor waitting for register...
5 SubReactor waitting for register...
6 SubReactor waitting for register...
accpet /127.0.0.1:52880
accpet /127.0.0.1:52883
0 /127.0.0.1:52880 -> Server: msg is 1
1 /127.0.0.1:52883 -> Server: msg is 1
1 /127.0.0.1:52883 -> Server: msg is 2
0 /127.0.0.1:52880 -> Server: msg is 2
0 /127.0.0.1:52880 -> Server: msg is 3
1 /127.0.0.1:52883 -> Server: msg is 3
```

本节示例及客户端的例子，可以在 com.waylau.java.demo.reactor 包下找到。

## 6.3 EventLoop 接口

EventLoop 从字面理解就是事件循环。那么，什么是事件循环？

### 6.3.1 ▶ 事件循环

事件循环并非是 Netty 独有，很多基于事件的架构都是使用了事件循环（如 Node.js）。事件循环的意思是，它运行在一个循环中，直到它停止。下面的代码展示了事件循环的原理。

```
while (!terminated) {
    // 获取事件列表
    List<Runnable> readyEvents = blockUntilEventsReady(); //1

    // 遍历事件列表
    for (Runnable ev: readyEvents) {
        ev.run(); //2
    }
}
```

上述代码主要分为以下几个步骤。

- 阻塞直到事件有事件可以运行。
- 循环所有事件，并运行它们。

## 6.3.2 ▶ EventLoop 接口代表事件循环

在 Netty 中使用 EventLoop 接口代表事件循环，EventLoop 是从 EventExecutor 和 ScheduledExecutorService 扩展而来，所以可以将任务直接交给 EventLoop 执行。以下是 EventLoop 接口的核心源码。

```
import io.netty.util.concurrent.OrderedEventExecutor;


public interface EventLoop
        extends OrderedEventExecutor, EventLoopGroup {
    @Override
    EventLoopGroup parent();
}
```

在上述接口中，EventLoop 只定义了一个 parent() 方法，这个方法用于返回到当前 EventLoop 实现的实例所属的 EventLoopGroup 的引用。

在 Netty 中，一个 EventLoop 将由一个永远都不会改变的 Thread 驱动，同时任务（Runnable 或者 Callable）可以直接提交给 EventLoop 实现，以立即执行或者调度执行。根据配置和可用核心的不同，可能会创建多个 EventLoop 实例用以优化资源的使用，并且单个 EventLoop 可能会被指派用于服务多个 Channel。Netty 中的 EventLoop 系列类型，对应于经典 Reactor 模型中的 Reactor，完成 Channel 的注册、轮询和分发。图 6-6 展示了 EventLoop 在 Netty 线程模型中的作用。

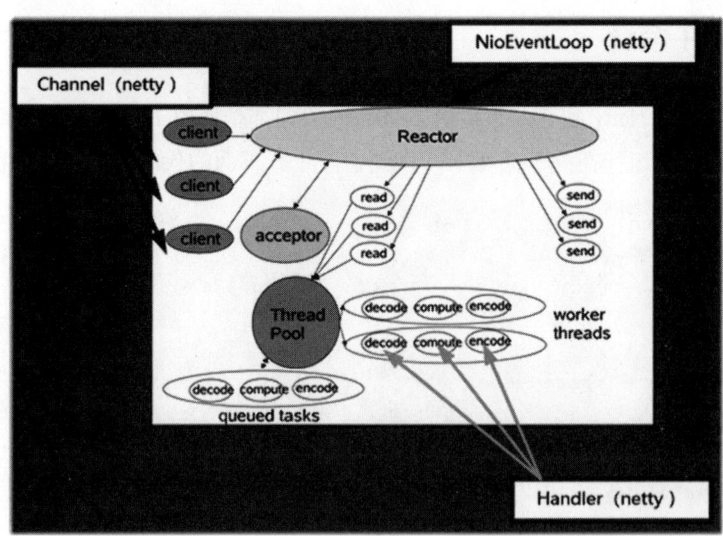


图 6-6　EventLoop 在 Netty 线程模型中的作用

最后总结 EventLoop 如下。

- 一个 EventLoop 在它的生命周期内只和一个 Thread 绑定。
- 所有有 EnventLoop 处理的 I/O 事件都将在它专有的 Thread 上被处理。
- 一个 Channel 在它的生命周期内只注册于一个 EventLoop。
- 每一个 EventLoop 负责处理一个或多个 Channel。

## 6.4 EventLoopGroup 接口

在系统运行过程中，如果频繁地进行线程上下文切换，会带来额外的性能损耗。Java 多线程并发执行某个业务流程，业务开发人员还需要时刻对线程安全保持警惕，哪些数据可能会被并发修改，哪些需要加锁。这不仅降低了开发效率，也会带来额外的性能损耗及安全风险。

为了解决上述问题，Netty 采用了串行化设计理念，从消息的读取、编码及后续 ChannelHandler 的执行，始终都由 I/O 线程 EventLoop 负责，这就意味着整个流程不会进行线程上下文的切换，数据也不会面临被并发修改的风险。

EventLoopGroup 接口是一组 EventLoop 的抽象。一个 EventLoopGroup 当中会包含一个或多个 EventLoop。

EventLoopGroup 接口的核心源码如下。

```
package io.netty.channel;

import io.netty.util.concurrent.EventExecutorGroup;

public interface EventLoopGroup extends EventExecutorGroup {

    @Override
    EventLoop next();

    ChannelFuture register(Channel channel);

    ChannelFuture register(ChannelPromise promise);

}
```

在上述源码中，EventLoopGroup 提供 next 方法，可以从一组 EventLoop 里面按照一定规则获取其中一个 EventLoop 来处理任务。

在 Netty 服务器端编程中，需要 boss 和 worker 两个的 EventLoopGroup 来进行工作。例如以下 Echo 服务器的代码。

```
// 多线程事件循环器
EventLoopGroup bossGroup = new NioEventLoopGroup(); // boss
EventLoopGroup workerGroup = new NioEventLoopGroup(); // worker

try {
    // 启动 NIO 服务的引导程序类
    ServerBootstrap b = new ServerBootstrap();

    b.group(bossGroup, workerGroup) // 设置 EventLoopGroup
    .channel(NioServerSocketChannel.class) // 指明新的 Channel 的类型
    .childHandler(new EchoServerHandler()) // 指定 ChannelHandler
    .option(ChannelOption.SO_BACKLOG, 128) // 设置 ServerChannel 的一些选项
    .childOption(ChannelOption.SO_KEEPALIVE, true); // 设置 ServerChannel 的子 Channel 的选项

    // 绑定端口，开始接收进来的连接
    ChannelFuture f = b.bind(port).sync();

    System.out.println("EchoServer 已启动，端口：" + port);

    // 等待服务器 socket 关闭
    // 在这个例子中，这不会发生，但可以优雅地关闭服务器
    f.channel().closeFuture().sync();
} finally {

    // 优雅地关闭
    workerGroup.shutdownGracefully();
    bossGroup.shutdownGracefully();
}
```

boss 类型的 EventLoopGroup 通常是一个单线程的 EventLoop。该 EventLoop 维护着一个注册了 ServerSocketChannel 的 Selector 实例，EventLoop 的实现涵盖 I/O 事件的分离和分发。EventLoop 的实现充当了 Reactor 模式中的 Reactor 的角色。

boss 类型的 EventLoopGroup 只负责处理连接，故开销非常小，连接到来，马上按照策略将 SocketChannel 转发给 worker 类型的 EventLoopGroup。而 worker 类型的 EventLoopGroup 会由 next 选择其中一个 EventLoop 来将这个 SocketChannel 注册到其维护的 Selector 并对其后续的 I/O 事件进行处理。所以通常可以将 boss 类型的 EventLoopGroup 的线程数参数设置为 1。

通过设置 bossGroup、workerGroup 线程数的大小，可以实现不同的 Reactor 模型。

### 6.4.1 ▶ Netty 的单 Reactor 单线程模型

Netty 版本的单 Reactor 单线程模型代码示例如下。

```
// 多线程事件循环器
```

```
EventLoopGroup group = new NioEventLoopGroup(1);  // 线程数为 1

// 启动 NIO 服务的引导程序类
ServerBootstrap b = new ServerBootstrap();

b.group(group) // 设置 EventLoopGroup
```

在上述代码中，ServerBootstrap 只配置了单个 NioEventLoopGroup，且 NioEventLoopGroup 的线程数指定为 1。

### 6.4.2 ▶ Netty 的单 Reactor 多线程模型

Netty 版本的单 Reactor 多线程模型的代码示例如下。

```
// 多线程事件循环器
EventLoopGroup group = new NioEventLoopGroup();  // 不指定线程数，则为 CPU 核数

// 启动 NIO 服务的引导程序类
ServerBootstrap b = new ServerBootstrap();

b.group(group) // 设置 EventLoopGroup
```

在上述代码中，ServerBootstrap 只配置了单个 NioEventLoopGroup，但 NioEventLoopGroup 的线程数会根据 CPU 核数计算得出。鉴于目前大多数计算机都是多核的，因此，不指定线程数，则必然是多线程。

### 6.4.3 ▶ Netty 的主从 Reactor 多线程模型

Netty 版本的主从 Reactor 多线程模型的代码示例如下。

```
// 多线程事件循环器
EventLoopGroup bossGroup = new NioEventLoopGroup(); // boss
EventLoopGroup workerGroup = new NioEventLoopGroup(); // worker

// 启动 NIO 服务的引导程序类
ServerBootstrap b = new ServerBootstrap();

b.group(bossGroup, workerGroup) // 设置 EventLoopGroup
```

在上述代码中，ServerBootstrap 配置了两个 NioEventLoopGroup，承担主从 Reactor 的职责。且每个 Reactor 都不指定线程数，因此都是多线程的。

# 6.5 任务调度

在耗时的计算任务中，经常会使用定时的方式来定时触发某些任务的执行，这便涉及任务调度的概念。

在 Java 领域有非常多的成熟框架来实现任务调度，如 Quartz。当然原生 Java API 也能够实现简单的任务调度功能。

## 6.5.1 ▶ 使用 Java API 调度任务

JDK 1.3 开始引入定时器 java.util.Timer 和 java.util.TimerTask，线程在后台安排一个未来执行的任务，这个任务可以只执行一次或按照固定的时间间隔重复执行。但是 Timer 定时是基于绝对时间，而不是相对时间，因此对系统时间改变很敏感。同时，Timer 线程不捕获异常，如果 TimerTask 抛出未检查异常会导致 Timer 线程终止，Timer 也无法重新恢复线程的执行。

因此，在 Java 5 之后，任务调度推荐采用 java.util.concurrent 包的 ScheduledExecutorService 接口。

可以使用 Executors 提供以下静态方法创建 ScheduledExecutorService。

```
// 单线程
public static ScheduledExecutorService newSingleThreadScheduledExecutor() {
    return new DelegatedScheduledExecutorService
        (new ScheduledThreadPoolExecutor(1));
}

// 指定线程工厂
public static ScheduledExecutorService
    newSingleThreadScheduledExecutor(ThreadFactory threadFactory) {
    return new DelegatedScheduledExecutorService
        (new ScheduledThreadPoolExecutor(1, threadFactory));
}

// 指定线程数
public static ScheduledExecutorService newScheduledThreadPool(int
corePoolSize) {
    return new ScheduledThreadPoolExecutor(corePoolSize);
}

// 指定线程数及线程工厂
public static ScheduledExecutorService newScheduledThreadPool(
        int corePoolSize, ThreadFactory threadFactory) {
    return new ScheduledThreadPoolExecutor(corePoolSize, threadFactory);
```

上述方法中，参数 corePoolSize 用于指定线程数，threadFactory 用于指定创建线程的线程工厂。

下面示例中，ScheduledExecutorService 每 60 秒调度一次任务。

```
ScheduledExecutorService executor = Executors
        .newScheduledThreadPool(10); // (1)

ScheduledFuture<?> future = executor.schedule(
        new Runnable() { // (2)
            @Override
            public void run() {
                System.out.println("60 秒了调度一次任务"); // (3)
            }
        }, 60, TimeUnit.SECONDS); // (4)

executor.shutdown(); // (5)
```

上述代码的核心步骤如下。

（1）新建 ScheduledExecutorService 使用了 10 个线程。

（2）新建 Runnable 作为调度执行的任务稍后运行。

（3）任务执行的核心逻辑。

（4）调度任务 60 秒后执行。

（5）关闭 ScheduledExecutorService 来释放任务完成的资源。

## 6.5.2 ▶ 使用 EventLoop 调度任务

使用 ScheduledExecutorService 工作得很好，但是有局限性，例如，需要将任务放到额外创建的线程中去执行。如果需要执行很多任务，资源使用就会很严重，对于像 Netty 这样的高性能的网络框架来说，严重的资源使用是不能接受的。Netty 对这个问题提供了很好的方法。

### 1. 定时执行任务

Netty 允许使用 EventLoop 调度任务分配到 Channel，代码如下。

```
Channel ch = ...; // (1)
ScheduledFuture<?> future = ch.eventLoop().schedule(
        new Runnable() { // (2)
            @Override
            public void run() {
                System.out.println("60 秒了调度一次任务"); // (3)
            }
        }, 60, TimeUnit.SECONDS); // (4)
```

上述代码的步骤如下。

（1）获取 Channel 的引用。

（2）新建 Runnable 作为调度执行的任务稍后运行。

（3）任务执行的核心逻辑。

（4）调度任务 60 秒后执行。

### 2. 间隔执行任务

如果想让任务每隔多少秒执行一次，代码如下。

```
Channel ch = ...; // (1)
ScheduledFuture<?> future = ch.eventLoop().scheduleAtFixedRate(
        new Runnable() {  // (2)
            @Override
            public void run() {
                System.out.println("60 秒后调度一次任务");  // (3)
            }
        }, 60, 60, TimeUnit.SECONDS); // (4)
```

上述代码的区别如下。

- 使用了 scheduleAtFixedRate 来代替 schedule。
- 在步骤（4）中设置任务执行时间间隔为 60 秒。

### 3. 取消任务

也可以取消任务，此时就需要使用 ScheduledFuture 返回的异步操作。ScheduledFuture 提供一个方法用于取消一个调度了的任务。一个简单的取消操作如下。

```
Channel ch = ...; // (1)
ScheduledFuture<?> future = ch.eventLoop().scheduleAtFixedRate(
        new Runnable() {  // (2)
            @Override
            public void run() {
                System.out.println("60 秒后调度一次任务");  // (3)
            }
        }, 60, 60, TimeUnit.SECONDS); // (4)

future.cancel(false); // (5)
```

在上述代码中，使用 ScheduledFuture 的 cancel 方法来取消定时任务。

## 6.5.3 ▶ Netty 调度的实现原理

Netty 内部实现是基于 George Varghese 提出的“Hashed and hierarchical timing wheels: Data structures to efficiently implement timer facility”算法。这种实现只保证一个近似执行，也

就是说任务的执行可能不是100%准确。在实践中，这种近似值已经被证明是一个可容忍的限制，不影响多数应用程序。所以，定时执行任务不可能100%准确地按时执行。

为了更好地理解它是如何工作的，分析如下。

（1）在指定的延迟时间后调度任务。

（2）任务被插入到EventLoop的调度任务队列中。

（3）如果任务需要马上执行，EventLoop会检查每个运行。

（4）如果有一个任务要执行，EventLoop将立刻执行它，并从队列中删除。

（5）EventLoop等待下一次运行，从第4步开始一遍又一遍地重复。

因为这样的实现计划执行不可能100%准确，因此在Netty中，这样的工作几乎没有资源开销。

但是如果需要更准确的执行呢？可以很容易地使用Java ScheduledExecutorService的另一个实现，但这不是Netty所关注的内容。记住，如果要开发未遵循Netty线程模型的程序，开发者就需要同步并发访问。

## 6.6 Future

JDK中提供了Future接口，Future代表一个异步处理的结果。

### 6.6.1 JDK的Future接口

Future接口提供了一些方法检查是否计算完毕，例如，等待计算完毕，获取计算结果的方法。当计算完毕之后只能通过get方法获取结果，或者一直阻塞等待计算的完成。取消操作可以通过cancel方法。另外也提供了isDone方法，用于检测是正常完成还是被取消终止。需要注意的是，当Future的计算完成后，不能进行取消操作。

Future接口的核心源码如下。

```
package java.util.concurrent;

public interface Future<V> {

    // 取消异步操作
    boolean cancel(boolean mayInterruptIfRunning);

    // 异步操作是否取消
    boolean isCancelled();

    // 异步操作是否完成，正常终止、异常、取消都是完成
```

```
    boolean isDone();

    // 阻塞直到取得异步操作结果
    V get() throws InterruptedException, ExecutionException;

    // 同上，但最长阻塞时间为timeout
    V get(long timeout, TimeUnit unit)
        throws InterruptedException,
               ExecutionException,
               TimeoutException;
}
```

在上面的接口定义中可以知道，JDK 中的 Future 无论结果是成功、失败还是取消，都用 isdone() 来检测，而且无法区分到底是正常成功了，还是异常终止了。因此，在 Netty 中对 JDK 的 Future 做了扩展。

## 6.6.2 ▶ Netty 的 Future 接口

Netty 的 Future 接口核心代码如下。

```
package io.netty.util.concurrent;

import java.util.concurrent.CancellationException;
import java.util.concurrent.TimeUnit;


@SuppressWarnings("ClassNameSameAsAncestorName")
public interface Future<V> extends java.util.concurrent.Future<V> {

    // 异步操作完成且正常终止
    boolean isSuccess();

    // 异步操作是否可以取消
    boolean isCancellable();

    // 异步操作失败的原因
    Throwable cause();

    // 添加一个监听者，异步操作完成时回调
    Future<V> addListener(GenericFutureListener<?
          extends Future<? super V>> listener);

    Future<V> addListeners(GenericFutureListener<?
          extends Future<? super V>>... listeners);

    // 移除监听者
```

```
    Future<V> removeListener(GenericFutureListener<?
            extends Future<? super V>> listener);

    Future<V> removeListeners(GenericFutureListener<?
            extends Future<? super V>>... listeners);

    // 阻塞直到异步操作完成
    Future<V> sync() throws InterruptedException;

    Future<V> syncUninterruptibly();

    // 阻塞直到异步操作完成
    Future<V> await() throws InterruptedException;

    Future<V> awaitUninterruptibly();

    boolean await(long timeout, TimeUnit unit)
            throws InterruptedException;

    boolean await(long timeoutMillis)
            throws InterruptedException;

    boolean awaitUninterruptibly(long timeout, TimeUnit unit);

    boolean awaitUninterruptibly(long timeoutMillis);

    // 非阻塞地返回异步结果，如果尚未完成返回 null
    V getNow();


    @Override
    boolean cancel(boolean mayInterruptIfRunning);
}
```

Netty 中 Future 相对于 JDK 中的 Future 做了以下几个方面的扩展。

- 操作完成的结果做了区分，分为 success、fail、canceled 三种。
- 通过 addlisteners() 方法可以添加回调操作，即触发或者完成时需要进行的操作。
- await() 和 sync()，可以以阻塞的方式等待异步完成。
- getnow() 可以获得异步操作的结果，如果还未完成则返回 null。

### 6.6.3 ▶ ChannelFuture 接口

在 Netty 中，ChannelFuture 表示 Channel 的异步 I/O 操作的结果。

ChannelFuture 的核心源码如下。

```
package io.netty.channel;

import io.netty.bootstrap.Bootstrap;
import io.netty.util.concurrent.BlockingOperationException;
import io.netty.util.concurrent.Future;
import io.netty.util.concurrent.GenericFutureListener;

import java.util.concurrent.TimeUnit;

public interface ChannelFuture extends Future<Void> {

    Channel channel();

    @Override
    ChannelFuture addListener(GenericFutureListener<?
            extends Future<? super Void>> listener);

    @Override
    ChannelFuture addListeners(GenericFutureListener<?
            extends Future<? super Void>>... listeners);

    @Override
    ChannelFuture removeListener(GenericFutureListener<?
            extends Future<? super Void>> listener);

    @Override
    ChannelFuture removeListeners(GenericFutureListener<?
            extends Future<? super Void>>... listeners);

    @Override
    ChannelFuture sync() throws InterruptedException;

    @Override
    ChannelFuture syncUninterruptibly();

    @Override
    ChannelFuture await() throws InterruptedException;

    @Override
    ChannelFuture awaitUninterruptibly();

    boolean isVoid();
}
```

从上述源码可以看到，ChannelFuture 接口基本上继承自 Netty 的 Future 接口。

在 Netty 中所有的 I/O 都是异步的，意味着很多 I/O 操作被调用过后会立刻返回，并且不能保证 I/O 请求操作被调用后计算已经完毕，替代它的是返回一个当前 I/O 操作状态和结果信息的 ChannelFuture 实例。

一个 ChannelFuture 要么是完成的，要么是未完成的。当一个 I/O 操作开始时，会创建一个 Future 对象，Future 初始化时为完成的状态，既不是成功的，或者失败的，也不是取消的，因为 I/O 操作还没有完成；如果一个 I/O 不管是成功，还是失败，或者被取消，Future 都会被标记一些特殊的信息，如失败的原因，请注意即使是失败和取消也属于完成状态。

图 6-7 所示的状态图展示了 ChannelFuture 从未完成到完成的所有场景的状态变化。

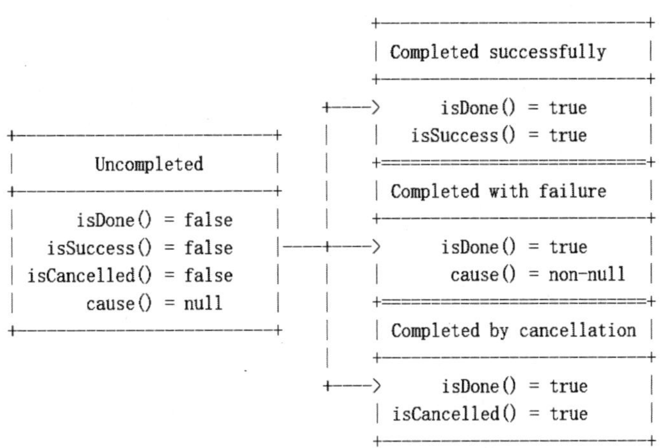


图 6-7　ChannelFuture 状态变化图

ChannelFuture 提供了很多方法来检查 I/O 操作是否完成、等待完成、获取 I/O 操作的结果，也允许添加 ChannelFutureListener，因此可以在 I/O 操作完成时被通知。

推荐优先使用 addListener(GenericFutureListener)，而不是 await()。在可能的情况下，这样就能在 I/O 操作完成时收到通知，并且可以去做后续的任务处理。 addListener(GenericFuture Listener) 本身是非阻塞的，它会添加一个指定的 ChannelFutureListener 到 ChannelFuture，并且 I/O 线程完成对应的操作将会通知监听器，ChannelFutureListener 也会提供最好的性能和资源利用率，因为它永远不会阻塞，但是如果不是基于事件编程，它可能在顺序逻辑上存在棘手的问题。

相反的，await() 是一个阻塞的操作，一旦被调用，调用者线程在操作完成之前是阻塞的，实现顺序的逻辑比较容易，但是让调用者线程等待是没有必要的，会造成资源的消耗，更可能会造成死锁，接下来会介绍。

ChannelHandler 的时间处理器通常会被 I/O 线程调用，如果 await() 被一个时间处理方法调用，并且是一个 I/O 线程，那么这个 I/O 操作将永远不会完成，因为 await() 会阻塞 I/O 操作，这是一个死锁。因此，不要在 ChannelHandler 中调用 await() 方法。

# 6.7 Promise

Netty 中的 Promise 扩展自 Netty 的 Future。而 JDK 并没有 Promise 的概念，与之有相似功能的是 CompletableFuture，同样也是继承自 JDK 的 Future。

那么 Promise 到底是什么意思呢？其实，CompletableFuture 的命名似乎更能表达其意，就是能够完成的 Future。在前面一节也提到了，JDK 的 Future 接口有缺陷，无法区分到底是正常成功了，还是异常终止了。因此，引入 CompletableFuture 是为了提供强大的 Future 扩展功能，帮助简化异步编程的复杂性；提供了函数式编程能力，可以通过回调的方式计算处理结果；并且提供了转换和组织 CompletableFuture 的方法。

## 6.7.1 ▶ CompletableFuture 类

CompletableFuture 是从 JDK 8 引入的，其作者 Doug Lea 在其博客（http://cs.oswego.edu/pipermail/concurrency-interest/2012-December/010423.html）上解释道，CompletableFuture 就是其他编码语言中的 Promise。例如，Node.js 也提供了 Promise 接口。

CompletableFuture 类主要包括以下功能。

### 1. 主动完成计算

CompletableFuture 类实现了 CompletionStage 和 Future 接口，所以还可以像以前一样通过阻塞或轮询的方式获得结果，尽管这种方式不推荐使用。

```
public T get()
public T get(long timeout, TimeUnit unit)
public T getNow(T valueIfAbsent)
public T join()
```

其中的 getNow 有点特殊，如果结果已经计算完则返回结果或抛出异常，否则返回给定的 valueIfAbsent 的值。join 返回计算的结果或抛出一个未检查异常。

### 2. 创建 CompletableFuture 对象

CompletableFuture.compleatedFuture 是一个静态辅助方法，用来返回一个已经计算好的 CompletableFuture。

以下 4 个静态方法用来为一段异步执行的代码创建 CompletableFuture 对象。

```
public static CompletableFuture<Void>
      runAsync(Runnable runnable)
public static CompletableFuture<Void>
      runAsync(Runnable runnable, Executor executor)
```

```
public static <U> CompletableFuture<U>
      supplyAsync(Supplier<U> supplier)
public static <U> CompletableFuture<U>
      supplyAsync(Supplier<U> supplier, Executor executor)
```

以 Async 结尾并且没有指定 Executor 的方法会使用 ForkJoinPool.commonPool() 作为它的线程池执行异步代码。

runAsync 方法以 Runnabel 函数式接口类型为参数，所以 CompletableFuture 的计算结果为空。

supplyAsync 方法以 Supplier<U> 函数式接口类型为参数，CompletableFuture 的计算结果类型为 U。

方法的参数类型都是函数式接口，所以可以使用 lambda 表达式实现异步任务。示例如下。

```
CompletableFuture<String> future =
      CompletableFuture.supplyAsync(() -> {
   // 长时间的计算任务
   return " ·00";
});
```

### 3. 计算结果完成时的处理

当 CompletableFuture 的计算结果完成，或者抛出异常时，可以执行特定的 Action。主要是下面的方法。

```
public CompletableFuture<T>
   whenComplete(BiConsumer<? super T,? super Throwable> action)
public CompletableFuture<T>
   whenCompleteAsync(BiConsumer<? super T,? super Throwable> action)
public CompletableFuture<T>
   whenCompleteAsync(BiConsumer<? super T,? super Throwable> action,
         Executor executor)
public CompletableFuture<T>
   exceptionally(Function<Throwable,? extends T> fn)
```

可以看到 Action 的类型是 BiConsumer<? super T,? super Throwable>，可以处理正常的计算结果，或者异常情况。

方法不以 Async 结尾，意味着 Action 使用相同的线程执行，而 Async 可能会使用其他线程执行。如果是使用相同的线程池，也可能会被同一个线程选中执行。

```
public class BasicFuture {

   private static Random rand = new Random();
   private static long t = System.currentTimeMillis();

   static int getMoreData()  {
      System.out.println(" 开始计算 ");
```

```
        try {
            TimeUnit.SECONDS.sleep(3);
        } catch (InterruptedException e) {
            e.printStackTrace();
        }
        System.out.println("计算结束，耗时"
            + (System.currentTimeMillis()-t));
        return rand.nextInt(1000);
    }


    public static void main(String[] args)
            throws ExecutionException, InterruptedException {
        CompletableFuture<Integer> future =
                CompletableFuture.supplyAsync(BasicFuture::getMoreData);
        Future<Integer> f = future.whenComplete((v,e) -> {
            System.out.println(v);
            System.out.println(e);
        });
        System.out.println(f.get());
}}
```

下面一组方法虽然也返回 CompletableFuture 对象，但是对象的值和原来的 CompletableFuture 计算的值不同，当原先的 CompletableFuture 值计算完成或抛出异常时，会触发 CompletableFuture 对象的计算。

#### 4. 转换

CompletableFuture 可以作为 monad（单子）和 functor。由于回调风格的实现，不必因为等待一个计算完成而阻塞着调用线程，而是告诉 CompletableFuture 当计算完成时请执行某个 Function，还可以串联起来。

```
public <U> CompletableFuture<U>
        thenApply(Function<? super T,? extends U> fn)
public <U> CompletableFuture<U>
        thenApplyAsync(Function<? super T,? extends U> fn)
public <U> CompletableFuture<U>
        thenApplyAsync(Function<? super T,? extends U> fn,
                Executor executor)
```

相比之下多了以下可写的 API。

```
Promise<V> setSuccess(V result);
boolean trySuccess(V result);
Promise<V> setFailure(Throwable cause);
boolean tryFailure(Throwable cause);
boolean setUncancellable();
```

## 6.7.2 ▶ Promise 接口

在 Netty 中，Promise 接口是一种特殊的可写的 Future。Promise 的核心源码如下。

```
package io.netty.util.concurrent;

public interface Promise<V> extends Future<V> {

    Promise<V> setSuccess(V result);

    boolean trySuccess(V result);

    Promise<V> setFailure(Throwable cause);

    boolean tryFailure(Throwable cause);

    boolean setUncancellable();

    @Override
    Promise<V> addListener(GenericFutureListener<?
            extends Future<? super V>> listener);

    @Override
    Promise<V> addListeners(GenericFutureListener<?
            extends Future<? super V>>... listeners);

    @Override
    Promise<V> removeListener(GenericFutureListener<?
            extends Future<? super V>> listener);

    @Override
    Promise<V> removeListeners(GenericFutureListener<?
            extends Future<? super V>>... listeners);

    @Override
    Promise<V> await() throws InterruptedException;

    @Override
    Promise<V> awaitUninterruptibly();

    @Override
    Promise<V> sync() throws InterruptedException;

    @Override
    Promise<V> syncUninterruptibly();
}
```

从上面可以看出，Promise 就是一个可写的 Future。在 Future 机制中，业务逻辑所在任务执行的状态（成功或失败）是在 Future 中实现的；而在 Promise 中，可以在业务逻辑中控制任务的执行结果，相比 Future 更加灵活。

以下是一个 Promise 的示例。

```
// 异步的耗时任务接收一个 promise
function Promise asynchronousFunction(String arg){
    Promise  promise = new PromiseImpl();
    Object result = null;
    result = search()  // 业务逻辑
    if(success){
         promise.setSuccess(result); // 通知 promise 当前异步任务成功了，并传入结果
    }else if(failed){
       promise.setFailure(reason); // 通知 promise 当前异步任务失败了
     }else if(error){
       promise.setFailure(error); // 通知 promise 当前异步任务发生了异常
      }
}

// 调用异步的耗时任务
Promise promise = asynchronousFunction(promise); // 会立即返回 promise

//添加成功处理 / 失败处理 / 异常处理等事件
promise.addListener();// 例如，可以添加成功后执行的事件

// 继续做其他事件，不需要理会 asynchronousFunction 何时结束
doOtherThings();
```

在 Netty 中，Promise 继承了 Future，因此也具备了 Future 的所有功能。在 Promise 机制中，可以在业务逻辑中人工设置业务逻辑的成功与失败。

Netty 的常用 Promise 类有 DefalutPromise 类，这是 Promise 实现的基础。DefaultChannelPromise 是 DefalutPromise 的子类，加入了 channel 属性。

### 6.7.3 ▶ Netty 的 DefaultPromise

Netty 中涉及异步操做的地方都使用了 Promise。例如，下面是服务器 / 客户端启动时的注册任务，最终会调用 Unsafe 的 register，调用过程中会传入一个 Promise。Unsafe 进行事件的注册时调用 Promise 可以设置成功或者失败。

```
// SingleThreadEventLoop.java
public ChannelFuture register(final ChannelPromise promise) {
    ObjectUtil.checkNotNull(promise, "promise");
    promise.channel().unsafe().register(this, promise);
    return promise;
}
```

```
// AbstractChannel.AbstractUnsafe
public final void register(EventLoop eventLoop,
        final ChannelPromise promise) {
    if (eventLoop == null) {
        throw new NullPointerException("eventLoop");
    }
    if (isRegistered()) {
        promise.setFailure(
            new IllegalStateException("registered to an event loop already"));
        return;
    }
    if (!isCompatible(eventLoop)) {
        promise.setFailure(
                new IllegalStateException("incompatible event loop type: "
                    + eventLoop.getClass().getName()));
        return;
    }
    ...
}
```

DefaultPromise 提供的功能可以分为两个部分：一部分是为调用者提供 get() 和 addListener() 用于获取 Future 任务执行结果和添加监听事件；另一部分是为业务处理任务提供 setSuccess() 等方法设置任务的成功或失败。

### 1. 设置任务的成功或失败

DefaultPromise 设置任务成功或失败的核心方法的源码如下。

```
public class DefaultPromise<V>
    extends AbstractFuture<V> implements Promise<V> {

    @Override
    public Promise<V> setSuccess(V result) {
        if (setSuccess0(result)) {
            return this;
        }
        throw new IllegalStateException("complete already: "
                + this);
    }

    @Override
    public boolean trySuccess(V result) {
        return setSuccess0(result);
    }

    @Override
    public Promise<V> setFailure(Throwable cause) {
        if (setFailure0(cause)) {
            return this;
```

```
        }
        throw new IllegalStateException("complete already: "
                + this, cause);
    }

    @Override
    public boolean tryFailure(Throwable cause) {
        return setFailure0(cause);
    }

    @Override
    public boolean setUncancellable() {
        if (RESULT_UPDATER.compareAndSet(this, null, UNCANCELLABLE)) {
            return true;
        }
        Object result = this.result;
        return !isDone0(result) || !isCancelled0(result);
    }

    @Override
    public boolean isSuccess() {
        Object result = this.result;
        return result != null && result != UNCANCELLABLE
                && !(result instanceof CauseHolder);
    }

    @Override
    public boolean isCancellable() {
        return result == null;
    }
    ...
```

### 2. 获取 Future 任务执行结果和添加监听事件

DefaultPromise 获取 Future 任务执行结果和添加监听事件。

DefaultPromise 的 get 方法有 3 个。无参数的 get 会阻塞等待，有参数的 get 会等待指定事件，若未结束就抛出超时异常，这两个 get() 是在其父类 AbstractFuture 中实现的。getNow 方法则会立马返回结果。源码如下。

```
@SuppressWarnings("unchecked")
@Override
public V getNow() {
    Object result = this.result;
    if (result instanceof CauseHolder
        || result == SUCCESS
        || result == UNCANCELLABLE) {
        return null;
```

```
    }
    return (V) result;
}

@SuppressWarnings("unchecked")
@Override
public V get() throws InterruptedException, ExecutionException {
    Object result = this.result;
    if (!isDone0(result)) {
        await();
        result = this.result;
    }
    if (result == SUCCESS || result == UNCANCELLABLE) {
        return null;
    }
    Throwable cause = cause0(result);
    if (cause == null) {
        return (V) result;
    }
    if (cause instanceof CancellationException) {
        throw (CancellationException) cause;
    }
    throw new ExecutionException(cause);
}

@SuppressWarnings("unchecked")
@Override
public V get(long timeout, TimeUnit unit)
    throws InterruptedException,
        ExecutionException,
        TimeoutException {
    Object result = this.result;
    if (!isDone0(result)) {
        if (!await(timeout, unit)) {
            throw new TimeoutException();
        }
        result = this.result;
    }
    if (result == SUCCESS || result == UNCANCELLABLE) {
        return null;
    }
    Throwable cause = cause0(result);
    if (cause == null) {
        return (V) result;
    }
    if (cause instanceof CancellationException) {
        throw (CancellationException) cause;
    }
    throw new ExecutionException(cause);
}
```

await() 方法判断 Future 任务是否结束，之后获取 this 锁，如果任务未完成，则调用 Object 的 wait() 等待。源码如下。

```
@Override
public Promise<V> await() throws InterruptedException {
    if (isDone()) {
        return this;
    }

    if (Thread.interrupted()) {
        throw new InterruptedException(toString());
    }

    checkDeadLock();

    synchronized (this) {
        while (!isDone()) {
            incWaiters();
            try {
                wait();
            } finally {
                decWaiters();
            }
        }
    }
    return this;
}

@Override
public Promise<V> awaitUninterruptibly() {
    if (isDone()) {
        return this;
    }

    checkDeadLock();

    boolean interrupted = false;
    synchronized (this) {
        while (!isDone()) {
            incWaiters();
            try {
                wait();
            } catch (InterruptedException e) {
                // Interrupted while waiting.
                interrupted = true;
            } finally {
                decWaiters();
            }
```

```
        }
    }

    if (interrupted) {
        Thread.currentThread().interrupt();
    }

    return this;
}

@Override
public boolean await(long timeout, TimeUnit unit)
        throws InterruptedException {
    return await0(unit.toNanos(timeout), true);
}

@Override
public boolean await(long timeoutMillis)
        throws InterruptedException {
    return await0(MILLISECONDS.toNanos(timeoutMillis), true);
}

@Override
public boolean awaitUninterruptibly(long timeout, TimeUnit unit) {
    try {
        return await0(unit.toNanos(timeout), false);
    } catch (InterruptedException e) {
        // Should not be raised at all.
        throw new InternalError();
    }
}

@Override
public boolean awaitUninterruptibly(long timeoutMillis) {
    try {
        return await0(MILLISECONDS.toNanos(timeoutMillis), false);
    } catch (InterruptedException e) {
        // Should not be raised at all.
        throw new InternalError();
    }
}
```

addListener 方法被调用时，将传入的回调类传入 listeners 对象中，如果监听多于 1 个，会创建 DefaultFutureListeners 对象将回调方法保存在一个数组中。removeListener 会将 listeners 设置为 null（只有一个时）或从数组中移除（多个回调时）。源码如下。

```
@Override
public Promise<V> addListener(GenericFutureListener<?
```

```
        extends Future<? super V>> listener) {
    checkNotNull(listener, "listener");

    synchronized (this) {
        addListener0(listener);
    }

    if (isDone()) {
        notifyListeners();
    }

    return this;
}

@Override
public Promise<V> addListeners(GenericFutureListener<?
        extends Future<? super V>>... listeners) {
    checkNotNull(listeners, "listeners");

    synchronized (this) {
        for (GenericFutureListener<?
                extends Future<? super V>> listener : listeners) {
            if (listener == null) {
                break;
            }
            addListener0(listener);
        }
    }

    if (isDone()) {
        notifyListeners();
    }

    return this;
}

@Override
public Promise<V> removeListener(final GenericFutureListener<?
        extends Future<? super V>> listener) {
    checkNotNull(listener, "listener");

    synchronized (this) {
        removeListener0(listener);
    }

    return this;
}

@Override
```

```
public Promise<V> removeListeners(final GenericFutureListener<?
        extends Future<? super V>>... listeners) {
    checkNotNull(listeners, "listeners");

    synchronized (this) {
        for (GenericFutureListener<?
                extends Future<? super V>> listener : listeners) {
            if (listener == null) {
                break;
            }
            removeListener0(listener);
        }
    }

    return this;
}
```

在添加监听器的过程中，如果任务刚好执行完毕 done()，则立即触发监听事件。触发监听通过 notifyListeners() 实现。主要逻辑如下：如果当前 addListener 的线程（准确来说应该是调用 notifyListeners 的线程，因为 addListener 和 setSuccess 都会调用 notifyListeners() 和 Promise 内的线程池）与当前执行的线程是同一个线程，则放在线程池中执行，否则提交到线程池去执行。例如，main 线程中调用 addListener 时任务完成，notifyListeners() 执行回调，会提交到线程池中执行；而如果是执行 Future 任务的线程池中 setSuccess() 时，调用 notifyListeners()，会放在当前线程中执行。内部维护了 notifyingListeners 用来记录是否已经触发过监听事件，只有未触发过且监听列表不为空，才会依次遍历并调用 operationComplete。

cancel 用来取消任务，根据 result 判断，如果可以取消，则唤醒等待线程，通知监听事件。源码如下。

```
@Override
public boolean cancel(boolean mayInterruptIfRunning) {
    if (RESULT_UPDATER.compareAndSet(this,
            null, CANCELLATION_CAUSE_HOLDER)) {
        if (checkNotifyWaiters()) {
            notifyListeners();
        }
        return true;
    }
    return false;
}

@Override
public boolean isCancelled() {
    return isCancelled0(result);
}
```

```
@Override
public boolean isDone() {
    return isDone0(result);
}

@Override
public Promise<V> sync() throws InterruptedException {
    await();
    rethrowIfFailed();
    return this;
}

@Override
public Promise<V> syncUninterruptibly() {
    awaitUninterruptibly();
    rethrowIfFailed();
    return this;
}
```

### 6.7.4 ▶ Netty 的 DefaultChannelPromise

DefaultChannelPromise 是 DefaultPromise 的子类，内部维护了一个通道变量 channel。Promise 机制相关的方法都是调用父类方法。

除此之外，DefaultChannelPromise 还实现了 FlushCheckpoint 接口，供 ChannelFlushPromiseNotifier 使用，可以将 ChannelFuture 注册到 ChannelFlushPromiseNotifier 类，当有数据写入或到达 checkpoint 时使用。

DefaultChannelPromise 的核心源码如下。

```
package io.netty.channel;

import io.netty.channel.ChannelFlushPromiseNotifier.FlushCheckpoint;
import io.netty.util.concurrent.DefaultPromise;
import io.netty.util.concurrent.EventExecutor;
import io.netty.util.concurrent.Future;
import io.netty.util.concurrent.GenericFutureListener;

import static io.netty.util.internal.ObjectUtil.checkNotNull;

public class DefaultChannelPromise extends DefaultPromise<Void>
        implements ChannelPromise, FlushCheckpoint {

    private final Channel channel;
    private long checkpoint;

    public DefaultChannelPromise(Channel channel) {
```

```
        this.channel = checkNotNull(channel, "channel");
    }

    public DefaultChannelPromise(Channel channel,
            EventExecutor executor) {
        super(executor);
        this.channel = checkNotNull(channel, "channel");
    }

    @Override
    protected EventExecutor executor() {
        EventExecutor e = super.executor();
        if (e == null) {
            return channel().eventLoop();
        } else {
            return e;
        }
    }

    @Override
    public Channel channel() {
        return channel;
    }

    @Override
    public ChannelPromise setSuccess() {
        return setSuccess(null);
    }

    @Override
    public ChannelPromise setSuccess(Void result) {
        super.setSuccess(result);
        return this;
    }

    @Override
    public boolean trySuccess() {
        return trySuccess(null);
    }

    @Override
    public ChannelPromise setFailure(Throwable cause) {
        super.setFailure(cause);
        return this;
    }

    @Override
    public ChannelPromise addListener(GenericFutureListener<?
            extends Future<? super Void>> listener) {
```

```
        super.addListener(listener);
        return this;
    }

    @Override
    public ChannelPromise addListeners(GenericFutureListener<?
            extends Future<? super Void>>... listeners) {
        super.addListeners(listeners);
        return this;
    }

    @Override
    public ChannelPromise removeListener(GenericFutureListener<?
        extends Future<? super Void>> listener) {
        super.removeListener(listener);
        return this;
    }

    @Override
    public ChannelPromise removeListeners(GenericFutureListener<?
        extends Future<? super Void>>... listeners) {
        super.removeListeners(listeners);
        return this;
    }

    @Override
    public ChannelPromise sync() throws InterruptedException {
        super.sync();
        return this;
    }

    @Override
    public ChannelPromise syncUninterruptibly() {
        super.syncUninterruptibly();
        return this;
    }

    @Override
    public ChannelPromise await() throws InterruptedException {
        super.await();
        return this;
    }

    @Override
    public ChannelPromise awaitUninterruptibly() {
        super.awaitUninterruptibly();
        return this;
    }
```

```
    @Override
    public long flushCheckpoint() {
        return checkpoint;
    }

    @Override
    public void flushCheckpoint(long checkpoint) {
        this.checkpoint = checkpoint;
    }

    @Override
    public ChannelPromise promise() {
        return this;
    }

    @Override
    protected void checkDeadLock() {
        if (channel().isRegistered()) {
            super.checkDeadLock();
        }
    }

    @Override
    public ChannelPromise unvoid() {
        return this;
    }

    @Override
    public boolean isVoid() {
        return false;
    }
}
```

# 第7章

7

# 编解码

本章将研究编码和解码——数据从一种特定协议格式到另一种格式的转换。处理编码和解码的程序通常被称为编码器和解码器。Netty 提供了一些组件，利用它们可以很容易地为各种不同协议编写编解码器。

# 7.1 编解码概述

编解码其实分为两块内容，即编码和解码。要知道，在网络中数据都是以字节码的形式来传输的，而人类只能识别文本、图片这些格式，因此编写网络应用程序不可避免地需要操作字节，将人类能够识别的数据转换成网络能够识别的程序，这个过程称之为编解码。

## 7.1.1 ▶ 编解码器概述

编码也称为序列化，它将对象序列化为字节数组，用于网络传输、数据持久化或者其他用途。

解码称为反序列化，它把从网络、磁盘等读取的字节数组还原成原始对象（通常是原始对象的拷贝），以方便后续的业务逻辑操作。

实现编解码功能的程序也被称为编解码器（codec），编解码器的作用就是将原始字节数据与目标程序数据格式进行互转。

编解码器由两部分组成：解码器（decoder）和编码器（encoder）。

大家可以想象发送"消息"的这个过程。"消息"是一个结构化的应用程序中的数据。编码器转换消息格式为适合传输的数据格式，而相应的解码器是将传输数据转换回程序中的消息格式。逻辑上来说，"转换消息格式为适合传输的数据格式"是当作操作出站（outbound）数据，而"将传输数据转换回程序中的消息格式"是处理入站（inbound）数据。

## 7.1.2 ▶ Netty 内嵌的编解码器

Netty 内嵌了众多的编解码器来简化开发。图 7-1 展示了 Netty 内嵌的编解码器。

```
io.netty.handler.codec
io.netty.handler.codec.base64
io.netty.handler.codec.bytes
io.netty.handler.codec.compression
io.netty.handler.codec.dns
io.netty.handler.codec.haproxy
io.netty.handler.codec.http
io.netty.handler.codec.http.cookie
io.netty.handler.codec.http.cors
io.netty.handler.codec.http.multipart
io.netty.handler.codec.http.websocketx
io.netty.handler.codec.http.websocketx.extensions
io.netty.handler.codec.http.websocketx.extensions.compression
io.netty.handler.codec.http2
io.netty.handler.codec.json
io.netty.handler.codec.marshalling
io.netty.handler.codec.memcache
io.netty.handler.codec.memcache.binary
io.netty.handler.codec.mqtt
io.netty.handler.codec.protobuf
io.netty.handler.codec.redis
io.netty.handler.codec.rtsp
io.netty.handler.codec.sctp
io.netty.handler.codec.serialization
io.netty.handler.codec.smtp
io.netty.handler.codec.socks
io.netty.handler.codec.socksx
io.netty.handler.codec.socksx.v4
io.netty.handler.codec.socksx.v5
io.netty.handler.codec.spdy
io.netty.handler.codec.stomp
io.netty.handler.codec.string
io.netty.handler.codec.xml
```

图 7-1 Netty 内嵌的编解码器

从图 7-1 可以看出，Netty 所内嵌的编解码器基本上囊括了网络编程中可能需要涉及的编解码工作，包括以下内容。

- 支持字节与消息的转换、Base64 的转换、解压缩文件。
- 对 HTTP、HTTP2、DNS、SMTP、STOMP、MQTT、Socks 等协议的支持。
- 对 XML、JSON、Redis、Memcached、Protobuf 等流行格式的支持。

编码器和解码器的结构很简单，消息被编码、解码后会自动通过 ReferenceCountUtil.release(message) 释放。如果不想释放消息可以使用 ReferenceCountUtil.retain(message)，主要区别是 retain 会使引用数量增加而不会发送消息，大多数时候不需要这么做。

## 7.2 解码器

解码器的主要职责是负责将“入站”数据从一种格式转换到另一种格式。Netty 提供了丰富的解码器抽象基类，方便开发者自定义解码器。这些基类主要分为以下两类。

- 解码从字节到消息（ByteToMessageDecoder 和 ReplayingDecoder）。
- 解码从消息到消息（MessageToMessageDecoder）。

Netty 的解码器是 ChannelInboundHandler 的抽象实现。在实际应用中使用解码器很简单，就是将入站数据转换格式后传递到 ChannelPipeline 中的下一个 ChannelInboundHandler 进行处理。将解码器放在 ChannelPipeline 中，会使整个程序变得灵活，同时也能方便重用逻辑。

### 7.2.1 ByteToMessageDecoder 抽象类

ByteToMessageDecoder 抽象类用于将字节转为消息（或其他字节序列）。ByteToMessageDecoder 继承自 ChannelInboundHandlerAdapter。ChannelInboundHandlerAdapter 以类似流的方式将字节从 ByteBuf 解码为另一种消息类型。例如，下面例子是从输入 ByteBuf 读取所有可读字节并创建新的 ByteBuf 的实现。

```
public class SquareDecoder extends ByteToMessageDecoder {
    @Override
    public void decode(ChannelHandlerContext ctx,
            ByteBuf in, List<Object> out)
            throws Exception {
        out.add(in.readBytes(in.readableBytes()));
    }
}
```

### 1. 常用方法

在处理网络数据时，有时数据比较大，不能一次性发送完毕，会分配发送。那么又如何获知数据已经发送完毕了呢？这个 ByteToMessageDecoder 抽象类会缓存入站的数据，并提供了以下几个方法，方便开发者使用。这些方法的核心源码如下。

```
protected abstract void decode(ChannelHandlerContext ctx,
        ByteBuf in, List<Object> out) throws Exception;

protected void decodeLast(ChannelHandlerContext ctx,
        ByteBuf in, List<Object> out) throws Exception {
    if (in.isReadable()) {
        decodeRemovalReentryProtection(ctx, in, out);
    }
}

final void decodeRemovalReentryProtection(ChannelHandlerContext ctx,
        ByteBuf in, List<Object> out)
            throws Exception {
    decodeState = STATE_CALLING_CHILD_DECODE;
    try {
        decode(ctx, in, out);
    } finally {
        boolean removePending = decodeState == STATE_HANDLER_REMOVED_PENDING;
        decodeState = STATE_INIT;
        if (removePending) {
            handlerRemoved(ctx);
        }
    }
}
```

对上述方法说明如下。

- decode()：这是必须要实现的唯一抽象方法。decode() 方法被调用时将会传入一个包含了传入数据的 ByteBuf，以及一个用来添加解码消息的 List。对这个方法的调用将会重复进行，直到确定没有新的元素被添加到该 List，或者该 ByteBuf 中没有更多可读取的字节时为止。然后，如果该 List 不为空，那么它的内容将会被传递给 ChannelPipeline 中的下一个 ChannelInboundHandler。
- decodeLast()：Netty 提供的这个默认实现只是简单地调用了 decode() 方法。当 Channel 的状态变为非活动时，这个方法将会被调用一次。可以重写该方法以提供特殊的处理。

### 2. 将字节转为整型的解码器示例

以下是一个将字节转为整型的解码器示例。在该示例中，每次从入站的 ByteBuf 读取 4 个字节，解码成整型，并添加到一个 List 中。当不能再添加数据到 List 时，它所包含的内容就会被发送到下一个 ChannelInboundHandler。

```
public class ToIntegerDecoder extends ByteToMessageDecoder {  // (1)

   @Override
    public void decode(ChannelHandlerContext ctx, ByteBuf in, List<Object>
out)
          throws Exception {
       if (in.readableBytes() >= 4) {  // (2)
          out.add(in.readInt());  // (3)
       }
   }
}
```

在上述代码中，步骤如下。

（1）实现继承了 ByteToMessageDecoder，用于将字节解码为消息。

（2）检查可读的字节是否至少有 4 个（一个 int 是 4 个字节长度）。

（3）从入站 ByteBuf 读取 int，添加到解码消息的 List 中。

整个例子的处理流程如图 7–2 所示。

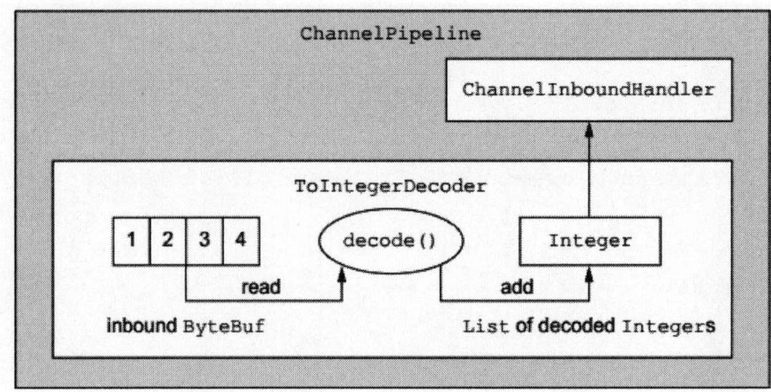


图 7–2　字节转为整形的解码器

对于编码器和解码器来说，这个过程非常简单。一旦一个消息被编码或解码，它自动被 ReferenceCountUtil.release(message) 调用。如果稍后还需要用到这个引用而不是马上释放，可以调用 ReferenceCountUtil.retain(message)。这将增加引用计数 , 防止消息被释放。

## 7.2.2 ▶ ReplayingDecoder 抽象类

尽管 ByteToMessageDecoder 可以简化开发编码器的工作量，但这个类有个不好的地方在于，必须在实际的读操作（如上面例子的 readInt()）之前，必须要验证输入的 ByteBuf 要有足够的数据。那么是否有更加智能的方式来做这类验证呢？ ReplayingDecoder 这个类可以实现这类功能。

ReplayingDecoder 抽象类是 ByteToMessageDecoder 的一个子类，读取缓冲区的数据之前会自动检查缓冲区是否有足够的字节。若 ByteBuf 中有足够的字节，则会正常读取；若没有足够的字节则会停止解码。那么 ReplayingDecoder 是怎么做到的呢？

当 ReplayingDecoder 接收的 buffer 的数据不足时，会抛出一个错误，ReplayingDecoder 通过一个 ByteBuf 的具体实现来完成。如果 ReplayingDecoder 捕捉到这个错误，然后会将读的索引重置到刚开始的位置（buffer 的开始位置），当数据继续进入 buffer 时再次调用 decode 方法。请注意 ReplayingDecoder 总是返回一个缓冲的 Error 实例，来避免创建新的 Error 对象和每次填充堆栈的负担。

大多数时候，使用 ReplayingDecoder 会比 ByteToMessageDecoder 更加方便。但不是任何时候都应该使用 ReplayingDecoder。使用 ReplayingDecoder 需考虑以下限制。

- 不是所有的标准 ByteBuf 操作都被支持，如果调用一个不支持的操作会抛出 UnreplayableOperationException。
- 在性能上，使用 ReplayingDecoder 要略慢于 ByteToMessageDecoder。

如果能接受这些限制，则使用 ReplayingDecoder。如果不想引入过多的复杂性，则使用 ByteToMessageDecoder。以下是一个使用 ReplayingDecoder 的示例。

```
public class ToIntegerDecoder2 extends ReplayingDecoder<Void> {   // (1)

    @Override
    public void decode(ChannelHandlerContext ctx,
            ByteBuf in, List<Object> out) throws Exception {
        out.add(in.readInt());  // (2)
    }
}
```

对上述示例说明如下。

（1）ToIntegerDecoder2 继承了 ReplayingDecoder，主要用于将字节解码为消息；

（2）从入站 ByteBuf 读取整型，并添加到解码消息的 List 中。

如果比较 ByteToMessageDecoder 的使用示例可以发现，使用 ReplayingDecoder 显得更简单。

## 7.2.3 ▶ ReplayingDecoder 的性能优化

在上一节已提到，使用 ReplayingDecoder 是有一定局限性的，特别是在性能方面。不过幸运的是，使用 ReplayingDecoder 的 checkpoint 方法可以显著提高复杂解码器实现的性能。

checkpoint 方法分为不带参数的 checkpoint() 方法和带参数的 checkpoint(S state) 方法。其中，带参数的 checkpoint(S state) 方法可以方便管理解码器的状态。

### 1. checkpoint() 使用示例

checkpoint() 方法可以更新缓冲区的“初始”位置，以便 ReplayingDecoder 将缓冲区的 readerIndex 倒退到调用 checkpoint() 方法的最后位置。

以下是一个使用带参数的 checkpoint(S state) 方法的示例。

```
public class IntegerHeaderFrameDecoder
     extends ReplayingDecoder<Void> {

   private boolean readLength;
   private int length;

   @Override

   protected void decode(ChannelHandlerContext ctx,
                       ByteBuf buf, List<Object> out) throws Exception {
       if (!readLength) {
           length = buf.readInt();
           readLength = true;
           checkpoint();
       }

       if (readLength) {
           ByteBuf frame = buf.readBytes(length);
           readLength = false;
           checkpoint();
           out.add(frame);
       }
   }
}
```

在上述示例中，需要自己管理解码器的状态。

#### 2. checkpoint(S state) 使用示例

另外还有一个带参数的 checkpoint(S state) 方法，可以方便管理解码器的状态。例如，状态可以用枚举类表示。

```
public enum MyDecoderState {
   READ_LENGTH,
   READ_CONTENT;
}
```

以下是一个使用带参数的 checkpoint(S state) 方法的示例。

```
public class IntegerHeaderFrameDecoder
   extends ReplayingDecoder<MyDecoderState> {

   private int length;

   public IntegerHeaderFrameDecoder() {
       // 设置初始状态
       super(MyDecoderState.READ_LENGTH);
   }
```

```
    @Override
    protected void decode(ChannelHandlerContext ctx,
                          ByteBuf buf, List<Object> out) throws Exception {
        switch (state()) {
        case READ_LENGTH:
            length = buf.readInt();
            checkpoint(MyDecoderState.READ_CONTENT);
        case READ_CONTENT:
            ByteBuf frame = buf.readBytes(length);
            checkpoint(MyDecoderState.READ_LENGTH);
            out.add(frame);
            break;
        default:
            throw new Error("Shouldn't reach here.");
        }
    }
}
```

## 7.2.4 ▶ MessageToMessageDecoder 抽象类

MessageToMessageDecoder 抽象类用于从一种消息解码为另外一种消息，例如，从一种 POJO 转为另外一种 POJO。

MessageToMessageDecoder 抽象类的核心代码如下。

```
package io.netty.handler.codec;

import io.netty.channel.ChannelHandlerContext;
import io.netty.channel.ChannelInboundHandler;
import io.netty.channel.ChannelInboundHandlerAdapter;
import io.netty.channel.ChannelPipeline;
import io.netty.util.ReferenceCountUtil;
import io.netty.util.ReferenceCounted;
import io.netty.util.internal.TypeParameterMatcher;

import java.util.List;

public abstract class MessageToMessageDecoder<I>
      extends ChannelInboundHandlerAdapter {

    private final TypeParameterMatcher matcher;


    protected MessageToMessageDecoder() {
        matcher = TypeParameterMatcher.find(this,
              MessageToMessageDecoder.class, "I");
```

```
    }

    protected MessageToMessageDecoder(Class<? extends I> inboundMessageType) {
        matcher = TypeParameterMatcher.get(inboundMessageType);
    }

    public boolean acceptInboundMessage(Object msg) throws Exception {
        return matcher.match(msg);
    }

    @Override
     public void channelRead(ChannelHandlerContext ctx, Object msg) throws
Exception {
        CodecOutputList out = CodecOutputList.newInstance();
        try {
            if (acceptInboundMessage(msg)) {
                @SuppressWarnings("unchecked")
                I cast = (I) msg;
                try {
                    decode(ctx, cast, out);
                } finally {
                    ReferenceCountUtil.release(cast);
                }
            } else {
                out.add(msg);
            }
        } catch (DecoderException e) {
            throw e;
        } catch (Exception e) {
            throw new DecoderException(e);
        } finally {
            int size = out.size();
            for (int i = 0; i < size; i ++) {
                ctx.fireChannelRead(out.getUnsafe(i));
            }
            out.recycle();
        }
    }

    protected abstract void decode(ChannelHandlerContext ctx, I msg,
            List<Object> out) throws Exception;
}
```

MessageToMessageDecoder 的 decode 是需要实现的唯一抽象方法。每个入站消息都将被解码为另一种格式，然后将解码后的消息传递到管道中的下一个 ChannelInboundHandler。

以下是一个 MessageToMessageDecoder 的使用示例。

```
public class IntegerToStringDecoder extends
```

```
        MessageToMessageDecoder<Integer> { // (1)

    @Override
    public void decode(ChannelHandlerContext ctx, Integer msg, List<Object>
out)
        throws Exception {
        out.add(String.valueOf(msg)); // (2)
    }
}
```

在上述示例中，IntegerToStringDecoder 继承自 MessageToMessageDecoder，用于将 Integer 转为 String。上述实现分为以下两步。

（1）IntegerToStringDecoder 继承了 MessageToMessageDecoder。

（2）通过 String.valueOf() 转换 Integer 消息字符串。

入站消息是按照在类定义中声明的参数类型（这里是 Integer）而不是 ByteBuf 来解析的。在例子中，解码消息（这里是 String）将被添加到 List<Object>，并传递到下个 ChannelInboundHandler。

整个例子的处理流程如图 7-3 所示。

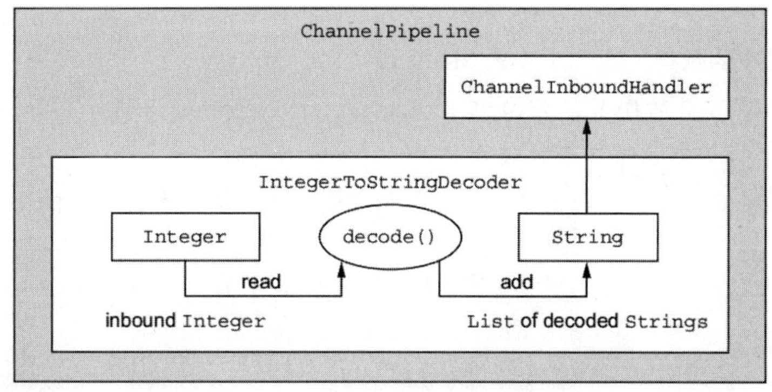


图 7-3　整形转为字符串的解码器

## 7.2.5 ▶ 使用 TooLongFrameException 处理太大的帧

Netty 是异步框架，需要缓冲区字节在内存中，直到能够解码它们。因此，要注意解码器中如果缓存太多的数据会耗尽可用内存。为了解决这个问题，Netty 提供了一个 TooLongFrameException 异类，通常由解码器在帧太长时抛出。

为了避免帧太大这个问题，可以在解码器中设置一个最大字节数阈值。如果超出阈值，就抛出 TooLongFrameException。然后由解码器的用户决定如何处理它。虽然一些协议，如 HTTP 允许这种情况下有一个特殊的响应，但大多数协议应对该事件唯一的选择可能就是关闭连接。

SafeByteToMessageDecoder 演示了利用 TooLongFrameException 来通知其他 ChannelPipeline 中的 ChannelHandler。

```
public class SafeByteToMessageDecoder extends ByteToMessageDecoder {  // (1)
    private static final int MAX_FRAME_SIZE = 1024;

    @Override
    public void decode(ChannelHandlerContext ctx, ByteBuf in,
                    List<Object> out) throws Exception {
        int readable = in.readableBytes();
        if (readable > MAX_FRAME_SIZE) { // (2)
            in.skipBytes(readable);    // (2)
            throw new TooLongFrameException("Frame too big!");
        }
        // ...
    }
}
```

对上述示例的说明如下。

（1）SafeByteToMessageDecoder 继承了 ByteToMessageDecoder，主要用于将字节解码为消息。

（2）检测缓冲区数据是否大于常量 MAX_FRAME_SIZE。

（3）忽略所有可读的字节，并抛出 TooLongFrameException 来通知 ChannelPipeline 中的 ChannelHandler，以说明这个帧数据超长。

这种对于超长帧的保护是很重要的，尤其是在解码一个有可变帧大小的协议时。

## 7.3 实战：自定义基于换行的解码器

在实际开发中，希望服务端接收的数据是一个字符串或者是一个对象类型，而不是字节码，那么就需要解码器。

在 Netty 中，Bytebuf 数据转 String 是不需要开发者手动处理的，只需要在管道中添加一个 StringDecoder 即可。如果需要考虑网络传输过程中的半包粘包问题，Netty 也能胜任。

Netty 常用下面 3 种方法来解决 String 的半包粘包问题。

- LineBasedFrameDecoder：基于换行。
- DelimiterBasedFrameDecoder：基于指定字符串。
- FixedLengthFrameDecoder：基于固定长度。

本节主要介绍基于 LineBasedFrameDecoder 来自定义解码器。

## 7.3.1 ▶ LineBasedFrameDecoder 类

LineBasedFrameDecoder 类是基于换行的，意味着只要在接收数据时遇到以换行符 "\n" 或者回车换行符 "\r\n" 结尾时，就表明数据已经接收完成可以被处理了。

LineBasedFrameDecoder 类继承自 ByteToMessageDecoder，并重写了 decode 方法。

```
public class LineBasedFrameDecoder extends ByteToMessageDecoder {

    /** 帧的最大长度限制 */
    private final int maxLength;
    /** 帧超长时是否抛出异常 */
    private final boolean failFast;
    private final boolean stripDelimiter;

    /** 如果帧超出长度则为 True，表明需要丢弃输入的数据 */
    private boolean discarding;
    private int discardedBytes;

    /** 最后扫描位置 */
    private int offset;

    public LineBasedFrameDecoder(final int maxLength) {
        this(maxLength, true, false);
    }

    public LineBasedFrameDecoder(final int maxLength,
            final boolean stripDelimiter, final boolean failFast) {
        this.maxLength = maxLength;
        this.failFast = failFast;
        this.stripDelimiter = stripDelimiter;
    }

    @Override
    protected final void decode(ChannelHandlerContext ctx,
            ByteBuf in, List<Object> out) throws Exception {
        Object decoded = decode(ctx, in);
        if (decoded != null) {
            out.add(decoded);
        }
    }

    protected Object decode(ChannelHandlerContext ctx, ByteBuf buffer)
            throws Exception {
        final int eol = findEndOfLine(buffer);
        if (!discarding) {
            if (eol >= 0) {
                final ByteBuf frame;
```

```
            final int length = eol - buffer.readerIndex();
            final int delimLength =
                    buffer.getByte(eol) == '\r'? 2 : 1;

            if (length > maxLength) {
                buffer.readerIndex(eol + delimLength);
                fail(ctx, length);
                return null;
            }

            if (stripDelimiter) {
                frame = buffer.readRetainedSlice(length);
                buffer.skipBytes(delimLength);
            } else {
                frame = buffer.readRetainedSlice(length + delimLength);
            }

            return frame;
        } else {
            final int length = buffer.readableBytes();
            if (length > maxLength) {
                discardedBytes = length;
                buffer.readerIndex(buffer.writerIndex());
                discarding = true;
                offset = 0;
                if (failFast) {
                    fail(ctx, "over " + discardedBytes);
                }
            }
            return null;
        }
    } else {
        if (eol >= 0) {
            final int length =
                    discardedBytes + eol - buffer.readerIndex();
            final int delimLength = buffer.getByte(eol) == '\r'? 2 : 1;
            buffer.readerIndex(eol + delimLength);
            discardedBytes = 0;
            discarding = false;
            if (!failFast) {
                fail(ctx, length);
            }
        } else {
            discardedBytes += buffer.readableBytes();
            buffer.readerIndex(buffer.writerIndex());
            // 跳过缓冲区中的所有内容，需要再次将 offset 设置为 0
            offset = 0;
        }
        return null;
```

```
        }
    }

    private void fail(final ChannelHandlerContext ctx, int length) {
        fail(ctx, String.valueOf(length));
    }

    private void fail(final ChannelHandlerContext ctx, String length) {
        ctx.fireExceptionCaught(
                new TooLongFrameException("frame length (" + length
                        + ") exceeds the allowed maximum (" + maxLength + '\r'));
    }

    /**
     * 返回找到的行尾缓冲区中的索引
     * 如果在缓冲区中未找到行尾，则返回 -1
     */
    private int findEndOfLine(final ByteBuf buffer) {
        int totalLength = buffer.readableBytes();
        int i = buffer.forEachByte(buffer.readerIndex() + offset,
                totalLength - offset, ByteProcessor.FIND_LF);
        if (i >= 0) {
            offset = 0;

            // 判断是否是回车符
            if (i > 0 && buffer.getByte(i - 1) == '\r') {
                i--;
            }
        } else {
            offset = totalLength;
        }
        return i;
    }
}
```

从上述代码可以看出，LineBasedFrameDecoder 是通过查找回车换行符来找到数据结束的标志的。

### 7.3.2 ▶ 定义解码器

已定义了解码器 MyLineBasedFrameDecoder，该解码器继承自 LineBasedFrameDecoder，因此可以使用 LineBasedFrameDecoder 上的所有功能，代码如下。

```
package com.waylau.netty.demo.decoder;

import io.netty.handler.codec.LineBasedFrameDecoder;
```

```
public class MyLineBasedFrameDecoder extends LineBasedFrameDecoder {

    private final static int MAX_LENGTH = 1024; // 帧的最大长度

    public MyLineBasedFrameDecoder() {
        super(MAX_LENGTH);
    }

}
```

在上述代码中，通过 MAX_LENGTH 常量，来限制解码器帧的大小。超过该常量值的限制的话，则会抛出 TooLongFrameException 异常。

## 7.3.3 ▶ 定义 ChannelHandler

ChannelHandler 定义如下。

```
package com.waylau.netty.demo.decoder;

import io.netty.channel.ChannelHandlerContext;
import io.netty.channel.ChannelInboundHandlerAdapter;

public class MyLineBasedFrameDecoderServerHandler extends ChannelInboundHandlerAdapter {

    @Override
    public void channelRead(ChannelHandlerContext ctx, Object msg) {
        System.out.println("Client -> Server: " + msg);
    }
}
```

MyLineBasedFrameDecoderServerHandler 业务非常简单，把收到的消息打印出来即可。

## 7.3.4 ▶ 定义 ChannelInitializer

定义一个 ChannelInitializer 用于容纳解码器 MyLineBasedFrameDecoder 和 MyLineBasedFrameDecoderServerHandler，代码如下。

```
package com.waylau.netty.demo.decoder;

import io.netty.channel.ChannelInitializer;
import io.netty.channel.socket.SocketChannel;
import io.netty.handler.codec.string.StringDecoder;

public class MyLineBasedFrameDecoderChannelInitializer
        extends ChannelInitializer<SocketChannel> {
```

```
    @Override
    protected void initChannel(SocketChannel channel) {
        // 基于换行的解码器
        channel.pipeline().addLast(new MyLineBasedFrameDecoder());

        // 自定义 ChannelHandler
        channel.pipeline().addLast(new MyLineBasedFrameDecoderServerHandler());
    }
}
```

注意添加到 ChannelPipeline 的 ChannelHandler 的顺序，MyLineBasedFrameDecoder 在前，MyLineBasedFrameDecoderServerHandler 在后，意味着数据先经过 MyLineBasedFrameDecoder 解码，然后再交给 MyLineBasedFrameDecoderServerHandler 处理。

### 7.3.5 ▶ 编写服务器

在之前的章节中已经有很多服务器的案例了，因此定义服务器非常简单。服务器 MyLineBasedFrameDecoderServer 代码如下。

```
package com.waylau.netty.demo.decoder;

import io.netty.bootstrap.ServerBootstrap;
import io.netty.channel.ChannelFuture;
import io.netty.channel.ChannelOption;
import io.netty.channel.EventLoopGroup;
import io.netty.channel.nio.NioEventLoopGroup;
import io.netty.channel.socket.nio.NioServerSocketChannel;

public class MyLineBasedFrameDecoderServer {

    public static int DEFAULT_PORT = 8023;

    public static void main(String[] args) throws Exception {
        int port = DEFAULT_PORT;

        // 多线程事件循环器
        EventLoopGroup bossGroup = new NioEventLoopGroup(1); // boss
        EventLoopGroup workerGroup = new NioEventLoopGroup(); // worker

        try {
            // 启动 NIO 服务的引导程序类
            ServerBootstrap b = new ServerBootstrap();

            b.group(bossGroup, workerGroup) // 设置 EventLoopGroup
                    .channel(NioServerSocketChannel.class) // 指明新的 Channel 的类型
```

```
                    .childHandler(new MyLineBasedFrameDecoderChannelInitializer()) // 指定
ChannelHandler
                    .option(ChannelOption.SO_BACKLOG, 128) // 设置 ServerChannel 的一些选项
                    .childOption(ChannelOption.SO_KEEPALIVE, true); // 设置 ServerChannel 的子
Channel 的选项

            // 绑定端口，开始接收进来的连接
            ChannelFuture f = b.bind(port).sync();

            System.out.println("MyLineBasedFrameDecoderServer 已启动，端口：" + port);

            // 等待服务器 socket 关闭
            // 在这个例子中，这不会发生，但可以优雅地关闭服务器
            f.channel().closeFuture().sync();
        } finally {

            // 优雅地关闭
            workerGroup.shutdownGracefully();
            bossGroup.shutdownGracefully();
        }

    }

}
```

MyLineBasedFrameDecoderServer 没有什么特殊，唯一需要注意的是，在 ServerBootstrap 中指定 MyLineBasedFrameDecoderChannelInitializer，这样服务器就能应用咱们自定义的编码器和 ChannelHandler 了。

### 7.3.6 ▶ 编写客户端

为了测试服务器，编写了一个简单的 TCP 客户端，代码如下。

```
package com.waylau.netty;

import java.io.IOException;
import java.io.OutputStream;
import java.net.Socket;

public class TcpClient {

    public static void main(String[] args) throws IOException  {
        Socket socket = null;
        OutputStream out = null;

        try {
```

```
            socket = new Socket("localhost", 8023);
            out = socket.getOutputStream();

            // 请求服务器
            String lines = "床前明月光\r\n疑是地上霜\r\n举头望明月\r\n低头思故乡\r\n";
            byte[] outputBytes = lines.getBytes("UTF-8");
            out.write(outputBytes);
            out.flush();

        } finally {
            // 关闭连接
            out.close();
            socket.close();
        }

    }

}
```

为了力求代码简洁，这个客户端是使用了 Java Socket 类编写的。上述客户端在启动后会发送一段文本，而后关闭连接。这段文本是李白的一首唐诗，每句用回车换行符 "" 结尾，这样服务器就能一句一句地解析了。

## 7.3.7 ▶ 测试

先启动服务器，观察控制台，可以看到如下输出内容：

```
MyLineBasedFrameDecoderServer 已启动，端口：8023
```

然后启动客户端。启动完成之后，再次观察服务器的控制台，可以看到如下输出内容。

```
MyLineBasedFrameDecoderServer 已启动，端口：8023
Client -> Server: PooledSlicedByteBuf(ridx: 0, widx: 15, cap: 15/15, unwrapped:
PooledUnsafeDirectByteBuf(ridx: 17, widx: 68, cap: 1024))
Client -> Server: PooledSlicedByteBuf(ridx: 0, widx: 15, cap: 15/15, unwrapped:
PooledUnsafeDirectByteBuf(ridx: 34, widx: 68, cap: 1024))
Client -> Server: PooledSlicedByteBuf(ridx: 0, widx: 15, cap: 15/15, unwrapped:
PooledUnsafeDirectByteBuf(ridx: 51, widx: 68, cap: 1024))
Client -> Server: PooledSlicedByteBuf(ridx: 0, widx: 15, cap: 15/15, unwrapped:
PooledUnsafeDirectByteBuf(ridx: 68, widx: 68, cap: 1024))
```

上述的输出内容说明，MyLineBasedFrameDecoderServerHandler 接收到了 4 条数据。那么为啥客户端发送了 1 条数据，到这里就变成 4 条了呢？这是因为在前面介绍的 MyLineBasedFrameDecoderChannelInitializer 中，MyLineBasedFrameDecoder 先被添加到了 ChannelPipeline，

然后才添加 MyLineBasedFrameDecoderServerHandler，意味着数据先经过解码，再交给 MyLineBasedFrameDecoderServerHandler 处理。而在数据解码过程中，MyLineBasedFrameDecoderServerHandler 是按照换行解码的，而客户端所发送的数据里面又包含了 4 个回车换行符，因此数据被解码为 4 条。

### 7.3.8 ▶ 将数据转为可视的字符串

虽然 MyLineBasedFrameDecoder 能够识别每个完整的句子，但是它并不具备将数据转为对人友好的字符串。人类无法直观地从控制台的输出内容中识别到底客户端给服务器传送了什么内容。因此，还需要对数据做进一步的解码，将数据转为字符串。

当然也能继续对 MyLineBasedFrameDecoder 进行扩展，以便实现将数据转为字符串。但 Netty 已经做好一切，因此就没有必要重复造轮子了。这个轮子就是 StringDecoder。

使用 StringDecoder 非常简单，只需要将其添加到 MyLineBasedFrameDecoderChannelInitializer 中的 ChannelPipeline 即可，代码如下。

```
public class MyLineBasedFrameDecoderChannelInitializer
        extends ChannelInitializer<SocketChannel> {

    @Override
    protected void initChannel(SocketChannel channel) {
        // 基于换行的解码器
        channel.pipeline().addLast(new MyLineBasedFrameDecoder());

        // 解码转 String
        channel.pipeline().addLast(new StringDecoder());

        // 自定义 ChannelHandler
        channel.pipeline().addLast(new MyLineBasedFrameDecoderServerHandler());
    }
}
```

再次运行程序进行测试，控制台输出如下。

```
MyLineBasedFrameDecoderServer 已启动，端口：8023
Client -> Server: 床前明月光
Client -> Server: 疑是地上霜
Client -> Server: 举头望明月
Client -> Server: 低头思故乡
```

可以看到，输出内容已经能够被识别了。

本节示例，可以在 com.waylau.netty.demo.decoder 包和 com.waylau.netty 包下找到。

# 7.4 编码器

回顾之前的定义，编码器就是用来把出站数据从一种格式转换到另外一种格式，因此它实现了 ChannelOutboundHandler。类似于解码器，Netty 也提供了一组类来帮助开发者快速上手编码器，当然这些类提供的是与解码器相反的方法，如下所示。

- 编码从消息到字节（MessageToByteEncoder）。
- 编码从消息到消息（MessageToMessageEncoder）。

## 7.4.1 ▶ MessageToByteEncoder 抽象类

在前面的章节，学习了如何使用 ByteToMessageDecoder 来将字节转换成消息，现在可以使用 MessageToByteEncoder 实现相反的效果。

MessageToByteEncoder 抽象类的核心代码如下。

```
package io.netty.handler.codec;

import io.netty.buffer.ByteBuf;
import io.netty.buffer.Unpooled;
import io.netty.channel.ChannelHandlerContext;
import io.netty.channel.ChannelOutboundHandler;
import io.netty.channel.ChannelOutboundHandlerAdapter;
import io.netty.channel.ChannelPipeline;
import io.netty.channel.ChannelPromise;
import io.netty.util.ReferenceCountUtil;
import io.netty.util.internal.TypeParameterMatcher;

public abstract class MessageToByteEncoder<I>
      extends ChannelOutboundHandlerAdapter {

   private final TypeParameterMatcher matcher;
   private final boolean preferDirect;

   protected MessageToByteEncoder() {
      this(true);
   }

   protected MessageToByteEncoder(Class<? extends I> outboundMessageType) {
      this(outboundMessageType, true);
   }

   protected MessageToByteEncoder(boolean preferDirect) {
      matcher =
```

```
            TypeParameterMatcher.find(this, MessageToByteEncoder.class, "I");
        this.preferDirect = preferDirect;
    }

    protected MessageToByteEncoder(Class<? extends I> outboundMessageType,
            boolean preferDirect) {
        matcher = TypeParameterMatcher.get(outboundMessageType);
        this.preferDirect = preferDirect;
    }

    public boolean acceptOutboundMessage(Object msg) throws Exception {
        return matcher.match(msg);
    }

    @Override
    public void write(ChannelHandlerContext ctx,
            Object msg, ChannelPromise promise) throws Exception {
        ByteBuf buf = null;
        try {
            if (acceptOutboundMessage(msg)) {
                @SuppressWarnings("unchecked")
                I cast = (I) msg;
                buf = allocateBuffer(ctx, cast, preferDirect);
                try {
                    encode(ctx, cast, buf);
                } finally {
                    ReferenceCountUtil.release(cast);
                }

                if (buf.isReadable()) {
                    ctx.write(buf, promise);
                } else {
                    buf.release();
                    ctx.write(Unpooled.EMPTY_BUFFER, promise);
                }
                buf = null;
            } else {
                ctx.write(msg, promise);
            }
        } catch (EncoderException e) {
            throw e;
        } catch (Throwable e) {
            throw new EncoderException(e);
        } finally {
            if (buf != null) {
                buf.release();
            }
        }
    }
```

```
    protected ByteBuf allocateBuffer(ChannelHandlerContext ctx,
                        @SuppressWarnings("unused") I msg,
                        boolean preferDirect) throws Exception {
        if (preferDirect) {
            return ctx.alloc().ioBuffer();
        } else {
            return ctx.alloc().heapBuffer();
        }
    }

    protected abstract void encode(ChannelHandlerContext ctx,
            I msg, ByteBuf out) throws Exception;

    protected boolean isPreferDirect() {
        return preferDirect;
    }
}
```

在 MessageToByteEncoder 抽象类中，唯一要关注的是 encode 方法，该方法是开发者需要实现的唯一抽象方法。它与出站消息一起调用，将消息编码为 ByteBuf，然后，将 ByteBuf 转发到 ChannelPipeline 中的下一个 ChannelOutboundHandler。

以下是 MessageToByteEncoder 的使用示例。

```
public class ShortToByteEncoder extends
        MessageToByteEncoder<Short> {  // (1)
    @Override
    public void encode(ChannelHandlerContext ctx, Short msg, ByteBuf out)
            throws Exception {
        out.writeShort(msg);  // (2)
    }
}
```

上述示例中，ShortToByteEncoder 收到了 Short 消息，编码它们，并把它们写入 ByteBuf。ByteBuf 接着前进到 ChannelPipeline 的下一个 ChannelOutboundHandler，每个 Short 将占用 ByteBuf 的两个字节。实现 ShortToByteEncoder 主要分为以下两步。

（1）实现继承自 MessageToByteEncoder。

（2）写 Short 到 ByteBuf。

上述例子的处理流程如图 7–4 所示。

Netty 也提供很多 MessageToByteEncoder 类的子类来帮助开发者实现自己的编码器，例如，Bzip2Encoder、CompatibleMarshallingEncoder、CompatibleObjectEncoder、FastLzFrameEncoder、Lz4FrameEncoder 和 ZlibEncoder 等。要找到这些类也很简单，只要看类的命名以“Encoder”结尾即可。

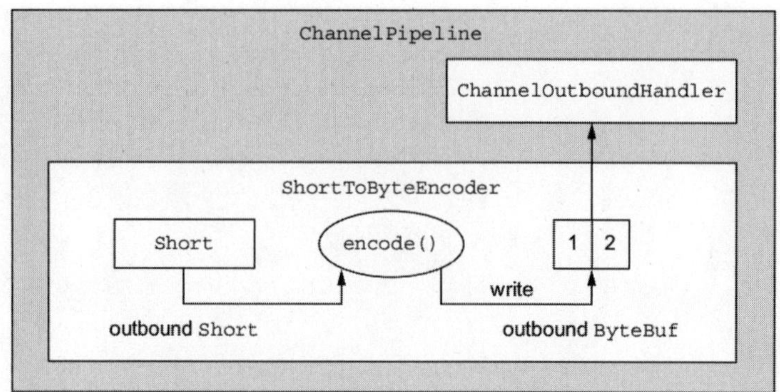


图 7-4　Short 转为 ByteBuf 的编码器

## 7.4.2 ▶ MessageToMessageEncoder 抽象类

MessageToMessageEncoder 抽象类用于将出站数据从一种消息编码成另一种消息。MessageToMessageEncoder 的核心代码如下。

```
package io.netty.handler.codec;

import io.netty.channel.ChannelHandlerContext;
import io.netty.channel.ChannelOutboundHandler;
import io.netty.channel.ChannelOutboundHandlerAdapter;
import io.netty.channel.ChannelPipeline;
import io.netty.channel.ChannelPromise;
import io.netty.util.ReferenceCountUtil;
import io.netty.util.ReferenceCounted;
import io.netty.util.concurrent.PromiseCombiner;
import io.netty.util.internal.StringUtil;
import io.netty.util.internal.TypeParameterMatcher;

import java.util.List;

public abstract class MessageToMessageEncoder<I>
      extends ChannelOutboundHandlerAdapter {

   private final TypeParameterMatcher matcher;

   protected MessageToMessageEncoder() {
      matcher = TypeParameterMatcher.find(this,
            MessageToMessageEncoder.class, "I");
   }

   protected MessageToMessageEncoder(Class<? extends I> outboundMessageType) {
      matcher = TypeParameterMatcher.get(outboundMessageType);
   }
```

```
public boolean acceptOutboundMessage(Object msg) throws Exception {
    return matcher.match(msg);
}

@Override
public void write(ChannelHandlerContext ctx,
        Object msg, ChannelPromise promise) throws Exception {
    CodecOutputList out = null;
    try {
        if (acceptOutboundMessage(msg)) {
            out = CodecOutputList.newInstance();
            @SuppressWarnings("unchecked")
            I cast = (I) msg;
            try {
                encode(ctx, cast, out);
            } finally {
                ReferenceCountUtil.release(cast);
            }

            if (out.isEmpty()) {
                out.recycle();
                out = null;

                throw new EncoderException(
                        StringUtil.simpleClassName(this)
                        + " must produce at least one message.");
            }
        } else {
            ctx.write(msg, promise);
        }
    } catch (EncoderException e) {
        throw e;
    } catch (Throwable t) {
        throw new EncoderException(t);
    } finally {
        if (out != null) {
            final int sizeMinusOne = out.size() - 1;
            if (sizeMinusOne == 0) {
                ctx.write(out.getUnsafe(0), promise);
            } else if (sizeMinusOne > 0) {
                if (promise == ctx.voidPromise()) {
                    writeVoidPromise(ctx, out);
                } else {
                    writePromiseCombiner(ctx, out, promise);
                }
            }
            out.recycle();
        }
```

```
        }
    }

    private static void writeVoidPromise(ChannelHandlerContext ctx,
            CodecOutputList out) {
        final ChannelPromise voidPromise = ctx.voidPromise();
        for (int i = 0; i < out.size(); i++) {
            ctx.write(out.getUnsafe(i), voidPromise);
        }
    }

    private static void writePromiseCombiner(ChannelHandlerContext ctx,
            CodecOutputList out, ChannelPromise promise) {
        final PromiseCombiner combiner = new PromiseCombiner(ctx.executor());
        for (int i = 0; i < out.size(); i++) {
            combiner.add(ctx.write(out.getUnsafe(i)));
        }
        combiner.finish(promise);
    }

    protected abstract void encode(ChannelHandlerContext ctx,
            I msg, List<Object> out) throws Exception;
}
```

同 MessageToByteEncoder 抽象类一样，MessageToMessageEncoder 唯一要关注的也是 encode 方法，该方法是开发者需要实现的唯一抽象方法。对于使用 write() 编写的每条消息，都会调用该消息，以将消息编码为一个或多个新的出站消息，然后将编码后的消息转发。

下面是使用 MessageToMessageEncoder 的一个例子。

```
public class IntegerToStringEncoder extends
        MessageToMessageEncoder<Integer> { // (1)

    @Override
     public void encode(ChannelHandlerContext ctx, Integer msg, List<Object>
out)
            throws Exception {
        out.add(String.valueOf(msg));  // (2)
    }
}
```

上述示例将 Integer 消息编码为 String 消息，主要分为以下两步。

（1）实现继承自 MessageToMessageEncoder。

（2）将 Integer 转为 String，并添加到 MessageBuf。

上述例子的处理流程如图 7-5 所示。

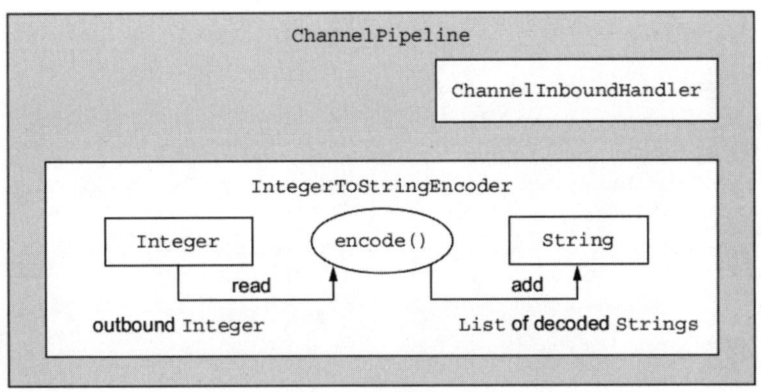


图 7–5 将 Integer 消息编码为 String 消息

# 7.5 实战：自定义编码器

本节将介绍如何自定义编码器。本节的示例除了演示编码器的使用之外，还演示了如何定义简单的消息通信协议。

## 7.5.1 ▶ 定义消息通信协议

消息通信协议是连接客户端和服务器的“密语”，只有熟知双方的通信协议，客户端和服务器才能正常识别消息的内容。常见的消息通信协议有 HTTP、MQTT、XMPP、STOMP、AMQP 和 RTMP 等。

表 7–1 展示了消息通信协议的内容格式。

**表 7–1 消息通信协议的内容格式**

| 类型 | 名称 | 字节序列 | 取值范围 | 备注 |
|---|---|---|---|---|
| 消息头 | msgType | 0 | 0x00-0xff | 消息类型 |
| 消息头 | len | 1-4 | 0-2147483647 | 消息体长度 |
| 消息体 | body | 变长 | 0- | 消息体 |

从上述协议中可以看出，消息主要由消息头和消息体组成，并说明如下。

- msgType 表示消息的类型。在本节示例中，请求用 EMGW_LOGIN_REQ（0x00）表示，响应用 EMGW_LOGIN_RES（0x01）表示。
- len 表示消息体的长度。
- body 表示消息体。

定义了如下 MsgType 枚举类型来表示消息类型。

```
package com.waylau.netty.demo.encoder;

public enum MsgType {
    EMGW_LOGIN_REQ((byte) 0x00),
    EMGW_LOGIN_RES((byte) 0x01);

    private byte value;

    public byte getValue() {
        return value;
    }

    private MsgType(byte value) {
        this.value = value;
    }
}
```

消息头类 MsgHeader 定义如下。

```
package com.waylau.netty.demo.encoder;

public class MsgHeader {
    private byte msgType; // 消息类型
    private int len; // 长度

    public MsgHeader() {
    }

    public MsgHeader(byte msgType, int len) {
        this.msgType = msgType;
        this.len = len;
    }

    public byte getMsgType() {
        return msgType;
    }

    public void setMsgType(byte msgType) {
        this.msgType = msgType;
    }

    public int getLen() {
        return len;
    }

    public void setLen(int len) {
        this.len = len;
```

```
    }

}
```

消息类Msg定义如下。

```
package com.waylau.netty.demo.encoder;

public class Msg {

    private MsgHeader msgHeader = new MsgHeader();
    private String body;

    public MsgHeader getMsgHeader() {
        return msgHeader;
    }

    public void setMsgHeader(MsgHeader msgHeader) {
        this.msgHeader = msgHeader;
    }

    public String getBody() {
        return body;
    }

    public void setBody(String body) {
        this.body = body;
    }

}
```

## 7.5.2 ▶ 定义编码器

定义编码器MyEncoder如下。

```
package com.waylau.netty.demo.encoder;

import java.nio.charset.Charset;

import io.netty.buffer.ByteBuf;
import io.netty.channel.ChannelHandlerContext;
import io.netty.handler.codec.MessageToByteEncoder;

public class MyEncoder extends MessageToByteEncoder<Msg> {

    @Override
    protected void encode(ChannelHandlerContext ctx,
```

```
            Msg msg, ByteBuf out) throws Exception {
        if (msg == null | msg.getMsgHeader() == null) {
            throw new Exception("The encode message is null");
        }

        // 获取消息头
        MsgHeader header = msg.getMsgHeader();

        // 获取消息体
        String body = msg.getBody();
        byte[] bodyBytes = body.getBytes(Charset.forName("utf-8"));

        // 计算消息体的长度
        int bodySize = bodyBytes.length;

        System.out.printf("MyEncoder header: %s, body: %s",
              header.getMsgType(), body);

        out.writeByte(MsgType.EMGW_LOGIN_RES.getValue());
        out.writeInt(bodySize);
        out.writeBytes(bodyBytes);
    }

}
```

MyEncoder 会将 Msg 消息转为 ByteBuf 类型。

### 7.5.3 ▶ 定义解码器

解码器的内容在前面章节也已经介绍，本节要实现的解码器代码如下。

```
package com.waylau.netty.demo.encoder;

import io.netty.buffer.ByteBuf;
import io.netty.channel.ChannelHandlerContext;
import io.netty.handler.codec.LengthFieldBasedFrameDecoder;

public class MyDecoder extends LengthFieldBasedFrameDecoder {

    private static final int MAX_FRAME_LENGTH = 1024 * 1024;
    private static final int LENGTH_FIELD_LENGTH = 4;
    private static final int LENGTH_FIELD_OFFSET = 1;
    private static final int LENGTH_ADJUSTMENT = 0;
    private static final int INITIAL_BYTES_TO_STRIP = 0;

    private static final int HEADER_SIZE = 5;
    private byte msgType; // 消息类型
    private int len; // 长度
```

```
    public MyDecoder() {
        super(MAX_FRAME_LENGTH,
                LENGTH_FIELD_OFFSET, LENGTH_FIELD_LENGTH,
                LENGTH_ADJUSTMENT, INITIAL_BYTES_TO_STRIP);
    }

    @Override
    protected Msg decode(ChannelHandlerContext ctx,
            ByteBuf in2) throws Exception {
        ByteBuf in = (ByteBuf) super.decode(ctx, in2);
        if (in == null) {
            return null;
        }

        // 校验头长度
        if (in.readableBytes() < HEADER_SIZE) {
            return null;
        }

        msgType = in.readByte();
        len = in.readInt();

        // 校验消息体长度
        if (in.readableBytes() < len) {
            return null;
        }

        ByteBuf buf = in.readBytes(len);
        byte[] req = new byte[buf.readableBytes()];
        buf.readBytes(req);
        String body = new String(req, "UTF-8");

        // ByteBuf 转为 Msg 类型
        Msg msg = new Msg();
        MsgHeader msgHeader = new MsgHeader(msgType, len);
        msg.setBody(body);
        msg.setMsgHeader(msgHeader);
        return msg;
    }
}
```

MyDecoder 集成自 Netty 内嵌的解码器 LengthFieldBasedFrameDecoder。LengthFieldBasedFrameDecoder 是一种基于灵活长度的解码器。在数据包中，加了一个长度字段，保存上层包的长度。解码时，会按照这个长度，进行上层 ByteBuf 应用包的提取。其中，初始化 LengthFieldBasedFrameDecoder 时，需要指定以下参数。

- maxFrameLength：发送的数据包最大长度。

- lengthFieldOffset：长度域偏移量，指的是长度域位于整个数据包字节数组中的下标。
- lengthFieldLength：长度域的字节数长度。
- lengthAdjustment：长度域的偏移量矫正。如果长度域的值，除了包含有效数据域的长度外，还包含了其他域（如长度域自身）长度，就需要进行矫正。矫正的值为包长 – 长度域的值 – 长度域偏移 – 长度域长。
- initialBytesToStrip：丢弃的起始字节数。丢弃处于有效数据前面的字节数量。

## 7.5.4 ▶ 定义服务器 ChannelHandler

服务器 MyServerHandler 的定义如下。

```
package com.waylau.netty.demo.encoder;

import io.netty.channel.Channel;
import io.netty.channel.ChannelHandlerContext;
import io.netty.channel.SimpleChannelInboundHandler;

public class MyServerHandler extends SimpleChannelInboundHandler<Object> {

    @Override
    protected void channelRead0(ChannelHandlerContext ctx,
            Object obj) throws Exception {
        Channel incoming = ctx.channel();

        if (obj instanceof Msg) {
            Msg msg = (Msg) obj;
            System.out.println("Client->Server:"
                + incoming.remoteAddress() + msg.getBody());
            incoming.write(obj);
        }
    }

    @Override
    public void channelReadComplete(ChannelHandlerContext ctx) throws Exception {
        ctx.flush();
    }
}
```

MyServerHandler 逻辑比较简单，只是把收到的消息内容打印出来。

## 7.5.5 ▶ 定义客户端 ChannelHandler

客户端 MyClientHandler 的定义如下。

```
package com.waylau.netty.demo.codec;
```

```
import io.netty.channel.Channel;
import io.netty.channel.ChannelHandlerContext;
import io.netty.channel.SimpleChannelInboundHandler;

public class MyClientHandler extends SimpleChannelInboundHandler<Object> {

    @Override
    protected void channelRead0(ChannelHandlerContext ctx,
            Object obj) throws Exception {
        Channel incoming = ctx.channel();

        if (obj instanceof Msg) {
            Msg msg = (Msg) obj;
            System.out.println("Server->Client:"
                    + incoming.remoteAddress() + msg.getBody());
        } else {
            System.out.println("Server->Client:"
                    + incoming.remoteAddress() + obj.toString());
        }
    }

}
```

MyClientHandler 逻辑比较简单，只是把收到的消息内容打印出来。

## 7.5.6 ▶ 定义服务器主程序

服务器主程序 MyServer 的定义如下。

```
package com.waylau.netty.demo.encoder;

import io.netty.bootstrap.ServerBootstrap;
import io.netty.channel.ChannelFuture;
import io.netty.channel.ChannelInitializer;
import io.netty.channel.ChannelOption;
import io.netty.channel.EventLoopGroup;
import io.netty.channel.nio.NioEventLoopGroup;
import io.netty.channel.socket.SocketChannel;
import io.netty.channel.socket.nio.NioServerSocketChannel;

public class MyServer {

    private int port;

    public MyServer(int port) {
        this.port = port;
    }
```

```
    public void run() throws Exception {
        EventLoopGroup bossGroup = new NioEventLoopGroup();
        EventLoopGroup workerGroup = new NioEventLoopGroup();
        try {
            ServerBootstrap b = new ServerBootstrap();
            b.group(bossGroup, workerGroup)
            .channel(NioServerSocketChannel.class)
            .childHandler(new ChannelInitializer<SocketChannel>() {
                @Override
                public void initChannel(SocketChannel ch) throws Exception {
                    ch.pipeline().addLast("decoder", new MyDecoder());
                    ch.pipeline().addLast("encoder", new MyEncoder());
                    ch.pipeline().addLast(new MyServerHandler());
                }
            }).option(ChannelOption.SO_BACKLOG, 128)
            .childOption(ChannelOption.SO_KEEPALIVE, true);

            ChannelFuture f = b.bind(port).sync();

            System.out.println("Server start listen at " + port);

            f.channel().closeFuture().sync();

        } finally {
            workerGroup.shutdownGracefully();
            bossGroup.shutdownGracefully();
        }
    }

    public static void main(String[] args) throws Exception {
        int port;
        if (args.length > 0) {
            port = Integer.parseInt(args[0]);
        } else {
            port = 8082;
        }
        new MyServer(port).run();
    }

}
```

注意添加到 ChannelPipeline 的 ChannelHandler 的顺序，MyDecoder 在前，MyEncoder 在后，业务处理的 MyServerHandler 在最后。

## 7.5.7 ▶ 定义客户端主程序

客户端主程序 MyServer 的定义如下。

```
package com.waylau.netty.demo.encoder;

import java.nio.charset.Charset;

import io.netty.bootstrap.Bootstrap;
import io.netty.channel.ChannelFuture;
import io.netty.channel.ChannelInitializer;
import io.netty.channel.ChannelOption;
import io.netty.channel.EventLoopGroup;
import io.netty.channel.nio.NioEventLoopGroup;
import io.netty.channel.socket.SocketChannel;
import io.netty.channel.socket.nio.NioSocketChannel;

public class MyClient {

    private String host;
    private int port;

    public MyClient(String host, int port) {
        this.host = host;
        this.port = port;
    }

    public void run() throws InterruptedException {

        EventLoopGroup workerGroup = new NioEventLoopGroup();

        try {
            Bootstrap b = new Bootstrap();
            b.group(workerGroup);
            b.channel(NioSocketChannel.class);
            b.option(ChannelOption.SO_KEEPALIVE, true);
            b.handler(new ChannelInitializer<SocketChannel>() {
                @Override
                public void initChannel(SocketChannel ch) throws Exception {
                    ch.pipeline().addLast("decoder", new MyDecoder());
                    ch.pipeline().addLast("encoder", new MyEncoder());
                    ch.pipeline().addLast(new MyClientHandler());

                }
            });

            // 启动客户端
            ChannelFuture f = b.connect(host, port).sync();
```

```
            while (true) {

                // 发送消息给服务器
                Msg msg = new Msg();
                MsgHeader msgHeader = new MsgHeader();
                msgHeader.setMsgType(MsgType.EMGW_LOGIN_REQ.getValue());
                String body = "床前明月光，疑是地上霜。举头望明月，低头思故乡。";

                byte[] bodyBytes = body.getBytes(Charset.forName("utf-8"));
                int bodySize = bodyBytes.length;
                msgHeader.setLen(bodySize);
                msg.setMsgHeader(msgHeader);
                msg.setBody(body);

                f.channel().writeAndFlush(msg);
                Thread.sleep(2000);
            }
        } finally {
            workerGroup.shutdownGracefully();
        }
    }

    public static void main(String[] args) throws InterruptedException {
        new MyClient("localhost", 8082).run();
    }

}
```

注意添加到 ChannelPipeline 的 ChannelHandler 的顺序，MyDecoder 在前，MyEncoder 在后，业务处理的 MyClientHandler 在最后。

上述客户端程序，会每隔 2 秒给服务器发送一次消息。

### 7.5.8 ▶ 测试

分别运行服务器和客户端。

客户端输出如下。

```
MyEncoder header: 0, body: 床前明月光，疑是地上霜。举头望明月，低头思故乡。Server->Client:localhost/127.0.0.1:8082 床前明月光，疑是地上霜。举头望明月，低头思故乡。
MyEncoder header: 0, body: 床前明月光，疑是地上霜。举头望明月，低头思故乡。Server->Client:localhost/127.0.0.1:8082 床前明月光，疑是地上霜。举头望明月，低头思故乡。
MyEncoder header: 0, body: 床前明月光，疑是地上霜。举头望明月，低头思故乡。Server->Client:localhost/127.0.0.1:8082 床前明月光，疑是地上霜。举头望明月，低头思故乡。
MyEncoder header: 0, body: 床前明月光，疑是地上霜。举头望明月，低头思故乡。Server->Client:localhost/127.0.0.1:8082 床前明月光，疑是地上霜。举头望明月，低头思故乡。
```

```
MyEncoder header: 0, body: 床前明月光，疑是地上霜。举头望明月，低头思故乡。Server->Client:localhost/127.0.0.1:8082 床前明月光，疑是地上霜。举头望明月，低头思故乡。
MyEncoder header: 0, body: 床前明月光，疑是地上霜。举头望明月，低头思故乡。Server->Client:localhost/127.0.0.1:8082 床前明月光，疑是地上霜。举头望明月，低头思故乡。
MyEncoder header: 0, body: 床前明月光，疑是地上霜。举头望明月，低头思故乡。Server->Client:localhost/127.0.0.1:8082 床前明月光，疑是地上霜。举头望明月，低头思故乡。
```

服务器输出如下。

```
Server start listen at 8082
Client->Server:/127.0.0.1:51312 床前明月光，疑是地上霜。举头望明月，低头思故乡。
MyEncoder header: 1, body: 床前明月光，疑是地上霜。举头望明月，低头思故乡。Client->Server:/127.0.0.1:51312 床前明月光，疑是地上霜。举头望明月，低头思故乡。
MyEncoder header: 1, body: 床前明月光，疑是地上霜。举头望明月，低头思故乡。Client->Server:/127.0.0.1:51312 床前明月光，疑是地上霜。举头望明月，低头思故乡。
MyEncoder header: 1, body: 床前明月光，疑是地上霜。举头望明月，低头思故乡。Client->Server:/127.0.0.1:51312 床前明月光，疑是地上霜。举头望明月，低头思故乡。
MyEncoder header: 1, body: 床前明月光，疑是地上霜。举头望明月，低头思故乡。Client->Server:/127.0.0.1:51312 床前明月光，疑是地上霜。举头望明月，低头思故乡。
MyEncoder header: 1, body: 床前明月光，疑是地上霜。举头望明月，低头思故乡。Client->Server:/127.0.0.1:51312 床前明月光，疑是地上霜。举头望明月，低头思故乡。
MyEncoder header: 1, body: 床前明月光，疑是地上霜。举头望明月，低头思故乡。Client->Server:/127.0.0.1:51312 床前明月光，疑是地上霜。举头望明月，低头思故乡。
MyEncoder header: 1, body: 床前明月光，疑是地上霜。举头望明月，低头思故乡。
```

本节示例，可以在 com.waylau.netty.demo.encoder 包下找到。

## 7.6 编解码器

在前面章节，分别将解码器和编码器作为不同的实体进行了讨论。其实针对编码和解码，Netty 还提供了第 3 种方式，那就是编解码器。编解码器顾名思义，就是结合了编码和解码功能的程序。编解码器能够把入站和出站的数据和信息转换都放在同一个类中，对于某些场景来说显得更实用。

### 7.6.1 编解码器概述

Netty 提供了抽象的编解码器类，能把一些成对的解码器和编码器组合在一起，以此来提供对字节和消息都相同的操作。这些类实现了 ChannelInboundHandler 接口和 ChannelOutboundHandler 接口。

Netty 的编解码器抽象类主要有以下两种。

- 实现从字节到消息的编解码（ByteToMessageCodec）。
- 实现从消息到消息的编解码（MessageToMessageCodec）。

### 7.6.2 ▶ ByteToMessageCodec 抽象类

ByteToMessageCodec 抽象类用于将字节实时编码 / 解码为消息的编解码器，可以将其视为 ByteToMessageDecoder 和 MessageToByteEncoder 的组合。需要注意的是，ByteToMessage Codec 的子类绝不能使用 @Sharable 进行注释。

ByteToMessageCodec 抽象类的核心代码如下。

```
package io.netty.handler.codec;

import io.netty.buffer.ByteBuf;
import io.netty.channel.ChannelDuplexHandler;
import io.netty.channel.ChannelHandlerContext;
import io.netty.channel.ChannelPromise;
import io.netty.util.internal.TypeParameterMatcher;

import java.util.List;

public abstract class ByteToMessageCodec<I> extends ChannelDuplexHandler {

    private final TypeParameterMatcher outboundMsgMatcher;
    private final MessageToByteEncoder<I> encoder;

    private final ByteToMessageDecoder decoder =
            new ByteToMessageDecoder() {
        @Override
        public void decode(ChannelHandlerContext ctx,
                ByteBuf in, List<Object> out) throws Exception {
            ByteToMessageCodec.this.decode(ctx, in, out);
        }

        @Override
        protected void decodeLast(ChannelHandlerContext ctx,
                ByteBuf in, List<Object> out) throws Exception {
            ByteToMessageCodec.this.decodeLast(ctx, in, out);
        }
    };

    protected ByteToMessageCodec() {
        this(true);
    }

    protected ByteToMessageCodec(Class<? extends I> outboundMessageType) {
        this(outboundMessageType, true);
```

```
    }

    protected ByteToMessageCodec(boolean preferDirect) {
        ensureNotSharable();
        outboundMsgMatcher =
            TypeParameterMatcher.find(this, ByteToMessageCodec.class, "I");
        encoder = new Encoder(preferDirect);
    }

    protected ByteToMessageCodec(Class<? extends I> outboundMessageType,
            boolean preferDirect) {
        ensureNotSharable();
        outboundMsgMatcher = TypeParameterMatcher.get(outboundMessageType);
        encoder = new Encoder(preferDirect);
    }

    public boolean acceptOutboundMessage(Object msg) throws Exception {
        return outboundMsgMatcher.match(msg);
    }

    @Override
    public void channelRead(ChannelHandlerContext ctx, Object msg)
            throws Exception {
        decoder.channelRead(ctx, msg);
    }

    @Override
    public void write(ChannelHandlerContext ctx, Object msg,
            ChannelPromise promise) throws Exception {
        encoder.write(ctx, msg, promise);
    }

    @Override
    public void channelReadComplete(ChannelHandlerContext ctx)
            throws Exception {
        decoder.channelReadComplete(ctx);
    }

    @Override
    public void channelInactive(ChannelHandlerContext ctx)
            throws Exception {
        decoder.channelInactive(ctx);
    }

    @Override
    public void handlerAdded(ChannelHandlerContext ctx)
            throws Exception {
        try {
            decoder.handlerAdded(ctx);
```

```
        } finally {
            encoder.handlerAdded(ctx);
        }
    }

    @Override
    public void handlerRemoved(ChannelHandlerContext ctx)
            throws Exception {
        try {
            decoder.handlerRemoved(ctx);
        } finally {
            encoder.handlerRemoved(ctx);
        }
    }

    protected abstract void encode(ChannelHandlerContext ctx,
            I msg, ByteBuf out) throws Exception;

    protected abstract void decode(ChannelHandlerContext ctx,
            ByteBuf in, List<Object> out) throws Exception;

    protected void decodeLast(ChannelHandlerContext ctx,
            ByteBuf in, List<Object> out) throws Exception {
        if (in.isReadable()) {
            decode(ctx, in, out);
        }
    }

    private final class Encoder extends MessageToByteEncoder<I> {
        Encoder(boolean preferDirect) {
            super(preferDirect);
        }

        @Override
        public boolean acceptOutboundMessage(Object msg) throws Exception {
            return ByteToMessageCodec.this.acceptOutboundMessage(msg);
        }

        @Override
        protected void encode(ChannelHandlerContext ctx,
                I msg, ByteBuf out) throws Exception {
            ByteToMessageCodec.this.encode(ctx, msg, out);
        }
    }
}
```

在上述代码中，重点关注以下方法。

- decode()：这是必须要实现的抽象方法，将入站 ByteBuf 转换为指定的消息格式，并将其转发到管道中的下一个ChannelInboundHandler。

- decodeLast()：Netty 提供的这个默认实现只是简单地调用了 decode() 方法。当 Channel 的状态变为非活动时，这个方法将会被调用一次。可以重写该方法以提供特殊的处理。
- encode()：该方法是开发者需要实现的抽象方法。对于每个将被编码并写入出站 ByteBuf 的消息来说，这个方法都将会被调用。

### 7.6.3 ▶ MessageToMessageCodec 抽象类

MessageToMessageCodec 抽象类用于将消息实时编码 / 解码为消息的编解码器，可以将其视为 MessageToMessageDecoder 和 MessageToMessageEncoder 的组合。

MessageToMessageCodec 抽象类的核心代码如下。

```
package io.netty.handler.codec;

import io.netty.channel.ChannelDuplexHandler;
import io.netty.channel.ChannelHandlerContext;
import io.netty.channel.ChannelPromise;
import io.netty.util.ReferenceCounted;
import io.netty.util.internal.TypeParameterMatcher;

import java.util.List;

public abstract class MessageToMessageCodec<INBOUND_IN, OUTBOUND_IN>
      extends ChannelDuplexHandler {

   private final MessageToMessageEncoder<Object> encoder =
         new MessageToMessageEncoder<Object>() {

      @Override
      public boolean acceptOutboundMessage(Object msg) throws Exception {
         return MessageToMessageCodec.this.acceptOutboundMessage(msg);
      }

      @Override
      @SuppressWarnings("unchecked")
      protected void encode(ChannelHandlerContext ctx,
            Object msg, List<Object> out) throws Exception {
         MessageToMessageCodec.this.encode(ctx, (OUTBOUND_IN) msg, out);
      }
   };

   private final MessageToMessageDecoder<Object> decoder =
         new MessageToMessageDecoder<Object>() {

      @Override
```

```
    public boolean acceptInboundMessage(Object msg) throws Exception {
        return MessageToMessageCodec.this.acceptInboundMessage(msg);
    }

    @Override
    @SuppressWarnings("unchecked")
    protected void decode(ChannelHandlerContext ctx,
            Object msg, List<Object> out) throws Exception {
        MessageToMessageCodec.this.decode(ctx, (INBOUND_IN) msg, out);
    }
};

private final TypeParameterMatcher inboundMsgMatcher;
private final TypeParameterMatcher outboundMsgMatcher;

protected MessageToMessageCodec() {
    inboundMsgMatcher =
            TypeParameterMatcher.find(this,
                    MessageToMessageCodec.class, "INBOUND_IN");
    outboundMsgMatcher =
            TypeParameterMatcher.find(this,
                    MessageToMessageCodec.class, "OUTBOUND_IN");
}

protected MessageToMessageCodec(
        Class<? extends INBOUND_IN> inboundMessageType,
        Class<? extends OUTBOUND_IN> outboundMessageType) {
    inboundMsgMatcher = TypeParameterMatcher.get(inboundMessageType);
    outboundMsgMatcher = TypeParameterMatcher.get(outboundMessageType);
}

@Override
public void channelRead(ChannelHandlerContext ctx, Object msg)
        throws Exception {
    decoder.channelRead(ctx, msg);
}

@Override
public void write(ChannelHandlerContext ctx, Object msg,
        ChannelPromise promise) throws Exception {
    encoder.write(ctx, msg, promise);
}

public boolean acceptInboundMessage(Object msg) throws Exception {
    return inboundMsgMatcher.match(msg);
}

public boolean acceptOutboundMessage(Object msg) throws Exception {
    return outboundMsgMatcher.match(msg);
```

```
    }

    protected abstract void encode(ChannelHandlerContext ctx,
           OUTBOUND_IN msg, List<Object> out) throws Exception;

    protected abstract void decode(ChannelHandlerContext ctx,
           INBOUND_IN msg, List<Object> out) throws Exception;
}
```

在上述代码中，重点关注以下方法。

- decode()：这是必须要实现的抽象方法，将入站消息（INBOUND_IN 类型）解码为消息。这些消息将转发到 ChannelPipeline 中的下一个 ChannelInboundHandler。
- encode()：该方法是开发者需要实现的抽象方法，将出站消息（OUTBOUND_IN 类型）编码为消息，然后将消息转发到 ChannelPipeline 中的下一个 ChannelOutboundHandler。

请注意，如果消息是 ReferenceCounted 类型，则需要对刚刚通过的消息调用 ReferenceCounted.retain()。这个调用是必须的，因为 MessageToMessageCodec 将在编码 / 解码的消息上调用 ReferenceCounted.release()。

以下是 MessageToMessageCodec 的示例，将 Integer 解码为 Long，然后将 Long 编码为 Integer。

```
public class NumberCodec extends
          MessageToMessageCodec<Integer, Long> {
    @Override
    public Long decode(ChannelHandlerContext ctx,
          Integer msg, List<Object> out) throws Exception {
       out.add(msg.longValue());
    }

    @Override
    public Integer encode(ChannelHandlerContext ctx,
          Long msg, List<Object> out) throws Exception {
       out.add(msg.intValue());
    }
}
```

### 7.6.4 ▶ ChannelDuplexHandler 类

观察 ByteToMessageCodec 和 MessageToMessageCodec 的源码，发现它们都是继承自 ChannelDuplexHandler 类。ChannelDuplexHandler 类是 ChannelHandler 的一个实现，表示 ChannelInboundHandler 和 ChannelOutboundHandler 的组合。如果 ChannelHandler 的实现需要拦截操作及状态更新，则这个 ChannelDuplexHandler 类会是一个很好的起点。

### 7.6.5 ▶ CombinedChannelDuplexHandler 类

CombinedChannelDuplexHandler 类是 ChannelDuplexHandler 类的子类，用于将 ChannelInboundHandler 和 ChannelOutboundHandler 组合到一个 ChannelHandler 中去。

在前面章节的示例中，解码器和编码器都是分开实现的。在不动现有代码的基础上，可以使用 CombinedChannelDuplexHandler 类轻松实现一个编解码器，唯一要做的就是通过 CombinedChannelDuplexHandler 类来对解码器和编码器进行组合。

例如，有一个解码器 ByteToCharDecoder，代码如下。

```
public class ByteToCharDecoder extends
        ByteToMessageDecoder {

    @Override
    public void decode(ChannelHandlerContext ctx,
            ByteBuf in, List<Object> out) throws Exception {
        if (in.readableBytes() >= 2) {
            out.add(in.readChar());
        }
    }
}
```

ByteToCharDecoder 用于从 ByteBuf 中提取 2 个字节长度的字符，并将它们作为 char 写入到 List 中，其将会被自动装箱为 Character 对象。

编码器 CharToByteEncoder 的代码如下。

```
public class CharToByteEncoder extends
        MessageToByteEncoder<Character> {

    @Override
    public void encode(ChannelHandlerContext ctx,
            Character msg, ByteBuf out) throws Exception {
        out.writeChar(msg);
    }
}
```

CharToByteEncoder 编码 char 消息到 ByteBuf。

现在有编码器和解码器了，需要将它们组成一个编解码器。CombinedByteCharCodec 代码如下。

```
public class CombinedByteCharCodec
    extends CombinedChannelDuplexHandler<ByteToCharDecoder,
            CharToByteEncoder> {
    public CombinedByteCharCodec() {
        super(new ByteToCharDecoder(), new CharToByteEncoder());
    }
}
```

CombinedByteCharCodec 的参数是解码器和编码器，通过父类的构造函数使它们结合起来。用上述方式来组合编码器和解码器，使程序更简单、更灵活，避免编写多个编解码器类。

当然，是否使用 CombinedByteCharCodec 取决于具体的项目风格，没有绝对的好坏。

## 7.7 实战：自定义编解码器

通过上一节了解了 CombinedChannelDuplexHandler 类可以组合现有的编码器和解码器，从而生成了新的编解码器。本节以 7.5 节中的示例为基础，通过 CombinedChannelDuplexHandler 类来演示如何自定义编解码器。

### 7.7.1 ▶ 现有的编码器和解码器

在 7.5 节中，实现了编码器 MyEncoder 和解码器 MyDecoder。其中，编码器 MyEncoder 的代码如下。

```
package com.waylau.netty.demo.codec;

import java.nio.charset.Charset;

import io.netty.buffer.ByteBuf;
import io.netty.channel.ChannelHandlerContext;
import io.netty.handler.codec.MessageToByteEncoder;

public class MyEncoder extends MessageToByteEncoder<Msg> {

    @Override
    protected void encode(ChannelHandlerContext ctx,
            Msg msg, ByteBuf out) throws Exception {
        if (msg == null | msg.getMsgHeader() == null) {
            throw new Exception("The encode message is null");
        }

        // 获取消息头
        MsgHeader header = msg.getMsgHeader();

        // 获取消息体
        String body = msg.getBody();
        byte[] bodyBytes = body.getBytes(Charset.forName("utf-8"));
```

```
        // 计算消息体的长度
        int bodySize = bodyBytes.length;

        System.out.printf("MyEncoder header: %s, body: %s",
                header.getMsgType(), body);

        out.writeByte(MsgType.EMGW_LOGIN_RES.getValue());
        out.writeInt(bodySize);
        out.writeBytes(bodyBytes);
    }

}
```

解码器 MyDecoder 的代码如下。

```
package com.waylau.netty.demo.codec;

import io.netty.buffer.ByteBuf;
import io.netty.channel.ChannelHandlerContext;
import io.netty.handler.codec.LengthFieldBasedFrameDecoder;

public class MyDecoder extends LengthFieldBasedFrameDecoder {

    private static final int MAX_FRAME_LENGTH = 1024 * 1024;
    private static final int LENGTH_FIELD_LENGTH = 4;
    private static final int LENGTH_FIELD_OFFSET = 1;
    private static final int LENGTH_ADJUSTMENT = 0;
    private static final int INITIAL_BYTES_TO_STRIP = 0;

    private static final int HEADER_SIZE = 5;
    private byte msgType; // 消息类型
    private int len; // 长度

    public MyDecoder() {
        super(MAX_FRAME_LENGTH,
                LENGTH_FIELD_OFFSET, LENGTH_FIELD_LENGTH,
                LENGTH_ADJUSTMENT, INITIAL_BYTES_TO_STRIP);
    }

    @Override
    protected Msg decode(ChannelHandlerContext ctx,
            ByteBuf in2) throws Exception {
        ByteBuf in = (ByteBuf) super.decode(ctx, in2);
        if (in == null) {
            return null;
        }

        // 校验头长度
```

```
        if (in.readableBytes() < HEADER_SIZE) {
            return null;
        }

        msgType = in.readByte();
        len = in.readInt();

        // 校验消息体长度
        if (in.readableBytes() < len) {
            return null;
        }

        ByteBuf buf = in.readBytes(len);
        byte[] req = new byte[buf.readableBytes()];
        buf.readBytes(req);
        String body = new String(req, "UTF-8");

        // ByteBuf 转为 Msg 类型
        Msg msg = new Msg();
        MsgHeader msgHeader = new MsgHeader(msgType, len);
        msg.setBody(body);
        msg.setMsgHeader(msgHeader);
        return msg;
    }
}
```

这些代码无须做任何改动。

## 7.7.2 ▶ 自定义编解码器

使用 CombinedChannelDuplexHandler 类对编码器 MyEncoder 和解码器 MyDecoder 进行组合，代码如下。

```
package com.waylau.netty.demo.codec;

import io.netty.channel.CombinedChannelDuplexHandler;

public class MyCodec
        extends CombinedChannelDuplexHandler<MyDecoder, MyEncoder> {
    public MyCodec() {
        super(new MyDecoder(), new MyEncoder());
    }

}
```

## 7.7.3 ▶ 使用编解码器

分别修改 MyServer 和 MyClient 类，添加编解码器，修改代码如下。

```
@Override
public void initChannel(SocketChannel ch) throws Exception {
    // 添加编解码器
    ch.pipeline().addLast("codec", new MyCodec());
    ch.pipeline().addLast(new MyServerHandler());
}
```

上述代码将原来的 MyDecoder 和 MyEncoder 从 ChannelPipeline 中剔除掉了，取而代之是 MyCodec。

## 7.7.4 ▶ 测试

分别运行服务器和客户端。

客户端输出如下。

```
MyEncoder header: 0, body: 床前明月光，疑是地上霜。举头望明月，低头思故乡。Server->Client:localhost/127.0.0.1:8082 床前明月光，疑是地上霜。举头望明月，低头思故乡。
MyEncoder header: 0, body: 床前明月光，疑是地上霜。举头望明月，低头思故乡。Server->Client:localhost/127.0.0.1:8082 床前明月光，疑是地上霜。举头望明月，低头思故乡。
MyEncoder header: 0, body: 床前明月光，疑是地上霜。举头望明月，低头思故乡。Server->Client:localhost/127.0.0.1:8082 床前明月光，疑是地上霜。举头望明月，低头思故乡。
MyEncoder header: 0, body: 床前明月光，疑是地上霜。举头望明月，低头思故乡。Server->Client:localhost/127.0.0.1:8082 床前明月光，疑是地上霜。举头望明月，低头思故乡。
MyEncoder header: 0, body: 床前明月光，疑是地上霜。举头望明月，低头思故乡。Server->Client:localhost/127.0.0.1:8082 床前明月光，疑是地上霜。举头望明月，低头思故乡。
MyEncoder header: 0, body: 床前明月光，疑是地上霜。举头望明月，低头思故乡。Server->Client:localhost/127.0.0.1:8082 床前明月光，疑是地上霜。举头望明月，低头思故乡。
MyEncoder header: 0, body: 床前明月光，疑是地上霜。举头望明月，低头思故乡。Server->Client:localhost/127.0.0.1:8082 床前明月光，疑是地上霜。举头望明月，低头思故乡。
```

服务器输出如下。

```
Server start listen at 8082
Client->Server:/127.0.0.1:51312 床前明月光，疑是地上霜。举头望明月，低头思故乡。
MyEncoder header: 1, body: 床前明月光，疑是地上霜。举头望明月，低头思故乡。Client->Server:/127.0.0.1:51312 床前明月光，疑是地上霜。举头望明月，低头思故乡。
MyEncoder header: 1, body: 床前明月光，疑是地上霜。举头望明月，低头思故乡。Client->Server:/127.0.0.1:51312 床前明月光，疑是地上霜。举头望明月，低头思故乡。
MyEncoder header: 1, body: 床前明月光，疑是地上霜。举头望明月，低头思故乡。Client->Server:/127.0.0.1:51312 床前明月光，疑是地上霜。举头望明月，低头思故乡。
MyEncoder header: 1, body: 床前明月光，疑是地上霜。举头望明月，低头思故乡。Client->Server:/127.0.0.1:51312 床前明月光，疑是地上霜。举头望明月，低头思故乡。
MyEncoder header: 1, body: 床前明月光，疑是地上霜。举头望明月，低头思故乡。Client-
```

```
>Server:/127.0.0.1:51312床前明月光，疑是地上霜。举头望明月，低头思故乡。
MyEncoder header: 1, body: 床前明月光，疑是地上霜。举头望明月，低头思故乡。Client-
>Server:/127.0.0.1:51312床前明月光，疑是地上霜。举头望明月，低头思故乡。
MyEncoder header: 1, body: 床前明月光，疑是地上霜。举头望明月，低头思故乡。
```

本节示例，可以在 com.waylau.netty.demo.codec 包下找到。

## 7.8 序列化数据

序列化数据是很常见的操作。Java 提供了 ObjectOutputStream 和 ObjectInputStream，用于通过网络对 POJO 的基本数据类型和图进行序列化与反序列化。当然，Java 原生的序列化工具在性能及使用场景上有所限制，因此业界也提供了非常多的序列化框架，如 JBoss Marshalling、Protocol Buffers 等。

Netty 提供了对常用序列化工具的支持。

### 7.8.1 Java 原生序列化

使用 Java 原生序列化的好处是不必引入第三方包，而是可以直接使用 ObjectOutputStream 和 ObjectInputStream 接口即可实现与远程节点的交互，并且在 Java 平台上有较好的兼容性。

Netty 支持 Java 原生序列化，为此，Netty 提供了以下序列化类。

- CompatibleObjectDecoder：和使用 Java 序列化的非基于 Netty 的远程节点进行互操作的解码器。
- CompatibleObjectEncoder：和使用 Java 序列化的非基于 Netty 的远程节点进行互操作的编码器。
- ObjectDecoder：构建于 Java 序列化之上的使用自定义的序列化来解码的解码器；当没有其他的外部依赖时，它提供了速度上的改进。否则其他的序列化实现更加可取。
- ObjectEncoder：构建于 Java 序列化之上的使用自定义的序列化来编码的编码器；当没有其他的外部依赖时，它提供了速度上的改进。否则其他的序列化实现更加可取。

### 7.8.2 JBoss Marshalling 序列化

JBoss Marshalling 是一种可选的序列化 API，它修复了在 Java 原生序列化 API 中所发现的许多问题，同时保留了与 java.io.Serializable 及其相关类的兼容性，并添加了几个新的可调优参数及额外的特性，这些都可以通过工厂配置（如外部序列化器、类/实例查找表、类解析以及对象替换等）实现可插拔。

Netty 为 Boss Marshalling 提供了以下支持。

- CompatibleMarshallingDecoder。
- CompatibleMarshallingEncoder。
- MarshallingDecoder。
- MarshallingEncoder。

其中，CompatibleMarshallingDecoder 和 CompatibleMarshallingEncoder 与只使用 Java 原生序列化的远程节点兼容，而 MarshallingDecoder 和 MarshallingEncoder 适用于使用 JBoss Marshalling 的节点。

以下是 JBoss Marshalling 序列化的示例。

```
public class MarshallingInitializer extends ChannelInitializer<Channel> {
    private final MarshallerProvider marshallerProvider;
    private final UnmarshallerProvider unmarshallerProvider;

    public MarshallingInitializer(UnmarshallerProvider unmarshallerProvider,
            MarshallerProvider marshallerProvider) {
        this.marshallerProvider = marshallerProvider;
        this.unmarshallerProvider = unmarshallerProvider;
    }

    @Override
    protected void initChannel(Channel channel) throws Exception {
        ChannelPipeline pipeline = channel.pipeline();

        // 添加解码器
        pipeline.addLast(new MarshallingDecoder(unmarshallerProvider));

        // 添加编码器
        pipeline.addLast(new MarshallingEncoder(marshallerProvider));

        pipeline.addLast(new ObjectHandler());
    }

    public static final class ObjectHandler
            extends SimpleChannelInboundHandler<Serializable> {
        @Override
        public void channelRead0(ChannelHandlerContext channelHandlerContext,
                Serializable serializable) throws Exception {
            // ...
        }
    }
}
```

## 7.8.3 ▶ Protocol Buffers 序列化

Protocol Buffers 是一种由 Google 公司开发的、现在已经开源的数据交换格式。

Protocol Buffers 以一种紧凑而高效的方式对结构化的数据进行编码及解码。它具有许多的编程语言绑定，使得它很适合跨语言的项目。

以下是 Netty 支持 Protocol Buffers 所提供的 ChannelHandler 实现。

- ProtobufDecoder：使用 Protocol Buffers 对消息进行解码。
- ProtobufEncoder：使用 Protocol Buffers 对消息进行编码。
- ProtobufVarint32FrameDecoder：根据消息中的 Protocol Buffers 的 “Base 128 Varints” 整型长度字段值动态地分割所接收到的 ByteBuf。
- ProtobufVarint32LengthFieldPrepender：在 ByteBuf 前追加一个 Protocol Buffers 的 “Base 128 Varints” 整型的长度字段值。

以下是 Protocol Buffers 序列化的示例。

```
public class ProtoBufInitializer extends ChannelInitializer<Channel> {
    private final MessageLite lite;

    public ProtoBufInitializer(MessageLite lite) {
        this.lite = lite;
    }

    @Override
    protected void initChannel(Channel ch) throws Exception {
        ChannelPipeline pipeline = ch.pipeline();

        // 添加解码器
        pipeline.addLast(new ProtobufVarint32FrameDecoder());

        // 添加编码器
        pipeline.addLast(new ProtobufEncoder());

        // 添加解码器
        pipeline.addLast(new ProtobufDecoder(lite));

        pipeline.addLast(new ObjectHandler());
    }

    public static final class ObjectHandler
        extends SimpleChannelInboundHandler<Object> {
            @Override
            public void channelRead0(ChannelHandlerContext ctx, Object msg)
                    throws Exception {
                // ...
            }
    }
}
```

# 7.9 实战：基于 Netty 的对象序列化

除第三方的序列化方案外，其实Netty自身提供了对象的序列化方案，那就是ObjectDecoder和ObjectEncoder。本节将演示这一特性。

## 7.9.1 ▶ 定义序列化对象

SerializationBean是一个用于待序列化的对象，代码如下。

```
package com.waylau.netty.demo.codec.serialization;

import java.io.Serializable;

public class SerializationBean implements Serializable {

    private static final long serialVersionUID = 3235432002462705915L;
    private int age;
    private String name;

    public int getAge() {
        return age;
    }

    public void setAge(int age) {
        this.age = age;
    }

    public String getName() {
        return name;
    }

    public void setName(String name) {
        this.name = name;
    }

}
```

SerializationBean实现了Serializable接口，并有age和name两个属性。toString方法用于将这两个属性值打印出来，以观察序列化的结果。

## 7.9.2 ▶ 定义服务器处理器

服务器处理器 SerializationServerHandler 的定义如下。

```
package com.waylau.netty.demo.codec.serialization;

import io.netty.channel.ChannelHandlerContext;
import io.netty.channel.SimpleChannelInboundHandler;

public class SerializationServerHandler
        extends SimpleChannelInboundHandler<Object> {

    @Override
    protected void channelRead0(ChannelHandlerContext ctx,
            Object obj) throws Exception {
        if (obj instanceof SerializationBean) {
            SerializationBean user = (SerializationBean) obj;
            ctx.writeAndFlush(user);
            System.out.println("Client -> Server: " + user);
        }
    }

}
```

该处理器业务逻辑较为简单，先判断接收到的消息对象是不是 SerializationBean 类型，如果是则将消息对象的内容打印出来。

## 7.9.3 ▶ 定义服务器 ChannelInitializer

定义服务器 ChannelInitializer，代码如下。

```
package com.waylau.netty.demo.codec.serialization;

import io.netty.channel.Channel;
import io.netty.channel.ChannelInitializer;
import io.netty.channel.ChannelPipeline;
import io.netty.handler.codec.serialization.ClassResolvers;
import io.netty.handler.codec.serialization.ObjectDecoder;
import io.netty.handler.codec.serialization.ObjectEncoder;

public class SerializationServerInitializer
        extends ChannelInitializer<Channel> {

    private final static int MAX_OBJECT_SIZE = 1024 * 1024;

    @Override
    protected void initChannel(Channel ch) throws Exception {
```

```
        ChannelPipeline pipeline = ch.pipeline();
        pipeline.addLast(new ObjectDecoder(MAX_OBJECT_SIZE,
                ClassResolvers.weakCachingConcurrentResolver(
                    this.getClass().getClassLoader())));
        pipeline.addLast(new ObjectEncoder());
        pipeline.addLast(new SerializationServerHandler());
    }
}
```

在 ChannelPipeline 中先添加 ObjectDecoder，再添加 ObjectEncoder，最后才是业务处理器。这里需要注意的是，在定义 ObjectDecoder 时，限制了对象的长度，如果超过 MAX_OBJECT_SIZE 的限制，则会抛出 StreamCorruptedException 异常。

### 7.9.4 ▶ 定义服务器启动类

服务器启动类的代码如下。

```
package com.waylau.netty.demo.codec.serialization;

import io.netty.bootstrap.ServerBootstrap;
import io.netty.channel.ChannelFuture;
import io.netty.channel.ChannelOption;
import io.netty.channel.EventLoopGroup;
import io.netty.channel.nio.NioEventLoopGroup;
import io.netty.channel.socket.nio.NioServerSocketChannel;
import io.netty.handler.logging.LogLevel;
import io.netty.handler.logging.LoggingHandler;

public final class SerializationServer {

    static final int PORT = 8082;

    public static void main(String[] args) throws Exception {

        EventLoopGroup bossGroup = new NioEventLoopGroup(1);
        EventLoopGroup workerGroup = new NioEventLoopGroup();
        try {
            ServerBootstrap b = new ServerBootstrap();
            b.group(bossGroup, workerGroup)
             .channel(NioServerSocketChannel.class)
             .option(ChannelOption.SO_BACKLOG, 100)
             .childOption(ChannelOption.SO_KEEPALIVE, true)
             .handler(new LoggingHandler(LogLevel.INFO))
             .childHandler(new SerializationServerInitializer());

            ChannelFuture f = b.bind(PORT).sync();
```

```
            f.channel().closeFuture().sync();
        } finally {
            bossGroup.shutdownGracefully();
            workerGroup.shutdownGracefully();
        }
    }
}
```

上述代码较为简单，这里就不多解释了。

## 7.9.5 ▶ 定义客户端处理器

客户端处理器 SerializationClientHandler 的定义如下。

```
package com.waylau.netty.demo.codec.serialization;

import io.netty.channel.ChannelHandlerContext;
import io.netty.channel.SimpleChannelInboundHandler;

public class SerializationClientHandler extends
        SimpleChannelInboundHandler<Object> {

    @Override
    protected void channelRead0(ChannelHandlerContext ctx, Object obj)
            throws Exception {
        if (obj instanceof SerializationBean) {
            SerializationBean user = (SerializationBean) obj;
            System.out.println("Server -> Client: " + user);
        }

    }

}
```

该处理器业务逻辑较为简单，先判断接收到的消息对象是不是 SerializationBean 类型，如果是则将消息对象的内容打印出来。

## 7.9.6 ▶ 定义客户端 ChannelInitializer

定义客户端 ChannelInitializer，代码如下。

```
package com.waylau.netty.demo.codec.serialization;

import io.netty.channel.Channel;
import io.netty.channel.ChannelInitializer;
import io.netty.channel.ChannelPipeline;
```

```
import io.netty.handler.codec.serialization.ClassResolvers;
import io.netty.handler.codec.serialization.ObjectDecoder;
import io.netty.handler.codec.serialization.ObjectEncoder;

public class SerializationClientInitializer extends
        ChannelInitializer<Channel> {

    private final static int MAX_OBJECT_SIZE = 1024 * 1024;

    @Override
    protected void initChannel(Channel ch) throws Exception {
        ChannelPipeline pipeline = ch.pipeline();
        pipeline.addLast(new ObjectDecoder(MAX_OBJECT_SIZE,
                ClassResolvers.weakCachingConcurrentResolver(
                    this.getClass().getClassLoader())));
        pipeline.addLast(new ObjectEncoder());
        pipeline.addLast(new SerializationClientHandler());
    }
}
```

在 ChannelPipeline 中先添加 ObjectDecoder，再添加 ObjectEncoder，最后才是业务处理器。在定义 ObjectDecoder 时，同样限制了对象的长度，如果超过 MAX_OBJECT_SIZE 的限制，则会抛出 StreamCorruptedException 异常。

## 7.9.7 ▶ 定义客户端启动类

客户端启动类的代码如下。

```
package com.waylau.netty.demo.codec.serialization;

import io.netty.bootstrap.Bootstrap;
import io.netty.channel.Channel;
import io.netty.channel.EventLoopGroup;
import io.netty.channel.nio.NioEventLoopGroup;
import io.netty.channel.socket.nio.NioSocketChannel;

public class SerializationClient {

    public static void main(String[] args) throws Exception{
        new SerializationClient("localhost", 8082).run();
    }

    private final String host;
    private final int port;

    public SerializationClient(String host, int port){
        this.host = host;
```

```
        this.port = port;
    }

    public void run() throws Exception{
        EventLoopGroup group = new NioEventLoopGroup();
        try {
            Bootstrap bootstrap  = new Bootstrap()
                    .group(group)
                    .channel(NioSocketChannel.class)
                    .handler(new SerializationClientInitializer());

            Channel channel =
                    bootstrap.connect(host, port).sync().channel();

            SerializationBean user = new SerializationBean();

            for (int i = 0; i < 10; i++) {
                user = new SerializationBean();
                user.setAge(i);
                user.setName("waylau");
                channel.write(user);
            }
            channel.flush();

            // 等待连接关闭
            channel.closeFuture().sync();
        } catch (Exception e) {
            e.printStackTrace();
        } finally {
            group.shutdownGracefully();
        }

    }
}
```

上述业务逻辑较为简单，客户端在启动之后，会发送 10 个 SerializationBean 对象给服务器。

## 7.9.8 ▶ 测试

先启动服务器，再启动客户端，观察两者的控制台。

可以看到客户端控制台的输出内容如下。

```
Server -> Client: SerializationBean [age=0, name=waylau]
Server -> Client: SerializationBean [age=1, name=waylau]
Server -> Client: SerializationBean [age=2, name=waylau]
Server -> Client: SerializationBean [age=3, name=waylau]
```

```
Server -> Client: SerializationBean [age=4, name=waylau]
Server -> Client: SerializationBean [age=5, name=waylau]
Server -> Client: SerializationBean [age=6, name=waylau]
Server -> Client: SerializationBean [age=7, name=waylau]
Server -> Client: SerializationBean [age=8, name=waylau]
Server -> Client: SerializationBean [age=9, name=waylau]
```

可以看到服务器控制台的输出内容如下。

```
1月 02, 2020 9:50:11 下午 io.netty.handler.logging.LoggingHandler channelRegistered
信息: [id: 0xf3522213] REGISTERED
1月 02, 2020 9:50:11 下午 io.netty.handler.logging.LoggingHandler bind
信息: [id: 0xf3522213] BIND: 0.0.0.0/0.0.0.0:8082
1月 02, 2020 9:50:11 下午 io.netty.handler.logging.LoggingHandler channelActive
信息: [id: 0xf3522213, L:/0:0:0:0:0:0:0:0:8082] ACTIVE
1月 02, 2020 9:50:19 下午 io.netty.handler.logging.LoggingHandler channelRead
信息: [id: 0xf3522213, L:/0:0:0:0:0:0:0:0:8082] READ: [id: 0x45fd0043, L:/127.0.0.1:8082 -
R:/127.0.0.1:64018]
1月 02, 2020 9:50:19 下午 io.netty.handler.logging.LoggingHandler channelReadComplete
信息: [id: 0xf3522213, L:/0:0:0:0:0:0:0:0:8082] READ COMPLETE
Client -> Server: SerializationBean [age=0, name=waylau]
Client -> Server: SerializationBean [age=1, name=waylau]
Client -> Server: SerializationBean [age=2, name=waylau]
Client -> Server: SerializationBean [age=3, name=waylau]
Client -> Server: SerializationBean [age=4, name=waylau]
Client -> Server: SerializationBean [age=5, name=waylau]
Client -> Server: SerializationBean [age=6, name=waylau]
Client -> Server: SerializationBean [age=7, name=waylau]
Client -> Server: SerializationBean [age=8, name=waylau]
Client -> Server: SerializationBean [age=9, name=waylau]
```

说明对象的序列化及反序列化成功了。

本节示例，可以在 com.waylau.netty.demo.codec.serialization 包下找到。

## 7.10 实战：基于 Jackson 的 JSON 序列化

本节演示了如何在 Netty 中处理 JSON 数据。其实现方式的主要核心是引入了 Jackson 作为 JSON 序列化工具。为了能够使用 Jackson 的 API，序号在应用的 pom 文件中添加如下依赖。

```
<dependency>
    <groupId>com.fasterxml.jackson.core</groupId>
    <artifactId>jackson-core</artifactId>
    <version>${version.jackson.core}</version>
</dependency>
```

```
<dependency>
    <groupId>com.fasterxml.jackson.core</groupId>
    <artifactId>jackson-databind</artifactId>
    <version>${version.jackson.core}</version>
</dependency>
```

## 7.10.1 ▶ 定义序列化对象

JacksonBean 是一个用于待序列化的 POJO 对象，代码如下。

```
package com.waylau.netty.demo.codec.jackcon;

import java.util.List;
import java.util.Map;

public class JacksonBean {

    private int age;
    private String name;
    private List<String> sons;
    private Map<String, String> addrs;

    public int getAge() {
        return age;
    }

    public void setAge(int age) {
        this.age = age;
    }

    public String getName() {
        return name;
    }

    public void setName(String name) {
        this.name = name;
    }

    public List<String> getSons() {
        return sons;
    }

    public void setSons(List<String> sons) {
        this.sons = sons;
    }

    public Map<String, String> getAddrs() {
```

```
        return addrs;
    }

    public void setAddrs(Map<String, String> addrs) {
        this.addrs = addrs;
    }

}
```

JacksonBean 实现了 Serializable 接口。

## 7.10.2 ▶ 定义 ObjectMapper 工具类

定义了工具类 JacksonMapper 用于获取 ObjectMapper 实例，该实例只初始化一次，后面就可重用。

```
package com.waylau.netty.demo.codec.jackcon;

import com.fasterxml.jackson.databind.ObjectMapper;

public class JacksonMapper {

    private static final ObjectMapper MAPPER = new ObjectMapper();

    public static ObjectMapper getInstance() {
        return MAPPER;
    }

}
```

## 7.10.3 ▶ 定义解码器

定义了解码器类 JacksonDecoder，用于将字节转为对象，代码如下。

```
package com.waylau.netty.demo.codec.jackcon;

import java.io.InputStream;
import java.util.List;

import com.fasterxml.jackson.databind.ObjectMapper;

import io.netty.buffer.ByteBuf;
import io.netty.buffer.ByteBufInputStream;
import io.netty.channel.ChannelHandlerContext;
import io.netty.handler.codec.ByteToMessageDecoder;
```

```
public class JacksonDecoder<T> extends ByteToMessageDecoder {

    private final Class<T> clazz;

    public JacksonDecoder(Class<T> clazz) {
        this.clazz = clazz;
    }

    @Override
    protected void decode(ChannelHandlerContext ctx, ByteBuf in,
            List<Object> out) throws Exception {
        InputStream byteBufInputStream = new ByteBufInputStream(in);
        ObjectMapper mapper = JacksonMapper.getInstance();
        out.add(mapper.readValue(byteBufInputStream, clazz));
    }

}
```

### 7.10.4 ▶ 定义编码器

定义了编码器类 JacksonEncoder，用于将对象转为字节，代码如下。

```
package com.waylau.netty.demo.codec.jackcon;

import com.fasterxml.jackson.databind.ObjectMapper;

import io.netty.buffer.ByteBuf;
import io.netty.channel.ChannelHandlerContext;
import io.netty.handler.codec.MessageToByteEncoder;

public class JacksonEncoder extends MessageToByteEncoder<Object> {

    @Override
    protected void encode(ChannelHandlerContext ctx,
            Object msg, ByteBuf out) throws Exception {

        ObjectMapper mapper = JacksonMapper.getInstance();
        byte[] body = mapper.writeValueAsBytes(msg); // 将对象转换为 byte
        out.writeBytes(body); // 消息体中包含要发送的数据
    }

}
```

### 7.10.5 ▶ 定义服务器处理器

服务器处理器 JacksonServerHandler 的定义如下。

```
package com.waylau.netty.demo.codec.jackcon;

import io.netty.channel.Channel;
import io.netty.channel.ChannelHandlerContext;
import io.netty.channel.SimpleChannelInboundHandler;

public class JacksonServerHandler
        extends SimpleChannelInboundHandler<Object> {

    @Override
    protected void channelRead0(ChannelHandlerContext ctx,
            Object obj) throws Exception {
        String jsonString = "";
        if (obj instanceof JacksonBean) {
            JacksonBean user = (JacksonBean) obj;
            ctx.writeAndFlush(user);
            jsonString =
                JacksonMapper.getInstance().writeValueAsString(user); // 对象转为json字符串
            System.out.println("Client -> Server: " + jsonString);
        }
    }

    @Override
    public void exceptionCaught(ChannelHandlerContext ctx,
            Throwable cause) {
        Channel incoming = ctx.channel();
        System.out.println("SimpleChatClient:"
                + incoming.remoteAddress() + "异常");
        // 当出现异常就关闭连接
        cause.printStackTrace();
        ctx.close();
    }
}
```

该处理器业务逻辑较为简单，先判断接收到的消息对象是不是 JacksonBean 类型，如果是则将消息对象转为字符串打印出来。

### 7.10.6 ▶ 定义服务器 ChannelInitializer

定义服务器 ChannelInitializer，代码如下。

```
package com.waylau.netty.demo.codec.jackcon;

import io.netty.channel.Channel;
import io.netty.channel.ChannelInitializer;
import io.netty.channel.ChannelPipeline;
```

```
public class JacksonServerInitializer
       extends ChannelInitializer<Channel> {

    @Override
    protected void initChannel(Channel ch) throws Exception {
        ChannelPipeline pipeline = ch.pipeline();
        pipeline.addLast(new JacksonDecoder<JacksonBean>(JacksonBean.class));
        pipeline.addLast(new JacksonEncoder());
        pipeline.addLast(new JacksonServerHandler());
    }
}
```

在 ChannelPipeline 中先添加 JacksonDecoder，再添加 JacksonEncoder，最后才是业务处理器。

## 7.10.7 ▶ 定义服务器启动类

服务器启动类的代码如下。

```
package com.waylau.netty.demo.codec.jackcon;

import io.netty.bootstrap.ServerBootstrap;
import io.netty.channel.ChannelFuture;
import io.netty.channel.ChannelOption;
import io.netty.channel.EventLoopGroup;
import io.netty.channel.nio.NioEventLoopGroup;
import io.netty.channel.socket.nio.NioServerSocketChannel;
import io.netty.handler.logging.LogLevel;
import io.netty.handler.logging.LoggingHandler;

public final class JacksonServer {

    static final int PORT = 8082;

    public static void main(String[] args) throws Exception {
        EventLoopGroup bossGroup = new NioEventLoopGroup(1);
        EventLoopGroup workerGroup = new NioEventLoopGroup();
        try {
            ServerBootstrap b = new ServerBootstrap();
            b.group(bossGroup, workerGroup)
             .channel(NioServerSocketChannel.class)
             .option(ChannelOption.SO_BACKLOG, 100)
             .childOption(ChannelOption.SO_KEEPALIVE, true)
             .handler(new LoggingHandler(LogLevel.INFO))
             .childHandler(new JacksonServerInitializer());

            ChannelFuture f = b.bind(PORT).sync();
```

```
            f.channel().closeFuture().sync();
        } finally {
            bossGroup.shutdownGracefully();
            workerGroup.shutdownGracefully();
        }
    }
}
```

上述代码较为简单，这里就不多解释了。

## 7.10.8 ▶ 定义客户端处理器

客户端处理器 JacksonClientHandler 的定义如下。

```
package com.waylau.netty.demo.codec.jackcon;

import io.netty.channel.ChannelHandlerContext;
import io.netty.channel.SimpleChannelInboundHandler;

public class JacksonClientHandler extends
        SimpleChannelInboundHandler<Object> {

    @Override
    protected void channelRead0(ChannelHandlerContext ctx, Object obj)
            throws Exception {
        String jsonString = "";
        if (obj instanceof JacksonBean) {
            JacksonBean user = (JacksonBean) obj;
            jsonString =
                JacksonMapper.getInstance().writeValueAsString(user); // 对象转为
json 字符串
            System.out.println("Server -> Client: " + jsonString);
        }
    }

}
```

该处理器业务逻辑较为简单，先判断接收到的消息对象是不是 JacksonBean 类型，如果是则将消息对象的内容打印出来。

## 7.10.9 ▶ 定义客户端 ChannelInitializer

定义客户端 ChannelInitializer，代码如下。

```
package com.waylau.netty.demo.codec.jackcon;
```

```
import io.netty.channel.Channel;
import io.netty.channel.ChannelInitializer;
import io.netty.channel.ChannelPipeline;

public class JacksonClientInitializer extends
        ChannelInitializer<Channel> {

    @Override
    protected void initChannel(Channel ch) throws Exception {
        ChannelPipeline pipeline = ch.pipeline();
        pipeline.addLast(new JacksonDecoder<JacksonBean>(JacksonBean.class));
        pipeline.addLast(new JacksonEncoder());
        pipeline.addLast(new JacksonClientHandler());
    }
}
```

在 ChannelPipeline 中先添加 JacksonDecoder，再添加 JacksonEncoder，最后才是业务处理器。

## 7.10.10 ▶ 定义客户端启动类

客户端启动类的代码如下。

```
package com.waylau.netty.demo.codec.jackcon;

import java.util.ArrayList;
import java.util.HashMap;
import java.util.List;
import java.util.Map;

import io.netty.bootstrap.Bootstrap;
import io.netty.channel.Channel;
import io.netty.channel.EventLoopGroup;
import io.netty.channel.nio.NioEventLoopGroup;
import io.netty.channel.socket.nio.NioSocketChannel;

public class JacksonClient {

    public static void main(String[] args) throws Exception{
        new JacksonClient("localhost", 8082).run();
    }

    private final String host;
    private final int port;

    public JacksonClient(String host, int port){
```

```
        this.host = host;
        this.port = port;
    }

    public void run() throws Exception{
        EventLoopGroup group = new NioEventLoopGroup();
        try {
            Bootstrap bootstrap  = new Bootstrap()
                    .group(group)
                    .channel(NioSocketChannel.class)
                    .handler(new JacksonClientInitializer());

            Channel channel =
                    bootstrap.connect(host, port).sync().channel();

            // 发送对象
            JacksonBean user = new JacksonBean();
            user.setAge(27);
            user.setName("waylau");
            List<String> sons = new ArrayList<String>();
            for (int i = 0;i <10; i++) {
                sons.add("Lucy"+i);
                sons.add("Lily"+i);
            }

            user.setSons(sons);
            Map<String, String> addrs = new HashMap<String, String>();
            for (int i = 0;i <10; i++) {
                addrs.put("001"+i, "18998366112");
                addrs.put("002"+i, "15014965012");
            }

            user.setAddrs(addrs);
            channel.write(user);
            channel.flush();

            // 等待连接关闭
            channel.closeFuture().sync();
        } catch (Exception e) {
            e.printStackTrace();
        } finally {
            group.shutdownGracefully();
        }

    }

}
```

上述业务逻辑较为简单，客户端在启动之后，会发送 1 个 JacksonBean 对象给服务器。

### 7.10.11 ▶ 测试

先启动服务器，再启动客户端，观察两者的控制台。

可以看到客户端控制台的输出内容如下。

```
Server -> Client: {"age":27,"name":"waylau","sons":["Lucy0","Lily0","Lucy
1","Lily1","Lucy2","Lily2","Lucy3","Lily3","Lucy4","Lily4","Lucy5","Lily
5","Lucy6","Lily6","Lucy7","Lily7","Lucy8","Lily8","Lucy9","Lily9"],"add
rs":{"0020":"15014965012","0010":"18998366112","0021":"15014965012","0017":"1
8998366112","0028":"15014965012","0018":"18998366112","0029":"15014965012","0
015":"18998366112","0026":"15014965012","0016":"18998366112","0027":"15014965
012","0013":"18998366112","0024":"15014965012","0014":"18998366112","0025":"1
5014965012","0011":"18998366112","0022":"15014965012","0012":"18998366112","0
023":"15014965012","0019":"18998366112"}}
```

可以看到服务器控制台的输出内容如下。

```
1月 02, 2020 10:37:32 下午 io.netty.handler.logging.LoggingHandler channelRegistered
信息: [id: 0x8fe38961] REGISTERED
1月 02, 2020 10:37:32 下午 io.netty.handler.logging.LoggingHandler bind
信息: [id: 0x8fe38961] BIND: 0.0.0.0/0.0.0.0:8082
1月 02, 2020 10:37:32 下午 io.netty.handler.logging.LoggingHandler channelActive
信息: [id: 0x8fe38961, L:/0:0:0:0:0:0:0:0:8082] ACTIVE
1月 02, 2020 10:37:37 下午 io.netty.handler.logging.LoggingHandler channelRead
信息: [id: 0x8fe38961, L:/0:0:0:0:0:0:0:0:8082] READ: [id: 0x99ac83eb, L:/127.0.0.1:8082 - R:/127.0.0.1:55367]
1月 02, 2020 10:37:37 下午 io.netty.handler.logging.LoggingHandler channelReadComplete
信息: [id: 0x8fe38961, L:/0:0:0:0:0:0:0:0:8082] READ COMPLETE
Client -> Server: {"age":27,"name":"waylau","sons":["Lucy0","Lily0","Lucy
1","Lily1","Lucy2","Lily2","Lucy3","Lily3","Lucy4","Lily4","Lucy5","Lily
5","Lucy6","Lily6","Lucy7","Lily7","Lucy8","Lily8","Lucy9","Lily9"],"add
rs":{"0020":"15014965012","0010":"18998366112","0021":"15014965012","0017":"1
8998366112","0028":"15014965012","0018":"18998366112","0029":"15014965012","0
015":"18998366112","0026":"15014965012","0016":"18998366112","0027":"15014965
012","0013":"18998366112","0024":"15014965012","0014":"18998366112","0025":"1
5014965012","0011":"18998366112","0022":"15014965012","0012":"18998366112","0
023":"15014965012","0019":"18998366112"}}
```

说明对象的序列化及反序列化成功了。

本节示例，可以在 com.waylau.netty.demo.codec.jackcon 包下找到。

# 第 8 章

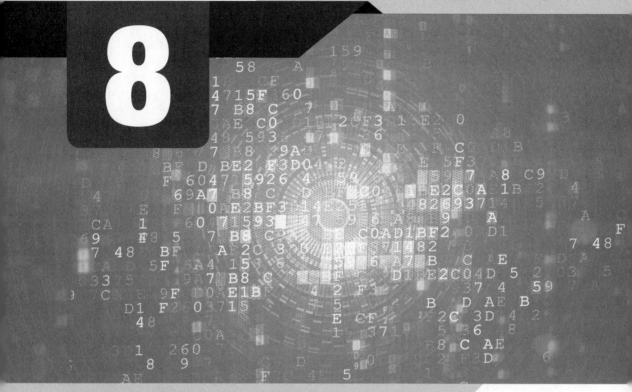

# 8

# ChannelHandler

ChannelHandler 承担着 Netty 的核心处理器功能，所有的数据处理、编解码、业务处理都是在 ChannelHandler 中实现。 在前面几章已经介绍了 ChannelHandler 的用法，本章从消息流程控制、flush 行为控制、IP 地址过滤、I/O 事件记录、超时处理、大数据流处理、数据加密、流量整形等几个方面来详细介绍 ChannelHandler 的具体使用场景。

# 8.1 ChannelHandler 概述

ChannelHandler（管道处理器）其工作模式类似于 Java Servlet 过滤器，负责对 I/O 事件或者 I/O 操作进行拦截处理。采用事件的好处是，ChannelHandler 可以选择自己感兴趣的事件进行处理，也可以对不感兴趣的事件进行透传或者终止。

## 8.1.1 ▶ ChannelHandler 接口

基于 ChannelHandler 接口，用户可以方便地实现自己的业务，比如记录日志、编解码和数据过滤等。ChannelHandler 接口定义如下。

```
package io.netty.channel;

import io.netty.util.Attribute;
import io.netty.util.AttributeKey;
import java.lang.annotation.Documented;
import java.lang.annotation.ElementType;
import java.lang.annotation.Inherited;
import java.lang.annotation.Retention;
import java.lang.annotation.RetentionPolicy;
import java.lang.annotation.Target;

public interface ChannelHandler {

    void handlerAdded(ChannelHandlerContext ctx) throws Exception;

    void handlerRemoved(ChannelHandlerContext ctx) throws Exception;

    void exceptionCaught(ChannelHandlerContext ctx, Throwable cause)
            throws Exception;

    @Inherited
    @Documented
    @Target(ElementType.TYPE)
    @Retention(RetentionPolicy.RUNTIME)
    @interface Sharable {
    }

}
```

ChannelHandler 接口定义比较简单，只有 3 个方法。

- handlerAdded 方法在 ChannelHandler 被添加到实际上下文中，并准备好处理事件后调用。

- handlerRemoved 方法在 ChannelHandler 从实际上下文中移除后调用，表明它不再处理事件。
- exceptionCaught 方法会在抛出 Throwable 类后调用。

还有一个 Sharable 注解，该注解用于表示多个 ChannelPipeline 可以共享同一个 ChannelHandler。

正是因为 ChannelHandler 接口过于简单，在实际开发中，不会直接实现 ChannelHandler 接口，因此，Netty 提供了 ChannelHandlerAdapter 抽象类。

### 8.1.2 ▶ ChannelHandlerAdapter 抽象类

ChannelHandlerAdapter 抽象类的核心代码如下。

```
package io.netty.channel;

import io.netty.util.internal.InternalThreadLocalMap;
import java.util.Map;
import java.util.WeakHashMap;

public abstract class ChannelHandlerAdapter
        implements ChannelHandler {

    boolean added;

    public boolean isSharable() {
        Class<?> clazz = getClass();
        Map<Class<?>, Boolean> cache =
            InternalThreadLocalMap.get().handlerSharableCache();
        Boolean sharable = cache.get(clazz);

        if (sharable == null) {
            sharable = clazz.isAnnotationPresent(Sharable.class);
            cache.put(clazz, sharable);

        }
        return sharable;
    }

    @Override
    public void handlerAdded(ChannelHandlerContext ctx)
            throws Exception {
        // NOOP
    }

    @Override
```

```
    public void handlerRemoved(ChannelHandlerContext ctx)
            throws Exception {
        // NOOP
    }

    @Override
    public void exceptionCaught(ChannelHandlerContext ctx,
            Throwable cause) throws Exception {
        ctx.fireExceptionCaught(cause);
    }

}
```

ChannelHandlerAdapter 对 exceptionCaught 方法做了实现，并提供了 isSharable 方法。需要注意的是，ChannelHandlerAdapter 是抽象类，用户可以自由地选择是否要覆盖 ChannelHandlerAdapter 类的实现。如果对某个方法感兴趣，直接覆盖掉这个方法即可，这样代码就变得简单清晰。

ChannelHandlerAdapter 抽象类提供了两个子类 ChannelInboundHandlerAdapter、Channel OutboundHandlerAdapter 用于针对出站事件、入站事件进行处理。其中 ChannelInbound HandlerAdapter 实现了 ChannelInboundHandler 接口，而 ChannelOutboundHandlerAdapter 实现了 ChannelOutboundHandler 接口。

在实际开发过程中，自定义的 ChannelHandler 多数是继承自 ChannelInboundHandlerAdapter 和 ChannelOutboundHandlerAdapter 类或者是这两个类的子类。例如，在前面章节中所涉及的编解码器 ByteToMessageDecoder、MessageToMessageDecoder、MessageToByteEncoder 和 MessageToMessageEncoder 等，就是这两个类的子类。

## 8.2 消息流程控制

Netty 将 ChannelHandler 类型分为了两类：ChannelOutboundHandler 和 ChannelInboundHandler，分别用于处理入站事件和出站事件。图 8-1、图 8-2 分别为 EventLoop 处理 OP_READ、OP_WRITE 事件的流程。

### 8.2.1 ▶ 处理 OP_READ 事件

ChannelInboundHandler 用于处理 OP_READ 事件的流程。

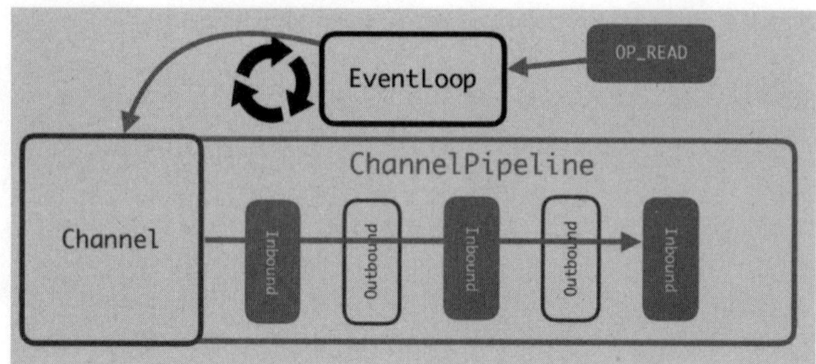


图 8-1 EventLoop 处理 OP_READ 事件的流程

从图 8-1 中可以看出，OP_READ 事件作为入站事件，只会流经 ChannelPipeline 上的 ChannelInboundHandler。观察 NioEventLoop 类的 processSelectedKey 方法的实现。

```
private void processSelectedKey(SelectionKey k, AbstractNioChannel ch) {
    final AbstractNioChannel.NioUnsafe unsafe = ch.unsafe();
    if (!k.isValid()) {
        final EventLoop eventLoop;
        try {
            eventLoop = ch.eventLoop();
        } catch (Throwable ignored) {
            return;
        }
        if (eventLoop != this || eventLoop == null) {
            return;
        }
        unsafe.close(unsafe.voidPromise());
        return;
    }

    try {
        int readyOps = k.readyOps();
        if ((readyOps & SelectionKey.OP_CONNECT) != 0) {
            int ops = k.interestOps();
            ops &= ~SelectionKey.OP_CONNECT;
            k.interestOps(ops);

            unsafe.finishConnect();
        }

        // 处理 OP_WRITE 事件
        if ((readyOps & SelectionKey.OP_WRITE) != 0) {
            ch.unsafe().forceFlush();
        }

        // 处理 OP_READ 事件
        if ((readyOps
```

```
            & (SelectionKey.OP_READ | SelectionKey.OP_ACCEPT)) != 0
            || readyOps == 0) {
          unsafe.read();
        }
    } catch (CancelledKeyException ignored) {
        unsafe.close(unsafe.voidPromise());
    }
}
```

在这个方法中，当监听到 OP_READ 事件后，会调用 unsafe 的 read 方法。那么 unsafe 的具体类型是什么呢？

AbstractNioChannel.NioUnsafe unsafe = ch.unsafe() 这句代码返回了一个 NioUnsafe 对象。NioUnsafe 是一个接口，具体实现类主要有 NioByteUnsafe 和 NioMessageUnsafe。由于这里的 unsafe 是通过调用 ch.unsafe 生成的，ch 具体类型是 NioSocketChannel，通过追溯代码可知，unsafe 是在 NioSocketChannel 的构造函数中通过调用这个类的 newUnsafe 方法初始化的。

```
@Override
protected AbstractNioUnsafe newUnsafe() {
    return new NioSocketChannelUnsafe();
}

private final class NioSocketChannelUnsafe
        extends NioByteUnsafe {
```

从上面代码可以看到，unsafe 是一个 NioByteUnsafe 类型的，因此监听到读事件后调用的 unsafe.read() 方法具体实现就是在 NioByteUnsafe 类中，代码如下。

```
protected class NioByteUnsafe extends AbstractNioUnsafe {

    @Override
    public final void read() {
        final ChannelConfig config = config();
        if (shouldBreakReadReady(config)) {
            clearReadPending();
            return;
        }
        final ChannelPipeline pipeline = pipeline();
        final ByteBufAllocator allocator =
                config.getAllocator();
        final RecvByteBufAllocator.Handle allocHandle =
                recvBufAllocHandle();
        allocHandle.reset(config);

        ByteBuf byteBuf = null;
        boolean close = false;
        try {
            do {
```

```
                byteBuf = allocHandle.allocate(allocator);
                allocHandle.lastBytesRead(doReadBytes(byteBuf));
                if (allocHandle.lastBytesRead() <= 0) {
                    byteBuf.release();
                    byteBuf = null;
                    close = allocHandle.lastBytesRead() < 0;
                    if (close) {
                        readPending = false;
                    }
                    break;
                }

                allocHandle.incMessagesRead(1);
                readPending = false;

                // 数据发送到 pipeline 中保存的第一个 ChannelHandler 中
                pipeline.fireChannelRead(byteBuf);
                byteBuf = null;
            } while (allocHandle.continueReading());

            allocHandle.readComplete();
            pipeline.fireChannelReadComplete();

            if (close) {
                closeOnRead(pipeline);
            }
        } catch (Throwable t) {
            handleReadException(pipeline, byteBuf, t,
                    close, allocHandle);
        } finally {
            if (!readPending && !config.isAutoRead()) {
                removeReadOp();
            }
        }
    }

    ...
}
```

该方法首先调用 doReadBytes 这个方法读取数据到 ByteBuf 中，然后调用 pipeline.fireChannelRead(byteBuf) 将 ByteBuf 中的数据发送到 pipeline 中保存的第一个 ChannelHandler 中。fireChannelRead 实现如下。

```
@Override
public final ChannelPipeline fireChannelRead(Object msg) {
    AbstractChannelHandlerContext.invokeChannelRead(head, msg);
    return this;
}
```

在 fireChannelRead 方法中调用了 AbstractChannelHandlerContext 类的 invokeChannelRead 方法，并将 DedaultChannelPipline 的指向链表首节点的 head 指针作为该方法的参数传递进去。

```
static void invokeChannelRead(final AbstractChannelHandlerContext next,
        Object msg) {
    final Object m =
            next.pipeline.touch(ObjectUtil.checkNotNull(msg, "msg"), next);
    EventExecutor executor = next.executor();
    if (executor.inEventLoop()) {
        next.invokeChannelRead(m);
    } else {
        executor.execute(new Runnable() {
            @Override
            public void run() {
                next.invokeChannelRead(m);
            }
        });
    }
}
```

最终调用 next.invokeChannelRead(m) 方法，handler() 返回的是 HeadContext 类。HeadContext 类中 invokeChannelRead 方法的实现如下。

```
private void invokeChannelRead(Object msg) {
    if (invokeHandler()) {
        try {
            ((ChannelInboundHandler) handler()).channelRead(this, msg);
        } catch (Throwable t) {
            notifyHandlerException(t);
        }
    } else {
        fireChannelRead(msg);
    }
}
```

channelRead 方法的实现如下。

```
@Override
public void channelRead(ChannelHandlerContext ctx, Object msg) {
    ctx.fireChannelRead(msg);
}
```

上述方法最终调用过程如下。

```
@Override
public ChannelHandlerContext fireChannelRead(final Object msg) {
    invokeChannelRead(findContextInbound(MASK_CHANNEL_READ), msg);
    return this;
}
```

```
private AbstractChannelHandlerContext findContextInbound(int mask) {
    AbstractChannelHandlerContext ctx = this;
    do {
        ctx = ctx.next;
    } while ((ctx.executionMask & mask) == 0);
    return ctx;
}

static void invokeChannelRead(final AbstractChannelHandlerContext next,
        Object msg) {
    final Object m =
            next.pipeline.touch(ObjectUtil.checkNotNull(msg, "msg"), next);
    EventExecutor executor = next.executor();
    if (executor.inEventLoop()) {
        next.invokeChannelRead(m);
    } else {
        executor.execute(new Runnable() {
            @Override
            public void run() {
                next.invokeChannelRead(m);
            }
        });
    }
}

private void invokeChannelRead(Object msg) {
    if (invokeHandler()) {
        try {
            ((ChannelInboundHandler) handler()).channelRead(this, msg);
        } catch (Throwable t) {
            notifyHandlerException(t);
        }
    } else {
        fireChannelRead(msg);
    }
}
```

findContextInbound 方法返回的就是 DefaultChannelPipeline 的链表的下一个需要处理的 ChannelHandler，通过这个方法使消息能够在多个 ChannelHandler 中传递。选择好下一个 channelHandler 所对应的 AbstractChannelHandlerContext 类后，调用 invokeChannelRead() 方法。((ChannelInboundHandler) handler()).channelRead(this, msg) 语句返回的是当前 AbstractChannelHandlerContext 对应的 ChannelHandler，ChannelHandler 其实就是在 ChannelPipeline 上添加的 ChannelInboundHandler。这些类都继承 ChannelInboundHandlerAdapter，实现了 channelRead 方法，这样就可以根据自己的协议及业务特点对数据做特定的处理，这也是 Netty 作为一个网络通信框架非常灵活的一方面。

## 8.2.2 ▶ 处理 OP_WRITE 事件

ChannelOutboundHandler 用于处理 OP_WRITE 事件的流程，图 8–2 是 EventLoop 处理 OP_WRITE 事件的流程图。

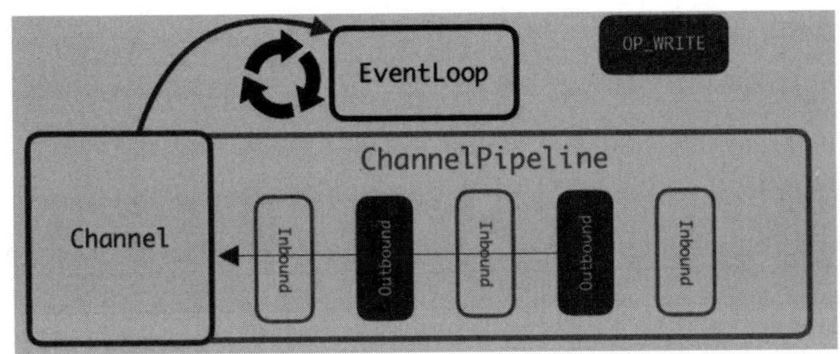


图 8–2 EventLoop 处理 OP_WRITE 事件的流程

从图 8–2 中可以看出，OP_WRITE 事件作为出站事件，只会流经 ChannelPipeline 上的 ChannelOutboundHandler。

观察 NioEventLoop 类的 processSelectedKey 方法得知，当遇到 OP_WRITE 事件时，会调用 ch.unsafe().forceFlush() 方法，该方法实现如下。

```
@Override
public final void forceFlush() {
    super.flush0();
}
```

forceFlush() 方法直接调用的是父类的 flush0() 方法。

```
@SuppressWarnings("deprecation")
protected void flush0() {
    if (inFlush0) {
        return;
    }

    final ChannelOutboundBuffer outboundBuffer = this.outboundBuffer;
    if (outboundBuffer == null || outboundBuffer.isEmpty()) {
        return;
    }

    inFlush0 = true;

    if (!isActive()) {
        try {
            if (isOpen()) {
                outboundBuffer.failFlushed(new NotYetConnectedException(),
                        true);
            } else {
                outboundBuffer.failFlushed(
```

```
                    newClosedChannelException(initialCloseCause), false);
            }
        } finally {
            inFlush0 = false;
        }
        return;
    }

    try {
        doWrite(outboundBuffer);
    } catch (Throwable t) {
        if (t instanceof IOException && config().isAutoClose()) {
            initialCloseCause = t;
            close(voidPromise(), t, newClosedChannelException(t), false);
        } else {
            try {
                shutdownOutput(voidPromise(), t);
            } catch (Throwable t2) {
                initialCloseCause = t;
                close(voidPromise(), t2, newClosedChannelException(t), false);
            }
        }
    } finally {
        inFlush0 = false;
    }
}
```

这里，重点关注上面的 doWrite(outboundBuffer) 方法，该方法的实现如下。

```
@Override
protected void doWrite(ChannelOutboundBuffer in) throws Exception {
    // 获取到 Java 的 SocketChannel
    SocketChannel ch = javaChannel();
    int writeSpinCount = config().getWriteSpinCount();
    do {
        if (in.isEmpty()) {
            clearOpWrite();
            return;
        }

        int maxBytesPerGatheringWrite =
            ((NioSocketChannelConfig) config).getMaxBytesPerGatheringWrite();
        ByteBuffer[] nioBuffers =
            in.nioBuffers(1024, maxBytesPerGatheringWrite);
        int nioBufferCnt = in.nioBufferCount();

        switch (nioBufferCnt) {
            case 0:
                writeSpinCount -= doWrite0(in);
```

```
            break;
        case 1: {
            ByteBuffer buffer = nioBuffers[0];
            int attemptedBytes = buffer.remaining();
            final int localWrittenBytes = ch.write(buffer);
            if (localWrittenBytes <= 0) {
                incompleteWrite(true);
                return;
            }
            adjustMaxBytesPerGatheringWrite(attemptedBytes,
                    localWrittenBytes,
                    maxBytesPerGatheringWrite);
            in.removeBytes(localWrittenBytes);
            --writeSpinCount;
            break;
        }
        default: {
            long attemptedBytes = in.nioBufferSize();

            // 写入到 Java 的 SocketChannel
            final long localWrittenBytes =
                ch.write(nioBuffers, 0, nioBufferCnt);
            if (localWrittenBytes <= 0) {
                incompleteWrite(true);
                return;
            }
            adjustMaxBytesPerGatheringWrite((int) attemptedBytes,
                    (int) localWrittenBytes,
                    maxBytesPerGatheringWrite);
            in.removeBytes(localWrittenBytes);
            --writeSpinCount;
            break;
        }
    }
    } while (writeSpinCount > 0);

    incompleteWrite(writeSpinCount < 0);
}
```

在上述代码中，将会通过 javaChannel() 获取到 Java 的 SocketChannel，并通过 ch.write() 方法将数据写入到 SocketChannel。

## 8.3 flush 行为控制

flush 操作负责将 ByteBuffer 消息写入 SocketChannel 中并发送给对方，以下是代码示例。

```
public class EchoServerHandler extends ChannelInboundHandlerAdapter {

    @Override
    public void channelRead(ChannelHandlerContext ctx, Object msg) {
     System.out.println(ctx.channel().remoteAddress()
            +"->Server :"+ msg.toString());
        ctx.write(msg); // (1)
        ctx.flush(); // (2)
    }

}
```

在上述示例中，先将数据通过 write 方法写入 ChannelHandlerContext，然后调用 flush 执行发送。当然，Netty 也提供了 writeAndFlush 方法，用于将这两个方法合二为一。那么为什么发送数据需要经过两个步骤呢？

write 和 flush 两者作用概括如下。

- write：将需要写的 ByteBuff 存储到 ChannelOutboundBuffer 中。
- flush：从 ChannelOutboundBuffer 中将需要发送的数据读出来，并通过 Channel 发送出去。

接下来重点看 ChannelOutboundBuffer 的实现方式。

### 8.3.1 ▶ ChannelOutboundBuffer 类

ChannelOutboundBuffer 类主要用于存储其待处理的出站写请求的内部数据。当 Netty 调用 write 时数据不会真正地去发送而是写入到 ChannelOutboundBuffer 缓存队列，直到调用 flush 方法 Netty 才会从 ChannelOutboundBuffer 取数据发送。每个 Unsafe 都会绑定一个 ChannelOutboundBuffer，也就是说每个客户端连接上服务端都会创建一个 ChannelOutboundBuffer 绑定客户端 Channel。Netty 设计 ChannelOutboundBuffer 是为了减少 TCP 缓存的压力，提高系统的吞吐率。

观察 ChannelOutboundBuffer 源码，可以看到以下 4 个属性。

代码改为如下。

```
public final class ChannelOutboundBuffer {
private Entry flushedEntry;
private Entry unflushedEntry;
private Entry tailEntry;
private int flushed;
...
}
```

对以上代码说明如下。

- flushedEntry：表示待发送数据的起始节点。

- unflushedEntry：表示暂存数据起始节点。
- tailEntry：表示尾节点。
- flushed：表示待发送数据个数。

flushedEntry、unflushedEntry、tailEntry 这 3 个 Entry 类型的转换过程如图 8-3 所示。

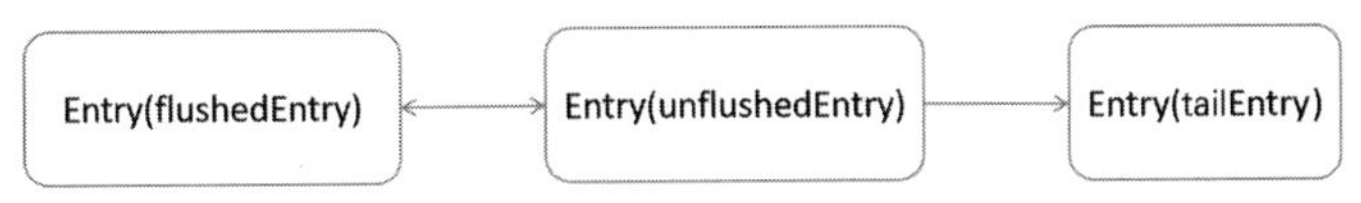


图 8-3　3 个 Entry 类型的转换过程

flushedEntry（包括）到 unflushedEntry 之间的就是待发送数据，unflushedEntry（包括）到 tailEntry 就是暂存数据，flushed 就是待发送数据个数。正常情况下待发送数据发送完成后，flushedEntry 指向 unflushedEntry 位置，并将 unflushedEntry 置空。

ChannelOutboundBuffer 主要提供了以下方法。

- addMessage 方法，功能是添加数据到队列的队尾。
- addFlush 方法，准备待发送的数据，在 flush 前需要调用。
- nioBuffers 方法，用于获取待发送数据。在发送数据的时候，需要调用该方法以便拿到数据。
- removeBytes 方法，发送完成后需要调用该方法来删除已经成功写入 TCP 缓存的数据。

## 8.3.2 addMessage 方法

addMessage 方法是在系统调用 write 方法的时候调用。addMessage 方法的源码如下。

```
public void addMessage(Object msg, int size, ChannelPromise promise) {
    Entry entry = Entry.newInstance(msg, size, total(msg), promise);  // (1)
    if (tailEntry == null) { // (2)
        flushedEntry = null;
    } else {
        Entry tail = tailEntry;
        tail.next = entry;
    }
    tailEntry = entry;
    if (unflushedEntry == null) { // (3)
        unflushedEntry = entry;
    }

    incrementPendingOutboundBytes(entry.pendingSize, false); // (4)
}
```

上述源码流程描述如下。

（1）将消息数据包装成 Entry 对象。

（2）如果队列为空，直接设置尾节点为当前节点，否则将新节点放尾部。

（3）unflushedEntry 为空说明不存在暂时不需要发送的节点，当前节点就是第一个暂时不需要发送的节点。

（4）将消息添加到未刷新的数组后，增加挂起的字节。

这里需要重点看第 1 步将消息数据包装成 Entry 对象的方法。

```
private static final Recycler<Entry> RECYCLER = new Recycler<Entry>() {
    @Override
    protected Entry newObject(Handle<Entry> handle) {
        return new Entry(handle);
    }
};


static Entry newInstance(Object msg, int size,
        long total, ChannelPromise promise) {
    Entry entry = RECYCLER.get();
    entry.msg = msg;
    entry.pendingSize = size + CHANNEL_OUTBOUND_BUFFER_ENTRY_OVERHEAD;
    entry.total = total;
    entry.promise = promise;
    return entry;
}
```

其中 Recycler 类是基于线程本地堆栈的轻量级对象池。这意味着调用 newInstance 方法时，并不是直接创建了一个 Entry 实例，而是通过对象池获取的。

## 8.3.3 ▶ addFlush 方法

addFlush 方法是在系统调用 flush 方法时调用的，addFlush 方法的源码如下。

```
public void addFlush() {
    Entry entry = unflushedEntry; // (1)
    if (entry != null) {
        if (flushedEntry == null) {
            flushedEntry = entry; // (2)
        }
        do {
            flushed ++;
            if (!entry.promise.setUncancellable()) { // (3)
                int pending = entry.cancel();
                decrementPendingOutboundBytes(pending, false, true);
            }
            entry = entry.next;
        } while (entry != null);

        unflushedEntry = null;
    }
}
```

以上方法的主要功能就是将暂存数据节点变成待发送节点，即 flushedEntry 指向的节点到 unflushedEntry 指向的节点（不包含 unflushedEntry）之间的数据。

上述源码的流程如下。

（1）先获取 unflushedEntry 指向的暂存数据的起始节点。

（2）将待发送数据起始指针 flushedEntry 指向暂存起始节点。

（3）通过 promise.setUncancellable() 锁定待发送数据，并在发送过程中取消，如果锁定过程中发现其节点已经取消，则调用 entry.cancel() 取消节点发送，并减少待发送的总字节数。

## 8.3.4 ▶ nioBuffers 方法

nioBuffers 方法是在系统调用 addFlush 方法完成后调用，nioBuffers 方法的源码如下。

```
public ByteBuffer[] nioBuffers(int maxCount, long maxBytes) {
    assert maxCount > 0;
    assert maxBytes > 0;
    long nioBufferSize = 0;
    int nioBufferCount = 0;
    final InternalThreadLocalMap threadLocalMap =
            InternalThreadLocalMap.get();
    ByteBuffer[] nioBuffers = NIO_BUFFERS.get(threadLocalMap); // (1)
    Entry entry = flushedEntry;
    while (isFlushedEntry(entry) && entry.msg instanceof ByteBuf) { // (2)
        if (!entry.cancelled) {  // (3)
            ByteBuf buf = (ByteBuf) entry.msg;
            final int readerIndex = buf.readerIndex();
            final int readableBytes = buf.writerIndex() - readerIndex;

            if (readableBytes > 0) {
                if (maxBytes - readableBytes < nioBufferSize && nioBufferCount != 0) {
                    break;
                }
                nioBufferSize += readableBytes;
                int count = entry.count;
                if (count == -1) {
                    entry.count = count = buf.nioBufferCount();
                }
                int neededSpace = min(maxCount, nioBufferCount + count);
                if (neededSpace > nioBuffers.length) {  // (4)
                    nioBuffers =
                        expandNioBufferArray(nioBuffers, neededSpace, nioBufferCount);
                    NIO_BUFFERS.set(threadLocalMap, nioBuffers);
                }
                if (count == 1) { // (5)
                    ByteBuffer nioBuf = entry.buf;
                    if (nioBuf == null) {
                        entry.buf = nioBuf =
```

```
                        buf.internalNioBuffer(readerIndex, readableBytes);
                    }
                    nioBuffers[nioBufferCount++] = nioBuf;
                } else {
                    nioBufferCount =
                        nioBuffers(entry, buf, nioBuffers, nioBufferCount, maxCount);
                }
                if (nioBufferCount == maxCount) {
                    break;
                }
            }
        }
        entry = entry.next;  // (6)
    }
    this.nioBufferCount = nioBufferCount;
    this.nioBufferSize = nioBufferSize;

    return nioBuffers;
}
```

以上方法的主要功能就是将要发送的数据转成 Java 原生的 ByteBuffer 数组类型。ByteBuffer 数组在这里是相同线程共享的，也就是说一个客户端跟服务端通信会使用相同的 ByteBuffer 数组来发送数据，这样减少了空间创建和销毁时间消耗。

上述源码的流程如下。

（1）调用 NIO_BUFFERS.get 获取原生 ByteBuffer 数组，这里的 ByteBuffer 是相同线程共享的。

（2）从待发送数据起始节点开始循环处理数据，直至处理到 unflushedEntry 指向的 Entry，或者到最后，或者累计的发送字节数大于 Integer.MAX_VALUE。

（3）处理跳过被关闭的节点。

（4）如果 ByteBuffer 数组过小则进行扩容。

（5）将 ByteBuf 转成 ByteBuffer 类型存入 ByteBuffer 数组。

（6）处理下一个节点。

## 8.3.5 ▶ removeBytes 方法

removeBytes 方法是在系统调用 nioBuffers 方法并完成发送后调用。

```
public void removeBytes(long writtenBytes) {
    for (;;) {
        Object msg = current();  // (1)
        if (!(msg instanceof ByteBuf)) {
            assert writtenBytes == 0;
            break;
```

```
        }

        final ByteBuf buf = (ByteBuf) msg;
        final int readerIndex = buf.readerIndex();
        final int readableBytes = buf.writerIndex() - readerIndex; // (2)

        if (readableBytes <= writtenBytes) {  // (3)
            if (writtenBytes != 0) {
                progress(readableBytes);
                writtenBytes -= readableBytes;
            }
            remove();
        } else { // readableBytes > writtenBytes
            if (writtenBytes != 0) {
                buf.readerIndex(readerIndex + (int) writtenBytes);
                progress(writtenBytes);
            }
            break;
        }
    }
    clearNioBuffers(); // (4)
}

private void clearNioBuffers() {
    int count = nioBufferCount;
    if (count > 0) {
        nioBufferCount = 0;
        Arrays.fill(NIO_BUFFERS.get(), 0, count, null);
    }
}
```

以上方法的主要功能就是移除已经发送成功的数据，移除的数据是从 flushedEntry 指向的节点开始遍历链表移除，移除数据分 2 种情况。

- 第一种就是当前整个节点的数据已经发送成功，这种情况的做法就是将整个节点移除即可。
- 第二种就是当前节点部分发送成功，这种情况的做法就是将当前节点的可发送字节数缩短，例如，当前节点有 200KB，只发送了 120KB，那就将此节点缩短至 80KB。

上述源码的流程如下。

（1）获取 flushedEntry 指向的节点数据。

（2）计算整个节点的数据字节长度。

（3）如果当前整个节点的数据已经发送成功则将整个节点移除，否则将当前节点的可发送字节数缩短。

（4）清理 ByteBuffer 数组。

（5）处理下一个节点。

## 8.4 I/O 事件记录

在实际项目中，程序可能会运行出错或者异常，那么如何才能快速找到故障点呢？答案是日志。通过日志，就能找到事情发生的时点以及故障的原因。

### 8.4.1 ▶ 日志级别

Netty 提供了一个特殊的 ChannelHandler 用于记录所有的 I/O 事件，这个 ChannelHandler 就是 LoggingHandler。LoggingHandler 底层是通过日志框架来实现的，其默认的日志级别为 DEBUG。

LoggingHandler 支持的日志级别共有 5 种，定义在 InternalLogLevel 枚举类中，代码如下。

```
package io.netty.util.internal.logging;

public enum InternalLogLevel {
    /**
     * 'TRACE' log level.
     */
    TRACE,
    /**
     * 'DEBUG' log level.
     */
    DEBUG,
    /**
     * 'INFO' log level.
     */
    INFO,
    /**
     * 'WARN' log level.
     */
    WARN,
    /**
     * 'ERROR' log level.
     */
    ERROR
}
```

而如果要给 LoggingHandler 指定日志级别，则还需要另外一个枚举类 LogLevel，代码如下。

```
package io.netty.handler.logging;

import io.netty.util.internal.logging.InternalLogLevel;
```

```
public enum LogLevel {
    TRACE(InternalLogLevel.TRACE),
    DEBUG(InternalLogLevel.DEBUG),
    INFO(InternalLogLevel.INFO),
    WARN(InternalLogLevel.WARN),
    ERROR(InternalLogLevel.ERROR);

    private final InternalLogLevel internalLevel;

    LogLevel(InternalLogLevel internalLevel) {
        this.internalLevel = internalLevel;
    }

    public InternalLogLevel toInternalLevel() {
        return internalLevel;
    }
}
```

LogLevel 与 InternalLogLevel 是一一映射的。

## 8.4.2 ▶ LoggingHandler 类

观察 LoggingHandler 的构造函数，代码如下。

```
package io.netty.handler.logging;

import io.netty.buffer.ByteBuf;
import io.netty.buffer.ByteBufHolder;
import io.netty.channel.ChannelDuplexHandler;
import io.netty.channel.ChannelHandler;
import io.netty.channel.ChannelHandler.Sharable;
import io.netty.channel.ChannelHandlerContext;
import io.netty.channel.ChannelOutboundHandler;
import io.netty.channel.ChannelPromise;
import io.netty.util.internal.logging.InternalLogLevel;
import io.netty.util.internal.logging.InternalLogger;
import io.netty.util.internal.logging.InternalLoggerFactory;

import java.net.SocketAddress;

import static io.netty.buffer.ByteBufUtil.appendPrettyHexDump;
import static io.netty.util.internal.StringUtil.NEWLINE;

@Sharable
@SuppressWarnings({ "StringConcatenationInsideStringBufferAppend",
    "StringBufferReplaceableByString" })
public class LoggingHandler extends ChannelDuplexHandler {
```

```
    private static final LogLevel DEFAULT_LEVEL = LogLevel.DEBUG;

    protected final InternalLogger logger;
    protected final InternalLogLevel internalLevel;

    private final LogLevel level;

    public LoggingHandler() {
        this(DEFAULT_LEVEL);
    }

    public LoggingHandler(LogLevel level) {
        if (level == null) {
            throw new NullPointerException("level");
        }

        logger = InternalLoggerFactory.getInstance(getClass());
        this.level = level;
        internalLevel = level.toInternalLevel();
    }

    public LoggingHandler(Class<?> clazz) {
        this(clazz, DEFAULT_LEVEL);
    }

    public LoggingHandler(Class<?> clazz, LogLevel level) {
        if (clazz == null) {
            throw new NullPointerException("clazz");
        }
        if (level == null) {
            throw new NullPointerException("level");
        }

        logger = InternalLoggerFactory.getInstance(clazz);
        this.level = level;
        internalLevel = level.toInternalLevel();
    }

   public LoggingHandler(String name) {
        this(name, DEFAULT_LEVEL);
    }

    public LoggingHandler(String name, LogLevel level) {
        if (name == null) {
            throw new NullPointerException("name");
        }
        if (level == null) {
            throw new NullPointerException("level");
        }
```

```
        logger = InternalLoggerFactory.getInstance(name);
        this.level = level;
        internalLevel = level.toInternalLevel();
    }

    public LogLevel level() {
        return level;
    }

    ...
```

注意，在LoggingHandler构造函数中，指定日志级别用的类型是LogLevel而非InternalLogLevel。

日志实例是通过InternalLoggerFactory工厂方法获取的，而获取InternalLoggerFactory的方式可以见以下代码。

```
@SuppressWarnings("UnusedCatchParameter")
private static InternalLoggerFactory newDefaultFactory(String name) {
    InternalLoggerFactory f;
    try {
        f = new Slf4JLoggerFactory(true);
        f.newInstance(name)
        .debug("Using SLF4J as the default logging framework");
    } catch (Throwable ignore1) {
        try {
            f = Log4JLoggerFactory.INSTANCE;
            f.newInstance(name)
            .debug("Using Log4J as the default logging framework");
        } catch (Throwable ignore2) {
            try {
                f = Log4J2LoggerFactory.INSTANCE;
                f.newInstance(name)
                .debug("Using Log4J2 as the default logging framework");
            } catch (Throwable ignore3) {
                f = JdkLoggerFactory.INSTANCE;
                f.newInstance(name)
                        .debug("Using java.util.logging as the default logging
framework");
            }
        }
    }
    return f;
}
```

从上面的代码可以看出，Netty会根据SLF4J、Log4J、Log4J2的顺序去查找日志框架。如果都没有找到，就使用Java原生的java.util.logging作为日志框架。

### 8.4.3 ▶ 使用 LoggingHandler 类

LoggingHandler 继承自 ChannelDuplexHandler，因此 LoggingHandler 可以像其他 ChannelHandler 一样，添加到 ChannelPipeline 中。

在 7.7 节的示例中，添加 LoggingHandler。MyServer 类的代码修改如下。

```
@Override
public void initChannel(SocketChannel ch) throws Exception {
    // 添加日志
    ch.pipeline().addLast("logging",
            new LoggingHandler(LogLevel.INFO));

    // 添加编解码器
    ch.pipeline().addLast("codec", new MyCodec());
    ch.pipeline().addLast(new MyServerHandler());
}
```

分别运行服务器和客户端。

服务器输出如下。

```
Server start listen at 8082
12 月 19, 2019 8:52:18 下午 io.netty.handler.logging.LoggingHandler channelRegistered
信息：[id: 0xa0e19338, L:/127.0.0.1:8082 - R:/127.0.0.1:61283] REGISTERED
12 月 19, 2019 8:52:18 下午 io.netty.handler.logging.LoggingHandler channelActive
信息：[id: 0xa0e19338, L:/127.0.0.1:8082 - R:/127.0.0.1:61283] ACTIVE
12 月 19, 2019 8:52:18 下午 io.netty.handler.logging.LoggingHandler channelRead
信息：[id: 0xa0e19338, L:/127.0.0.1:8082 - R:/127.0.0.1:61283] READ: 77B
         +-------------------------------------------------+
         |  0  1  2  3  4  5  6  7  8  9  a  b  c  d  e  f |
+--------+-------------------------------------------------+----------------+
|00000000| 01 00 00 00 48 e5 ba 8a e5 89 8d e6 98 8e e6 9c |....H...........|
|00000010| 88 e5 85 89 ef bc 8c e7 96 91 e6 98 af e5 9c b0 |................|
|00000020| e4 b8 8a e9 9c 9c e3 80 82 e4 b8 be e5 a4 b4 e6 |................|
|00000030| 9c 9b e6 98 8e e6 9c 88 ef bc 8c e4 bd 8e e5 a4 |................|
|00000040| b4 e6 80 9d e6 95 85 e4 b9 a1 e3 80 82          |.............   |
+--------+-------------------------------------------------+----------------+
Client->Server:/127.0.0.1:61283 床前明月光，疑是地上霜。举头望明月，低头思故乡。
MyEncoder header: 1, body: 床前明月光，疑是地上霜。举头望明月，低头思故乡。12 月 19,
2019 8:52:18 下午 io.netty.handler.logging.LoggingHandler write
信息：[id: 0xa0e19338, L:/127.0.0.1:8082 - R:/127.0.0.1:61283] WRITE: 77B
         +-------------------------------------------------+
         |  0  1  2  3  4  5  6  7  8  9  a  b  c  d  e  f |
+--------+-------------------------------------------------+----------------+
|00000000| 01 00 00 00 48 e5 ba 8a e5 89 8d e6 98 8e e6 9c |....H...........|
|00000010| 88 e5 85 89 ef bc 8c e7 96 91 e6 98 af e5 9c b0 |................|
|00000020| e4 b8 8a e9 9c 9c e3 80 82 e4 b8 be e5 a4 b4 e6 |................|
```

```
|00000030| 9c 9b e6 98 8e e6 9c 88 ef bc 8c e4 bd 8e e5 a4 |................|
|00000040| b4 e6 80 9d e6 95 85 e4 b9 a1 e3 80 82          |.............   |
+--------+-------------------------------------------------+----------------+
12 月 19, 2019 8:52:18 下午 io.netty.handler.logging.LoggingHandler channelReadComplete
信息 : [id: 0xa0e19338, L:/127.0.0.1:8082 - R:/127.0.0.1:61283] READ COMPLETE
12 月 19, 2019 8:52:18 下午 io.netty.handler.logging.LoggingHandler flush
信息 : [id: 0xa0e19338, L:/127.0.0.1:8082 - R:/127.0.0.1:61283] FLUSH
```

这些输出内容意味着 LoggingHandler 把详细的数据包的解析过程也展示出来了。

## 8.5 IP 地址过滤

在现实项目中经常有这样的需求，需要针对某些特定的 IP 做过滤，以实现 IP 白名单、IP 黑名单等功能。Netty 本身就已经内嵌了相关的实现机制，相关的功能集中在 io.netty.handler.ipfilter 包下。

### 8.5.1 RuleBasedIpFilter 类

RuleBasedIpFilter 类允许根据传递给其构造函数的 IpFilterRules 来筛选 Channel。如果没有给出规则，则默认接受所有连接。以下是一个 RuleBasedIpFilter 类的示例。

```
  java import io.netty.channel.ChannelInitializer; import io.netty.channel.
ChannelPipeline; import io.netty.channel.socket.SocketChannel; import
io.netty.handler.ipfilter.IpFilterRuleType; import io.netty.handler.ipfilter.
IpSubnetFilterRule; import io.netty.handler.ipfilter.RuleBasedIpFilter;
   public class IpFilterInitializer extends ChannelInitializer {
   @Override public void initChannel(SocketChannel ch) throws Exception {
ChannelPipeline pipeline = ch.pipeline();
  // 允许
  IpSubnetFilterRule rule1 =
    new IpSubnetFilterRule("192.168.1.1", 24, IpFilterRuleType.ACCEPT);

  // 拒绝
  IpSubnetFilterRule rule2 =
    new IpSubnetFilterRule("127.0.0.1", 32, IpFilterRuleType.REJECT);

  // 添加过滤器到 ChannelPipeline
  pipeline.addLast(new RuleBasedIpFilter(rule1, rule2));
}
}
```

上述示例中，定义了两条规则。在 Netty 中，规则通过 IpSubnetFilterRule 类来定义。IpSubnetFilterRule 接收如下 3 个参数。

- ipAddress：IP 地址。
- cidrPrefix：CIDR 前缀。
- ruleType：规则类型。

这两条规则分别使用了两种类型 ACCEPT 和 REJECT，分别表示接收和拒绝。在 Netty 中，这两条规则类型定义在 IpFilterRuleType 枚举类中，具体源码如下。

```
public enum IpFilterRuleType {
    ACCEPT,
    REJECT
}
```

这些规则，最终在 RuleBasedIpFilter 类构造函数中传入。RuleBasedIpFilter 源码如下。

```
package io.netty.handler.ipfilter;

import io.netty.channel.Channel;
import io.netty.channel.ChannelHandler.Sharable;
import io.netty.channel.ChannelHandlerContext;

import java.net.InetSocketAddress;
import java.net.SocketAddress;

@Sharable
public class RuleBasedIpFilter
        extends AbstractRemoteAddressFilter<InetSocketAddress> {

    private final IpFilterRule[] rules;

    public RuleBasedIpFilter(IpFilterRule... rules) {
        if (rules == null) {
            throw new NullPointerException("rules");
        }

        this.rules = rules;
    }

    @Override
    protected boolean accept(ChannelHandlerContext ctx,
            InetSocketAddress remoteAddress) throws Exception {
        for (IpFilterRule rule : rules) {
            if (rule == null) {
                break;
            }

            if (rule.matches(remoteAddress)) {
```

```
                return rule.ruleType() == IpFilterRuleType.ACCEPT;
            }
        }

        return true;
    }
}
```

从上述源码可以看出，传入的规则都存储在 RuleBasedIpFilter 内部的 rules 数组中。

RuleBasedIpFilter 继承自 AbstractRemoteAddressFilter，而 AbstractRemoteAddressFilter 继承自 ChannelInboundHandlerAdapter，因此 RuleBasedIpFilter 可以像其他 ChannelHandler 一样，添加到 ChannelPipeline 中。

## 8.5.2 ▶ UniqueIpFilter 类

在 io.netty.handler.ipfilter 包下还有另外一个类 UniqueIpFilter，此类允许确保每个 IP 地址在任何时候都最多有一个通道连接到服务器。以下是一个 UniqueIpFilter 类的示例。

```
import io.netty.channel.ChannelInitializer;
import io.netty.channel.ChannelPipeline;
import io.netty.channel.socket.SocketChannel;
import io.netty.handler.ipfilter.UniqueIpFilter;

public class IpFilterInitializer
      extends ChannelInitializer<SocketChannel> {

   @Override
   public void initChannel(SocketChannel ch) throws Exception {

      ChannelPipeline pipeline = ch.pipeline();

      // 添加过滤器到 ChannelPipeline
      pipeline.addLast(new UniqueIpFilter(rule1, rule2));
   }

}
```

相对 RuleBasedIpFilter 而言，UniqueIpFilter 的使用较为简单。同样的，UniqueIpFilter 也是继承自 AbstractRemoteAddressFilter。

UniqueIpFilter 源码如下。

```
package io.netty.handler.ipfilter;

import io.netty.channel.Channel;
import io.netty.channel.ChannelFuture;
import io.netty.channel.ChannelFutureListener;
```

```
import io.netty.channel.ChannelHandler;
import io.netty.channel.ChannelHandlerContext;
import io.netty.util.internal.ConcurrentSet;

import java.net.InetAddress;
import java.net.InetSocketAddress;
import java.util.Set;

@ChannelHandler.Sharable
public class UniqueIpFilter
        extends AbstractRemoteAddressFilter<InetSocketAddress> {

    private final Set<InetAddress> connected =
            new ConcurrentSet<InetAddress>();

    @Override
    protected boolean accept(ChannelHandlerContext ctx,
            InetSocketAddress remoteAddress) throws Exception {
        final InetAddress remoteIp = remoteAddress.getAddress();
        if (!connected.add(remoteIp)) {
            return false;
        } else {
            ctx.channel()
                .closeFuture()
                .addListener(new ChannelFutureListener() {
                    @Override
                    public void operationComplete(ChannelFuture future)
                            throws Exception {
                        connected.remove(remoteIp);
                    }
                });
            return true;
        }
    }
}
```

## 8.6 超时处理

在网络通信中，网络链路是不稳定的，会经常发生异常，而异常的表现就是请求超时或者响应超时。这类异常对系统的可靠性产生重大影响。那么怎么监测通信异常呢？检测到异常后又怎么处理呢？本节将讨论超时处理这个问题。

## 8.6.1 ▶ 超时检测

Netty 的超时类型 IdleState 主要分为以下 3 类。

- ALL_IDLE：一段时间内没有数据接收或者发送。
- READER_IDLE：一段时间内没有数据接收。
- WRITER_IDLE：一段时间内没有数据发送。

针对上面 3 类超时异常，Netty 提供了 3 类 ChannelHandler 来进行检测。

- IdleStateHandler：当 Channel 一段时间未执行读取、写入或两者都未执行时，触发 IdleStateEvent 事件。
- ReadTimeoutHandler：在一定时间内未读取任何数据时，引发 ReadTimeoutException 异常。
- WriteTimeoutHandler：当写操作在一定时间内无法完成时，引发 WriteTimeoutException 异常。

## 8.6.2 ▶ IdleStateHandler 类

IdleStateHandler 类包含了读写超时状态处理，观察以下 IdleStateHandler 类的构造函数源码。

```
public IdleStateHandler(
        int readerIdleTimeSeconds,
        int writerIdleTimeSeconds,
        int allIdleTimeSeconds) {

    this(readerIdleTimeSeconds, writerIdleTimeSeconds, allIdleTimeSeconds,
            TimeUnit.SECONDS);
}

public IdleStateHandler(
        long readerIdleTime, long writerIdleTime, long allIdleTime,
        TimeUnit unit) {
    this(false, readerIdleTime, writerIdleTime, allIdleTime, unit);
}

public IdleStateHandler(boolean observeOutput,
        long readerIdleTime, long writerIdleTime, long allIdleTime,
        TimeUnit unit) {
    if (unit == null) {
        throw new NullPointerException("unit");
    }
```

```
    this.observeOutput = observeOutput;

    if (readerIdleTime <= 0) {
        readerIdleTimeNanos = 0;
    } else {
        readerIdleTimeNanos =
            Math.max(unit.toNanos(readerIdleTime), MIN_TIMEOUT_NANOS);
    }
    if (writerIdleTime <= 0) {
        writerIdleTimeNanos = 0;
    } else {
        writerIdleTimeNanos =
            Math.max(unit.toNanos(writerIdleTime), MIN_TIMEOUT_NANOS);
    }
    if (allIdleTime <= 0) {
        allIdleTimeNanos = 0;
    } else {
        allIdleTimeNanos =
            Math.max(unit.toNanos(allIdleTime), MIN_TIMEOUT_NANOS);
    }
}
```

在上述源码中，构造函数可以接收以下参数。

- readerIdleTimeSecond：指定读超时时间，指定 0 表明为禁用。
- writerIdleTimeSecond：指定写超时时间，指定 0 表明为禁用。
- allIdleTimeSecond：在指定读写超时时间，指定 0 表明为禁用。

IdleStateHandler 使用示例的代码如下。

```
public class MyChannelInitializer extends ChannelInitializer<Channel> {
    @Override
    public void initChannel(Channel channel) {
        channel.pipeline().addLast("idleStateHandler",
                new IdleStateHandler(60, 30, 0));
        channel.pipeline().addLast("myHandler", new MyHandler());
    }
}

// 处理由 IdleStateHandler 触发的 IdleStateEvent
public class MyHandler extends ChannelDuplexHandler {
    @Override
    public void userEventTriggered(ChannelHandlerContext ctx,
            Object evt) throws Exception {
        if (evt instanceof IdleStateEvent) {
            IdleStateEvent e = (IdleStateEvent) evt;
            if (e.state() == IdleState.READER_IDLE) {
                ctx.close();
            } else if (e.state() == IdleState.WRITER_IDLE) {
```

```
                ctx.writeAndFlush(new PingMessage());
            }
        }
    }
}
```

在上述示例中，IdleStateHandler 设置了读超时时间是 60 秒，写超时时间是 30 秒。MyHandler 是针对超时事件 IdleStateEvent 的处理。

- 如果 30 秒内没有出站流量（写超时）时发送 ping 消息的示例。
- 如果 60 秒内没有入站流量（读超时）时，连接将关闭。

### 8.6.3 ▶ ReadTimeoutHandler 类

ReadTimeoutHandler 类包含了读超时状态处理。ReadTimeoutHandler 类的源码如下。

```
package io.netty.handler.timeout;

import io.netty.bootstrap.ServerBootstrap;
import io.netty.channel.Channel;
import io.netty.channel.ChannelDuplexHandler;
import io.netty.channel.ChannelHandlerContext;
import io.netty.channel.ChannelInitializer;

import java.util.concurrent.TimeUnit;

public class ReadTimeoutHandler extends IdleStateHandler {
    private boolean closed;

    public ReadTimeoutHandler(int timeoutSeconds) {
        this(timeoutSeconds, TimeUnit.SECONDS);
    }

    public ReadTimeoutHandler(long timeout, TimeUnit unit) {
        super(timeout, 0, 0, unit); // 禁用了写超时、读写超时
    }

    @Override
    protected final void channelIdle(ChannelHandlerContext ctx,
            IdleStateEvent evt) throws Exception {
        assert evt.state() == IdleState.READER_IDLE; // 只处理读超时
        readTimedOut(ctx);
    }

    protected void readTimedOut(ChannelHandlerContext ctx) throws Exception {
        if (!closed) {
            ctx.fireExceptionCaught(ReadTimeoutException.INSTANCE); // 引发异常
```

```
            ctx.close();
            closed = true;
        }
    }
}
```

从上述源码可以看出，ReadTimeoutHandler 继承自 IdleStateHandler，并在构造函数中禁用了写超时、读写超时，而且在处理超时时，只会针对 READER_IDLE 状态进行处理，并引发 ReadTimeoutException 异常。

ReadTimeoutHandler 的使用示例如下。

```
public class MyChannelInitializer extends ChannelInitializer<Channel> {
    public void initChannel(Channel channel) {
        channel.pipeline().addLast("readTimeoutHandler",
                new ReadTimeoutHandler(30));
        channel.pipeline().addLast("myHandler", new MyHandler());
    }
}

// 处理器处理 ReadTimeoutException.
public class MyHandler extends ChannelDuplexHandler {
    @Override
    public void exceptionCaught(ChannelHandlerContext ctx, Throwable cause)
            throws Exception {
        if (cause instanceof ReadTimeoutException) {
            // ...
        } else {
            super.exceptionCaught(ctx, cause);
        }
    }
}
```

在上述示例中，ReadTimeoutHandler 设置了读超时时间是 30 秒。

### 8.6.4 ▶ WriteTimeoutHandler 类

WriteTimeoutHandler 类包含了写超时状态处理。WriteTimeoutHandler 类的核心源码如下。

```
package io.netty.handler.timeout;

import io.netty.bootstrap.ServerBootstrap;
import io.netty.channel.Channel;
import io.netty.channel.ChannelDuplexHandler;
import io.netty.channel.ChannelFuture;
import io.netty.channel.ChannelFutureListener;
import io.netty.channel.ChannelHandlerContext;
import io.netty.channel.ChannelInitializer;
```

```
import io.netty.channel.ChannelOutboundHandlerAdapter;
import io.netty.channel.ChannelPromise;

import java.util.concurrent.ScheduledFuture;
import java.util.concurrent.TimeUnit;

public class WriteTimeoutHandler
        extends ChannelOutboundHandlerAdapter {
    private static final long MIN_TIMEOUT_NANOS =
            TimeUnit.MILLISECONDS.toNanos(1);

    private final long timeoutNanos;

    private WriteTimeoutTask lastTask;

    private boolean closed;

    public WriteTimeoutHandler(int timeoutSeconds) {
        this(timeoutSeconds, TimeUnit.SECONDS);
    }

    public WriteTimeoutHandler(long timeout, TimeUnit unit) {
        if (unit == null) {
            throw new NullPointerException("unit");
        }

        if (timeout <= 0) {
            timeoutNanos = 0;
        } else {
            timeoutNanos =
                Math.max(unit.toNanos(timeout), MIN_TIMEOUT_NANOS);
        }
    }

    @Override
    public void write(ChannelHandlerContext ctx,
            Object msg, ChannelPromise promise) throws Exception {
        if (timeoutNanos > 0) {
            promise = promise.unvoid();
            scheduleTimeout(ctx, promise);
        }
        ctx.write(msg, promise);
    }

    @Override
    public void handlerRemoved(ChannelHandlerContext ctx) throws Exception {
        WriteTimeoutTask task = lastTask;
        lastTask = null;
```

```
    while (task != null) {
        task.scheduledFuture.cancel(false);
        WriteTimeoutTask prev = task.prev;
        task.prev = null;
        task.next = null;
        task = prev;
    }
}

private void scheduleTimeout(final ChannelHandlerContext ctx,
        final ChannelPromise promise) {
    final WriteTimeoutTask task = new WriteTimeoutTask(ctx, promise);
    task.scheduledFuture =
        ctx.executor().schedule(task, timeoutNanos, TimeUnit.NANOSECONDS);

    if (!task.scheduledFuture.isDone()) {
        addWriteTimeoutTask(task);

        promise.addListener(task);
    }
}

private void addWriteTimeoutTask(WriteTimeoutTask task) {
    if (lastTask != null) {
        lastTask.next = task;
        task.prev = lastTask;
    }
    lastTask = task;
}

private void removeWriteTimeoutTask(WriteTimeoutTask task) {
    if (task == lastTask) {
        assert task.next == null;
        lastTask = lastTask.prev;
        if (lastTask != null) {
            lastTask.next = null;
        }
    } else if (task.prev == null && task.next == null) {
        return;
    } else if (task.prev == null) {
        task.next.prev = null;
    } else {
        task.prev.next = task.next;
        task.next.prev = task.prev;
    }
    task.prev = null;
    task.next = null;
}
```

```
    protected void writeTimedOut(ChannelHandlerContext ctx)
            throws Exception {
        if (!closed) {
            ctx.fireExceptionCaught(WriteTimeoutException.INSTANCE);
            ctx.close();
            closed = true;
        }
    }

    ...
```

从上述源码可以看出，WriteTimeoutHandler 在处理超时时，引发了 WriteTimeoutException 异常。

WriteTimeoutHandler 的使用示例如下。

```
public class MyChannelInitializer extends ChannelInitializer<Channel> {
    public void initChannel(Channel channel) {
        channel.pipeline().addLast("writeTimeoutHandler",
                new WriteTimeoutHandler(30);
        channel.pipeline().addLast("myHandler", new MyHandler());
    }
}

// 处理器处理 RWriteTimeoutException.
public class MyHandler extends ChannelDuplexHandler {
    @Override
    public void exceptionCaught(ChannelHandlerContext ctx,
            Throwable cause) throws Exception {
        if (cause instanceof WriteTimeoutException) {
            // ...
        } else {
            super.exceptionCaught(ctx, cause);
        }
    }
}
```

在上述示例中，WriteTimeoutHandler 设置了写超时时间是 30 秒。

## 8.6.5 ▶ 实战：实现心跳机制

上面内容讲述了 Netty 如何检测超时，接下来介绍针对超时的解决方案 —— 心跳机制。在程序开发中，心跳机制是非常常见的。其原理是，当连接闲置时可以发送一个心跳来维持连接。一般而言，心跳就是一段短小的通信。

### 1. 定义心跳处理器

心跳处理器代码实现如下。

```
package com.waylau.netty.demo.heartbeat;

import io.netty.buffer.ByteBuf;
import io.netty.buffer.Unpooled;
import io.netty.channel.ChannelFutureListener;
import io.netty.channel.ChannelHandlerContext;
import io.netty.channel.ChannelInboundHandlerAdapter;
import io.netty.handler.timeout.IdleState;
import io.netty.handler.timeout.IdleStateEvent;
import io.netty.util.CharsetUtil;

public class HeartbeatServerHandler extends ChannelInboundHandlerAdapter {

    // (1) 心跳内容
    private static final ByteBuf HEARTBEAT_SEQUENCE = Unpooled
            .unreleasableBuffer(Unpooled.copiedBuffer("Heartbeat",
                    CharsetUtil.UTF_8));

    @Override
    public void userEventTriggered(ChannelHandlerContext ctx, Object evt)
            throws Exception {

        // (2) 判断超时类型
        if (evt instanceof IdleStateEvent) {
            IdleStateEvent event = (IdleStateEvent) evt;
            String type = "";
            if (event.state() == IdleState.READER_IDLE) {
                type = "read idle";
            } else if (event.state() == IdleState.WRITER_IDLE) {
                type = "write idle";
            } else if (event.state() == IdleState.ALL_IDLE) {
                type = "all idle";
            }

            // (3) 发送心跳
            ctx.writeAndFlush(HEARTBEAT_SEQUENCE.duplicate())
                    .addListener(
                    ChannelFutureListener.CLOSE_ON_FAILURE);

            System.out.println( ctx.channel().remoteAddress()
                    +"超时类型：" + type);
        } else {
            super.userEventTriggered(ctx, evt);
        }
    }
```

```
}
```

对上述代码说明如下。

（1）定义了心跳时，要发送的内容。

（2）判断是不是 IdleStateEvent 事件，是则处理。

（3）将心跳内容发送给客户端。

当遇到超时时，会发送定义的内容作为心跳的内容。

### 2. 定义 ChannelInitializer

HeartbeatHandlerInitializer 用于封装各类 ChannelHandler，代码如下。

```
package com.waylau.netty.demo.heartbeat;

import io.netty.channel.Channel;
import io.netty.channel.ChannelInitializer;
import io.netty.channel.ChannelPipeline;
import io.netty.handler.timeout.IdleStateHandler;

import java.util.concurrent.TimeUnit;

public class HeartbeatHandlerInitializer
        extends ChannelInitializer<Channel> {

    private static final int READ_IDEL_TIME_OUT = 4; // 读超时
    private static final int WRITE_IDEL_TIME_OUT = 5;// 写超时
    private static final int ALL_IDEL_TIME_OUT = 7; // 所有超时

    @Override
    protected void initChannel(Channel ch) throws Exception {
        ChannelPipeline pipeline = ch.pipeline();
        pipeline.addLast(new IdleStateHandler(READ_IDEL_TIME_OUT,
                WRITE_IDEL_TIME_OUT, ALL_IDEL_TIME_OUT,
                TimeUnit.SECONDS)); // (1)
        pipeline.addLast(new HeartbeatServerHandler()); // (2)
    }
}
```

对上述代码说明如下。

（1）添加了一个 IdleStateHandler 到 ChannelPipeline，并分别设置了读、写超时的时间。为了方便演示，将超时时间设置得比较短。

（2）添加了 HeartbeatServerHandler，用来处理超时时，发送心跳。

### 3. 编写服务器

服务器代码如下。

```
package com.waylau.netty.demo.heartbeat;
```

```
import io.netty.bootstrap.ServerBootstrap;
import io.netty.channel.ChannelFuture;
import io.netty.channel.ChannelOption;
import io.netty.channel.EventLoopGroup;
import io.netty.channel.nio.NioEventLoopGroup;
import io.netty.channel.socket.nio.NioServerSocketChannel;
import io.netty.handler.logging.LogLevel;
import io.netty.handler.logging.LoggingHandler;

public final class HeartbeatServer {

    static final int PORT = 8083;

    public static void main(String[] args) throws Exception {

        // 配置服务器
        EventLoopGroup bossGroup = new NioEventLoopGroup(1);
        EventLoopGroup workerGroup = new NioEventLoopGroup();
        try {
            ServerBootstrap b = new ServerBootstrap();
            b.group(bossGroup, workerGroup)
             .channel(NioServerSocketChannel.class)
             .option(ChannelOption.SO_BACKLOG, 100)
             .handler(new LoggingHandler(LogLevel.INFO))
             .childHandler(new HeartbeatHandlerInitializer());

            // 启动
            ChannelFuture f = b.bind(PORT).sync();

            f.channel().closeFuture().sync();
        } finally {
            bossGroup.shutdownGracefully();
            workerGroup.shutdownGracefully();
        }
    }
}
```

HeartbeatServer 代码比较简单，这里就不再赘述了。

#### 4. 测试

首先启动 HeartbeatServer。

然后，启动操作系统自带的 Telnet 客户端来访问服务器，命令如下。

```
telnet 127.0.0.1 8082
```

可以看到如图 8-4 所示的客户端与服务器的交互效果。

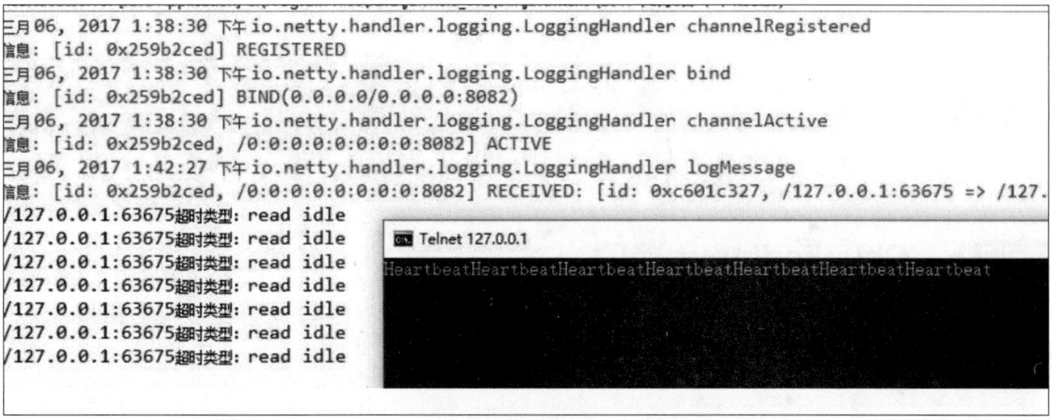

```
三月 06, 2017 1:38:30 下午 io.netty.handler.logging.LoggingHandler channelRegistered
信息: [id: 0x259b2ced] REGISTERED
三月 06, 2017 1:38:30 下午 io.netty.handler.logging.LoggingHandler bind
信息: [id: 0x259b2ced] BIND(0.0.0.0/0.0.0.0:8082)
三月 06, 2017 1:38:30 下午 io.netty.handler.logging.LoggingHandler channelActive
信息: [id: 0x259b2ced, /0:0:0:0:0:0:0:0:8082] ACTIVE
三月 06, 2017 1:42:27 下午 io.netty.handler.logging.LoggingHandler logMessage
信息: [id: 0x259b2ced, /0:0:0:0:0:0:0:0:8082] RECEIVED: [id: 0xc601c327, /127.0.0.1:63675 => /127.
/127.0.0.1:63675超时类型: read idle
/127.0.0.1:63675超时类型: read idle
/127.0.0.1:63675超时类型: read idle
/127.0.0.1:63675超时类型: read idle
/127.0.0.1:63675超时类型: read idle
/127.0.0.1:63675超时类型: read idle
/127.0.0.1:63675超时类型: read idle
```

```
Telnet 127.0.0.1
HeartbeatHeartbeatHeartbeatHeartbeatHeartbeatHeartbeatHeartbeat
```

图 8-4　客户端与服务器的交互效果

本节示例，可以在 com.waylau.netty.demo.heartbeat 包下找到。

## 8.7 大数据流处理

在传统的数据处理流程中，总是先收集数据，然后将数据放到数据库中。当人们需要时通过数据库对数据做查询操作，得到答案或进行相关的处理。这样看起来虽然非常合理，但是结果就可能无法满足高实时要求，尤其是在一些实时搜索应用中。这就引出了一种新的数据计算结构 —— 流式计算方式。它可以很好地对大规模流动数据在不断变化的运动过程中实时进行分析，捕捉到可能有用的信息，并把结果发送到下一计算节点。

Netty 提供了 ChunkedWriteHandler 以支持大数据流处理。

### 8.7.1 ▶ ChunkedWriteHandler 类

Netty 提供了 ChunkedWriteHandler，用于支持异步写入大数据流。使用 ChunkedWriteHandler 既不花费大量内存，也不会出现 OutOfMemoryError 的问题。ChunkedWriteHandler 能够管理大数据流的状态，因而能够轻松发送大型数据流，实现诸如文件传输之类的大数据流应用。

以下是一个使用 ChunkedWriteHandler 的示例。

```
ChannelPipeline p = ...;
p.addLast("streamer", new ChunkedWriteHandler());
p.addLast("handler", new MyHandler());
```

使用 ChunkedWriteHandler，需要在 ChannelPipeline 中插入一个新的 ChunkedWriteHandler 实例。插入后，就可以编写 ChunkedInput，以便 ChunkedWriteHandler 可以逐块获取数据流块

的内容，并将获取的块写入下游，用法如下。

```
Channel ch = ...;
ch.write(new ChunkedFile(new File("my-video.mkv"));
```

上述 ChunkedFile 是 ChunkedInput 接口的一个具体实现。

### 8.7.2 ▶ ChunkedInput 接口

ChunkedInput 接口可以理解为是数据流块的表示，源码如下。

```
package io.netty.handler.stream;


import io.netty.buffer.ByteBufAllocator;
import io.netty.channel.ChannelHandlerContext;

public interface ChunkedInput<B> {

    boolean isEndOfInput() throws Exception;

    void close() throws Exception;

    B readChunk(ByteBufAllocator allocator) throws Exception;

    long length();

    long progress();

}
```

ChunkedInput 接口的实现包含 ChunkedFile、ChunkedNioFile、ChunkedNioStream、ChunkedStream、HttpChunkedInput、HttpPostRequestEncoder 和 WebSocketChunkedInput 等。

在 ChunkedWriteHandler 中，主要用到以下 4 种实现。

- ChunkedFile：用于从文件中逐块获取数据。
- ChunkedNioFile：使用 NIO FileChannel 从文件中逐块获取数据。
- ChunkedNioStream：用于从 ReadableByteChannel 中逐块获取数据。
- ChunkedStream：用于从 InputStream 中逐块获取数据。

### 8.7.3 ▶ ChunkedFile 类

以下是 ChunkedFile 构造函数的核心源码。

```
public ChunkedFile(File file) throws IOException {
```

```
    this(file, ChunkedStream.DEFAULT_CHUNK_SIZE);
}

public ChunkedFile(File file, int chunkSize) throws IOException {
    this(new RandomAccessFile(file, "r"), chunkSize);
}

public ChunkedFile(RandomAccessFile file) throws IOException {
    this(file, ChunkedStream.DEFAULT_CHUNK_SIZE);
}

public ChunkedFile(RandomAccessFile file, int chunkSize)
        throws IOException {
    this(file, 0, file.length(), chunkSize);
}

public ChunkedFile(RandomAccessFile file, long offset,
        long length, int chunkSize) throws IOException {
    if (file == null) {
        throw new NullPointerException("file");
    }
    if (offset < 0) {
        throw new IllegalArgumentException(
                "offset: " + offset + " (expected: 0 or greater)");
    }
    if (length < 0) {
        throw new IllegalArgumentException(
                "length: " + length + " (expected: 0 or greater)");
    }
    if (chunkSize <= 0) {
        throw new IllegalArgumentException(
                "chunkSize: " + chunkSize +
                " (expected: a positive integer)");
    }

    this.file = file;
    this.offset = startOffset = offset;
    endOffset = offset + length;
    this.chunkSize = chunkSize;

    file.seek(offset);
}
```

从上述源码可以看出，ChunkedFile 类是从文件中逐块获取数据的。

获取数据的核心源码如下。

```
@Override
public ByteBuf readChunk(ByteBufAllocator allocator)
```

```
        throws Exception {
    long offset = this.offset;
    if (offset >= endOffset) {
        return null;
    }

    int chunkSize =
            (int) Math.min(this.chunkSize, endOffset - offset);

    // 检查缓冲区是否有字节数组支持。 如果是，则可以对其进行一些优化以确保副本安全
    ByteBuf buf = allocator.heapBuffer(chunkSize);
    boolean release = true;
    try {
        file.readFully(buf.array(), buf.arrayOffset(), chunkSize);
        buf.writerIndex(chunkSize);
        this.offset = offset + chunkSize;
        release = false;
        return buf;
    } finally {
        if (release) {
            buf.release();
        }
    }
}
```

## 8.7.4 ▶ ChunkedNioFile 类

以下是 ChunkedNioFile 的构造函数的核心源码。

```
public ChunkedNioFile(File in) throws IOException {
    this(new RandomAccessFile(in, "r").getChannel());
}

public ChunkedNioFile(File in, int chunkSize)
        throws IOException {
    this(new RandomAccessFile(in, "r").getChannel(), chunkSize);
}

public ChunkedNioFile(FileChannel in) throws IOException {
    this(in, ChunkedStream.DEFAULT_CHUNK_SIZE);
}

public ChunkedNioFile(FileChannel in, int chunkSize)
        throws IOException {
    this(in, 0, in.size(), chunkSize);
}
```

```
public ChunkedNioFile(FileChannel in, long offset,
        long length, int chunkSize)
        throws IOException {
    if (in == null) {
        throw new NullPointerException("in");
    }
    if (offset < 0) {
        throw new IllegalArgumentException(
                "offset: " + offset
                + " (expected: 0 or greater)");
    }
    if (length < 0) {
        throw new IllegalArgumentException(
                "length: " + length
                + " (expected: 0 or greater)");
    }
    if (chunkSize <= 0) {
        throw new IllegalArgumentException(
                "chunkSize: " + chunkSize +
                " (expected: a positive integer)");
    }
    if (!in.isOpen()) {
        throw new ClosedChannelException();
    }
    this.in = in;
    this.chunkSize = chunkSize;
    this.offset = startOffset = offset;
    endOffset = offset + length;
}
```

从上述源码可以看出，ChunkedNioFile 类使用 NIO FileChannel 从文件中逐块获取数据。获取数据的核心源码如下。

```
@Override
public ByteBuf readChunk(ByteBufAllocator allocator)
        throws Exception {
    long offset = this.offset;
    if (offset >= endOffset) {
        return null;
    }

    int chunkSize =
        (int) Math.min(this.chunkSize, endOffset - offset);
    ByteBuf buffer = allocator.buffer(chunkSize);
    boolean release = true;
    try {
        int readBytes = 0;
        for (;;) {
```

```
            int localReadBytes =
                uffer.writeBytes(in,
                    offset + readBytes,
                    chunkSize - readBytes);
            if (localReadBytes < 0) {
                break;
            }
            readBytes += localReadBytes;
            if (readBytes == chunkSize) {
                break;
            }
        }
        this.offset += readBytes;
        release = false;
        return buffer;
    } finally {
        if (release) {
            buffer.release();
        }
    }
}
```

### 8.7.5 ChunkedNioStream 类

以下是 ChunkedNioStream 的构造函数的核心源码。

```
public ChunkedNioStream(ReadableByteChannel in) {
    this(in, ChunkedStream.DEFAULT_CHUNK_SIZE);
}

public ChunkedNioStream(ReadableByteChannel in, int chunkSize) {
    if (in == null) {
        throw new NullPointerException("in");
    }
    if (chunkSize <= 0) {
        throw new IllegalArgumentException("chunkSize: "
                + chunkSize
                + " (expected: a positive integer)");
    }
    this.in = in;
    offset = 0;
    this.chunkSize = chunkSize;
    byteBuffer = ByteBuffer.allocate(chunkSize);
}
```

从上述源码可以看出，ChunkedNioStream 类从 ReadableByteChannel 中逐块获取数据。

获取数据的核心源码如下。

```
@Override
public ByteBuf readChunk(ByteBufAllocator allocator)
        throws Exception {
    if (isEndOfInput()) {
        return null;
    }

    int readBytes = byteBuffer.position();
    for (;;) {
        int localReadBytes = in.read(byteBuffer);
        if (localReadBytes < 0) {
            break;
        }
        readBytes += localReadBytes;
        offset += localReadBytes;
        if (readBytes == chunkSize) {
            break;
        }
    }
    byteBuffer.flip();
    boolean release = true;
    ByteBuf buffer = allocator.buffer(byteBuffer.remaining());
    try {
        buffer.writeBytes(byteBuffer);
        byteBuffer.clear();
        release = false;
        return buffer;
    } finally {
        if (release) {
            buffer.release();
        }
    }
}
```

## 8.7.6 ▶ ChunkedStream 类

以下是 ChunkedStream 的构造函数的核心源码。

```
public ChunkedStream(InputStream in) {
    this(in, DEFAULT_CHUNK_SIZE);
}

public ChunkedStream(InputStream in, int chunkSize) {
    if (in == null) {
```

```
        throw new NullPointerException("in");
    }
    if (chunkSize <= 0) {
        throw new IllegalArgumentException(
                "chunkSize: " + chunkSize +
                " (expected: a positive integer)");
    }

    if (in instanceof PushbackInputStream) {
        this.in = (PushbackInputStream) in;
    } else {
        this.in = new PushbackInputStream(in);
    }
    this.chunkSize = chunkSize;
}
```

从上述源码可以看出，ChunkedStream 类用于从 InputStream 中逐块获取数据。

获取数据的核心源码如下。

```
@Override
public ByteBuf readChunk(ByteBufAllocator allocator)
        throws Exception {
    if (isEndOfInput()) {
        return null;
    }

    final int availableBytes = in.available();
    final int chunkSize;
    if (availableBytes <= 0) {
        chunkSize = this.chunkSize;
    } else {
        chunkSize = Math.min(this.chunkSize, in.available());
    }

    boolean release = true;
    ByteBuf buffer = allocator.buffer(chunkSize);
    try {
        // 转为 buffer
        offset += buffer.writeBytes(in, chunkSize);
        release = false;
        return buffer;
    } finally {
        if (release) {
            buffer.release();
        }
    }
}
```

# 8.8 数据加密

数据安全是一个非常值得关注的问题。数据在网络上传播，数据很容易被侦听、窃取，如果想要实现数据的安全，一个非常重要的方式就是给数据加密。SSL/TLS 和 TLS 就是安全协议，它们叠加在其他协议之上，用以实现数据安全。

为了支持 SSL/TLS，Java 提供了 javax.net.ssl 包，它的 SSLContext 和 SSLEngine 类使得实现解密和加密相当简单直接。Netty 提供一个名为 SslHandler 的 ChannelHandler 来实现数据的加解密，而在 SslHandler 内部是使用 SSLEngine 来完成实际的工作。

## 8.8.1 ▶ SSL/TLS 概述

SSL（Secure Sockets Layer，安全套接字层）是在网络上应用最广泛的加密协议实现。SSL 结合加密过程来保证网络的安全通信。

SSL 提供了一个安全的增强标准 TCP/IP 套接字用于网络通信协议。在标准 TCP/IP 协议栈的传输层和应用层之间添加了完全套接字层。SSL 的应用程序中最常用的是 Hypertext Transfer Protocol（HTTP，超文本传输协议），这个是互联网网页协议。其他应用程序，如 Net News Transfer Protocol（NNTP，网络新闻传输协议）、Telnet、Lightweight Directory Access Protocol（LDAP，轻量级目录访问协议）、Interactive Message Access Protocol（IMAP，互动信息访问协议）和 File Transfer Protocol（FTP，文件传输协议），也可以使用 SSL。

SSL 最初是由网景公司在 1994 年创立的，现在已经演变成为一个标准。由国际标准组织 Internet Engineering Task Force（IETF）进行管理。之后 IETF 将 SSL 更名为 Transport Layer Security（TLS，传输层安全），并在 1999 年 1 月发布了第一个规范，版本为 1.0。TLS 1.0 对于 SSL 的最新版本 3.0 版本是一个小的升级。两者差异非常微小。TLS 1.1 是在 2006 年 4 月发布的，TLS 1.2 在 2008 年 8 月发布。

因此，在讨论传输层安全协议时，经常将 SSL 和 TLS 两者合称为 SSL/TLS，这两者其实是一个东西在不同时期版本的不同命名而已。

### 1. SSL/TLS 握手过程

SSL/TLS 通过握手过程在客户端和服务器之间协商会话参数，并建立会话。会话包含的主要参数有会话 ID、对方的证书、加密套件（密钥交换算法、数据加密算法和 MAC 算法等）及主密钥（master secret）。通过 SSL/TLS 会话传输的数据，都将采用该会话的主密钥和加密套件进行加密、计算 MAC 等处理。

不同情况下，SSL/TLS 的握手过程存在差异，主要有以下 3 种情况下的握手过程。

- 只验证服务器的 SSL/TLS 握手过程（单向认证）。
- 验证服务器和客户端的 SSL/TLS 握手过程（双向认证）。
- 恢复原有会话的 SSL/TLS 握手过程。

只需要验证 SSL/TLS 服务器身份，不需要验证 SSL/TLS 客户端身份，SSL/TLS 的握手过程如下。

（1）SSL/TLS 客户端通过 Client Hello 消息将它支持的 SSL/TLS 版本、加密算法、密钥交换算法和 MAC 算法等信息发送给 SSL/TLS 服务器。

（2）SSL/TLS 服务器确定本次通信采用的 SSL/TLS 版本和加密套件，并通过 Server Hello 消息通知给 SSL/TLS 客户端。如果 SSL/TLS 服务器允许 SSL/TLS 客户端在以后的通信中重用本次会话，则 SSL/TLS 服务器会为本次会话分配会话 ID，并通过 Server Hello 消息发送给 SSL/TLS 客户端。

（3）SSL/TLS 服务器将携带自己公钥信息的数字证书通过 Certificate 消息发送给 SSL/TLS 客户端。

（4）SSL/TLS 服务器发送 Server Hello Done 消息，通知 SSL/TLS 客户端版本和加密套件协商结束，开始进行密钥交换。

（5）SSL/TLS 客户端验证 SSL/TLS 服务器的证书合法后，利用证书中的公钥加密 SSL/TLS 客户端随机生成的 premaster secret，并通过 Client Key Exchange 消息发送给 SSL/TLS 服务器。

（6）SSL/TLS 客户端发送 Change Cipher Spec 消息，通知 SSL/TLS 服务器后续报文将采用协商好的密钥和加密套件进行加密和 MAC 计算。

（7）SSL/TLS 客户端计算已交互的握手消息（除 Change Cipher Spec 消息外所有已交互的消息）的 Hash 值，利用协商好的密钥和加密套件处理 Hash 值（计算并添加 MAC 值、加密等），并通过 Finished 消息发送给 SSL/TLS 服务器。SSL/TLS 服务器利用同样的方法计算已交互的握手消息的 Hash 值，并与 Finished 消息的解密结果进行比较，如果二者相同，且 MAC 值验证成功，则证明密钥和加密套件协商成功。

（8）同样的，SSL/TLS 服务器发送 Change Cipher Spec 消息，通知 SSL/TLS 客户端后续报文将采用协商好的密钥和加密套件进行加密和 MAC 计算。

（9）SSL/TLS 服务器计算已交互的握手消息的 Hash 值，利用协商好的密钥和加密套件处理 Hash 值（计算并添加 MAC 值、加密等），并通过 Finished 消息发送给 SSL/TLS 客户端。SSL/TLS 客户端利用同样的方法计算已交互的握手消息的 Hash 值，并与 Finished 消息的解密结果进行比较，如果二者相同，且 MAC 值验证成功，则证明密钥和加密套件协商成功。

SSL/TLS 客户端接收到 SSL/TLS 服务器发送的 Finished 消息后，如果解密成功，则可以判断 SSL/TLS 服务器是数字证书的拥有者，即 SSL/TLS 服务器身份验证成功，因为只有拥有私钥的 SSL/TLS 服务器才能从 Client Key Exchange 消息中解密得到 premaster secret，从而间接地实现了 SSL/TLS 客户端对 SSL/TLS 服务器的身份验证。

SSL/TLS 客户端的身份验证是可选的，由 SSL/TLS 服务器决定是否验证 SSL/TLS 客户端的身份。如果 SSL/TLS 服务器验证 SSL/TLS 客户端身份，则 SSL/TLS 服务器和 SSL/TLS 客户端除了交互“只验证服务器的 SSL/TLS 握手过程”中的消息协商密钥和加密套件，还需要进行以下操作。

（1）SSL/TLS 服务器发送 Certificate Request 消息，请求 SSL/TLS 客户端将其证书发送给 SSL/TLS 服务器。

（2）SSL/TLS 客户端通过 Certificate 消息将携带自己公钥的证书发送给 SSL/TLS 服务器。SSL/TLS 服务器验证该证书的合法性。

（3）SSL/TLS 客户端计算已交互的握手消息、主密钥的 Hash 值，利用自己的私钥对其进行加密，并通过 Certificate Verify 消息发送给 SSL/TLS 服务器。

（4）SSL/TLS 服务器计算已交互的握手消息、主密钥的 Hash 值，利用 SSL/TLS 客户端证书中的公钥解密 Certificate Verify 消息，并将解密结果与计算出的 Hash 值进行比较。如果二者相同，则 SSL/TLS 客户端身份验证成功。

协商会话参数、建立会话的过程中，需要使用非对称密钥算法来加密密钥、验证通信对端的身份，计算量较大，占用了大量的系统资源。为了简化 SSL/TLS 握手过程，SSL/TLS 允许重用已经协商过的会话，具体过程如下。

（1）SSL/TLS 客户端发送 Client Hello 消息，消息中的会话 ID 设置为计划重用的会话 ID。

（2）SSL/TLS 服务器如果允许重用该会话，则通过在 Server Hello 消息中设置相同的会话 ID 来应答。这样，SSL/TLS 客户端和 SSL/TLS 服务器就可以利用原有会话的密钥和加密套件，不必重新协商。

（3）SSL/TLS 客户端发送 Change Cipher Spec 消息，通知 SSL/TLS 服务器后续报文将采用原有会话的密钥和加密套件进行加密和 MAC 计算。

（4）SSL/TLS 客户端计算已交互的握手消息的 Hash 值，利用原有会话的密钥和加密套件处理 Hash 值，并通过 Finished 消息发送给 SSL/TLS 服务器，以便 SSL/TLS 服务器判断密钥和加密套件是否正确。

（5）同样的，SSL/TLS 服务器发送 Change Cipher Spec 消息，通知 SSL/TLS 客户端后续报文将采用原有会话的密钥和加密套件进行加密和 MAC 计算。

（6）SSL/TLS 服务器计算已交互的握手消息的 Hash 值，利用原有会话的密钥和加密套件处理 Hash 值，并通过 Finished 消息发送给 SSL/TLS 客户端，以便 SSL/TLS 客户端判断密钥和加密套件是否正确。

#### 2. HTTPS

HTTPS（Hyper Text Transfer Protocol over Secure Socket Layer）是基于 SSL/TLS 安全连

接的 HTTP。HTTPS 通过 SSL/TLS 提供的数据加密、身份验证和消息完整性验证等安全机制，为 Web 访问提供了安全性保证，广泛应用于网上银行、电子商务等领域。在主要互联网公司和浏览器开发商的推动之下，HTTPS 在加速普及，HTTP 正在被加速淘汰。不加密的 HTTP 连接是不安全的，用户和目标服务器之间的任何中间人都能读取和操纵传输的数据，例如，ISP 可以在单击的网页上插入广告，很可能让用户根本不知道看到的广告是否为网站发布的。中间人能够注入的代码不仅仅是看起来无害的广告，还可能注入具有恶意目的的代码。2015 年，百度联盟广告的脚本被中间人修改，加入了代码对两个政府不喜欢的网站发动了 DDoS 攻击。这次攻击被称为“网络大炮”，“网络大炮”让普通的网民在不知情下变成了 DDoS 攻击者。而唯一能阻止大炮的方法是加密流量。

## 8.8.2 ▶ Sslhandler 类

Sslhandler 继承自 ByteToMessageDecoder 并实现了 ChannelOutboundHandler 接口，因此可以像其他 ChannelHandler 一样添加到 ChannelPipeline 中。图 8-5 展示了 Sslhandler 的数据流图。

图 8-5　Sslhandler 的数据流图

对图 8-5 说明如下。

（1）加密的入站数据被 SslHandler 拦截，进行解密。

（2）数据被解密后，原始数据入站。

（3）原始数据经过 SslHandler。

（4）SslHandler 加密数据并传递数据出站。

在使用 SslHandler 时，在大多数情况下，SslHandler 将成为 ChannelPipeline 的第一个 ChannelHandler。以下为添加 SslHandler 到 ChannelPipeline 的示例。

```
@Override
protected void initChannel(SocketChannel socketChannel) throws Exception {
    ChannelPipeline pie = socketChannel.pipeline() ;
    SSLEngine engine = ...;
    engine.setUseClientMode(false);
    engine.setNeedClientAuth(true);
    pie.addLast("ssl", new SslHandler(engine));   // 加密处理器
```

```
    pie.addLast("decoder" , new MyDecoder());
    pie.addLast("encoder" , new MyEncoder());

}
```

### 8.8.3 ▶ 实战：基于 SSL/TSL 的双向认证 Echo 服务器和客户端

下面演示如何基于 Netty 来实现 SSL/TSL 的双向认证。本节示例，是基于第 1 章的 Echo 协议的服务器和客户端程序改造的，形成了新的具有安全认证的Echo协议的服务器和客户端。

**1. 生成服务端和客户端秘钥仓库**

JDK 自带了生成 SSL/TLS 秘钥的工具 keytool。

keytool 常用命令总结如下。

- -alias：证书的别名。
- -keystore：证书库的名称。
- -storepass：证书库的密码。
- -keypass：证书的密码。
- -list：显示密钥库中的证书信息。
- -v：显示密钥库中的证书详细信息。
- -export：显示密钥库中的证书信息。
- -file：指定导出证书的文件名和路径。
- -delete：删除密钥库中某条目。
- -import：将已签名数字证书导入密钥库。
- -keypasswd：修改密钥库中指定条目口令。
- -dname：指定证书拥有者信息。
- -keyalg：指定密钥的算法。
- -validity：指定创建的证书有效期有多少天。
- -keysize：指定密钥长度。

以下演示如何使用 keytool 来生成密钥仓库。

（1）生成服务端秘钥仓库。

运行如下命令生成服务端秘钥仓库。

```
keytool -genkey -alias nettyServer -keysize 2048 -validity 365 -keyalg RSA
-dname "CN=localhost" -keypass defaultPass -storepass defaultPass -keystore
nettyServer.jks
```

上述命令的参数含义如下。

- -alias nettyServer：指定秘钥仓库别名为 nettyServer，后续通过此别名访问秘钥仓库。

- -keysize 2048：指定秘钥大小为 2048。
- -validity 365：指定公钥证书有效期为 365 天。
- -keyalg RSA：指定使用 RSA 算法生成秘钥。
- -dname "CN= localhost"：指定公钥证书的 X.500 特征名 CN 为 localhost，如果在命令中不指定，则在命令执行过程中，会提示输入。
- -keypass defaultPass：指定私钥口令为 defaultPass，用来保护所生成密钥对中的私钥。如果没有提供口令，用户将得到要求输入口令的提示。
- -storepass defaultPass：指定秘钥仓库口令为 defaultPass，访问秘钥仓库时，需要使用此口令。
- -keystore nettyServer.jks：指定生成的秘钥仓库 jsk 文件的完整文件名，如果没有指定路径，则在当前目录下生成。

（2）从服务器秘钥仓库导出公钥证书。

运行如下命令，从服务器秘钥仓库中导出公钥证书。

```
keytool -export -alias nettyServer -keystore nettyServer.jks -storepass defaultPass -file nettyServer.cer
```

（3）生成客户端秘钥仓库。

运行如下命令生成客户端秘钥仓库。

```
keytool -genkey -alias nettyClient -keysize 2048 -validity 365 -keyalg RSA -dname "CN=localhost" -keypass defaultPass -storepass defaultPass -keystore nettyClient.jks
```

（4）从客户端秘钥仓库导出公钥证书。

对于双向认证而言，还需要用到客户端公钥证书。运行如下命令，从客户端秘钥仓库中导出公钥证书。

```
keytool -export -alias nettyClient -keystore nettyClient.jks -storepass defaultPass -file nettyClient.cer
```

（5）将服务端公钥证书作为信任证书导入客户端秘钥仓库中。

运行如下命令，将服务端公钥证书作为信任证书导入客户端秘钥仓库中。

```
keytool -import -trustcacerts -alias nettyServer -file nettyServer.cer -storepass defaultPass -keystore nettyClient.jks
```

（6）将客户端公钥证书作为信任证书导入服务端秘钥仓库中。

对于双向认证而言，除了客户端认证服务端，服务端也需要认证客户端，所以也需要将客户端证书导入到服务端的证书仓库中。

```
keytool -import -trustcacerts -alias nettyClient -file nettyClient.cer -storepass defaultPass -keystore nettyServer.jks
```

上述命令在控制台的输出如下。

```
D:\workspaceGithub\netty-4-user-guide-demos\netty4-demos\src\main\resources\
ssl>keytool -genkey -alias nettyServer -keysize 2048 -validity 365 -keyalg RSA
-dname "CN=localhost" -keypass defaultPass -storepass defaultPass -keystore
nettyServer.jks
正在为以下对象生成 2,048 位 RSA 密钥对和自签名证书 (SHA256withRSA) (有效期为 365 天):
        CN=localhost

D:\workspaceGithub\netty-4-user-guide-demos\netty4-demos\src\main\resources\
ssl>keytool -export -alias nettyServer -keystore nettyServer.jks -storepass
defaultPass -file nettyServer.cer
存储在文件 <nettyServer.cer> 中的证书

D:\workspaceGithub\netty-4-user-guide-demos\netty4-demos\src\main\resources\
ssl>keytool -genkey -alias nettyClient -keysize 2048 -validity 365 -keyalg RSA -dname
"CN= localhost" -keypass defaultPass -storepass defaultPass -keystore nettyClient.jks
正在为以下对象生成 2,048 位 RSA 密钥对和自签名证书 (SHA256withRSA) (有效期为 365 天):
        CN=localhost

D:\workspaceGithub\netty-4-user-guide-demos\netty4-demos\src\main\resources\
ssl>keytool -export -alias nettyClient -keystore nettyClient.jks -storepass
defaultPass -file nettyClient.cer
存储在文件 <nettyClient.cer> 中的证书

D:\workspaceGithub\netty-4-user-guide-demos\netty4-demos\src\main\resources\
ssl>keytool -import -trustcacerts -alias nettyServer -file nettyServer.cer
-storepass defaultPass -keystore nettyClient.jks
所有者: CN=localhost
发布者: CN=localhost
序列号: 989c87c3538eecef
生效时间: Wed Dec 25 22:09:33 CST 2019, 失效时间: Thu Dec 24 22:09:33 CST 2020
证书指纹:
        SHA1: 60:DC:32:8F:F9:B0:DB:D6:DC:85:D4:23:21:D6:4D:80:32:97:43:D6
        SHA256: 84:0F:D8:3B:A2:7C:C0:1F:70:C5:27:1D:D0:D3:20:66:A3:70:CD:D2:93:BD
:B4:09:40:09:DC:5F:91:30:F2:B4
签名算法名称: SHA256withRSA
主体公共密钥算法: 2048 位 RSA 密钥
版本: 3

扩展:

#1: ObjectId: 2.5.29.14 Criticality=false
SubjectKeyIdentifier [
KeyIdentifier [
0000: 0F 98 12 A7 85 A2 DD 90  8E D1 EF F8 64 A6 C2 B2  ...........d...
0010: 20 91 CC 67                                        ..g
]
]
```

```
是否信任此证书？[否]：  y
证书已添加到密钥库中

D:\workspaceGithub\netty-4-user-guide-demos\netty4-demos\src\main\resources\
ssl>keytool -import -trustcacerts -alias nettyClient -file nettyClient.cer
-storepass defaultPass -keystore nettyServer.jks
所有者：CN=localhost
发布者：CN=localhost
序列号：2dfbf668a4f18318
生效时间：Wed Dec 25 22:09:56 CST 2019, 失效时间：Thu Dec 24 22:09:56 CST 2020
证书指纹：
         SHA1: CB:25:AB:81:2E:A0:E7:BF:51:C3:98:8B:C9:04:34:5B:B4:83:3D:2E
         SHA256: 6A:9A:92:2C:84:1F:0A:22:56:14:66:02:4B:77:A2:3D:76:2E:9A:03:BE:0
0:D7:86:80:E3:B8:ED:8E:B4:2B:B7
签名算法名称：SHA256withRSA
主体公共密钥算法：2048 位 RSA 密钥
版本：3

扩展：

#1: ObjectId: 2.5.29.14 Criticality=false
SubjectKeyIdentifier [
KeyIdentifier [
0000: 6B 31 AA 03 74 2A FE 7E  DC B0 AF 0A 07 4A 9E 80  k1..t*.......J..
0010: 99 B6 F3 72                                        ...r
]
]

是否信任此证书？[否]：  y
证书已添加到密钥库中
```

这样，就会创建以下 4 个文件，如图 8-6 所示。

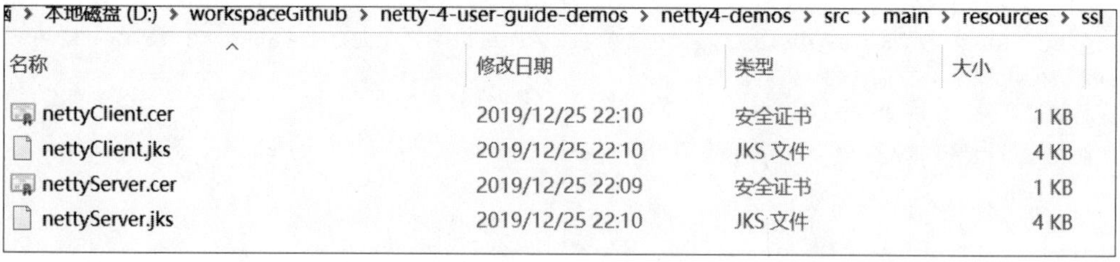

› 本地磁盘 (D:) › workspaceGithub › netty-4-user-guide-demos › netty4-demos › src › main › resources › ssl

| 名称 | 修改日期 | 类型 | 大小 |
|---|---|---|---|
| nettyClient.cer | 2019/12/25 22:10 | 安全证书 | 1 KB |
| nettyClient.jks | 2019/12/25 22:10 | JKS 文件 | 4 KB |
| nettyServer.cer | 2019/12/25 22:09 | 安全证书 | 1 KB |
| nettyServer.jks | 2019/12/25 22:10 | JKS 文件 | 4 KB |

图 8-6 认证文件

### 2. 创建上线文工厂 SslContextFactory

SslContextFactory 类用于创建 SSL/TSL 的上线文工厂，代码如下。

```
package com.waylau.netty.demo.secureecho;

import javax.net.ssl.KeyManagerFactory;
```

```
import javax.net.ssl.SSLContext;
import javax.net.ssl.TrustManagerFactory;
import java.io.FileInputStream;
import java.io.IOException;
import java.io.InputStream;
import java.security.KeyStore;

public final class SslContextFactory {
   private static final String PROTOCOL = "TLS";

   private static SSLContext SERVER_CONTEXT;// 服务器上下文

   private static SSLContext CLIENT_CONTEXT;// 客户端上下文

   public static SSLContext getServerContext(String pkPath,
         String caPath, String password) {
      if (SERVER_CONTEXT != null)
         return SERVER_CONTEXT;

      SERVER_CONTEXT = getContext(pkPath, caPath, password);

      return SERVER_CONTEXT;
   }

   public static SSLContext getClientContextgetContext(String pkPath,
         String caPath, String password) {
      if (CLIENT_CONTEXT != null)
         return CLIENT_CONTEXT;

      CLIENT_CONTEXT = getContext(pkPath, caPath, password);

      return CLIENT_CONTEXT;
   }

   public static SSLContext getContext(String pkPath,
         String caPath, String password) {
      if (CLIENT_CONTEXT != null)
         return CLIENT_CONTEXT;

      InputStream in = null;
      InputStream tIN = null;
      try {
         KeyManagerFactory kmf = null;
         if (pkPath != null) {
            KeyStore ks = KeyStore.getInstance("JKS");
            in = new FileInputStream(pkPath);
            ks.load(in, password.toCharArray());
            kmf = KeyManagerFactory.getInstance("SunX509");
            kmf.init(ks, password.toCharArray());
```

```
            }

            TrustManagerFactory tf = null;
            if (caPath != null) {
                KeyStore tks = KeyStore.getInstance("JKS");
                tIN = new FileInputStream(caPath);
                tks.load(tIN, password.toCharArray());
                tf = TrustManagerFactory.getInstance("SunX509");
                tf.init(tks);
            }

            CLIENT_CONTEXT = SSLContext.getInstance(PROTOCOL);
            CLIENT_CONTEXT.init(kmf.getKeyManagers(),
                    tf.getTrustManagers(), null);

        } catch (Exception e) {
            throw new Error("Failed to initialize the client-side SSLContext");
        } finally {
            if (in != null) {
                try {
                    in.close();
                } catch (IOException e) {
                    e.printStackTrace();
                }
                in = null;
            }

            if (tIN != null) {
                try {
                    tIN.close();
                } catch (IOException e) {
                    e.printStackTrace();
                }
                tIN = null;
            }
        }

        return CLIENT_CONTEXT;
    }

}
```

SslContextFactory 类分别提供了服务器和客户端的不同的上下文。

### 3. 创建服务器业务处理器 EchoServerHandler

EchoServerHandler 用于处理业务。在本示例中，实现了 Echo 协议，即接收到客户端什么内容就把内容原封不动地返回给客户端，代码如下。

```
package com.waylau.netty.demo.secureecho;
```

```
import io.netty.buffer.ByteBuf;
import io.netty.channel.ChannelHandlerContext;
import io.netty.channel.ChannelInboundHandlerAdapter;
import io.netty.util.CharsetUtil;

public class EchoServerHandler extends ChannelInboundHandlerAdapter {

    @Override
    public void channelRead(ChannelHandlerContext ctx, Object msg) {
        // 接收客户端的信息并打印到控制台
        ByteBuf in = (ByteBuf)msg;
        System.out.println(ctx.channel().remoteAddress()
                + " -> Server :"
                + in.toString(CharsetUtil.UTF_8));

        // 写消息到管道
        ctx.write(msg);// 写消息
        ctx.flush(); // 冲刷消息
    }

    @Override
    public void exceptionCaught(ChannelHandlerContext ctx, Throwable cause) {

        // 当出现异常就关闭连接
        cause.printStackTrace();
        ctx.close();
    }
}
```

### 4. 创建客户端业务处理器 EchoClientHandler

EchoClientHandler 用于处理业务。在本示例中，EchoClientHandler 接收来自服务器的消息，并打印出来，代码如下。

```
package com.waylau.netty.demo.secureecho;

import io.netty.buffer.ByteBuf;
import io.netty.channel.ChannelHandlerContext;
import io.netty.channel.ChannelInboundHandlerAdapter;
import io.netty.util.CharsetUtil;

public class EchoClientHandler extends ChannelInboundHandlerAdapter {
    @Override
    public void channelRead(ChannelHandlerContext ctx, Object msg) {
        // 接收服务器的信息并打印到控制台
        ByteBuf in = (ByteBuf) msg;
        System.out.println(ctx.channel().remoteAddress()
                + " -> Client :"
```

```
                + in.toString(CharsetUtil.UTF_8));

    }

    @Override
    public void exceptionCaught(ChannelHandlerContext ctx, Throwable cause) {

        // 当出现异常就关闭连接
        cause.printStackTrace();
        ctx.close();
    }
}
```

5. 创建服务器 ChannelInitializer

在 EchoServerInitializer 中配置服务器的 ChannelPipeline，代码如下。

```
/**
 * Welcome to https://waylau.com
 */
package com.waylau.netty.demo.secureecho;

import javax.net.ssl.SSLEngine;

import io.netty.channel.ChannelInitializer;
import io.netty.channel.socket.SocketChannel;
import io.netty.handler.ssl.SslHandler;


public class EchoServerChannelInitializer extends ChannelInitializer<SocketChannel> {

    @Override
    protected void initChannel(SocketChannel ch) throws Exception {

        // 先添加 SslHandler
        String pkPath = System.getProperties().getProperty("user.dir")
                + "/src/main/resources/ssl/nettyServer.jks";
        String password = "defaultPass";
         SSLEngine engine = SslContextFactory.getServerContext(pkPath, pkPath,
password).createSSLEngine();
        engine.setUseClientMode(false); // 设置为服务器模式
        engine.setNeedClientAuth(true); // 需要客户端认证
        ch.pipeline().addLast(new SslHandler(engine));

        // 再添加其他 ChannelHandler
        ch.pipeline().addLast(new EchoServerHandler());
    }

}
```

重点关注 SslHandler 的使用，必须是要在其他 ChannelHandler 之前添加 SslHandler 到 ChannelPipeline。

### 6. 创建客户端 ChannelInitializer

在 EchoClientInitializer 中配置客户端的 ChannelPipeline，代码如下。

```
/**
 * Welcome to https://waylau.com
 */
package com.waylau.netty.demo.secureecho;

import javax.net.ssl.SSLEngine;

import io.netty.channel.ChannelInitializer;
import io.netty.channel.socket.SocketChannel;
import io.netty.handler.ssl.SslHandler;

public class EchoClientChannelInitializer extends ChannelInitializer<SocketChannel> {

    @Override
    protected void initChannel(SocketChannel ch) throws Exception {

        // 先添加 SslHandler
        String pkPath =
            System.getProperties().getProperty("user.dir")
              + "/src/main/resources/ssl/nettyClient.jks";
        String password = "defaultPass";
        SSLEngine engine =
              SslContextFactory
                  .getServerContext(pkPath, pkPath, password)
                  .createSSLEngine();
        engine.setUseClientMode(true); // 设置为服务器模式
        engine.setNeedClientAuth(true); // 需要客户端认证
        ch.pipeline().addLast(new SslHandler(engine));

        // 再添加其他 ChannelHandler
        ch.pipeline().addLast(new EchoClientHandler());
    }

}
```

同样的，需要重点关注 SslHandler 的使用，必须是要在其他 ChannelHandler 之前添加 SslHandler 到 ChannelPipeline。

### 7. 创建服务器启动程序

服务器启动程序的代码如下。

```
package com.waylau.netty.demo.secureecho;
```

```
import io.netty.bootstrap.ServerBootstrap;
import io.netty.channel.ChannelFuture;
import io.netty.channel.ChannelOption;
import io.netty.channel.EventLoopGroup;
import io.netty.channel.nio.NioEventLoopGroup;
import io.netty.channel.socket.nio.NioServerSocketChannel;

public class EchoServer {

    public static int DEFAULT_PORT = 7;

    public static void main(String[] args) throws Exception {
        int port;

        try {
            port = Integer.parseInt(args[0]);
        } catch (RuntimeException ex) {
            port = DEFAULT_PORT;
        }

        // 多线程事件循环器
        EventLoopGroup bossGroup = new NioEventLoopGroup(1); // boss
        EventLoopGroup workerGroup = new NioEventLoopGroup(); // worker

        try {
            // 启动 NIO 服务的引导程序类
            ServerBootstrap b = new ServerBootstrap();

            b.group(bossGroup, workerGroup) // 设置 EventLoopGroup
            .channel(NioServerSocketChannel.class) // 指明新的 Channel 的类型
            .childHandler(new EchoServerChannelInitializer()) // 指定 ChannelHandler
            .option(ChannelOption.SO_BACKLOG, 128) // 设置 ServerChannel 的一些选项
            .childOption(ChannelOption.SO_KEEPALIVE, true); // 设置 ServerChannel 的子 Channel 的选项

            // 绑定端口，开始接收进来的连接
            ChannelFuture f = b.bind(port).sync();

            System.out.println("EchoServer 已启动，端口：" + port);

            // 等待服务器 socket 关闭
            // 在这个例子中，这不会发生，但可以优雅地关闭服务器
            f.channel().closeFuture().sync();
        } finally {

            // 优雅地关闭
            workerGroup.shutdownGracefully();
            bossGroup.shutdownGracefully();
        }
```

```
    }
}
```

因为较为简单，这里就不做解释了。

### 8. 创建客户端启动程序

客户端启动程序的代码如下。

```
package com.waylau.netty.demo.secureecho;

import java.io.BufferedReader;
import java.io.IOException;
import java.io.InputStreamReader;
import java.net.UnknownHostException;
import java.nio.ByteBuffer;

import io.netty.bootstrap.Bootstrap;
import io.netty.buffer.ByteBuf;
import io.netty.buffer.Unpooled;
import io.netty.channel.Channel;
import io.netty.channel.ChannelFuture;
import io.netty.channel.ChannelOption;
import io.netty.channel.EventLoopGroup;
import io.netty.channel.nio.NioEventLoopGroup;
import io.netty.channel.socket.nio.NioSocketChannel;

public final class EchoClient {

    public static void main(String[] args) throws Exception {
        if (args.length != 2) {
            System.err.println("用法：java EchoClient <host name> <port number>");
            System.exit(1);
        }

        String hostName = args[0];
        int portNumber = Integer.parseInt(args[1]);

        // 配置客户端
        EventLoopGroup group = new NioEventLoopGroup();
        try {
            Bootstrap b = new Bootstrap();
            b.group(group)
            .channel(NioSocketChannel.class)
            .option(ChannelOption.TCP_NODELAY, true)
            .handler(new EchoClientChannelInitializer());

            // 连接到服务器
            ChannelFuture f = b.connect(hostName, portNumber).sync();
```

```
            Channel channel = f.channel();
            ByteBuffer writeBuffer = ByteBuffer.allocate(32);
            try (BufferedReader stdIn =
                    new BufferedReader(new InputStreamReader(System.in))) {
                String userInput;
                while ((userInput = stdIn.readLine()) != null) {
                    writeBuffer.put(userInput.getBytes());
                    writeBuffer.flip();
                    writeBuffer.rewind();

                    // 转为 ByteBuf
                    ByteBuf buf = Unpooled.copiedBuffer(writeBuffer);

                    // 写消息到管道
                    channel.writeAndFlush(buf);

                    // 清理缓冲区
                    writeBuffer.clear();
                }
            } catch (UnknownHostException e) {
                System.err.println("不明主机，主机名为： " + hostName);
                System.exit(1);
            } catch (IOException e) {
                System.err.println("不能从主机中获取 I/O，主机名为：" + hostName);
                System.exit(1);
            }
        } finally {

            // 优雅地关闭
            group.shutdownGracefully();
        }
    }
}
```

EchoClient 可以接收控制台的输入内容，并发送给服务器。

### 9. 测试

分别启动服务器和客户端，观察控制台的输出内容。

客户端输出如下。

```
Merry Christmas, waylau.com!
localhost/127.0.0.1:7 -> Client :Merry Christmas, waylau.com!
```

服务器输出如下。

```
EchoServer 已启动，端口：7
/127.0.0.1:52673 -> Server :Merry Christmas, waylau.com!
```

至此，Netty 双向认证演示完毕。

本节示例，可以在 com.waylau.netty.demo.secureecho 包下找到。

## 8.9 流量整形

网络编程中，如果发送方把数据发送得过快，接收方可能会来不及接收，这就会造成数据的丢失。所谓流量控制就是让发送方的发送速率不要太快，要让接收方来得及接收。利用滑动窗口机制可以很方便地在 TCP 连接上实现对发送方的流量控制。

流量整形（Traffic Shaping）是流量控制的一种机制。流量整形是一种主动调整流量输出速率的措施，其实现原理是对流量监控中需要丢弃的报文进行缓存（通常是将它们放入缓冲区或队列内）。当报文的发送速度过快时，报文首先在缓冲区进行缓存，再在流量计量算法的控制下"均匀"地发送这些被缓冲的报文。当缓冲区满时，会告知客户端服务器将不再接收消息（TCP 的流量窗口控制）。流量整形可能会增加延迟。

Netty 提供了 AbstractTrafficShapingHandler 抽象类来对流量整形以便对带宽进行限制。同时，Netty 也提供了 TrafficCounter 类来进行流量的统计。

根据流量整形的限制范围，AbstractTrafficShapingHandler 提供了以下 3 个子类。

- 管道流量整形：ChannelTrafficShapingHandler。
- 全局管道流量整形：GlobalChannelTrafficShapingHandler。
- 全局流量整形：GlobalTrafficShapingHandler。

### 8.9.1 ▶ TrafficCounter 类

TrafficCounter 类用于统计限速流量的读写字节数。

在给定的 checkInterval 内，TrafficCounter 类周期性地计算入站和出站流量的统计信息，并回调 AbstractTrafficShapingHandler.doAccounting(TrafficCounter) 方法。如果 checkInterval 为 0，则不进行计数，仅在每次接收或写入操作时计算统计信息。

观察以下 TrafficCounter 构造函数的核心源码。

```
public TrafficCounter(
      AbstractTrafficShapingHandler trafficShapingHandler,
      ScheduledExecutorService executor,
      String name, long checkInterval) {

   if (trafficShapingHandler == null) {
      throw new IllegalArgumentException("trafficShapingHandler");
```

```
    }
    if (name == null) {
        throw new NullPointerException("name");
    }

    this.trafficShapingHandler = trafficShapingHandler;
    this.executor = executor;
    this.name = name;

    init(checkInterval);
}

private void init(long checkInterval) {
    // 绝对时间
    lastCumulativeTime = System.currentTimeMillis();
    writingTime = milliSecondFromNano();
    readingTime = writingTime;
    lastWritingTime = writingTime;
    lastReadingTime = writingTime;
    configure(checkInterval);
}

public void configure(long newCheckInterval) {
    long newInterval = newCheckInterval / 10 * 10;
    if (checkInterval.getAndSet(newInterval) != newInterval) {
        if (newInterval <= 0) {
            stop();
            lastTime.set(milliSecondFromNano());
        } else {
            // 重启
            stop();
            start();
        }
    }
}
```

从上面代码可以看出，当 checkInterval 小于等于 0 时执行 stop 方法，否则执行重启（先 stop 再 start）。下面重点看 start 方法。

```
private final class TrafficMonitoringTask implements Runnable {
    @Override
    public void run() {
        if (!monitorActive) {
            return;
        }
        resetAccounting(milliSecondFromNano());
        if (trafficShapingHandler != null) {
            trafficShapingHandler.doAccounting(TrafficCounter.this);
        }
```

```
    }
}

public synchronized void start() {
    if (monitorActive) {
        return;
    }
    lastTime.set(milliSecondFromNano());
    long localCheckInterval = checkInterval.get();
    if (localCheckInterval > 0 && executor != null) {
        monitorActive = true;
        monitor = new TrafficMonitoringTask();

        // 执行器定时执行任务
        scheduledFuture =
            executor.scheduleAtFixedRate(monitor, 0,
                localCheckInterval, TimeUnit.MILLISECONDS);
    }
}
```

start 方法的核心是执行器定时来执行 TrafficMonitoringTask 任务，而 TrafficMonitoringTask 就是流量监控程序。TrafficMonitoringTask 任务先执行 resetAccounting 用于重置计数，然后回调 AbstractTrafficShapingHandler.doAccounting(TrafficCounter) 方法。

因此，TrafficCounter 和 AbstractTrafficShapingHandler 是搭配使用的。

TrafficCounter 还有一个子类 GlobalChannelTrafficCounter，专门用于 GlobalChannelTrafficShapingHandler。

### 8.9.2 ▶ GlobalChannelTrafficCounter 类

关于 GlobalChannelTrafficCounter 类，重点关注 start 方法，代码如下。

```
private static class MixedTrafficMonitoringTask implements Runnable {

    private final GlobalChannelTrafficShapingHandler trafficShapingHandler1;

    private final TrafficCounter counter;

    MixedTrafficMonitoringTask(
            GlobalChannelTrafficShapingHandler trafficShapingHandler,
            TrafficCounter counter) {
        trafficShapingHandler1 = trafficShapingHandler;
        this.counter = counter;
    }

    @Override
    public void run() {
```

```
        if (!counter.monitorActive) {
            return;
        }
        long newLastTime = milliSecondFromNano();
        counter.resetAccounting(newLastTime);
        for (PerChannel perChannel
                : trafficShapingHandler1.channelQueues.values()) {
            perChannel.channelTrafficCounter.resetAccounting(newLastTime);
        }
        trafficShapingHandler1.doAccounting(counter);
    }
}

@Override
public synchronized void start() {
    if (monitorActive) {
        return;
    }
    lastTime.set(milliSecondFromNano());
    long localCheckInterval = checkInterval.get();
    if (localCheckInterval > 0) {
        monitorActive = true;
        monitor =
            new MixedTrafficMonitoringTask(
                (GlobalChannelTrafficShapingHandler) trafficShapingHandler,
                this);

        // 执行器定时执行任务
        scheduledFuture =
            executor.scheduleAtFixedRate(monitor, 0,
                localCheckInterval, TimeUnit.MILLISECONDS);
    }
}
```

与 TrafficCounter 不同的是，start 方法的核心是执行器定时执行 MixedTrafficMonitoringTask 任务，而 MixedTrafficMonitoringTask 就是流量监控程序。MixedTrafficMonitoringTask 任务先对 GlobalChannelTrafficShapingHandler 保存的 channelQueues 中的所有 PerChannel 执行所有 resetAccounting，然后回调 AbstractTrafficShapingHandler.doAccounting(TrafficCounter) 方法。有关 channelQueues 的内容，接下来会有介绍。

### 8.9.3 ▶ AbstractTrafficShapingHandler 抽象类

AbstractTrafficShapingHandler 核心构造函数的源码如下。

```
protected AbstractTrafficShapingHandler(long writeLimit, long readLimit,
        long checkInterval, long maxTime) {
```

```
    if (maxTime <= 0) {
        throw new IllegalArgumentException("maxTime must be positive");
    }

    userDefinedWritabilityIndex = userDefinedWritabilityIndex();
    this.writeLimit = writeLimit;
    this.readLimit = readLimit;
    this.checkInterval = checkInterval;
    this.maxTime = maxTime;
}
```

上述构造函数接收以下参数。

- writeLimit：写限制值，可以是 0 或以字节 / 秒为单位的值。
- readLimit：读限制值，可以是 0 或以字节 / 秒为单位的值。
- checkInterval：两次计算 Channel 性能之间的时间间隔。如果不计算，则设置为 0。
- maxTime：流量超限时等待的最大时延。这个参数必须是正数。

流量控制的核心逻辑主要看 channelRead 方法。

```
@Override
public void channelRead(final ChannelHandlerContext ctx,
        final Object msg) throws Exception {
    long size = calculateSize(msg);
    long now = TrafficCounter.milliSecondFromNano();
    if (size > 0) {
        // 计算重新打开 Channel 等待的毫秒数
        long wait =
            trafficCounter.readTimeToWait(size, readLimit, maxTime, now);
        wait = checkWaitReadTime(ctx, wait, now);
        if (wait >= MINIMAL_WAIT) { // 为了限制流量，等待时间至少 10ms
            // 只有 AutoRead 和 HandlerActive 是 True 才表示 Context 是 Active
            Channel channel = ctx.channel();
            ChannelConfig config = channel.config();
            if (logger.isDebugEnabled()) {
                logger.debug("Read suspend: " + wait + ':'
                        + config.isAutoRead() + ':'
                        + isHandlerActive(ctx));
            }
            if (config.isAutoRead() && isHandlerActive(ctx)) {
                config.setAutoRead(false);
                channel.attr(READ_SUSPENDED).set(true);
                // 如果需要，创建一个 Runnable 来响应读操作
                // 如果在创建之前创建了一个对象，那么它将被重用以限制对象的创建
                Attribute<Runnable> attr = channel.attr(REOPEN_TASK);
                Runnable reopenTask = attr.get();
                if (reopenTask == null) {
                    reopenTask = new ReopenReadTimerTask(ctx);
                    attr.set(reopenTask);
```

```
            }
            ctx.executor().schedule(reopenTask, wait,
                    TimeUnit.MILLISECONDS);
            if (logger.isDebugEnabled()) {
                logger.debug("Suspend final status => "
                        + config.isAutoRead() + ':'
                        + isHandlerActive(ctx) + " will reopened at: "
                        + wait);
            }
        }
    }
  }
  informReadOperation(ctx, now);
  ctx.fireChannelRead(msg);
}
```

channelRead 方法会调用 readTimeToWait 来计算超过限制值后的等待时间。如果这个等待时间超过最小等待时间且 Channel 为自动读并且读操作不为暂停状态，则将 autoRead 设为 false，读操作设置为暂停状态，并将“重新开启读操作”封装为一个任务，加入 Channel 所注册 NioEventLoop 的定时任务队列中（延迟 wait 时间后执行）。当将 Channel 的 autoRead 设置为 false 时，Netty 底层就不会再去执行读操作了，也就是说，这时如果有数据过来，会先放入到内核的接收缓冲区，只有执行读操作时数据才会从内核缓冲区读取到用户缓冲区中。

readTimeToWait 代码如下。

```
public long readTimeToWait(final long size, final long limitTraffic,
        final long maxTime, final long now) {
    bytesRecvFlowControl(size);
    if (size == 0 || limitTraffic == 0) {
        return 0;
    }
    final long lastTimeCheck = lastTime.get();
    long sum = currentReadBytes.get();
    long localReadingTime = readingTime;
    long lastRB = lastReadBytes;
    final long interval = now - lastTimeCheck;
    long pastDelay = Math.max(lastReadingTime - lastTimeCheck, 0);
    if (interval > AbstractTrafficShapingHandler.MINIMAL_WAIT) {
        // 足够的时间间隔来计算整形
        long time = sum * 1000 / limitTraffic - interval + pastDelay;
        if (time > AbstractTrafficShapingHandler.MINIMAL_WAIT) {
            if (logger.isDebugEnabled()) {
                logger.debug("Time: " + time + ':' + sum
                    + ':' + interval + ':' + pastDelay);
            }
            if (time > maxTime && now + time - localReadingTime > maxTime) {
```

```
                time = maxTime;
            }
            readingTime = Math.max(localReadingTime, now + time);
            return time;
        }
        readingTime = Math.max(localReadingTime, now);
        return 0;
    }
    // 获取上次读间隔来检查是否有足够的间隔时间
    long lastsum = sum + lastRB;
    long lastinterval = interval + checkInterval.get();
    long time = lastsum * 1000 / limitTraffic - lastinterval + pastDelay;
    if (time > AbstractTrafficShapingHandler.MINIMAL_WAIT) {
        if (logger.isDebugEnabled()) {
            logger.debug("Time: " + time + ':'
                    + lastsum + ':' + lastinterval + ':' + pastDelay);
        }
        if (time > maxTime && now + time - localReadingTime > maxTime) {
            time = maxTime;
        }
        readingTime = Math.max(localReadingTime, now + time);
        return time;
    }
    readingTime = Math.max(localReadingTime, now);
    return 0;
}
```

再来看写操作 write 方法。

```
@Override
public void write(final ChannelHandlerContext ctx, final Object msg,
        final ChannelPromise promise) throws Exception {
    long size = calculateSize(msg);
    long now = TrafficCounter.milliSecondFromNano();
    if (size > 0) {
        long wait = trafficCounter.writeTimeToWait(size, writeLimit, maxTime, now);
        if (wait >= MINIMAL_WAIT) {
            if (logger.isDebugEnabled()) {
                logger.debug("Write suspend: " + wait + ':'
                        + ctx.channel().config().isAutoRead() + ':'
                        + isHandlerActive(ctx));
            }
            submitWrite(ctx, msg, size, wait, now, promise);
            return;
        }
    }

    submitWrite(ctx, msg, size, 0, now, promise);
}
```

```
abstract void submitWrite(
        ChannelHandlerContext ctx, Object msg, long size,
        long delay, long now, ChannelPromise promise);
```

类似于 channelRead，write 方法会调用 writeTimeToWait 来计算超过限制值后的等待时间。其中，submitWrite 方法是个抽象方法，具体实现要看 AbstractTrafficShapingHandler 的子类，后续会介绍。

writeTimeToWait 代码如下。

```
public long writeTimeToWait(final long size, final long limitTraffic,
        final long maxTime, final long now) {
    bytesWriteFlowControl(size);
    if (size == 0 || limitTraffic == 0) {
        return 0;
    }
    final long lastTimeCheck = lastTime.get();
    long sum = currentWrittenBytes.get();
    long lastWB = lastWrittenBytes;
    long localWritingTime = writingTime;
    long pastDelay = Math.max(lastWritingTime - lastTimeCheck, 0);
    final long interval = now - lastTimeCheck;
    if (interval > AbstractTrafficShapingHandler.MINIMAL_WAIT) {
        // 足够的时间间隔
        long time = sum * 1000 / limitTraffic - interval + pastDelay;
        if (time > AbstractTrafficShapingHandler.MINIMAL_WAIT) {
            if (logger.isDebugEnabled()) {
                logger.debug("Time: " + time + ':'
                    + sum + ':' + interval + ':' + pastDelay);
            }
            if (time > maxTime && now + time - localWritingTime > maxTime) {
                time = maxTime;
            }
            writingTime = Math.max(localWritingTime, now + time);
            return time;
        }
        writingTime = Math.max(localWritingTime, now);
        return 0;
    }
    // 获取最后写的间隔来检查是否有足够的间隔时间
    long lastsum = sum + lastWB;
    long lastinterval = interval + checkInterval.get();
    long time = lastsum * 1000 / limitTraffic - lastinterval + pastDelay;
    if (time > AbstractTrafficShapingHandler.MINIMAL_WAIT) {
        if (logger.isDebugEnabled()) {
            logger.debug("Time: " + time + ':'
                + lastsum + ':' + lastinterval + ':' + pastDelay);
        }
```

```
        if (time > maxTime && now + time - localWritingTime > maxTime) {
            time = maxTime;
        }
        writingTime = Math.max(localWritingTime, now + time);
        return time;
    }
    writingTime = Math.max(localWritingTime, now);
    return 0;
}
```

## 8.9.4 ▶ GlobalTrafficShapingHandler 类

GlobalTrafficShapingHandler 继承自 AbstractTrafficShapingHandler，实现了全局流量整形，也就是说它限制了全局的流量，而不管开启了几个 Channel。

GlobalTrafficShapingHandler 用法如下。

```
GlobalTrafficShapingHandler myHandler =
    new GlobalTrafficShapingHandler(executor);
pipeline.addLast(myHandler);
```

executor 可以是底层的 I/O 工作池。注意，ChannelTrafficShapingHandler 是覆盖所有 Channel 的，这意味着只有一个 ChannelTrafficShapingHandler 对象会被创建并且作为所有 Channel 间共享的计数器，它必须与所有的 Channel 共享。可以见到，该类的定义上面有个 @Sharable 注解。

一旦不再需要 ChannelTrafficShapingHandler 时请确保调用 release() 方法以释放所有内部的资源。

GlobalTrafficShapingHandler 中持有一个 Channel 的哈希表，用于存储当前应用所有的 Channel，核心代码如下。

```
@Sharable
public class GlobalChannelTrafficShapingHandler extends
       AbstractTrafficShapingHandler {

    final ConcurrentMap<Integer, PerChannel> channelQueues =
       PlatformDependent.newConcurrentHashMap();
```

上述代码 key 为 Channel 的 hashCode，value 是一个 PerChannel 对象。PerChannel 对象中维护该 Channel 的待发送数据的消息队列（ArrayDeque messagesQueue），核心代码如下。

```
private PerChannel getOrSetPerChannel(ChannelHandlerContext ctx) {
    Channel channel = ctx.channel();
    Integer key = channel.hashCode();
    PerChannel perChannel = channelQueues.get(key);
    if (perChannel == null) {
```

```
        perChannel = new PerChannel();
        perChannel.messagesQueue = new ArrayDeque<ToSend>();

        perChannel.channelTrafficCounter =
                new TrafficCounter(this, null, "ChannelTC" +
                ctx.channel().hashCode(), checkInterval);
        perChannel.queueSize = 0L;
        perChannel.lastReadTimestamp = TrafficCounter.milliSecondFromNano();
        perChannel.lastWriteTimestamp = perChannel.lastReadTimestamp;
        channelQueues.put(key, perChannel);
    }
    return perChannel;
}
```

重点看 GlobalTrafficShapingHandler 的 submitWrite 方法。

```
@Override
protected void submitWrite(final ChannelHandlerContext ctx,
        final Object msg,
        final long size, final long writedelay, final long now,
        final ChannelPromise promise) {
    Channel channel = ctx.channel();
    Integer key = channel.hashCode();
    PerChannel perChannel = channelQueues.get(key);
    if (perChannel == null) {
        perChannel = getOrSetPerChannel(ctx);
    }
    final ToSend newToSend;
    long delay = writedelay;
    boolean globalSizeExceeded = false;

    synchronized (perChannel) {
        if (writedelay == 0 && perChannel.messagesQueue.isEmpty()) { // (1)
            trafficCounter.bytesRealWriteFlowControl(size);
            perChannel.channelTrafficCounter.bytesRealWriteFlowControl(size);
            ctx.write(msg, promise);
            perChannel.lastWriteTimestamp = now;
            return;
        }
        if (delay > maxTime
            && now + delay - perChannel.lastWriteTimestamp > maxTime) {
            delay = maxTime;
        }
        newToSend = new ToSend(delay + now, msg, size, promise);
        perChannel.messagesQueue.addLast(newToSend);  // (2)
        perChannel.queueSize += size;
        queuesSize.addAndGet(size);
        checkWriteSuspend(ctx, delay, perChannel.queueSize);  // (3)
        if (queuesSize.get() > maxGlobalWriteSize) {  // (4)
```

```
            globalSizeExceeded = true;
        }
    }
    if (globalSizeExceeded) {
        setUserDefinedWritability(ctx, false);
    }
    final long futureNow = newToSend.relativeTimeAction;
    final PerChannel forSchedule = perChannel;
    ctx.executor().schedule(new Runnable() {  // (5)
        @Override
        public void run() {
            sendAllValid(ctx, forSchedule, futureNow);
        }
    }, delay, TimeUnit.MILLISECONDS);
}
```

上述方法的流程描述如下。

（1）如果写延迟为 0，且当前该 Channel 的 messagesQueue 为空（说明在此消息前没有待发送的消息了），那么直接发送该消息包并返回，否则到下一步。

（2）将待发送的数据封装成 ToSend 对象放入 PerChannel 的消息队列中（messagesQueue）。注意，这里的 messagesQueue 是一个 ArrayDeque 队列，且总是从队列尾部插入。然后从队列的头获取消息来依次发送，这就保证了消息的有序性。但是，如果一个大数据包先于一个小数据包发送的话，小数据包也会因为大数据包的延迟发送而被延迟到大数据包发送后才会发送。ToSend 对象中持有待发送的数据对象、发送的相对延迟时间（即根据数据包大小及设置的写流量限制值（writeLimit）等计算出来的延迟操作的时间）、消息数据的大小、异步写操作的 promise。

（3）检查单个 Channel 待发送的数据包是否超过了 maxWriteSize（默认 4MB），或者延迟时间是否超过了 maxWriteDelay（默认 4s）。如果是的话，则调用 setUserDefinedWritability(ctx, false) 方法。该方法会将 ChannelOutboundBuffer 中的 unwritable 属性值的相应标志位重置（unwritable 关系到 isWritable 方法是否会返回 true，以及会在 unwritable 从 0 到非 0 间变化时触发 ChannelWritabilityChanged 事件）。

（4）如果所有待发送的数据大小（这里指所有 Channel 累积的待发送的数据大小）大于了 maxGlobalWriteSize（默认 400MB），则标识 globalSizeExceeded 为 true，并且调用 setUserDefinedWritability(ctx, false) 将 ChannelOutboundBuffer 中的 unwritable 属性值相应的标志位重置。

（5）根据指定的延迟时间 delay，将 sendAllValid(ctx, forSchedule, futureNow) 操作封装成一个任务提交至 executor 的定时周期任务队列中。

sendAllValid 操作会遍历该 Channel 中待发送的消息队列 messagesQueue，依次取出 perChannel.messagesQueue 中的消息包，将满足发送条件（即延迟发送的时间已经到了）的消息发送到 ChannelPipeline 中的下一个 ChannelOutboundHandler（ctx.write(newToSend.toSend, newToSend.promise);），并且将 perChannel.queueSize（当前 Channel 待发送的总数据大小）和 queuesSize（所有 Channel 待发送的总数据大小）减小相应的值（即被发送出去的这个数据包的大小）。循环遍历前面的操作直到当前的消息不满足发送条件则退出遍历。并且如果该 Channel 的消息队列中的消息全部都发送出去的话（即 messagesQueue.isEmpty() 为 true），则会通过调用 releaseWriteSuspended(ctx) 方法来释放写暂停。而该方法底层会将 ChannelOutboundBuffer 中的 unwritable 属性值相应的标志位重置。

### 8.9.5 ▶ ChannelTrafficShapingHandler 类

ChannelTrafficShapingHandler 是针对单个 Channel 的流量整形，和 GlobalTrafficShapingHandler 的思想是一样的。只是实现中没有对全局概念的检测，仅检测了当前 Channel 的数据。重点看 ChannelTrafficShapingHandler 的 submitWrite 方法。

```
@Override
void submitWrite(final ChannelHandlerContext ctx, final Object msg,
        final long size, final long delay, final long now,
        final ChannelPromise promise) {
    final ToSend newToSend;

    synchronized (this) {
        if (delay == 0 && messagesQueue.isEmpty()) {
            trafficCounter.bytesRealWriteFlowControl(size);
            ctx.write(msg, promise);
            return;
        }
        newToSend = new ToSend(delay + now, msg, promise);
        messagesQueue.addLast(newToSend);
        queueSize += size;
        checkWriteSuspend(ctx, delay, queueSize);
    }
    final long futureNow = newToSend.relativeTimeAction;
    ctx.executor().schedule(new Runnable() {
        @Override
        public void run() {
            sendAllValid(ctx, futureNow);
        }
    }, delay, TimeUnit.MILLISECONDS);
}
```

可以看到上述方法与 GlobalTrafficShapingHandler 的 submitWrite 方法非常类似。

### 8.9.6 ▶ GlobalChannelTrafficShapingHandler 类

GlobalChannelTrafficShapingHandler 增加了一个误差概念，以平衡各个 Channel 间的读 / 写操作。也就是说，使得各个 Channel 间的读 / 写操作尽量均衡。例如，尽量避免不同 Channel 的大数据包都延迟近乎一样的时间再操作，以及如果小数据包在一个大数据包后才发送，则减少该小数据包的延迟发送时间等。重点看 GlobalChannelTrafficShapingHandler 的 write 方法。

```
@Override
public void write(final ChannelHandlerContext ctx,
        final Object msg, final ChannelPromise promise)
        throws Exception {
    long size = calculateSize(msg);
    long now = TrafficCounter.milliSecondFromNano();
    if (size > 0) {
        long waitGlobal =
                trafficCounter.writeTimeToWait(size,
                        getWriteLimit(), maxTime, now);
        Integer key = ctx.channel().hashCode();
        PerChannel perChannel = channelQueues.get(key);
        long wait = 0;
        if (perChannel != null) {
            wait =
                perChannel.channelTrafficCounter.writeTimeToWait(size,
                        writeChannelLimit, maxTime, now);
            if (writeDeviationActive) {
                // 使得各个 Channel 间的读 / 写尽量平衡
                long maxLocalWrite;
                maxLocalWrite =
                        perChannel.channelTrafficCounter.cumulativeWrittenBytes();
                long maxGlobalWrite = cumulativeWrittenBytes.get();
                if (maxLocalWrite <= 0) {
                    maxLocalWrite = 0;
                }
                if (maxGlobalWrite < maxLocalWrite) {
                    maxGlobalWrite = maxLocalWrite;
                }
                wait = computeBalancedWait(maxLocalWrite, maxGlobalWrite, wait);
            }
        }
        if (wait < waitGlobal) {
            wait = waitGlobal;
        }
        if (wait >= MINIMAL_WAIT) {
            if (logger.isDebugEnabled()) {
                logger.debug("Write suspend: " + wait
```

```
                + ':' + ctx.channel().config().isAutoRead()
                + ':' + isHandlerActive(ctx));
        }
        submitWrite(ctx, msg, size, wait, now, promise);
        return;
    }
  }

  submitWrite(ctx, msg, size, 0, now, promise);
}
```

上述代码中，computeBalancedWait 用以实现各个 Channel 间的读 / 写操作尽量均衡。computeBalancedWait 方法的源码如下。

```
private long computeBalancedWait(float maxLocal,
        float maxGlobal, long wait) {
    if (maxGlobal == 0) {
        // 没有变化
        return wait;
    }
    float ratio = maxLocal / maxGlobal;

    if (ratio > maxDeviation) {
        if (ratio < 1 - maxDeviation) {
            return wait;
        } else {
            ratio = slowDownFactor;
            if (wait < MINIMAL_WAIT) {
                wait = MINIMAL_WAIT;
            }
        }
    } else {
        ratio = accelerationFactor;
    }
    return (long) (wait * ratio);
}
```

# 第 9 章

# 9 常用网络协议

Netty 支持丰富的网络协议，如 TCP、UDP、HTTP、HTTP/2、WebSocket、SSL/TLS、FTP、SMTP、二进制和基于文本的协议等，这些协议实现开箱即用。因此，Netty 开发者能够在不失灵活性的前提下来实现开发的简易性、高性能和稳定性。

本章拣选常用网络协议 HTTP、HTTP/2、WebSocket 进行了介绍，并解释了其在 Netty 中的实现原理。

# 9.1 了解 HTTP

在 Web 开发中，大家对 HTTP 应该是最为熟悉的了。打开浏览器，输入网址 http://waylau.com，按“Enter”键就能访问到网页内容了。这里的网址就是使用 HTTP，可以看到网址的前缀是“http:”，表明了协议的类型。

超文本传输协议 HTTP 是一种通信协议，它允许将超文本标记语言（HTML）文档从 Web 服务器传送到客户端的浏览器。HTTP 目前是在互联网应用中使用最为广泛的协议。

## 9.1.1 ▶ HTTP 概述

HTTP 即超文本传输协议（HyperText Transfer Protocol）的简称，是一种详细规定了浏览器和万维网（World Wide Web，WWW）服务器之间互相通信的规则，通过因特网传送万维网文档的数据传送协议。

HTTP 用于从 WWW 服务器传输超文本到本地浏览器的传送协议，可以使浏览器更加高效，使网络传输减少。它不仅保证计算机正确快速地传输超文本文档，还确定传输文档中的哪一部分，以及哪部分内容首先显示（如文本先于图形）等。

HTTP 是一个应用层协议，由请求和响应构成，是一个标准的客户端 / 服务器模型（也称为 C/S 模型）。HTTP 是一个无状态的协议。

在 Internet 中所有的传输都是通过 TCP/IP 进行的。HTTP 作为 TCP/IP 模型中应用层的协议也不例外。HTTP 通常承载于 TCP 之上，有时也承载于 TLS 或 SSL 协议层之上，这个时候，就成了常说的 HTTPS，如图 9-1 所示。

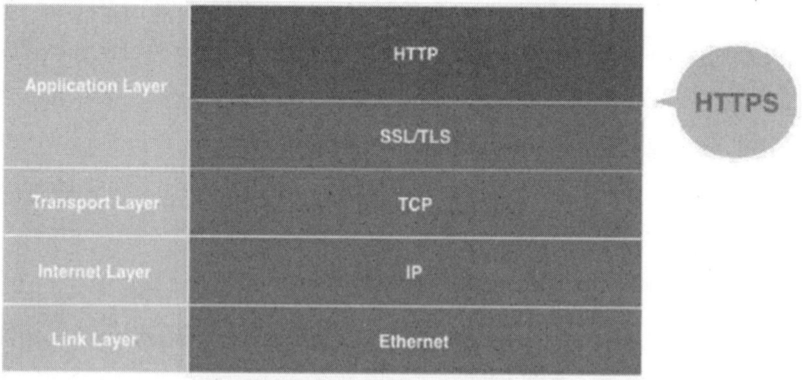

图 9-1　HTTPS 的位置

HTTP 默认的端口号为 80，HTTPS 的端口号为 443。

浏览网页是 HTTP 的主要应用，但是这并不代表 HTTP 就只能应用于网页的浏览。HTTP

是一种协议，只要通信的双方都遵守这个协议，HTTP 就能有用武之地。

HTTP 的发展是万维网协会（World Wide Web Consortium）和 Internet 工作小组 IETF（Internet Engineering Task Force）合作的结果，HTTP 的规范定义在一系列的 RFC 中，其中，RFC 1945 定义了 HTTP/1.0 版本，RFC 2616 定义了 HTTP/1.1。目前广泛使用的 HTTP 版本是 HTTP/1.1。HTTP/2 则是目前最新的 HTTP 版本，定义在 RFC 7540 中。

本节所介绍的 HTTP 主要是指 HTTP/1.1，所有 HTTP/2 的内容在后续章节介绍。

HTTP 采用的是请求 / 响应模式，即永远都是 HTTP 客户端发起请求，而后由 HTTP 服务器回送响应。这样就限制了 HTTP 的使用，无法实现在客户端没有发起请求的时候，服务器将消息推送给客户端。如果想实现服务器将消息推送给客户端的功能，则可以选用 WebSocket 或者 Server-Sent Events（服务器发送事件，SSE）技术。

### 9.1.2 ▶ HTTP 特点

HTTP 的主要特点可概括如下。

- 支持客户端 / 服务器模式。支持基本认证和安全认证。
- 简单快速：客户向服务器请求服务时，只需传送请求方法和路径。请求方法常用的有 GET、HEAD 和 POST。每种方法规定了客户与服务器联系的类型不同。由于 HTTP 简单，使得 HTTP 服务器的程序规模小，因而通信速度很快。
- 灵活：HTTP 允许传输任意类型的数据对象。正在传输的类型由 Content-Type 加以标记。
- HTTP/0.9 和 HTTP/1.0 使用非持续连接：限制每次连接只处理一个请求，服务器处理完客户的请求并收到客户的应答后，即断开连接。
- HTTP/1.1 使用持续连接：不必为每个 Web 对象创建一个新的连接，一个连接可以传送多个对象，采用这种方式可以节省传输时间。
- 无状态：HTTP 是无状态协议。无状态是指协议对于事务处理没有记忆能力。缺少状态意味着如果后续处理需要前面的信息，则它必须重传，这样可能导致每次连接传送的数据量增大。无状态的优势在于，服务器无须“记忆”每次客户端请求的状态，这样一方面节省了服务器的资源，另一方面也利于服务器在分布式下的扩展。

### 9.1.3 ▶ HTTP 工作流程

一次 HTTP 操作称为一个事务，其工作过程可分为 4 步。

- 首先客户机与服务器需要建立连接。只要单击某个超级链接，HTTP 的工作就会开始。
- 建立连接后，客户机发送一个请求给服务器，请求方式的格式为：统一资源标识符（URL）、协议版本号，后边是 MIME 信息，包括请求修饰符、客户机信息和可能的内容。
- 服务器接到请求后，给予相应的响应信息，其格式为一个状态行，包括信息的协议版本号、一个成功或错误的代码，后边是MIME信息，包括服务器信息、实体信息和可能的内容。

- 客户端接收服务器所返回的信息并通过浏览器显示在用户的显示屏上，然后客户机与服务器断开连接。

如果在以上过程中的某一步出现错误，那么产生错误的信息将返回到客户端，有显示屏输出。对于用户来说，这些过程是由HTTP自己完成的，用户只要用鼠标单击，等待信息显示就可以了。

HTTP是基于传输层的TCP，而TCP是一个端到端的面向连接的协议。所谓的端到端可以理解为进程到进程之间的通信。所以HTTP在开始传输之前，首先需要建立TCP连接，而TCP连接的过程需要所谓的“三次握手”。

在TCP三次握手之后，建立了TCP连接，此时HTTP就可以进行传输了。一个重要的概念是面向连接，即HTTP在传输完成之前并不会马上断开TCP连接。在HTTP/1.1中可以通过Connection: keep-alive来设置。默认情况下，keep-alive是开启的。

## 9.1.4 ▶ HTTP 请求

一个HTTP请求报文由请求行（request line）、请求头（header）、空行和消息体（message-body）4个部分组成，图9-2给出了请求报文的一般格式。

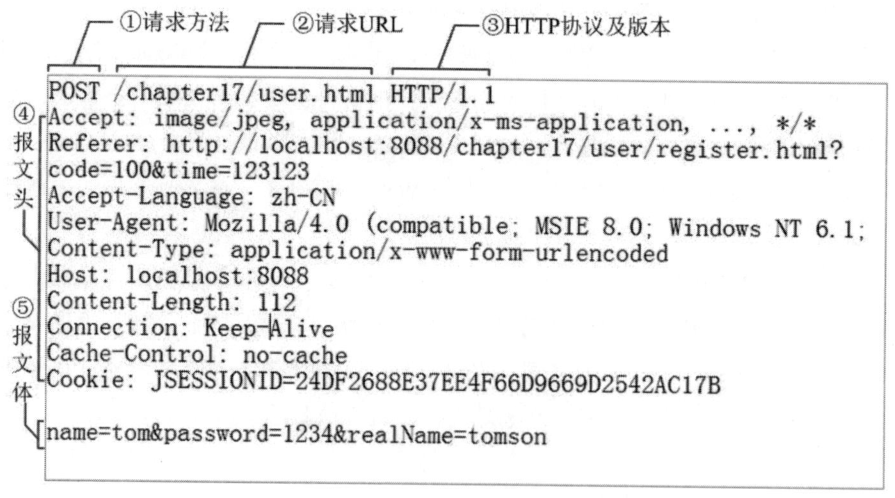


图9-2 HTTP请求报文格式

### 1. 请求行

请求行由请求方法字段、URL字段和HTTP版本字段3个字段组成，它们用空格分隔。例如，图9-2中的POST /chapter17/user.html HTTP/1.1。

HTTP/1.1中共定义了8种请求方法（有时也叫“动作”）来表明Request-URI指定的资源的不同操作方式。

- OPTIONS：返回服务器针对特定资源所支持的 HTTP 请求方法。也可以利用向 Web 服务器发送“*”的请求来测试服务器的功能。
- HEAD：向服务器索要与 GET 请求相一致的响应，只不过响应体将不会被返回。这一方法可以在不必传输整个响应内容的情况下，就可以获取包含在响应消息头中的元信息。该方法常用于测试超链接的有效性，是否可以访问，以及最近是否更新。
- GET：向特定的资源发出请求。注意，GET 方法不应当被用于产生“副作用”的操作中，例如在 web app 中。其中一个原因是 GET 可能会被网络蜘蛛等随意访问。
- POST：向指定资源提交数据进行处理请求（例如提交表单或者上传文件）。数据被包含在请求体中。POST 请求可能会导致新的资源的建立和（或）已有资源的修改。
- PUT：向指定资源位置上传其最新内容。
- DELETE：请求服务器删除 Request-URI 所标识的资源。
- TRACE：回显服务器收到的请求，主要用于测试或诊断。
- CONNECT：HTTP/1.1 中预留给能够将连接改为管道方式的代理服务器。

方法名称是区分大小写的。当某个请求所针对的资源不支持对应的请求方法时，服务器应当返回状态码 405（Method Not Allowed）；当服务器不认识或者不支持对应的请求方法时，应当返回状态码 501（Not Implemented）。

HTTP 服务器至少应该实现 GET 和 HEAD 方法，其他方法都是可选的。此外，除了上述方法，特定的 HTTP 服务器还能够扩展自定义的方法。

这里介绍最常用的 GET 方法和 POST 方法。

- GET：当客户端要从服务器中读取文档时，使用 GET 方法。GET 方法要求服务器将 URL 定位的资源放在响应报文的数据部分，回送给客户端。使用 GET 方法时，请求参数和对应的值附加在 URL 后面，利用一个问号（“?”）代表 URL 的结尾与请求参数的开始，传递参数长度受限制。例如，netrixsocial/social/oauth/authURL/@self?userId=1&snsId=1&snsAppId=1。
- POST：当客户端给服务器提供信息较多时可以使用 POST 方法。POST 方法将请求参数封装在 HTTP 消息体中，以名称 / 值的形式出现，可以传输大量数据，可用来传送文件。

### 2. 请求头

请求头即图 9–2 所示的报文头，是由关键字 / 值对组成，每行一对，关键字和值用英文冒号“:”分隔。请求头通知服务器有关于客户端请求的信息，典型的请求头如下。

- User-Agent：产生请求的浏览器类型。
- Accept：客户端可识别的内容类型列表。
- Host：请求的主机名，允许多个域名同处一个 IP 地址，即虚拟主机。
- Content-Type: 浏览器会根据它来决定如何处理消息体中的内容，例如，如果是 text/html，那么浏览器就会启用 HTML 解析器来处理它；如果是 image/jpeg，那么就会使用 JPEG 的解码器来处理。

### 3. 空行

最后一个请求头之后是一个空行，发送回车符和换行符，通知服务器以下不再有请求头。

对于一个完整的 HTTP 请求来说空行是必须的，否则服务器会认为本次请求的数据尚未完全发送到服务器，处于等待状态。

### 4. 消息体

消息体即图 9–2 所示的报文体。消息体不在 GET 方法中使用，而是在 POST 方法中使用。POST 方法适用于需要客户填写表单的场合。

## 9.1.5 ▶ HTTP 响应

HTTP 响应报文同样也分为 4 部分，由状态行（status line）、响应头（header）、空行和消息体（message-body）4 个部分组成，图 9–3 给出了响应报文的一般格式。

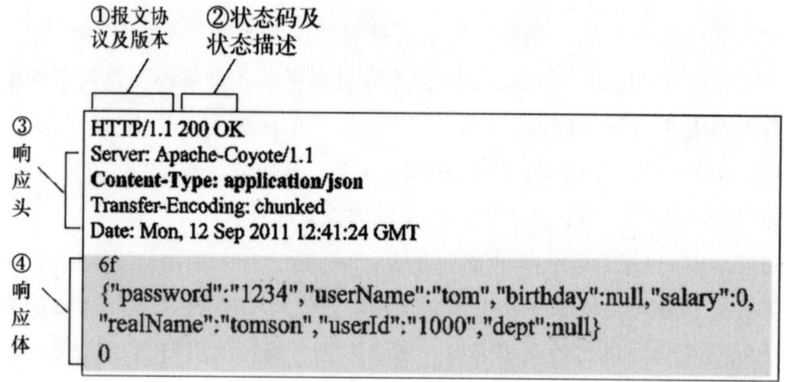


图 9–3　HTTP 响应报文格式

### 1. 状态行

图 9–3 中 HTTP 响应报文的第一行即为状态行。状态行包括 3 个字段：协议版本、状态码与原因短语。例如图 9–3 中的 HTTP/1.1 200 OK。

状态码分为以下 5 种类型。

- 1xx：这一类型的状态码，代表请求已被接受，需要继续处理。这类响应是临时响应，只包含状态行和某些可选的响应头信息，并以空行结束。
- 2xx：这一类型的状态码，代表请求已成功被服务器接收、理解和接受。
- 3xx：这类状态码代表需要客户端采取进一步的操作才能完成请求。通常，这些状态码用来重定向，后续的请求地址（重定向目标）在本次响应的 Location 域中指明。
- 4xx：这类的状态码代表客户端类的错误。
- 5xx：服务器类的错误。

常遇到的状态码说明如表 9-1 所示。

表 9-1 常用状态码说明

| 状态码 | 状态描述 | 简要说明 |
| --- | --- | --- |
| 200 | OK | 客户端请求成功 |
| 201 | Created | 请求已经被实现，而且有一个新的资源已经依据请求的需要而创建，且其 URI 已经随 Location 头信息返回 |
| 301 | Moved Permanently | 被请求的资源已永久移动到新位置，并且将来任何对此资源的引用都应该使用本响应返回的若干个 URI 之一 |
| 302 | Found | 在响应报文中使用首部“Location: URL”指定临时资源位置 |
| 304 | Not Modified | 条件式请求中使用 |
| 403 | Forbidden | 请求被服务器拒绝 |
| 404 | Not Found | 服务器无法找到请求的 URL |
| 405 | Method Not Allowed | 不允许使用此方法请求相应的 URL |
| 500 | Internal Server Error | 服务器内部错误 |
| 502 | Bad Gateway | 代理服务器从上游收到了一条伪响应 |
| 503 | Service Unavailable | 服务器此时无法提供服务，但将来可能可用 |
| 505 | HTTP Version Not Supported | 服务器不支持，或者拒绝支持在请求中使用的 HTTP 版本。这暗示着服务器不能或不愿使用与客户端相同的版本。响应中应当包含一个描述了为何版本不被支持及服务器支持哪些协议的实体 |

### 2. 响应头

响应头位于响应报文状态行之后，典型的响应头如下。

- Date 标头：消息产生的时间。
- Age 标头：(从最初创建开始)响应持续时间。
- Server 标头：向客户端标明服务器程序名称和版本。
- ETage 标头：不透明验证者。
- Location 标头：URL 备用的位置。
- Content-Length 标头：实体的长度。
- Content-Tyep 标头：实体的媒体类型。

协商首部如下。

- Accept-Ranges: 对当前资源来讲，服务器所能够接受的范围类型。
- Vary: 首部列表，服务器会根据列表中的内容挑选出最适合的版本发送给客户端。

跟安全相关的响应首部如下。

- Set-Cookie: 服务器端在某客户端第一次请求时发给令牌。
- WWW-Authentication: 质询，即要求客户提供帐号和密码。

### 3. 空行

最后一个响应头之后是一个空行，发送回车符和换行符，通知服务器以下不再有响应头。

该空行的作用类似于请求中的空行。

**4. 消息体**

消息体即图 9–3 所示的响应体。消息体包含了用户所要查询的真实需要的业务数据。

## 9.2 Netty 对于 HTTP 的支持

在前面一节，介绍了 HTTP 的内容。Netty 提供了对 HTTP 的支持，基于 Netty 可以建立高性能的 HTTP 服务器和客户端。以下是一个用法示例。

```
ChannelPipeline p = ...;
...
p.addLast("decoder", new HttpRequestDecoder());
p.addLast("encoder", new HttpResponseEncoder());
p.addLast("aggregator", new HttpObjectAggregator(1048576));
...
p.addLast("handler", new HttpRequestHandler());
```

上述示例中，HttpRequestDecoder 和 HttpResponseEncoder 分别用于对请求进行解码、对响应进行编码，为了方便也可以使用 HttpServerCodec 编解码器来代替 HttpRequestDecoder 和 HttpResponseEncoder。HttpObjectAggregator 用于对 HttpContent 及 HttpMessage 内容进行合并。HttpRequestHandler 为业务处理器。

### 9.2.1 ▶ HttpRequestDecoder 类

HttpRequestDecoder 类用于将 ByteBuf 解码为 HttpRequest 和 HttpContent。

HttpRequestDecoder 继承自 HttpObjectDecoder。HttpObjectDecoder 是抽象类，继承自 ByteToMessageDecoder 抽象类。HttpRequestDecoder 的解码功能主要由 HttpObjectDecoder 的 decode 方法提供。该方法的核心源码如下。

```
@Override
protected void decode(ChannelHandlerContext ctx, ByteBuf buffer, List<Object>
out)
        throws Exception {
    if (resetRequested) {
        resetNow();
    }

    switch (currentState) {
    case SKIP_CONTROL_CHARS: {
```

```
    if (!skipControlCharacters(buffer)) {
        return;
    }
    currentState = State.READ_INITIAL;
}
case READ_INITIAL: try {
    AppendableCharSequence line = lineParser.parse(buffer);
    if (line == null) {
        return;
    }
    String[] initialLine = splitInitialLine(line);
    if (initialLine.length < 3) {
        currentState = State.SKIP_CONTROL_CHARS;
        return;
    }

    message = createMessage(initialLine);
    currentState = State.READ_HEADER;
} catch (Exception e) {
    out.add(invalidMessage(buffer, e));
    return;
}
case READ_HEADER: try {
    State nextState = readHeaders(buffer);
    if (nextState == null) {
        return;
    }
    currentState = nextState;
    switch (nextState) {
    case SKIP_CONTROL_CHARS:
        out.add(message);
        out.add(LastHttpContent.EMPTY_LAST_CONTENT);
        resetNow();
        return;
    case READ_CHUNK_SIZE:
        if (!chunkedSupported) {
            throw new IllegalArgumentException("Chunked messages not supported");
        }
        out.add(message);
        return;
    default:
        long contentLength = contentLength();
        if (contentLength == 0
                || contentLength == -1
                && isDecodingRequest()) {
            out.add(message);
            out.add(LastHttpContent.EMPTY_LAST_CONTENT);
            resetNow();
            return;
```

```
        }

        assert nextState == State.READ_FIXED_LENGTH_CONTENT ||
                nextState == State.READ_VARIABLE_LENGTH_CONTENT;

        out.add(message);

        if (nextState == State.READ_FIXED_LENGTH_CONTENT) {
            chunkSize = contentLength;
        }
        return;
    }
} catch (Exception e) {
    out.add(invalidMessage(buffer, e));
    return;
}
case READ_VARIABLE_LENGTH_CONTENT: {
    int toRead = Math.min(buffer.readableBytes(), maxChunkSize);
    if (toRead > 0) {
        ByteBuf content = buffer.readRetainedSlice(toRead);
        out.add(new DefaultHttpContent(content));
    }
    return;
}
case READ_FIXED_LENGTH_CONTENT: {
    int readLimit = buffer.readableBytes();
    if (readLimit == 0) {
        return;
    }

    int toRead = Math.min(readLimit, maxChunkSize);
    if (toRead > chunkSize) {
        toRead = (int) chunkSize;
    }
    ByteBuf content = buffer.readRetainedSlice(toRead);
    chunkSize -= toRead;

    if (chunkSize == 0) {
        // Read all content.
        out.add(
            new DefaultLastHttpContent(content,
                    validateHeaders));
        resetNow();
    } else {
        out.add(new DefaultHttpContent(content));
    }
    return;
}
case READ_CHUNK_SIZE: try {
```

```
        AppendableCharSequence line =
              lineParser.parse(buffer);
        if (line == null) {
           return;
        }
        int chunkSize = getChunkSize(line.toString());
        this.chunkSize = chunkSize;
        if (chunkSize == 0) {
           currentState = State.READ_CHUNK_FOOTER;
           return;
        }
        currentState = State.READ_CHUNKED_CONTENT;
    } catch (Exception e) {
        out.add(invalidChunk(buffer, e));
        return;
    }
    case READ_CHUNKED_CONTENT: {
        assert chunkSize <= Integer.MAX_VALUE;
        int toRead = Math.min((int) chunkSize, maxChunkSize);
        toRead = Math.min(toRead, buffer.readableBytes());
        if (toRead == 0) {
           return;
        }
        HttpContent chunk =
              new DefaultHttpContent(buffer.readRetainedSlice(toRead));
        chunkSize -= toRead;

        out.add(chunk);

        if (chunkSize != 0) {
           return;
        }
        currentState = State.READ_CHUNK_DELIMITER;
    }
    case READ_CHUNK_DELIMITER: {
        final int wIdx = buffer.writerIndex();
        int rIdx = buffer.readerIndex();
        while (wIdx > rIdx) {
           byte next = buffer.getByte(rIdx++);
           if (next == HttpConstants.LF) {
              currentState = State.READ_CHUNK_SIZE;
              break;
           }
        }
        buffer.readerIndex(rIdx);
        return;
    }
    case READ_CHUNK_FOOTER: try {
        LastHttpContent trailer = readTrailingHeaders(buffer);
```

```
        if (trailer == null) {
            return;
        }
        out.add(trailer);
        resetNow();
        return;
    } catch (Exception e) {
        out.add(invalidChunk(buffer, e));
        return;
    }
    }
    case BAD_MESSAGE: {
        buffer.skipBytes(buffer.readableBytes());
        break;
    }
    case UPGRADED: {
        int readableBytes = buffer.readableBytes();
        if (readableBytes > 0) {
            out.add(buffer.readBytes(readableBytes));
        }
        break;
    }
    }
}
```

从上述源码可以看出，解码所得的 HttpContent 的具体实现类型为 DefaultHttpContent 类。

### 9.2.2 ▶ HttpResponseEncoder 类

HttpResponseEncoder 类用于将 HttpResponse 和 HttpContent 编码为 ByteBuf。

HttpResponseEncoder 继承自 HttpObjectEncoder 抽象类，而 HttpObjectEncoder 继承自 MessageToMessageEncoder 抽象类。HttpResponseEncoder 的编码功能主要由 HttpObjectEncoder 的 encode 方法提供。

### 9.2.3 ▶ HttpServerCodec 类

HttpServerCodec 类实现了编解码的功能，既包括了 HttpRequestDecoder 解码功能，又包含了 HttpResponseEncoder 编码功能。HttpServerCodec 类的核心源码如下。

```
public final class HttpServerCodec extends
    CombinedChannelDuplexHandler<HttpRequestDecoder, HttpResponseEncoder>
        implements HttpServerUpgradeHandler.SourceCodec {
```

从上述代码可以看出，HttpServerCodec 通过 CombinedChannelDuplexHandler 将 HttpRequestDecoder 和 HttpResponseEncoder 的功能整合到一起。

## 9.2.4 ▶ HttpContent 接口

HttpContent 接口的默认实现是 DefaultHttpContent，其核心源码如下。

```
public class DefaultHttpContent extends
        DefaultHttpObject implements HttpContent {
    private final ByteBuf content;

    public DefaultHttpContent(ByteBuf content) {
        if (content == null) {
            throw new NullPointerException("content");
        }
        this.content = content;
    }
```

从上述源码可以看到，DefaultHttpContent 主要是为了包装解码前的 ByteBuf 数据，同时提供了以下常用的方法。

```
@Override
public ByteBuf content() {
    return content;
}

@Override
public HttpContent copy() {
    return replace(content.copy());
}

@Override
public HttpContent duplicate() {
    return replace(content.duplicate());
}

@Override
public HttpContent retainedDuplicate() {
    return replace(content.retainedDuplicate());
}

@Override
public HttpContent replace(ByteBuf content) {
    return new DefaultHttpContent(content);
}

@Override
public int refCnt() {
    return content.refCnt();
}
```

```
@Override
public HttpContent retain() {
    content.retain();
    return this;
}

@Override
public HttpContent retain(int increment) {
    content.retain(increment);
    return this;
}

@Override
public HttpContent touch() {
    content.touch();
    return this;
}

@Override
public HttpContent touch(Object hint) {
    content.touch(hint);
    return this;
}

@Override
public boolean release() {
    return content.release();
}

@Override
public boolean release(int decrement) {
    return content.release(decrement);
}
```

### 9.2.5 ▶ HttpMessage 接口

HttpMessage 定义 HTTP 消息的接口，为 HttpRequest 和 HttpResponse 提供公共属性。HttpRequest 和 HttpResponse 接口皆继承自 HttpMessage 接口。

### 9.2.6 ▶ HttpObjectAggregator 类

HttpObjectAggregator 聚合了多种类型的数据，包括 HttpObject、HttpMessage、HttpContent 和 FullHttpMessage 等。以下是核心源码。

```
public class HttpObjectAggregator
```

```
    extends MessageAggregator<HttpObject, HttpMessage,
            HttpContent, FullHttpMessage> {

    @Override
    protected FullHttpMessage beginAggregation(HttpMessage start,
            ByteBuf content) throws Exception {
        assert !(start instanceof FullHttpMessage);
        HttpUtil.setTransferEncodingChunked(start, false);
        AggregatedFullHttpMessage ret;

        if (start instanceof HttpRequest) {
            ret = new AggregatedFullHttpRequest((HttpRequest) start,
                    content, null);
        } else if (start instanceof HttpResponse) {
            ret = new AggregatedFullHttpResponse((HttpResponse) start,
                    content, null);
        } else {
            throw new Error();
        }

        return ret;
    }

    @Override
    protected void aggregate(FullHttpMessage aggregated,
            HttpContent content) throws Exception {
        if (content instanceof LastHttpContent) {
            ((AggregatedFullHttpMessage) aggregated).setTrailingHeaders(
                    ((LastHttpContent) content).trailingHeaders());
        }
    }

    @Override
    protected void finishAggregation(FullHttpMessage aggregated)
            throws Exception {
        if (!HttpUtil.isContentLengthSet(aggregated)) {
            aggregated.headers().set(
                    CONTENT_LENGTH,
                    String.valueOf(aggregated.content()
                            .readableBytes()));
        }

    }
```

从上述源码可以看出，HttpObjectAggregator 会将 HttpContent 及 HttpMessage 的内容进行合并成为 FullHttpMessage 类型。

# 9.3 实战：基于 HTTP 的 Web 服务器

在 9.2 节已知，Netty 提供了方便的包来支持基于 HTTP 的应用开发。本节将演示如何基于 Netty 来实现一个简单的 Web 服务器。当用户在浏览器访问 Web 服务器时，可以响应相应的内容给用户。

实现 Web 服务器只需要三步。

## 9.3.1 ▶ 实现 ChannelHandler

服务器 ChannelHandler 用于处理核心的业务，代码如下。

```
package com.waylau.netty.demo.httpserver;

import io.netty.buffer.ByteBuf;
import io.netty.buffer.Unpooled;
import io.netty.channel.ChannelFutureListener;
import io.netty.channel.ChannelHandlerContext;
import io.netty.channel.SimpleChannelInboundHandler;
import io.netty.handler.codec.http.DefaultFullHttpResponse;
import io.netty.handler.codec.http.FullHttpRequest;
import io.netty.handler.codec.http.FullHttpResponse;
import io.netty.handler.codec.http.HttpHeaderNames;
import io.netty.handler.codec.http.HttpResponseStatus;
import io.netty.handler.codec.http.HttpVersion;
import io.netty.util.CharsetUtil;

public class HttpServerHandler extends
      SimpleChannelInboundHandler<FullHttpRequest> {

   @Override
   protected void channelRead0(ChannelHandlerContext ctx,
         FullHttpRequest msg) throws Exception {
      this.readRequest(msg);

      String sendMsg;
      String uri = msg.uri();

      switch (uri) {
      case "/":
         sendMsg = "<h3>Netty HTTP Server</h3><p>Welcome to "
            +"<a href=\"https://waylau.com\">waylau.com</a>!</p>";
         break;
      case "/hi":
```

```
                sendMsg = "<h3>Netty HTTP Server</h3><p>Hello Word!</p>";
                break;
            case "/love":
                sendMsg = "<h3>Netty HTTP Server</h3><p>I Love You!</p>";
                break;
            default:
                sendMsg = "<h3>Netty HTTP Server</h3><p>I was lost!</p>";
                break;
        }

        this.writeResponse(ctx, sendMsg);
    }

    private void readRequest(FullHttpRequest msg) {
        System.out.println("====== 请求行 ======");
        System.out.println(msg.method() + " "
                + msg.uri() + " " + msg.protocolVersion());

        System.out.println("====== 请求头 ======");
        for (String name : msg.headers().names()) {
            System.out.println(name + ": "
                + msg.headers().get(name));

        }

        System.out.println("====== 消息体 ======");
        System.out.println(msg.content().toString(CharsetUtil.UTF_8));

    }

    private void writeResponse(ChannelHandlerContext ctx, String msg) {
        ByteBuf bf = Unpooled.copiedBuffer(msg, CharsetUtil.UTF_8);

        FullHttpResponse res =
                new DefaultFullHttpResponse(HttpVersion.HTTP_1_1,
                        HttpResponseStatus.OK, bf);
        res.headers().set(HttpHeaderNames.CONTENT_LENGTH, msg.length());
        ctx.writeAndFlush(res)
                .addListener(ChannelFutureListener.CLOSE_ON_FAILURE);
    }
}
```

这个类继承了 SimpleChannelInboundHandler，用于出站数据的处理。在上述例子中，主要有以下 3 个方法。

- channelRead0：这个是 SimpleChannelInboundHandler 唯一要重写的抽象方法。在改方法中，通过判断请求中的 URI，来响应不同内容。
- readRequest：用于将请求的内容打印到控制台，方便查看请求的内容。

- writeResponse：返回响应消息给客户端。这里，把响应的内容封装为DefaultFullHttpResponse对象。

### 9.3.2 ▶ 实现ChannelInitializer

服务器ChannelInitializer的代码如下。

```
package com.waylau.netty.demo.httpserver;

import io.netty.channel.ChannelInitializer;
import io.netty.channel.socket.SocketChannel;
import io.netty.handler.codec.http.HttpObjectAggregator;
import io.netty.handler.codec.http.HttpServerCodec;

public class HttpServerChannelInitializer
        extends ChannelInitializer<SocketChannel> {

    public HttpServerChannelInitializer() {

    }

    @Override
    protected void initChannel(SocketChannel ch) throws Exception {
        ch.pipeline().addLast("codec", new HttpServerCodec());
        ch.pipeline().addLast("aggregator",
                new HttpObjectAggregator(1048576));
        ch.pipeline().addLast("serverHandler", new HttpServerHandler());
    }

}
```

以上代码中的ChannelInitializer主要是将需要的ChannelHandler添加到ChannelPipeline中。除了业务类HttpServerHandler外，需要重点关注在前文中所介绍的HttpServerCodec和HttpObjectAggregator。HttpServerCodec和HttpObjectAggregator需要在HttpServerHandler之前添加。

### 9.3.3 ▶ 实现服务器启动程序

服务器启动程序的代码如下。

```
package com.waylau.netty.demo.httpserver;

import io.netty.bootstrap.ServerBootstrap;
import io.netty.channel.ChannelFuture;
import io.netty.channel.ChannelOption;
import io.netty.channel.EventLoopGroup;
```

```
import io.netty.channel.nio.NioEventLoopGroup;
import io.netty.channel.socket.nio.NioServerSocketChannel;

public class HttpServer {

    public static int DEFAULT_PORT = 8080;

    public static void main(String[] args) throws Exception {
        int port;

        try {
            port = Integer.parseInt(args[0]);
        } catch (RuntimeException ex) {
            port = DEFAULT_PORT;
        }

        // 多线程事件循环器
        EventLoopGroup bossGroup = new NioEventLoopGroup(1); // boss
        EventLoopGroup workerGroup = new NioEventLoopGroup(); // worker

        try {
            // 启动NIO服务的引导程序类
            ServerBootstrap b = new ServerBootstrap();

            b.group(bossGroup, workerGroup) // 设置EventLoopGroup
            .channel(NioServerSocketChannel.class) // 指明新的Channel的类型
            .childHandler(new HttpServerChannelInitializer()) // 指定ChannelHandler
            .option(ChannelOption.SO_BACKLOG, 128) // 设置ServerChannel的一些选项
            .childOption(ChannelOption.SO_KEEPALIVE, true); // 设置ServerChannel的子Channel的选项

            // 绑定端口，开始接收进来的连接
            ChannelFuture f = b.bind(port).sync();

            System.out.println("HttpServer已启动，端口：" + port);

            // 等待服务器 socket 关闭
            // 在这个例子中，这不会发生，但可以优雅地关闭服务器
            f.channel().closeFuture().sync();
        } finally {

            // 优雅地关闭
            workerGroup.shutdownGracefully();
            bossGroup.shutdownGracefully();
        }

    }
}
```

以上代码比较简单，不做解释。

### 9.3.4 测试

上面 3 个步骤就已经把需要的 Web 服务器编写完成了。接下来查看测试的效果。启动服务器，打开浏览器，分别访问以下地址进行测试。

访问应用首页 http://localhost:8080/，效果如图 9–4 所示。

访问 http://localhost:8080/hi，效果如图 9–5 所示。

图 9–4　访问应用首页效果

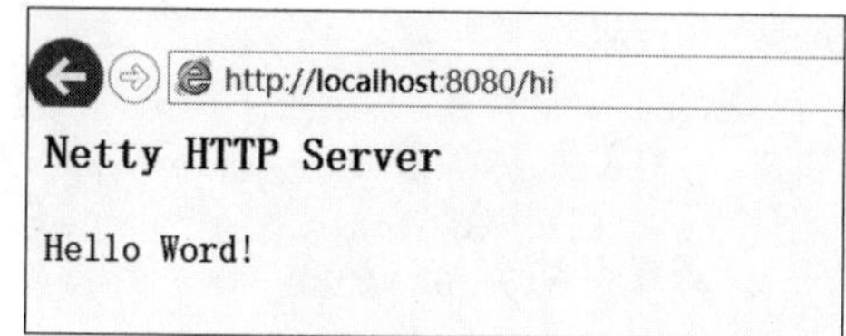


图 9–5　访问 /hi 效果

访问 http://localhost:8080/love，效果如图 9–6 所示。

访问不存在的资源 http://localhost:8080/xxoo，效果如图 9–7 所示。

图 9–6　访问 /love 效果

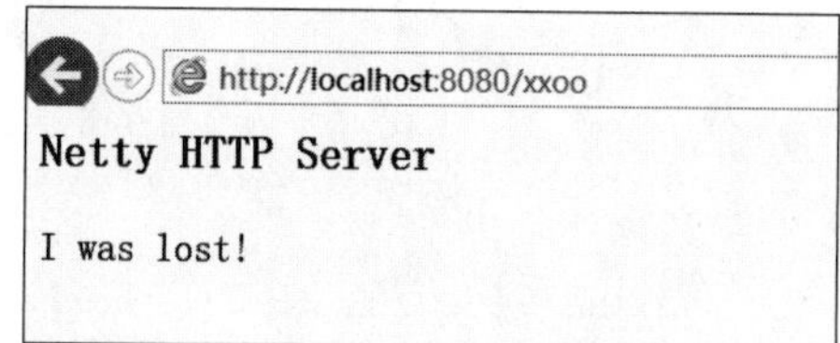


图 9–7　访问不存在的资源效果

图 9–7 中的 /xxoo 是一个不存在的 URI 地址，因此响应了一个默认的提示信息给用户。

本节示例，可以在 com.waylau.netty.demo.httpserver 包下找到。

## 9.4 了解 HTTP/2

HTTP/2 即超文本传输协议 2.0，是下一代 HTTP，是自 1999 年 HTTP/1.1 发布后的首个更新。HTTP/2 在 2013 年 8 月进行首次合作共事性测试。在 2015 年年底，大部分主流浏览器都支持 HTTP/2 了，包括 Chrome、Opera、Firefox、IE 11、Safari 和 Edge 等。

### 9.4.1 HTTP/2 概述

HTTP/2 主要是为了解决 HTTP 1.1 性能不好的问题才开发的。当初 Google 为了提高 HTTP 性能，做出了 SPDY，它就是 HTTP/2 的前身，后来也发展成为 HTTP/2 的标准。

SPDY 是一种 HTTP 兼容协议，由 Google 发起，Chrome、Opera、Firefox 等浏览器均已提供支持。HTTP 实现的瓶颈之一是其并发要依赖于多重连接。HTTP 管线化技术可以缓解这个问题，但也只能做到部分多路复用。此外，已经证实，由于存在中间干扰，浏览器无法采用管线化技术。SPDY 在单个连接之上增加了一个帧层，用以多路复用多个并发流。帧层针对 HTTP 类的请求响应流进行了优化，因此运行在 HTTP 之上的应用，对应用开发者而言只要很小地修改甚至无须修改就可以运行在 SPDY 之上。SPDY 对当前的 HTTP 有以下 4 个改进。

- 多路复用请求。
- 对请求划分优先级。
- 压缩 HTTP 头。
- 服务器推送流（即 Server Push 技术）。

SPDY 试图保留 HTTP 的现有语义，所以 cookies、ETags 等特性都是可用的。

由于越来越多的浏览器开始采用 SPDY，HTTP 工作组（HTTP-WG）吸取 SPDY 的经验教训，并在此基础上制定了官方 HTTP/2 标准。在拟定宣言草案、向社会征集 HTTP/2 建议并经过内部讨论之后，HTTP-WG 决定将 SPDY 规范作为新 HTTP/2 的基础。

在接下来几年中，SPDY 和 HTTP/2 继续共同演化，SPDY 作为实验性分支，用于为 HTTP/2 标准测试新功能和建议。最终，这个过程持续了 3 年，期间产生了十余个中间草案。

- 2012 年 3 月：征集 HTTP/2 建议。
- 2012 年 11 月：第一个 HTTP/2 草案（基于 SPDY）。
- 2014 年 8 月：HTTP/2 草案 17 和 HPACK 草案 12 发布。
- 2014 年 8 月：工作组最后一次征集 HTTP/2 建议。
- 2015 年 2 月：IESG 批准 HTTP/2 和 HPACK 草案。
- 2015 年 5 月：RFC 7540（HTTP/2）和 RFC 7541（HPACK）发布。

2015 年年初，IESG 审阅了新的 HTTP/2 标准并批准发布。之后不久，Google Chrome 团队在博客中公布了他们放弃 SPDY 和 NPN 扩展的时间表，并呼吁开发者迁移到 HTTP/2 和 ALPN。

## 9.4.2 ▶ HTTP/2 设计技术和目标

早期版本的 HTTP 设计初衷主要是实现要简单。

- HTTP/0.9 只用一行协议就启动了万维网。
- HTTP/1.0 则是对流行的 HTTP/0.9 扩展的一个正式说明。
- HTTP/1.1 则是 IETF 的一份官方标准。

因此，HTTP 从 0.9 到 1.1 版本只描述了现实是怎么一回事：HTTP 是应用较广泛、采用最多的一个互联网应用协议。

然而，实现简单是以牺牲应用性能为代价的，HTTP/1.1 存在以下问题。

- 客户端需要使用多个连接才能实现并发和缩短延迟。
- 不会压缩请求和响应标头，从而导致不必要的网络流量。
- 不支持有效的资源优先级，致使底层 TCP 连接的利用率低下。

这些限制并不是致命的，但是随着网络应用的范围、复杂性及在日常生活中的重要性不断增大，它们对网络开发者和用户都造成了巨大负担，而这正是 HTTP/2 要致力于解决的。HTTP/2 通过支持标头字段压缩和在同一连接上进行多个并发交换，让应用更有效地利用网络资源，减少感知的延迟时间。具体来说，它可以对同一连接上的请求和响应消息进行交错发送并为 HTTP 标头字段使用有效编码。HTTP/2 还允许为请求设置优先级，让更重要的请求更快速地完成，从而进一步提升性能。出台的协议对网络更加友好，因为与 HTTP/1.1 相比，可以使用更少的 TCP 连接。

需要注意的是，HTTP/2 仍是对之前 HTTP 标准的扩展，而非替代。HTTP 的应用语义不变，提供的功能不变，HTTP 方法、状态代码、URI 和标头字段等这些核心概念也不变。这些方面的变化都不在 HTTP/2 考虑之列。虽然高级 API 保持不变，仍有必要了解低级变更是如何解决了之前协议的性能限制的。下面简单了解二进制分帧层及其功能。

## 9.4.3 ▶ 二进制分帧层

HTTP/2 所有性能增强的核心在于新的二进制分帧层，它定义了如何封装 HTTP 消息并在客户端与服务器之间传输（图 9-8）。

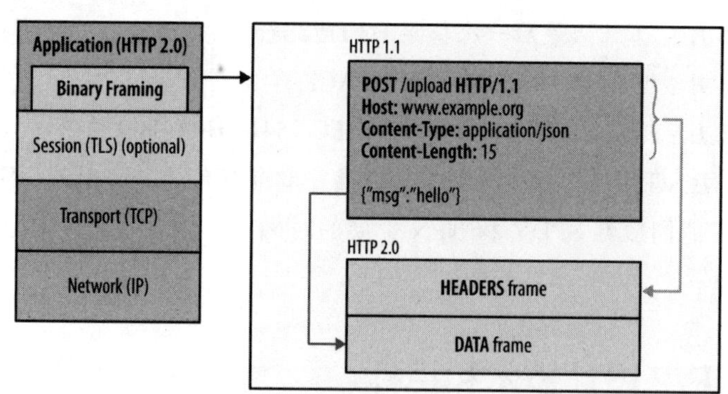


图 9-8　HTTP/2 二进制分帧层

这里所谓的“层”，指的是位于套接字接口与应用可见的高级 HTTP API 之间一个经过优化的新编码机制：HTTP 的语义（包括各种动词、方法、标头）都不受影响，不同的是传输期间对它们的编码方式变了。HTTP/1.1 以换行符作为纯文本的分隔符，而 HTTP/2 将所有传输的信息分割为更小的消息和帧，并采用二进制格式对它们编码。

这样一来，客户端和服务器为了相互理解，都必须使用新的二进制编码机制。HTTP/1.1 客户端无法理解只支持 HTTP/2 的服务器，反之亦然。不过不要紧，现有的应用不必担心这些变化，因为客户端和服务器会完成必要的分帧工作。

### 9.4.4 ▶ 数据流、消息和帧

新的二进制分帧机制改变了客户端与服务器之间交换数据的方式。为了说明这个过程，需要了解 HTTP/2 的 3 个概念。

- 数据流（Stream）：已建立的连接内的双向字节流，可以承载一条或多条消息。
- 消息（Message）：与逻辑请求或响应消息对应的完整的一系列帧。
- 帧（Frame）：HTTP/2 通信的最小单位，每个帧都包含帧头，至少也会标识出当前帧所属的数据流。

这些概念的关系总结如下。

- 所有通信都在一个 TCP 连接上完成，此连接可以承载任意数量的双向数据流。
- 每个数据流都有一个唯一的标识符和可选的优先级信息，用于承载双向消息。
- 每条消息都是一条逻辑 HTTP 消息（例如请求或响应），包含一个或多个帧。
- 帧是最小的通信单位，承载着特定类型的数据，例如 HTTP 标头、消息负载等。来自不同数据流的帧可以交错发送，再根据每个帧头的数据流标识符重新组装。

图 9-9 展示了 HTTP/2 的数据流、消息和帧的处理流程。

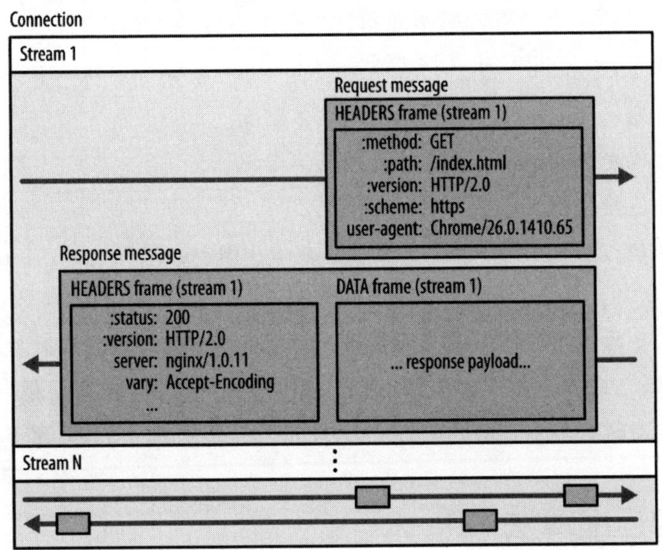


图 9-9 HTTP/2 的数据流、消息和帧处理流程

简言之，HTTP/2 将 HTTP 通信分解为二进制编码帧的交换，这些帧对应着特定数据流中的消息。所有这些都在一个 TCP 连接内复用。这是 HTTP/2 所有其他功能和性能优化的基础。

### 9.4.5 ▶ 请求与响应复用

在HTTP/1.1中，如果客户端要想发起多个并行请求以提升性能，则必须使用多个TCP连接。这是HTTP/1.1交付模型的直接结果，该模型可以保证每个连接每次只交付一个响应（响应排队）。更糟糕的是，这种模型也会导致队首阻塞，从而造成底层 TCP 连接的效率低下。

HTTP/2 中新的二进制分帧层突破了这些限制，实现了完整的请求和响应复用，客户端和服务器可以将 HTTP 消息分解为互不依赖的帧，然后交错发送，最后在另一端把它们重新组装起来。

图 9-10 展示了 HTTP/2 的请求和响应复用过程。客户端正在向服务器传输一个 DATA 帧（stream 5），与此同时，服务器正向客户端交错发送 stream 1 和 stream 3 的一系列帧。因此，一个连接上同时有 3 个并行数据流。

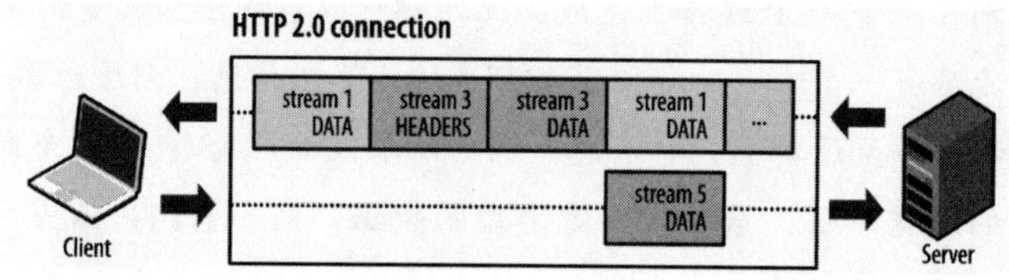


图 9-10　HTTP/2 的请求和响应复用

将 HTTP 消息分解为独立的帧，交错发送，然后在另一端重新组装是 HTTP/2 最重要的一项增强。事实上，这个机制会在整个网络技术栈中引发一系列连锁反应，从而带来巨大的性能提升，分别如下。

- 并行交错地发送多个请求，请求之间互不影响。
- 并行交错地发送多个响应，响应之间互不干扰。
- 使用一个连接并行发送多个请求和响应。
- 不必再为绕过 HTTP/1.1 限制而做很多工作，例如，级联文件、image sprites 和域名分片。
- 消除不必要的延迟和提高现有网络容量的利用率，从而减少页面加载时间。

HTTP/2 中的新二进制分帧层解决了 HTTP/1.1 中存在的队首阻塞问题，也消除了并行处理和发送请求及响应时对多个连接的依赖。结果，应用速度更快、开发更简单、部署成本更低。

### 9.4.6 ▶ 头部压缩算法 HPack

HPack 是 HTTP/2 里 HTTP 头压缩的算法，具体可以参看 RFC 7541。下面简单介绍 HPack 是如何工作的。

Google 性能专家 Ilya Grigorik 在图 9-11 展示了 HTTP/2 中的头部压缩原理。

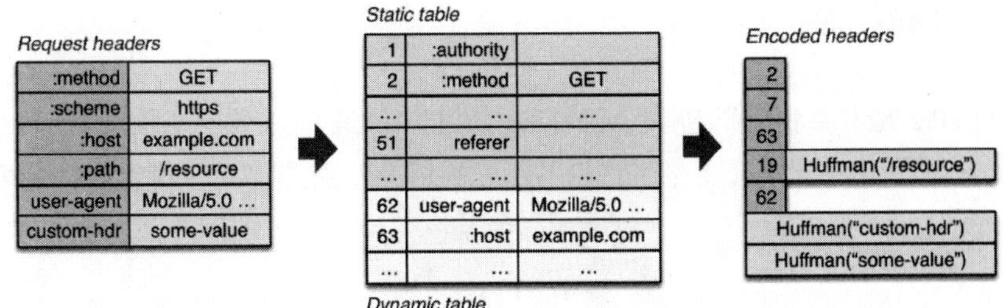


图 9–11　HTTP/2 头部压缩原理

简而言之，HTTP 头压缩需要在 HTTP/2 Client 和服务端之间进行以下操作。

- 维护一份相同的静态表（Static Table），包含常见的头部名称以及特别常见的头部名称与值的组合。
- 维护一份相同的动态表（Dynamic Table），可以动态地添加内容。
- 基于静态哈夫曼码表的哈夫曼编码（Huffman Coding）。

在编码时，它们直接用一个索引编号代替，例如，method:GET 是 2，这些在一个静态表中定义。静态表的定义如表 9-2 所示。

表 9-2　静态表

| 索引 | 头部名称 | 头部值 | 索引 | 头部名称 | 头部值 |
|---|---|---|---|---|---|
| 1 | :authority | | 16 | accept-encoding | gzip, deflate |
| 2 | :method | GET | 17 | accept-language | |
| 3 | :method | POST | 18 | accept-ranges | |
| 4 | :path | / | 19 | accept | |
| 5 | :path | /index.html | 20 | access-control-allow-origin | |
| 6 | :scheme | http | 21 | age | |
| 7 | :scheme | https | 22 | allow | |
| 8 | :status | 200 | 23 | authorization | |
| 9 | :status | 204 | 24 | cache-control | |
| 10 | :status | 206 | 25 | content-disposition | |
| 11 | :status | 304 | 26 | content-encoding | |
| 12 | :status | 400 | 27 | content-language | |
| 13 | :status | 404 | 28 | content-length | |
| 14 | :status | 500 | 29 | content-location | |
| 15 | accept-charset | | 30 | content-range | |

使用静态表、动态表及 Huffman 编码可以极大地提升压缩效果。对于静态表里的字段，原来需要 $N$ 个字符表示的，现在只需要一个索引即可，对于静态、动态表中不存在的内容，还可以使用哈夫曼编码来减小体积。

## 9.4.7 ▶ 协商机制

虽然 HTTP/2 是非常优秀的协议，但目前，仍然有大量的服务器是使用 HTTP/1.1 的，这就造成了浏览器和服务器有可能存在协议不匹配的情况，因此需要使用协商机制来保障不同的协议之间的兼容。表 9-3 展示了浏览器和服务器在各种情况下的协商情况。

**表 9-3 协商机制**

| 浏览器 | 服务器 | 协商结果 |
| --- | --- | --- |
| 不支持 HTTP/2 | 不支持 HTTP/2 | 不协商，使用 HTTP/1.1 |
| 不支持 HTTP/2 | 支持 HTTP/2 | 不协商，使用 HTTP/1.1 |
| 支持 HTTP/2 | 不支持 HTTP/2 | 协商，使用 HTTP/1.1 |
| 支持 HTTP/2 | 支持 HTTP/2 | 协商，使用 HTTP/2 |

HTTP 客服端不知道 HTTP 服务端是否支持 HTTP2.0。反过来 HTTP 服务端也不知道 HTTP 客服端是否支持 HTTP2.0。让所有的 HTTP 服务端与 HTTP 客服端直接从 HTTP1.1 过渡到 HTTP2.0 是不可能的事情。甚至在大公司内部直接从 HTTP1.1 过渡到 HTTP2.0 也是一件不现实的事情，那么出现一件麻烦的事情，即有 HTTP1 客服端也有 HTTP2 客服端，有 HTTP2 服务端也有 HTTP1 服务端这种两个维度、4 种情况的共存现象。

为了更方便地部署新协议，HTTP/1.1 引入了 Upgrade 机制，它使得客户端和服务端之间可以借助已有的 HTTP 语法升级到其他协议。这个机制在 RFC 7230 规范中有详细描述。

要发起 HTTP/1.1 升级，客户端必须在请求头部中指定这两个字段。

```
Connection: Upgrade
Upgrade: protocol-name[/protocol-version]
```

客户端通过 Upgrade 头部字段列出所希望升级到的协议和版本，多个协议之间用英文逗号和空格（0x2C, 0x20）隔开。除了这两个字段之外，一般每种新协议还会要求客户端发送额外的新字段。

如果服务端不同意升级或者不支持 Upgrade 所列出的协议，直接忽略即可（当成 HTTP/1.1 请求，以 HTTP/1.1 响应）；如果服务端同意升级，那么需要这样响应。

```
HTTP
HTTP/1.1 101 Switching Protocols
Connection: upgrade
Upgrade: protocol-name[/protocol-version]

[... data defined by new protocol ...]
```

可以看到，HTTP Upgrade 响应的状态码是 101，并且响应正文可以使用新协议定义的数据格式。

以下是一个请求示例。

```
HTTP
GET / HTTP/1.1
Host: example.com
Connection: Upgrade, HTTP2-Settings
Upgrade: h2c
HTTP2-Settings: <base64url encoding of HTTP/2 SETTINGS payload>
```

在 HTTP Upgrade 机制中，HTTP/2 的协议名称是 h2c，代表“HTTP/2 ClearText”。如果服务端不支持 HTTP/2，它会忽略 Upgrade 字段，直接返回 HTTP/1.1 响应，例如：

```
HTTP
HTTP/1.1 200 OK
Content-Length: 243
Content-Type: text/html

...
```

如果服务端支持 HTTP/2，那就可以回应 101 状态码及对应头部，并且在响应正文中可以直接使用 HTTP/2 二进制帧。

```
HTTP
HTTP/1.1 101 Switching Protocols
Connection: Upgrade
Upgrade: h2c

[ HTTP/2 connection ... ]
```

## 9.5 Netty 对于 HTTP/2 的支持

Netty 提供了 io.netty.handler.codec.http2 包以支持 HTTP/2。

### 9.5.1 HTTP/2 核心处理类

核心处理类是指主要是负责 HTTP/2 的解码与编码、帧的解析与处理、HTTP/2 请求头处理、streamId 的管理和 HTTP/2 链接管理等。

Netty 中负责核心处理的类主要有以下几种。

#### 1. Http2ConnectionHandler 类

Http2ConnectionHandler 是 Netty 核心设计 ChannelHandler 的实现，也是 HTTP/2 模块的

出发点。

观察 Http2ConnectionHandler 的构造函数源码。

```
@UnstableApi
public class Http2ConnectionHandler extends ByteToMessageDecoder
        implements Http2LifecycleManager, ChannelOutboundHandler {
    ...
    private final Http2ConnectionDecoder decoder;
    private final Http2ConnectionEncoder encoder;
    private final Http2Settings initialSettings;
    private final boolean decoupleCloseAndGoAway;

    protected Http2ConnectionHandler(Http2ConnectionDecoder decoder,
            Http2ConnectionEncoder encoder,
            Http2Settings initialSettings) {
        this(decoder, encoder, initialSettings, false);
    }

    protected Http2ConnectionHandler(Http2ConnectionDecoder decoder,
            Http2ConnectionEncoder encoder,
            Http2Settings initialSettings,
            boolean decoupleCloseAndGoAway) {
        this.initialSettings = checkNotNull(initialSettings, "initialSettings");
        this.decoder = checkNotNull(decoder, "decoder");
        this.encoder = checkNotNull(encoder, "encoder");
        this.decoupleCloseAndGoAway = decoupleCloseAndGoAway;
        if (encoder.connection() != decoder.connection()) {
            throw new IllegalArgumentException("Encoder and Decoder do not share the
same connection object");
        }
    }
```

从上述源码中可以看出，Http2ConnectionHandler 整合了解码器类 Http2ConnectionDecoder 和编码器类 Http2ConnectionEncoder。

以下方法是对 ChannelHandler 生命周期的管理。

```
@Override
public void flush(ChannelHandlerContext ctx) {
    try {
        encoder.flowController().writePendingBytes();
        ctx.flush();
    } catch (Http2Exception e) {
        onError(ctx, true, e);
    } catch (Throwable cause) {
        onError(ctx, true, connectionError(INTERNAL_ERROR,
                cause, "Error flushing"));
    }
}
```

```
@Override
public void handlerAdded(ChannelHandlerContext ctx)
        throws Exception {
    encoder.lifecycleManager(this);
    decoder.lifecycleManager(this);
    encoder.flowController().channelHandlerContext(ctx);
    decoder.flowController().channelHandlerContext(ctx);
    byteDecoder = new PrefaceDecoder(ctx);
}

@Override
protected void handlerRemoved0(ChannelHandlerContext ctx)
        throws Exception {
    if (byteDecoder != null) {
        byteDecoder.handlerRemoved(ctx);
        byteDecoder = null;
    }
}

@Override
public void channelActive(ChannelHandlerContext ctx)
        throws Exception {
    if (byteDecoder == null) {
        byteDecoder = new PrefaceDecoder(ctx);
    }
    byteDecoder.channelActive(ctx);
    super.channelActive(ctx);
}

@Override
public void channelInactive(ChannelHandlerContext ctx)
        throws Exception {
    super.channelInactive(ctx);
    if (byteDecoder != null) {
        byteDecoder.channelInactive(ctx);
        byteDecoder = null;
    }
}

@Override
public void channelWritabilityChanged(ChannelHandlerContext ctx)
        throws Exception {
    try {
        if (ctx.channel().isWritable()) {
            flush(ctx);
        }
        encoder.flowController().channelWritabilityChanged();
    } finally {
```

```
        super.channelWritabilityChanged(ctx);
    }
}

@Override
protected void decode(ChannelHandlerContext ctx,
        ByteBuf in, List<Object> out) throws Exception {
    byteDecoder.decode(ctx, in, out);
}

@Override
public void bind(ChannelHandlerContext ctx, SocketAddress localAddress,
        ChannelPromise promise) throws Exception {
    ctx.bind(localAddress, promise);
}

@Override
public void connect(ChannelHandlerContext ctx,
        SocketAddress remoteAddress, SocketAddress localAddress,
                    ChannelPromise promise) throws Exception {
    ctx.connect(remoteAddress, localAddress, promise);
}

@Override
public void disconnect(ChannelHandlerContext ctx,
        ChannelPromise promise) throws Exception {
    ctx.disconnect(promise);
}

@Override
public void close(ChannelHandlerContext ctx,
        ChannelPromise promise) throws Exception {
    if (decoupleCloseAndGoAway) {
        ctx.close(promise);
        return;
    }
    promise = promise.unvoid();
    if (!ctx.channel().isActive()) {
        ctx.close(promise);
        return;
    }

    ChannelFuture f = connection().goAwaySent()
            ? ctx.write(EMPTY_BUFFER)
            : goAway(ctx, null, ctx.newPromise());
    ctx.flush();
    doGracefulShutdown(ctx, f, promise);
}
```

以下方法用于负责校验协议。

```
public void onHttpClientUpgrade() throws Http2Exception {
    if (connection().isServer()) {
        throw connectionError(PROTOCOL_ERROR,
                "Client-side HTTP upgrade requested for a server");
    }
    if (!prefaceSent()) {
        throw connectionError(INTERNAL_ERROR,
                "HTTP upgrade must occur after preface was sent");
    }
    if (decoder.prefaceReceived()) {
        throw connectionError(PROTOCOL_ERROR,
                "HTTP upgrade must occur before HTTP/2 preface is received");
    }

    connection().local().createStream(HTTP_UPGRADE_STREAM_ID, true);
}

public void onHttpServerUpgrade(Http2Settings settings)
        throws Http2Exception {
    if (!connection().isServer()) {
        throw connectionError(PROTOCOL_ERROR,
                "Server-side HTTP upgrade requested for a client");
    }
    if (!prefaceSent()) {
        throw connectionError(INTERNAL_ERROR,
                "HTTP upgrade must occur after preface was sent");
    }
    if (decoder.prefaceReceived()) {
        throw connectionError(PROTOCOL_ERROR,
                "HTTP upgrade must occur before HTTP/2 preface is received");
    }

    encoder.remoteSettings(settings);

    connection().remote().createStream(HTTP_UPGRADE_STREAM_ID, true);
}
```

上面的 onHttpClientUpgrade 和 onHttpServerUpgrade 方法，分别用于校验客户端及服务器的协议。

在 HTTP/2 协商成功之后，客户端可以开始发送各种 HTTP/2 帧，但第一个帧必须是 Magic 帧（内容固定为 PRI * HTTP/2.0rnrnSMrnrn），作为协议升级的最终确认。连接前言（preface）由父类 BaseDecoder 与子类 PrefaceDecoder、FrameDecoder 组成，由 PrefaceDecoder 管理。

```
private void sendPreface(ChannelHandlerContext ctx) throws Exception {
```

```
    if (prefaceSent || !ctx.channel().isActive()) {
        return;
    }

    prefaceSent = true;

    final boolean isClient = !connection().isServer();
    if (isClient) {
        ctx.write(connectionPrefaceBuf())
            .addListener(ChannelFutureListener.CLOSE_ON_FAILURE);
    }

    encoder.writeSettings(ctx, initialSettings, ctx.newPromise())
            .addListener(ChannelFutureListener.CLOSE_ON_FAILURE);

    if (isClient) {
        userEventTriggered(ctx,
            Http2ConnectionPrefaceAndSettingsFrameWrittenEvent.INSTANCE);
    }
}
```

### 2. Http2ConnectionEncoder 接口

Http2ConnectionEncoder接口负责编码器，其默认的实现类是DefaultHttp2ConnectionEncoder。

DefaultHttp2ConnectionEncoder 内部有两个成员变量 lifecycleManager（HTTP/2 生命周期）与 frameWriter（协议生成实现类）。

```
@Override
public ChannelFuture writeRstStream(ChannelHandlerContext ctx,
        int streamId, long errorCode, ChannelPromise promise) {
    return lifecycleManager.resetStream(ctx, streamId, errorCode, promise);
}

@Override
public ChannelFuture writeGoAway(ChannelHandlerContext ctx,
        int lastStreamId, long errorCode, ByteBuf debugData,
        ChannelPromise promise) {
     return lifecycleManager.goAway(ctx, lastStreamId, errorCode, debugData,
promise);
}
```

frameReader 负责解析协议，类型为 Http2FrameReader。

### 3. Http2FrameReader 类

Http2FrameReader 实现类为DefaultHttp2FrameReader。观察以下 DefaultHttp2FrameReader 方法的源码。

```
@Override
```

```
public void readFrame(ChannelHandlerContext ctx,
        ByteBuf input, Http2FrameListener listener)
        throws Http2Exception {
    if (readError) {
        input.skipBytes(input.readableBytes());
        return;
    }
    try {
        do {
            if (readingHeaders) {
                processHeaderState(input);
                if (readingHeaders) {
                    return;
                }
            }

            processPayloadState(ctx, input, listener);
            if (!readingHeaders) {
                return;
            }
        } while (input.isReadable());
    } catch (Http2Exception e) {
        readError = !Http2Exception.isStreamError(e);
        throw e;
    } catch (RuntimeException e) {
        readError = true;
        throw e;
    } catch (Throwable cause) {
        readError = true;
        PlatformDependent.throwException(cause);
    }
}
```

readFrame 方法用于读取帧。

#### 4. HTTP/2 请求头相关类

在 HTTP/2 的设计中请求头是一个重点。HTTP/2 要求请求使用 HPACK 算法进行压缩。HTTP/2 请求头相关类由 Http2Headers、Http2HeadersDecoder、Http2HeadersEncoder、HPACKDecoder 和 HPACKEncoder 组成。

### 9.5.2 ▶ HTTP/1.1 与 HTTP/2 协商

ApplicationProtocolNegotiationHandler 抽象类用于协议的协商。ApplicationProtocolNegotiationHandler 的核心源码如下。

```
package io.netty.handler.ssl;
```

```
import io.netty.channel.Channel;
import io.netty.channel.ChannelHandlerContext;
import io.netty.channel.ChannelInboundHandlerAdapter;
import io.netty.channel.ChannelInitializer;
import io.netty.channel.ChannelPipeline;
import io.netty.util.internal.ObjectUtil;
import io.netty.util.internal.logging.InternalLogger;
import io.netty.util.internal.logging.InternalLoggerFactory;

public abstract class ApplicationProtocolNegotiationHandler
      extends ChannelInboundHandlerAdapter {

   private static final InternalLogger logger =
         InternalLoggerFactory.getInstance(ApplicationProtocolNegotiationHan
dler.class);

   private final String fallbackProtocol;

   protected ApplicationProtocolNegotiationHandler(String fallbackProtocol) {
      this.fallbackProtocol =
            ObjectUtil.checkNotNull(fallbackProtocol, "fallbackProtocol");
   }

   @Override
   public void userEventTriggered(ChannelHandlerContext ctx,
         Object evt) throws Exception {
      if (evt instanceof SslHandshakeCompletionEvent) {

         try {
            SslHandshakeCompletionEvent handshakeEvent =
                (SslHandshakeCompletionEvent) evt;
            if (handshakeEvent.isSuccess()) {
               SslHandler sslHandler = ctx.pipeline().get(SslHandler.class);
               if (sslHandler == null) {
                  throw new IllegalStateException("cannot find a SslHandler "
                      + "in the pipeline (required for "
                      + "application-level protocol negotiation)");
               }
               String protocol = sslHandler.applicationProtocol();
               configurePipeline(ctx, protocol != null
                      ? protocol
                      : fallbackProtocol);
            } else {
               handshakeFailure(ctx, handshakeEvent.cause());
            }
         } catch (Throwable cause) {
            exceptionCaught(ctx, cause);
         } finally {
```

```
            ChannelPipeline pipeline = ctx.pipeline();
            if (pipeline.context(this) != null) {
                pipeline.remove(this);
            }
        }
    }
    ctx.fireUserEventTriggered(evt);
}

protected abstract void configurePipeline(ChannelHandlerContext ctx,
        String protocol) throws Exception;

protected void handshakeFailure(ChannelHandlerContext ctx,
        Throwable cause) throws Exception {
    logger.warn("{} TLS handshake failed:", ctx.channel(), cause);
    ctx.close();
}

@Override
public void exceptionCaught(ChannelHandlerContext ctx,
        Throwable cause) throws Exception {
    logger.warn("{} Failed to select the application-level protocol:",
            ctx.channel(), cause);
    ctx.fireExceptionCaught(cause);
    ctx.close();
}
}
```

客户端在 TSL 4 次握手的时候就已经把客户端支持的 HTTP 传给服务端了，当 4 次握手成功，SSLHandler 会产生一个事件传递下去。ApplicationProtocolNegotiationHandler 会处理这个事件，获得协议并且调用 configurePipeline() 方法。

HTTP 使用了 Upgrade 机制来实现协议的升级，实现过程如下。

- HTTP 客户端与服务端都要支持 HTTP/1.1。
- HTTP 客户端与服务端都要支持 Upgrade 机制。
- 进行协商。
- HTTP 客户端与服务端都要删除 HTTP/1.1 与 Upgrade 机制的支持。
- HTTP 客户端与服务端都要加入 HTTP/2 协议的支持。

Netty 中的 Upgrade 机制主要是由 HttpServerUpgradeHandler 负责。HttpServerUpgradeHandler 负责两件事。

- 识别 Upgrade 请求头开启服务器的 Upgrade 机制。
- 删除 HTTP/1.1 处理器与 HttpServerUpgradeHandler，并加入 HTTP/2 处理器。

HttpServerUpgradeHandler 类的核心代码如下。

```
private boolean upgrade(final ChannelHandlerContext ctx,
```

```
        final FullHttpRequest request) {
    final List<CharSequence> requestedProtocols =
            splitHeader(request.headers().get(HttpHeaderNames.UPGRADE));
    final int numRequestedProtocols = requestedProtocols.size();
    UpgradeCodec upgradeCodec = null;
    CharSequence upgradeProtocol = null;
    for (int i = 0; i < numRequestedProtocols; i ++) {
        final CharSequence p = requestedProtocols.get(i);
        final UpgradeCodec c = upgradeCodecFactory.newUpgradeCodec(p);
        if (c != null) {
            upgradeProtocol = p;
            upgradeCodec = c;
            break;
        }
    }

    if (upgradeCodec == null) {
        return false;
    }

    List<String> connectionHeaderValues =
            request.headers().getAll(HttpHeaderNames.CONNECTION);

    if (connectionHeaderValues == null) {
        return false;
    }

    final StringBuilder concatenatedConnectionValue =
            new StringBuilder(connectionHeaderValues.size() * 10);
    for (CharSequence connectionHeaderValue : connectionHeaderValues) {
        concatenatedConnectionValue.append(connectionHeaderValue).append(COMMA);
    }
    concatenatedConnectionValue.setLength(concatenatedConnectionValue.length() - 1);

    Collection<CharSequence> requiredHeaders = upgradeCodec.
requiredUpgradeHeaders();
    List<CharSequence> values = splitHeader(concatenatedConnectionValue);
    if (!containsContentEqualsIgnoreCase(values, HttpHeaderNames.UPGRADE) ||
            !containsAllContentEqualsIgnoreCase(values, requiredHeaders)) {
        return false;
    }

    for (CharSequence requiredHeader : requiredHeaders) {
        if (!request.headers().contains(requiredHeader)) {
            return false;
        }
    }

    final FullHttpResponse upgradeResponse = createUpgradeResponse(upgradeProtocol);
```

```
    if (!upgradeCodec.prepareUpgradeResponse(ctx, request, upgradeResponse.headers())) {
        return false;
    }

    final UpgradeEvent event = new UpgradeEvent(upgradeProtocol, request);

    try {
        final ChannelFuture writeComplete = ctx.writeAndFlush(upgradeResponse);
        sourceCodec.upgradeFrom(ctx);
        upgradeCodec.upgradeTo(ctx, request);

        ctx.pipeline().remove(HttpServerUpgradeHandler.this);

        ctx.fireUserEventTriggered(event.retain());
        writeComplete.addListener(ChannelFutureListener.CLOSE_ON_FAILURE);
    } finally {
        event.release();
    }
    return true;
}
```

Http2ServerUpgradeCodec 实现了对 Upgrade 协议的解析。

```
private Http2Settings decodeSettingsHeader(ChannelHandlerContext ctx,
        CharSequence settingsHeader)
        throws Http2Exception {
    ByteBuf header = ByteBufUtil.encodeString(ctx.alloc(),
            CharBuffer.wrap(settingsHeader), CharsetUtil.UTF_8);
    try {
        // 解码 SETTINGS payload
        ByteBuf payload = Base64.decode(header, URL_SAFE);

        // 创建 HTTP/2 帧
        ByteBuf frame = createSettingsFrame(ctx, payload);

        // 解码 SETTINGS 帧
        return decodeSettings(ctx, frame);
    } finally {
        header.release();
    }
}

// 把解码之后的数据拼接成 HTTP/2 的 SETTINGS 帧
private Http2Settings decodeSettings(ChannelHandlerContext ctx,
        ByteBuf frame) throws Http2Exception {
    try {
        final Http2Settings decodedSettings = new Http2Settings();
        frameReader.readFrame(ctx, frame, new Http2FrameAdapter() {
            @Override
```

```
            public void onSettingsRead(ChannelHandlerContext ctx,
                    Http2Settings settings) {
                decodedSettings.copyFrom(settings);
            }
        });
        return decodedSettings;
    } finally {
        frame.release();
    }
}

// 创建 SETTINGS 帧
private static ByteBuf createSettingsFrame(ChannelHandlerContext ctx, ByteBuf
payload) {
     ByteBuf frame = ctx.alloc().buffer(FRAME_HEADER_LENGTH + payload.
readableBytes());
     writeFrameHeader(frame, payload.readableBytes(), SETTINGS, new
Http2Flags(), 0);
    frame.writeBytes(payload);
    payload.release();
    return frame;
}
```

### 9.5.3 ▶ HTTP/2 帧处理

Netty 提供了 Http2FrameCodec 类来对 HTTP/2 帧进行处理。

观察 Http2FrameCodec 类的核心源码。

```
@UnstableApi
public class Http2FrameCodec extends Http2ConnectionHandler {

@Override
    public void write(ChannelHandlerContext ctx, Object msg,
            ChannelPromise promise) {
        if (msg instanceof Http2DataFrame) {
            Http2DataFrame dataFrame = (Http2DataFrame) msg;
            encoder().writeData(ctx, dataFrame.stream().id(),
                    dataFrame.content(), dataFrame.padding(),
                    dataFrame.isEndStream(), promise);
        } else if (msg instanceof Http2HeadersFrame) {
            writeHeadersFrame(ctx, (Http2HeadersFrame) msg, promise);
        } else if (msg instanceof Http2WindowUpdateFrame) {
            Http2WindowUpdateFrame frame = (Http2WindowUpdateFrame) msg;
            Http2FrameStream frameStream = frame.stream();
            try {
                if (frameStream == null) {
                    increaseInitialConnectionWindow(frame.windowSizeIncrement());
```

```
            } else {
                consumeBytes(frameStream.id(),
                        frame.windowSizeIncrement());
            }
            promise.setSuccess();
        } catch (Throwable t) {
            promise.setFailure(t);
        }
    } else if (msg instanceof Http2ResetFrame) {
        Http2ResetFrame rstFrame = (Http2ResetFrame) msg;
        int id = rstFrame.stream().id();
        if (connection().streamMayHaveExisted(id)) {
            encoder().writeRstStream(ctx, rstFrame.stream().id(),
                    rstFrame.errorCode(), promise);
        } else {
            ReferenceCountUtil.release(rstFrame);
            promise.setFailure(Http2Exception.streamError(
                    rstFrame.stream().id(),
                    Http2Error.PROTOCOL_ERROR, "Stream never existed"));
        }
    } else if (msg instanceof Http2PingFrame) {
        Http2PingFrame frame = (Http2PingFrame) msg;
        encoder().writePing(ctx, frame.ack(), frame.content(), promise);
    } else if (msg instanceof Http2SettingsFrame) {
        encoder().writeSettings(ctx,
                ((Http2SettingsFrame) msg).settings(), promise);
    } else if (msg instanceof Http2SettingsAckFrame) {
        encoder().writeSettingsAck(ctx, promise);
    } else if (msg instanceof Http2GoAwayFrame) {
        writeGoAwayFrame(ctx, (Http2GoAwayFrame) msg, promise);
    } else if (msg instanceof Http2UnknownFrame) {
        Http2UnknownFrame unknownFrame = (Http2UnknownFrame) msg;
        encoder().writeFrame(ctx, unknownFrame.frameType(),
                unknownFrame.stream().id(),
                unknownFrame.flags(),
                unknownFrame.content(), promise);
    } else if (!(msg instanceof Http2Frame)) {
        ctx.write(msg, promise);
    } else {
        ReferenceCountUtil.release(msg);
        throw new UnsupportedMessageTypeException(msg);
    }
}
```

从上述代码可以看出，Netty 对 HTTP/2 的 9 种帧进行了一次封装，这样可以让下游 ChannelHandler 直接处理帧，而不需要自己对原始数据进行处理。

表 9-4 所示为每种帧对应一个封装好的实体类。

表 9-4 帧对应的实体类

| 帧类型 | 对应实体类 |
| --- | --- |
| data | DefaultHttp2DataFrame |
| headers | DefaultHttp2HeadersFrame |
| windowUpdate | DefaultHttp2WindowUpdateFrame |
| reset | DefaultHttp2ResetFrame |
| pring | DefaultHttp2PringFrame |
| settings | DefaultHttp2SettingsFrame |
| unknown | DefaultHttp2UnknownFrame |
| goAwary | DefaultHttp2GoAwayFrame |
| push_promise | |

## 9.6 实战：基于 HTTP/2 的 Web 服务器和客户端

本节演示了如何基于 Netty 来实现 HTTP/2 服务器和客户端。

### 9.6.1 ▶ 实现服务器

HTTP/2 服务器由以下几个类组成。

#### 1. Http2OrHttpHandler 类

Http2OrHttpHandler 类实现了 HTTP/2 及 HTTP/1.1 的协议协商功能，代码如下。

```
package com.waylau.netty.demo.http2.server;

import io.netty.channel.ChannelHandlerContext;
import io.netty.handler.codec.http.HttpObjectAggregator;
import io.netty.handler.codec.http.HttpServerCodec;
import io.netty.handler.ssl.ApplicationProtocolNames;
import io.netty.handler.ssl.ApplicationProtocolNegotiationHandler;

public class Http2OrHttpHandler extends
      ApplicationProtocolNegotiationHandler {

   private static final int MAX_CONTENT_LENGTH = 1024 * 100;

   protected Http2OrHttpHandler() {
      super(ApplicationProtocolNames.HTTP_1_1);
```

```
    }

    @Override
    protected void configurePipeline(ChannelHandlerContext ctx,
            String protocol) throws Exception {
        if (ApplicationProtocolNames.HTTP_2.equals(protocol)) {
            ctx.pipeline().addLast(new Http2ServerHandlerBuilder().build());
            return;
        }

        if (ApplicationProtocolNames.HTTP_1_1.equals(protocol)) {
            ctx.pipeline().addLast(new HttpServerCodec(),
                                   new HttpObjectAggregator(MAX_CONTENT_LENGTH),
                                   new Http1ServerHandler("ALPN Negotiation"));
            return;
        }

        throw new IllegalStateException("unknown protocol: " + protocol);
    }
}
```

Http2OrHttpHandler 将判断客户端的协议。

- 如果是 HTTP/2 协议，则使用 Http2ServerHandlerBuilder 构建的 Http2ServerHandler。
- 如果是 HTTP/1.1 协议，则使用 HttpServerCodec、HttpObjectAggregator 及 Http1ServerHandler。

### 2. Http1ServerHandler 类

Http1ServerHandler 类用于处理 HTTP/1.1 的请求，代码如下。

```
package com.waylau.netty.demo.http2.server;

import static io.netty.handler.codec.http.HttpHeaderNames.CONNECTION;
import static io.netty.handler.codec.http.HttpHeaderNames.CONTENT_LENGTH;
import static io.netty.handler.codec.http.HttpHeaderNames.CONTENT_TYPE;
import static io.netty.handler.codec.http.HttpHeaderValues.CLOSE;
import static io.netty.handler.codec.http.HttpHeaderValues.KEEP_ALIVE;
import static io.netty.handler.codec.http.HttpResponseStatus.CONTINUE;
import static io.netty.handler.codec.http.HttpResponseStatus.OK;
import static io.netty.handler.codec.http.HttpVersion.HTTP_1_0;
import static io.netty.handler.codec.http.HttpVersion.HTTP_1_1;
import static io.netty.util.internal.ObjectUtil.checkNotNull;

import io.netty.buffer.ByteBuf;
import io.netty.buffer.ByteBufUtil;
import io.netty.buffer.Unpooled;
import io.netty.channel.ChannelFutureListener;
import io.netty.channel.ChannelHandlerContext;
import io.netty.channel.SimpleChannelInboundHandler;
import io.netty.handler.codec.http.DefaultFullHttpResponse;
```

```
import io.netty.handler.codec.http.FullHttpRequest;
import io.netty.handler.codec.http.FullHttpResponse;
import io.netty.handler.codec.http.HttpUtil;

public class Http1ServerHandler extends
        SimpleChannelInboundHandler<FullHttpRequest> {
    private final String establishApproach;

    public Http1ServerHandler(String establishApproach) {
        this.establishApproach =
                checkNotNull(establishApproach, "establishApproach");
    }

    @Override
    public void channelRead0(ChannelHandlerContext ctx,
            FullHttpRequest req) throws Exception {
        if (HttpUtil.is100ContinueExpected(req)) {
            ctx.write(new DefaultFullHttpResponse(HTTP_1_1,
                    CONTINUE, Unpooled.EMPTY_BUFFER));
        }
        boolean keepAlive = HttpUtil.isKeepAlive(req);

        ByteBuf content = ctx.alloc().buffer();
        content.writeBytes(Http2ServerHandler.RESPONSE_BYTES.duplicate()); // "Hello World"
        ByteBufUtil.writeAscii(content, " - via "
                + req.protocolVersion() + " ("
                + establishApproach + ")");

        FullHttpResponse response =
                new DefaultFullHttpResponse(HTTP_1_1, OK, content);
        response.headers().set(CONTENT_TYPE, "text/plain; charset=UTF-8");
        response.headers().setInt(CONTENT_LENGTH,
                response.content().readableBytes());

        if (keepAlive) {
            if (req.protocolVersion().equals(HTTP_1_0)) {
                response.headers().set(CONNECTION, KEEP_ALIVE);
            }
            ctx.write(response);
        } else {
            // 告诉客户端要关闭连接
            response.headers().set(CONNECTION, CLOSE);
            ctx.write(response).addListener(ChannelFutureListener.CLOSE);
        }
    }

    @Override
    public void channelReadComplete(ChannelHandlerContext ctx)
            throws Exception {
```

```
        ctx.flush();
    }

    @Override
    public void exceptionCaught(ChannelHandlerContext ctx,
            Throwable cause) {
        cause.printStackTrace();
        ctx.close();
    }
}
```

上述业务较为简单，接收到客户端的请求之后，就会发送“Hello World”字样的消息给客户端。

### 3. Http2ServerHandlerBuilder 类

Http2ServerHandlerBuilder 类用于构建 Http2ServerHandler，代码如下。

```
package com.waylau.netty.demo.http2.server;

import io.netty.handler.codec.http2.AbstractHttp2ConnectionHandlerBuilder;
import io.netty.handler.codec.http2.Http2ConnectionDecoder;
import io.netty.handler.codec.http2.Http2ConnectionEncoder;
import io.netty.handler.codec.http2.Http2FrameLogger;
import io.netty.handler.codec.http2.Http2Settings;

import static io.netty.handler.logging.LogLevel.INFO;

public final class Http2ServerHandlerBuilder
       extends AbstractHttp2ConnectionHandlerBuilder<Http2ServerHandler,
       Http2ServerHandlerBuilder> {

    private static final Http2FrameLogger logger =
           new Http2FrameLogger(INFO, Http2ServerHandler.class);

    public Http2ServerHandlerBuilder() {
        frameLogger(logger);
    }

    @Override
    public Http2ServerHandler build() {
        return super.build();
    }

    @Override
    protected Http2ServerHandler build(Http2ConnectionDecoder decoder,
           Http2ConnectionEncoder encoder,
           Http2Settings initialSettings) {
        Http2ServerHandler handler =
               new Http2ServerHandler(decoder, encoder, initialSettings);
```

```
        frameListener(handler);
        return handler;
    }
}
```

#### 4. Http2ServerHandler 类

Http2ServerHandler 类用于处理 HTTP/2 的请求，代码如下。

```
package com.waylau.netty.demo.http2.server;

import io.netty.buffer.ByteBuf;
import io.netty.buffer.ByteBufUtil;
import io.netty.channel.ChannelHandlerContext;
import io.netty.handler.codec.http.FullHttpRequest;
import io.netty.handler.codec.http.HttpHeaderNames;
import io.netty.handler.codec.http.HttpMethod;
import io.netty.handler.codec.http.HttpScheme;
import io.netty.handler.codec.http.HttpServerUpgradeHandler;
import io.netty.handler.codec.http2.DefaultHttp2Headers;
import io.netty.handler.codec.http2.Http2ConnectionDecoder;
import io.netty.handler.codec.http2.Http2ConnectionEncoder;
import io.netty.handler.codec.http2.Http2ConnectionHandler;
import io.netty.handler.codec.http2.Http2Flags;
import io.netty.handler.codec.http2.Http2FrameListener;
import io.netty.handler.codec.http2.Http2Headers;
import io.netty.handler.codec.http2.Http2Settings;
import io.netty.util.CharsetUtil;

import static io.netty.buffer.Unpooled.copiedBuffer;
import static io.netty.buffer.Unpooled.unreleasableBuffer;
import static io.netty.handler.codec.http.HttpResponseStatus.OK;

public final class Http2ServerHandler extends
      Http2ConnectionHandler implements Http2FrameListener {

    static final ByteBuf RESPONSE_BYTES =
          unreleasableBuffer(copiedBuffer("Hello World", CharsetUtil.UTF_8));

    Http2ServerHandler(Http2ConnectionDecoder decoder,
          Http2ConnectionEncoder encoder,
          Http2Settings initialSettings) {
        super(decoder, encoder, initialSettings);
    }

    private static Http2Headers http1HeadersToHttp2Headers(FullHttpRequest request) {
        CharSequence host = request.headers().get(HttpHeaderNames.HOST);
        Http2Headers http2Headers = new DefaultHttp2Headers()
              .method(HttpMethod.GET.asciiName())
```

```
            .path(request.uri())
            .scheme(HttpScheme.HTTP.name());
    if (host != null) {
        http2Headers.authority(host);
    }
    return http2Headers;
}

/**
 * 处理明文 HTTP 升级事件
 */
@Override
public void userEventTriggered(ChannelHandlerContext ctx,
        Object evt) throws Exception {
    if (evt instanceof HttpServerUpgradeHandler.UpgradeEvent) {
        HttpServerUpgradeHandler.UpgradeEvent upgradeEvent =
                (HttpServerUpgradeHandler.UpgradeEvent) evt;
        onHeadersRead(ctx, 1,
            http1HeadersToHttp2Headers(upgradeEvent.upgradeRequest()), 0 , true);
    }
    super.userEventTriggered(ctx, evt);
}

@Override
public void exceptionCaught(ChannelHandlerContext ctx,
        Throwable cause) throws Exception {
    super.exceptionCaught(ctx, cause);
    cause.printStackTrace();
    ctx.close();
}

/**
 * 发送"Hello World"数据帧给客户端
 */
private void sendResponse(ChannelHandlerContext ctx,
        int streamId, ByteBuf payload) {
    // 发送响应帧
    Http2Headers headers = new DefaultHttp2Headers().status(OK.codeAsText());
    encoder().writeHeaders(ctx, streamId, headers, 0, false, ctx.newPromise());
    encoder().writeData(ctx, streamId, payload, 0, true, ctx.newPromise());

    // 无须调用 flush
}

@Override
public int onDataRead(ChannelHandlerContext ctx, int streamId,
        ByteBuf data, int padding, boolean endOfStream) {
    int processed = data.readableBytes() + padding;
    if (endOfStream) {
```

```
            sendResponse(ctx, streamId, data.retain());
        }
        return processed;
    }

    @Override
    public void onHeadersRead(ChannelHandlerContext ctx, int streamId,
                              Http2Headers headers, int padding,
                              boolean endOfStream) {
        if (endOfStream) {
            ByteBuf content = ctx.alloc().buffer();
            content.writeBytes(RESPONSE_BYTES.duplicate());
            ByteBufUtil.writeAscii(content, " - via HTTP/2");
            sendResponse(ctx, streamId, content);
        }
    }

    @Override
    public void onHeadersRead(ChannelHandlerContext ctx, int streamId,
            Http2Headers headers, int streamDependency,
            short weight, boolean exclusive, int padding,
            boolean endOfStream) {
        onHeadersRead(ctx, streamId, headers, padding, endOfStream);
    }

    @Override
    public void onPriorityRead(ChannelHandlerContext ctx,
            int streamId, int streamDependency,
            short weight, boolean exclusive) {
    }

    @Override
    public void onRstStreamRead(ChannelHandlerContext ctx,
            int streamId, long errorCode) {
    }

    @Override
    public void onSettingsAckRead(ChannelHandlerContext ctx) {
    }

    @Override
    public void onSettingsRead(ChannelHandlerContext ctx,
            Http2Settings settings) {
    }

    @Override
    public void onPingRead(ChannelHandlerContext ctx,
            long data) {
    }
```

```
    @Override
    public void onPingAckRead(ChannelHandlerContext ctx,
           long data) {
    }

    @Override
    public void onPushPromiseRead(ChannelHandlerContext ctx,
           int streamId, int promisedStreamId,
           Http2Headers headers, int padding) {
    }

    @Override
    public void onGoAwayRead(ChannelHandlerContext ctx,
           int lastStreamId, long errorCode, ByteBuf debugData) {
    }

    @Override
    public void onWindowUpdateRead(ChannelHandlerContext ctx,
           int streamId, int windowSizeIncrement) {
    }

    @Override
    public void onUnknownFrame(ChannelHandlerContext ctx,
           byte frameType, int streamId,
           Http2Flags flags, ByteBuf payload) {
    }
}
```

上述处理器，在接收到客户端的升级请求事件之后，就会发送“Hello World”字样的数据帧给客户端。

### 5. Http2ServerInitializer 类

Http2ServerInitializer 类是服务器 ChannelHandler 的容器，代码如下。

```
package com.waylau.netty.demo.http2.server;

import io.netty.channel.ChannelHandlerContext;
import io.netty.channel.ChannelInboundHandlerAdapter;
import io.netty.channel.ChannelInitializer;
import io.netty.channel.ChannelPipeline;
import io.netty.channel.SimpleChannelInboundHandler;
import io.netty.channel.socket.SocketChannel;
import io.netty.handler.codec.http.HttpMessage;
import io.netty.handler.codec.http.HttpObjectAggregator;
import io.netty.handler.codec.http.HttpServerCodec;
import io.netty.handler.codec.http.HttpServerUpgradeHandler;
import io.netty.handler.codec.http.HttpServerUpgradeHandler.UpgradeCodec;
import io.netty.handler.codec.http.HttpServerUpgradeHandler.UpgradeCodecFactory;
```

```
import io.netty.handler.codec.http2.CleartextHttp2ServerUpgradeHandler;
import io.netty.handler.codec.http2.Http2CodecUtil;
import io.netty.handler.codec.http2.Http2ServerUpgradeCodec;
import io.netty.util.AsciiString;
import io.netty.util.ReferenceCountUtil;

public class Http2ServerInitializer extends
        ChannelInitializer<SocketChannel> {

    private static final UpgradeCodecFactory upgradeCodecFactory =
            new UpgradeCodecFactory() {
        @Override
        public UpgradeCodec newUpgradeCodec(CharSequence protocol) {
            if (AsciiString.contentEquals(
                    Http2CodecUtil.HTTP_UPGRADE_PROTOCOL_NAME,
                    protocol)) {
                return new Http2ServerUpgradeCodec(
                        new Http2ServerHandlerBuilder().build());
            } else {
                return null;
            }
        }
    };

    private final int maxHttpContentLength;

    public Http2ServerInitializer() {
        this(16 * 1024);
    }

    public Http2ServerInitializer(int maxHttpContentLength) {
        if (maxHttpContentLength < 0) {
            throw new IllegalArgumentException(
                "maxHttpContentLength (expected >= 0): "
                + maxHttpContentLength);
        }
        this.maxHttpContentLength = maxHttpContentLength;
    }

    @Override
    public void initChannel(SocketChannel ch) {
            configureClearText(ch);
    }

    /**
     * 配置 ChannelPipeline，用于从 HTTP 到 HTTP/2.0 的明文升级
     */
    private void configureClearText(SocketChannel ch) {
        final ChannelPipeline p = ch.pipeline();
```

```
        final HttpServerCodec sourceCodec = new HttpServerCodec();
        final HttpServerUpgradeHandler upgradeHandler =
                new HttpServerUpgradeHandler(sourceCodec, upgradeCodecFactory);
        final CleartextHttp2ServerUpgradeHandler cleartextHttp2ServerUpgradeHandler =
                new CleartextHttp2ServerUpgradeHandler(sourceCodec, upgradeHandler,
                        new Http2ServerHandlerBuilder().build());

        p.addLast(cleartextHttp2ServerUpgradeHandler);
        p.addLast(new SimpleChannelInboundHandler<HttpMessage>() {
            @Override
            protected void channelRead0(ChannelHandlerContext ctx,
                    HttpMessage msg) throws Exception {
                System.err.println("Directly talking: "
                    + msg.protocolVersion()
                    + " (no upgrade was attempted)");
                ChannelPipeline pipeline = ctx.pipeline();
                pipeline.addAfter(ctx.name(), null,
                    new Http1ServerHandler("Direct. No Upgrade Attempted."));
                pipeline.replace(this, null,
                    new HttpObjectAggregator(maxHttpContentLength));
                ctx.fireChannelRead(ReferenceCountUtil.retain(msg));
            }
        });

        p.addLast(new UserEventLogger());
    }

    /**
     * 记录 Channel 上发生的用户事件
     */
    private static class UserEventLogger
            extends ChannelInboundHandlerAdapter {
        @Override
        public void userEventTriggered(ChannelHandlerContext ctx,
                Object evt) {
            System.out.println("User Event Triggered: " + evt);
            ctx.fireUserEventTriggered(evt);
        }
    }
}
```

### 6. Http2Server 类

Http2Server 类是服务器主程序的启动程序，代码如下。

```
package com.waylau.netty.demo.http2.server;

import io.netty.bootstrap.ServerBootstrap;
import io.netty.channel.ChannelFuture;
import io.netty.channel.ChannelOption;
```

```
import io.netty.channel.EventLoopGroup;
import io.netty.channel.nio.NioEventLoopGroup;
import io.netty.channel.socket.nio.NioServerSocketChannel;

public class Http2Server {

    public static int DEFAULT_PORT = 8080;

    public static void main(String[] args) throws Exception {
        int port;

        try {
            port = Integer.parseInt(args[0]);
        } catch (RuntimeException ex) {
            port = DEFAULT_PORT;
        }

        // 多线程事件循环器
        EventLoopGroup bossGroup = new NioEventLoopGroup(1); // boss
        EventLoopGroup workerGroup = new NioEventLoopGroup(); // worker

        try {
            // 启动 NIO 服务的引导程序类
            ServerBootstrap b = new ServerBootstrap();

            b.group(bossGroup, workerGroup) // 设置 EventLoopGroup
            .channel(NioServerSocketChannel.class) // 指明新的 Channel 的类型
            .childHandler(new Http2ServerInitializer()) // 指定 ChannelHandler
            .option(ChannelOption.SO_BACKLOG, 128) // 设置 ServerChannel 的一些选项
            .childOption(ChannelOption.SO_KEEPALIVE, true); // 设置 ServerChannel 的
子 Channel 的选项

            // 绑定端口，开始接收进来的连接
            ChannelFuture f = b.bind(port).sync();

            System.out.println("HTTP/2 服务器已启动，端口：" + port);

            // 等待服务器 socket 关闭
            // 在这个例子中，这不会发生，但可以优雅地关闭服务器
            f.channel().closeFuture().sync();
        } finally {

            // 优雅地关闭
            workerGroup.shutdownGracefully();
            bossGroup.shutdownGracefully();
        }

    }
}
```

## 9.6.2 ▶ 实现客户端

HTTP/2 客户端由以下几个类组成。

### 1. HttpResponseHandler 类

HttpResponseHandler 类实现了将 FullHttpResponse 转为 HTTP/2 帧的功能，代码实现如下。

```
package com.waylau.netty.demo.http2.client;

import io.netty.buffer.ByteBuf;
import io.netty.channel.ChannelFuture;
import io.netty.channel.ChannelHandlerContext;
import io.netty.channel.ChannelPromise;
import io.netty.channel.SimpleChannelInboundHandler;
import io.netty.handler.codec.http.FullHttpResponse;
import io.netty.handler.codec.http2.HttpConversionUtil;
import io.netty.util.CharsetUtil;
import io.netty.util.internal.PlatformDependent;

import java.util.AbstractMap.SimpleEntry;
import java.util.Iterator;
import java.util.Map;
import java.util.Map.Entry;
import java.util.concurrent.TimeUnit;

public class HttpResponseHandler extends
      SimpleChannelInboundHandler<FullHttpResponse> {

   private final Map<Integer,
         Entry<ChannelFuture, ChannelPromise>> streamidPromiseMap;

   public HttpResponseHandler() {
      streamidPromiseMap = PlatformDependent.newConcurrentHashMap();
   }

   public Entry<ChannelFuture, ChannelPromise> put(int streamId,
         ChannelFuture writeFuture, ChannelPromise promise) {
      return streamidPromiseMap.put(streamId,
         new SimpleEntry<ChannelFuture, ChannelPromise>(writeFuture,
            promise));
   }

   public void awaitResponses(long timeout, TimeUnit unit) {
      Iterator<Entry<Integer, Entry<ChannelFuture, ChannelPromise>>> itr =
            streamidPromiseMap.entrySet().iterator();
      while (itr.hasNext()) {
         Entry<Integer, Entry<ChannelFuture, ChannelPromise>> entry = itr.next();
         ChannelFuture writeFuture = entry.getValue().getKey();
```

```
            if (!writeFuture.awaitUninterruptibly(timeout, unit)) {
                throw new IllegalStateException(
                    "Timed out waiting to write for stream id "
                    + entry.getKey());
            }
            if (!writeFuture.isSuccess()) {
                throw new RuntimeException(writeFuture.cause());
            }
            ChannelPromise promise = entry.getValue().getValue();
            if (!promise.awaitUninterruptibly(timeout, unit)) {
                throw new IllegalStateException(
                    "Timed out waiting for response on stream id "
                    + entry.getKey());
            }
            if (!promise.isSuccess()) {
                throw new RuntimeException(promise.cause());
            }
            System.out.println("---Stream id: "
                + entry.getKey() + " received---");
            itr.remove();
        }
    }

    @Override
    protected void channelRead0(ChannelHandlerContext ctx,
            FullHttpResponse msg) throws Exception {
        Integer streamId =
                msg.headers().getInt(HttpConversionUtil.ExtensionHeaderNames.
STREAM_ID.text());
        if (streamId == null) {
            System.err.println(
                "HttpResponseHandler unexpected message received: "
                + msg);
            return;
        }

        Entry<ChannelFuture, ChannelPromise> entry =
            streamidPromiseMap.get(streamId);
        if (entry == null) {
            System.err.println("Message received for unknown stream id "
                + streamId);
        } else {
            // 处理消息（打印到控制台）
            ByteBuf content = msg.content();
            if (content.isReadable()) {
                int contentLength = content.readableBytes();
                byte[] arr = new byte[contentLength];
                content.readBytes(arr);
                System.out.println(new String(arr, 0, contentLength,
```

```
                    CharsetUtil.UTF_8));
            }

            entry.getValue().setSuccess();
        }
    }
}
```

上述代码会将要处理的消息打印到控制台。

### 2. Http2SettingsHandler 类

Http2SettingsHandler 类实现了读取第一个 Http2Settings 对象并通知 ChannelPromise 的功能，代码如下。

```
package com.waylau.netty.demo.http2.client;

import io.netty.channel.ChannelHandlerContext;
import io.netty.channel.ChannelPromise;
import io.netty.channel.SimpleChannelInboundHandler;
import io.netty.handler.codec.http2.Http2Settings;

import java.util.concurrent.TimeUnit;

public class Http2SettingsHandler extends
        SimpleChannelInboundHandler<Http2Settings> {
    private final ChannelPromise promise;

    public Http2SettingsHandler(ChannelPromise promise) {
        this.promise = promise;


    }

    public void awaitSettings(long timeout, TimeUnit unit)
            throws Exception {
        if (!promise.awaitUninterruptibly(timeout, unit)) {
            throw new IllegalStateException(
                    "Timed out waiting for settings");
        }
        if (!promise.isSuccess()) {
            throw new RuntimeException(promise.cause());
        }
    }

    @Override
    protected void channelRead0(ChannelHandlerContext ctx,
            Http2Settings msg) throws Exception {
        promise.setSuccess();
```

```
        ctx.pipeline().remove(this);
    }
}
```

上述业务较为简单，接收到客户端的请求之后，就会发送“Hello World”字样的消息给客户端。

### 3. Http2ClientInitializer 类

Http2ClientInitializer 类是客户端 ChannelHandler 的容器，代码如下。

```
package com.waylau.netty.demo.http2.client;

import static io.netty.handler.logging.LogLevel.INFO;

import java.net.InetSocketAddress;

import io.netty.buffer.Unpooled;
import io.netty.channel.ChannelHandlerContext;
import io.netty.channel.ChannelInboundHandlerAdapter;
import io.netty.channel.ChannelInitializer;
import io.netty.channel.ChannelPipeline;
import io.netty.channel.socket.SocketChannel;
import io.netty.handler.codec.http.DefaultFullHttpRequest;
import io.netty.handler.codec.http.HttpClientCodec;
import io.netty.handler.codec.http.HttpClientUpgradeHandler;
import io.netty.handler.codec.http.HttpHeaderNames;
import io.netty.handler.codec.http.HttpMethod;
import io.netty.handler.codec.http.HttpVersion;
import io.netty.handler.codec.http2.DefaultHttp2Connection;
import io.netty.handler.codec.http2.DelegatingDecompressorFrameListener;
import io.netty.handler.codec.http2.Http2ClientUpgradeCodec;
import io.netty.handler.codec.http2.Http2Connection;
import io.netty.handler.codec.http2.Http2FrameLogger;
import io.netty.handler.codec.http2.HttpToHttp2ConnectionHandler;
import io.netty.handler.codec.http2.HttpToHttp2ConnectionHandlerBuilder;
import io.netty.handler.codec.http2.InboundHttp2ToHttpAdapterBuilder;

public class Http2ClientInitializer extends
        ChannelInitializer<SocketChannel> {
    private static final Http2FrameLogger logger =
            new Http2FrameLogger(INFO, Http2ClientInitializer.class);

    private final int maxContentLength;
    private HttpToHttp2ConnectionHandler connectionHandler;
    private HttpResponseHandler responseHandler;
    private Http2SettingsHandler settingsHandler;

    public Http2ClientInitializer(int maxContentLength) {
```

```
    this.maxContentLength = maxContentLength;
}

@Override
public void initChannel(SocketChannel ch) throws Exception {
    final Http2Connection connection =
            new DefaultHttp2Connection(false);
    connectionHandler = new HttpToHttp2ConnectionHandlerBuilder()
            .frameListener(new DelegatingDecompressorFrameListener(
                    connection,
                    new InboundHttp2ToHttpAdapterBuilder(connection)
                            .maxContentLength(maxContentLength)
                            .propagateSettings(true)
                            .build()))
            .frameLogger(logger)
            .connection(connection)
            .build();
    responseHandler = new HttpResponseHandler();
    settingsHandler = new Http2SettingsHandler(ch.newPromise());

    configureClearText(ch);
}

public HttpResponseHandler responseHandler() {
    return responseHandler;
}

public Http2SettingsHandler settingsHandler() {
    return settingsHandler;
}

protected void configureEndOfPipeline(ChannelPipeline pipeline) {
    pipeline.addLast(settingsHandler, responseHandler);
}

private void configureClearText(SocketChannel ch) {
    HttpClientCodec sourceCodec = new HttpClientCodec();
    Http2ClientUpgradeCodec upgradeCodec =
            new Http2ClientUpgradeCodec(connectionHandler);
    HttpClientUpgradeHandler upgradeHandler =
            new HttpClientUpgradeHandler(sourceCodec, upgradeCodec, 65536);

    ch.pipeline().addLast(sourceCodec,
                        upgradeHandler,
                        new UpgradeRequestHandler(),
                        new UserEventLogger());
}

private final class UpgradeRequestHandler
```

```
        extends ChannelInboundHandlerAdapter {

    @Override
    public void channelActive(ChannelHandlerContext ctx)
          throws Exception {
        DefaultFullHttpRequest upgradeRequest =
              new DefaultFullHttpRequest(HttpVersion.HTTP_1_1,
                 HttpMethod.GET, "/", Unpooled.EMPTY_BUFFER);

        InetSocketAddress remote =
              (InetSocketAddress) ctx.channel().remoteAddress();
        String hostString = remote.getHostString();
        if (hostString == null) {
           hostString = remote.getAddress().getHostAddress();
        }
        upgradeRequest.headers().set(HttpHeaderNames.HOST,
              hostString + ':' + remote.getPort());

        ctx.writeAndFlush(upgradeRequest);

        ctx.fireChannelActive();

        ctx.pipeline().remove(this);

        configureEndOfPipeline(ctx.pipeline());
    }
  }

  private static class UserEventLogger extends ChannelInboundHandlerAdapter {
    @Override
    public void userEventTriggered(ChannelHandlerContext ctx,
          Object evt) throws Exception {
        System.out.println("User Event Triggered: " + evt);
        ctx.fireUserEventTriggered(evt);
    }
  }
}
```

其中，UpgradeRequestHandler 用于通过发送初始 HTTP 请求触发明文升级到 HTTP/2。

### 4. Http2Client 类

Http2Client 类是客户端主程序的启动程序，代码如下。

```
package com.waylau.netty.demo.http2.client;

import static io.netty.handler.codec.http.HttpMethod.GET;
import static io.netty.handler.codec.http.HttpVersion.HTTP_1_1;

import java.util.concurrent.TimeUnit;
```

```
import io.netty.bootstrap.Bootstrap;
import io.netty.buffer.Unpooled;
import io.netty.channel.Channel;
import io.netty.channel.ChannelOption;
import io.netty.channel.EventLoopGroup;
import io.netty.channel.nio.NioEventLoopGroup;
import io.netty.channel.socket.nio.NioSocketChannel;
import io.netty.handler.codec.http.DefaultFullHttpRequest;
import io.netty.handler.codec.http.FullHttpRequest;
import io.netty.handler.codec.http.HttpHeaderNames;
import io.netty.handler.codec.http.HttpHeaderValues;
import io.netty.handler.codec.http.HttpScheme;
import io.netty.handler.codec.http2.HttpConversionUtil;
import io.netty.util.AsciiString;

public final class Http2Client {

    static final String HOST = System.getProperty("host", "127.0.0.1");
    static final int PORT = 8080;
    static final String URL = System.getProperty("url", "/whatever");

    public static void main(String[] args) throws Exception {
        EventLoopGroup workerGroup = new NioEventLoopGroup();
        Http2ClientInitializer initializer =
                new Http2ClientInitializer(Integer.MAX_VALUE);

        try {
            // 配置客户端
            Bootstrap b = new Bootstrap();
            b.group(workerGroup);
            b.channel(NioSocketChannel.class);
            b.option(ChannelOption.SO_KEEPALIVE, true);
            b.remoteAddress(HOST, PORT);
            b.handler(initializer);

            // 启动客户端
            Channel channel = b.connect().syncUninterruptibly().channel();
            System.out.println("Connected to [" + HOST + ':' + PORT + ']');

            // 等待 HTTP/2 upgrade
            Http2SettingsHandler http2SettingsHandler =
                    initializer.settingsHandler();
            http2SettingsHandler.awaitSettings(5, TimeUnit.SECONDS);

            HttpResponseHandler responseHandler =
                    initializer.responseHandler();
            int streamId = 3;
            HttpScheme scheme = HttpScheme.HTTP;
```

```
            AsciiString hostName = new AsciiString(HOST + ':' + PORT);
            System.err.println("Sending request(s)...");

            if (URL != null) {
                // 创建 GET 请求
                FullHttpRequest request =
                        new DefaultFullHttpRequest(HTTP_1_1, GET,
                            URL, Unpooled.EMPTY_BUFFER);
                request.headers().add(HttpHeaderNames.HOST, hostName);
                request.headers().add(HttpConversionUtil.ExtensionHeaderNames.SCHEME.text(),
                    scheme.name());
                request.headers().add(HttpHeaderNames.ACCEPT_ENCODING,
                    HttpHeaderValues.GZIP);
                request.headers().add(HttpHeaderNames.ACCEPT_ENCODING,
                    HttpHeaderValues.DEFLATE);
                responseHandler.put(streamId, channel.write(request),
                    channel.newPromise());
            }

            channel.flush();
            responseHandler.awaitResponses(5, TimeUnit.SECONDS);
            System.out.println("Finished HTTP/2 request(s)");

            // 等待连接关闭
            channel.close().syncUninterruptibly();
        } finally {
            workerGroup.shutdownGracefully();
        }
    }
}
```

## 9.6.3 ▶ 测试

分别启动服务器和客户端，观察它们的控制台信息。

客户端控制台输出如下。

```
Connected to [127.0.0.1:8080]
User Event Triggered: UPGRADE_ISSUED
12月 29, 2019 10:40:04 下午 io.netty.handler.codec.http2.Http2FrameLogger logSettings
信息: [id: 0x71f11717, L:/127.0.0.1:63087 - R:/127.0.0.1:8080] OUTBOUND SETTINGS:
ack=false settings={MAX_HEADER_LIST_SIZE=8192}
User Event Triggered: io.netty.handler.codec.http2.Http2ConnectionPrefaceAndS
ettingsFrameWrittenEvent@14b90e67
User Event Triggered: UPGRADE_SUCCESSFUL
12月 29, 2019 10:40:04 下午 io.netty.handler.codec.http2.Http2FrameLogger logSettings
信息: [id: 0x71f11717, L:/127.0.0.1:63087 - R:/127.0.0.1:8080] INBOUND SETTINGS:
ack=false settings={MAX_HEADER_LIST_SIZE=8192}
```

```
12月 29, 2019 10:40:04 下午 io.netty.handler.codec.http2.Http2FrameLogger logSettingsAck
信息: [id: 0x71f11717, L:/127.0.0.1:63087 - R:/127.0.0.1:8080] OUTBOUND SETTINGS:
ack=true
Sending request(s)...
12月 29, 2019 10:40:04 下午 io.netty.handler.codec.http2.Http2FrameLogger logHeaders
信息: [id: 0x71f11717, L:/127.0.0.1:63087 - R:/127.0.0.1:8080] INBOUND HEADERS:
streamId=1 headers=DefaultHttp2Headers[:status: 200] streamDependency=0
weight=16 exclusive=false padding=0 endStream=false
12月 29, 2019 10:40:04 下午 io.netty.handler.codec.http2.Http2FrameLogger logData
信息: [id: 0x71f11717, L:/127.0.0.1:63087 - R:/127.0.0.1:8080] INBOUND DATA: streamId=1
padding=0 endStream=true length=24 bytes=48656c6c6f20576f726c64202d2076696120485454502f32
Message received for unknown stream id 1
12月 29, 2019 10:40:04 下午 io.netty.handler.codec.http2.Http2FrameLogger logHeaders
信息: [id: 0x71f11717, L:/127.0.0.1:63087 - R:/127.0.0.1:8080] OUTBOUND HEADERS:
streamId=3 headers=DefaultHttp2Headers[:path: /whatever, :method: GET, :scheme:
http, :authority: 127.0.0.1:8080, accept-encoding: gzip, accept-encoding: deflate]
streamDependency=0 weight=16 exclusive=false padding=0 endStream=true
12月 29, 2019 10:40:04 下午 io.netty.handler.codec.http2.Http2FrameLogger logSettingsAck
信息: [id: 0x71f11717, L:/127.0.0.1:63087 - R:/127.0.0.1:8080] INBOUND SETTINGS:
ack=true
12月 29, 2019 10:40:04 下午 io.netty.handler.codec.http2.Http2FrameLogger logHeaders
信息: [id: 0x71f11717, L:/127.0.0.1:63087 - R:/127.0.0.1:8080] INBOUND HEADERS:
streamId=3 headers=DefaultHttp2Headers[:status: 200] streamDependency=0
weight=16 exclusive=false padding=0 endStream=false
12月 29, 2019 10:40:04 下午 io.netty.handler.codec.http2.Http2FrameLogger logData
信息: [id: 0x71f11717, L:/127.0.0.1:63087 - R:/127.0.0.1:8080] INBOUND DATA: streamId=3
padding=0 endStream=true length=24 bytes=48656c6c6f20576f726c64202d2076696120485454502f32
Hello World - via HTTP/2
---Stream id: 3 received---
Finished HTTP/2 request(s)
12月 29, 2019 10:40:04 下午 io.netty.handler.codec.http2.Http2FrameLogger logGoAway
信息: [id: 0x71f11717, L:/127.0.0.1:63087 - R:/127.0.0.1:8080] OUTBOUND GO_AWAY:
lastStreamId=0 errorCode=0 length=0 bytes=
```

服务器控制台输出如下。

```
HTTP/2 服务器已启动，端口：8080
12月 29, 2019 10:40:04 下午 io.netty.handler.codec.http2.Http2FrameLogger logSettings
信息: [id: 0x65db80f6, L:/127.0.0.1:8080 - R:/127.0.0.1:63087] OUTBOUND SETTINGS:
ack=false settings={MAX_HEADER_LIST_SIZE=8192}
12月 29, 2019 10:40:04 下午 io.netty.handler.codec.http2.Http2FrameLogger logHeaders
信息: [id: 0x65db80f6, L:/127.0.0.1:8080 - R:/127.0.0.1:63087] OUTBOUND HEADERS:
streamId=1 headers=DefaultHttp2Headers[:status: 200] streamDependency=0 weight=16
exclusive=false padding=0 endStream=false
User Event Triggered: UpgradeEvent [protocol=h2c, upgradeRequest=HttpObjectAg
gregator$AggregatedFullHttpRequest(decodeResult: success, version: HTTP/1.1,
content: CompositeByteBuf(ridx: 0, widx: 0, cap: 0, components=0))
GET / HTTP/1.1
host: 127.0.0.1:8080
```

```
upgrade: h2c
HTTP2-Settings: AAEAABAAAAIAAAABAAN______AAQAAP__AAUAAEAAAAYAACAA
connection: HTTP2-Settings,upgrade
content-length: 0]
12月 29, 2019 10:40:04 下午 io.netty.handler.codec.http2.Http2FrameLogger logData
信息: [id: 0x65db80f6, L:/127.0.0.1:8080 - R:/127.0.0.1:63087] OUTBOUND DATA: streamId=1
padding=0 endStream=true length=24 bytes=48656c6c6f20576f726c64202d20766961204854545502f32
12月 29, 2019 10:40:04 下午 io.netty.handler.codec.http2.Http2FrameLogger logSettings
信息: [id: 0x65db80f6, L:/127.0.0.1:8080 - R:/127.0.0.1:63087] INBOUND SETTINGS:
ack=false settings={MAX_HEADER_LIST_SIZE=8192}
12月 29, 2019 10:40:04 下午 io.netty.handler.codec.http2.Http2FrameLogger logSettingsAck
信息: [id: 0x65db80f6, L:/127.0.0.1:8080 - R:/127.0.0.1:63087] OUTBOUND SETTINGS: ack=true
12月 29, 2019 10:40:04 下午 io.netty.handler.codec.http2.Http2FrameLogger logSettingsAck
信息: [id: 0x65db80f6, L:/127.0.0.1:8080 - R:/127.0.0.1:63087] INBOUND SETTINGS: ack=true
12月 29, 2019 10:40:04 下午 io.netty.handler.codec.http2.Http2FrameLogger logHeaders
信息: [id: 0x65db80f6, L:/127.0.0.1:8080 - R:/127.0.0.1:63087] INBOUND HEADERS:
streamId=3 headers=DefaultHttp2Headers[:path: /whatever, :method: GET, :scheme:
http, :authority: 127.0.0.1:8080, accept-encoding: gzip, accept-encoding: deflate]
streamDependency=0 weight=16 exclusive=false padding=0 endStream=true
12月 29, 2019 10:40:04 下午 io.netty.handler.codec.http2.Http2FrameLogger logHeaders
信息: [id: 0x65db80f6, L:/127.0.0.1:8080 - R:/127.0.0.1:63087] OUTBOUND HEADERS:
streamId=3 headers=DefaultHttp2Headers[:status: 200] streamDependency=0 weight=16
exclusive=false padding=0 endStream=false
12月 29, 2019 10:40:04 下午 io.netty.handler.codec.http2.Http2FrameLogger logData
信息: [id: 0x65db80f6, L:/127.0.0.1:8080 - R:/127.0.0.1:63087] OUTBOUND DATA:
streamId=3 padding=0 endStream=true length=24 bytes=48656c6c6f20576f726c64202
d20766961204854545502f32
12月 29, 2019 10:40:04 下午 io.netty.handler.codec.http2.Http2FrameLogger logGoAway
信息: [id: 0x65db80f6, L:/127.0.0.1:8080 - R:/127.0.0.1:63087] INBOUND GO_AWAY:
lastStreamId=0 errorCode=0 length=0 bytes=
```

从控制台的输出信息，可以看到协议的升级变化。

本节示例，可以在 com.waylau.netty.demo.http2 包下找到。

## 9.7 了解 WebSocket

随着 Web 的发展，用户对于 Web 的实时性要求也越来越高，例如，工业运行监控、Web 在线通信、即时报价系统、在线游戏等，都需要将后台发生的变化主动地、实时地传送到浏览器端，而不需要用户手动地刷新页面。在传统的网络技术中，像 Ajax 轮询之类的技术并不能从性能和实时性等方面满足要求，而 WebSocket 的出现改变了这种局面。

## 9.7.1 ▶ Web 推送技术的总结

在标准的 HTTP 请求 / 响应的情况下，客户端打开一个连接，发送一个 HTTP 请求到服务端，然后接收到 HTTP 的响应，一旦这个响应完全被发送或者接收，服务端就关闭连接了。当客户端需要请求数据时，通常总是由一个客户发起。

相反，服务器推送就能让服务端异步地将数据从服务端推到客户端。当连接由客户端建立完成，服务端就提供数据，并决定新数据“块”可用时将其发送到客户端。图 9–12 展示了 HTTP 请求 / 响应与 WebSocket 推送的对比。

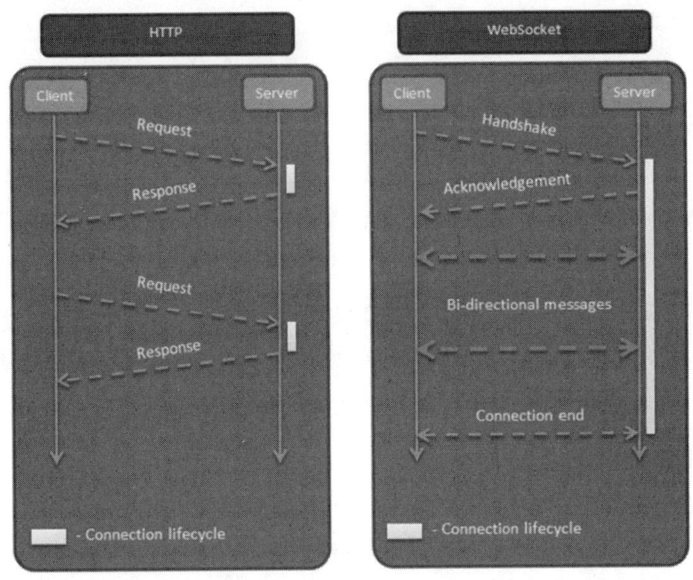


图 9–12 HTTP 请求与 WebSocket 推送的对比

以下是 Web 推送技术的总结。

### 1. 插件提供 Socket 方式

插件提供 Socket 方式有 Flash XMLSocket、Java Applet 套接口和 Activex 包装的 Socket 等，并总结如下。

- 优点：原生 Socket 的支持，与 PC 端的实现方式相似。
- 缺点：浏览器端需要装相应的插件；与 JavaScript 进行交互时复杂。
- 例子：AS3 页游、Flash 聊天室等。

### 2. Polling 轮询

Polling 轮询是重复发送新的请求到服务端。如果服务端没有新的数据，就发送适当的指示并关闭连接。然后客户端等待一段时间后，发送另一个请求（例如一秒后）。总结如下。

- 优点：实现简单，无须做过多的更改。

- 缺点：轮询的间隔过长，会导致用户不能及时接收到更新的数据；轮询的间隔过短，会导致查询请求过多，增加服务器端的负担。

### 3. Long-polling 长轮询

Long-polling 长轮询是指客户端发送一个请求到服务端，如果服务端没有新的数据，就保持住这个连接直到有数据。一旦服务端有了数据（消息）给客户端，它就使用这个连接发送数据给客户端，接着连接关闭。总结如下。

- 优点：比 Polling 更加优化，有较好的时效性。
- 缺点：需第三方库支持，实现较为复杂；每次连接只能发送一个数据，多个数据发送时耗费服务器性能。
- 例子：Comet。

### 4. 基于 iframe 及 htmlfile 的流

iframe 流方式是在页面中插入一个隐藏的 iframe，利用其 src 属性在服务器和客户端之间创建一条长连接，服务器向 iframe 传输数据（通常是 HTML，内有负责插入信息的 JavaScript），来实时更新页面。总结如下。

- 优点：消息能够实时到达。
- 缺点：服务器维持着长连接期会消耗资源；iframe 不规范的用法；数据推送过程会有加载进度条显示，界面体验不好。

### 5. Server-Sent Events

Server-Sent Events（SSE）与长轮询机制类似，区别是每个连接不只发送一个消息。客户端发送一个请求，服务端就保持这个连接直到有一个新的消息已经准备好了，那么它将消息发送回客户端，同时仍然保持这个连接是打开，这样这个连接就可以用于另一个可用消息的发送。一旦准备好了一个新消息，通过同一初始连接发送回客户端。客户端单独处理来自服务端传回的消息后不关闭连接。所以，SSE 通常重用一个连接处理多个消息（称为事件）。SSE 还定义了一个专门的媒体类型 text/event-stream，描述一个从服务端发送到客户端的简单格式。SSE 还提供在大多数现代浏览器里的标准 JavaScript 客户端 API 实现。关于 SSE 的更多信息，请参见 SSE API 规范（http://www.w3.org/TR/2009/WD-eventsource-20091029/）。总结如下：

- 优点：HTML5 标准；实现较为简单；一个连接可以发送多个数据。
- 缺点：IE 不支持 EventSource（可以使用第三方的 JavaScript 库来解决）；服务器只能单向推送数据到客户端。
- 例子：参见《REST 实战》（https://github.com/waylau/rest-in-action）中的“用 SSE 构建实时 Web 应用”一章。

6. WebSocket

WebSocket 与上述技术都不同，因为它提供了一个真正的全双工连接。发起者是一个客户端，发送一个带特殊 HTTP 头的请求到服务端，通知服务器，HTTP 连接可能“升级”到一个全双工的 TCP/IP WebSocket 连接。如果服务端支持 WebSocket，它可能会选择升级到 WebSocket。一旦建立 WebSocket 连接，它可用于客户机和服务器之间的双向通信。客户端和服务器可以随意向对方发送数据。此时，新的 WebSocket 连接上的交互不再基于 HTTP。WebSocket 可用于需要快速在两个方向上交换小块数据的在线游戏或任何其他应用程序。总结如下。

- 优点：HTML5 标准；大多数浏览器支持；真正全双工；性能强。
- 缺点：实现相对复杂；需要对 WebSocket 协议专门处理。
- 例子：游戏、聊天室。

## 9.7.2 ▶ SSE 与 WebSocket 对比

总结上面的各种技术，对于 Web 的实时应用来说，SSE 与 WebSocket 是最为可行的技术方案。而对于这两种技术的选型，则需要根据具体的应用场景。概括来说，WebSocket 能做的，SSE 也能做，反之亦然，但在完成某些任务方面，它们各有千秋。

WebSocket 是一种更为复杂的服务端实现技术，但它是真正的双向传输技术，既能从服务端向客户端推送数据，也能从客户端向服务端推送数据。

WebSocket 和 SSE 的浏览器支持率差不多，除了 IE。IE 是个例外，即便 IE 11 还不支持原生 SSE，而在 IE 10 中就已经添加了 WebSocket 支持。当然，使用第三库可以实现对上述两种技术在 IE 10 中的应用。

与 WebSocket 相比，SSE 有一些显著的优势。最大的优势就是便利，不需要添加任何新组件，用任何习惯的后端语言和框架就能继续使用。不用为新建虚拟机、新的 IP 或新的端口号而大费周章，只需像在现有网站中新增一个页面那样简单。这可称为既存基础设施优势。

SSE 的第二个优势是服务端的代码简洁，服务端代码只需几行。相对而言，WebSocket 则相对来说要复杂些，不借助辅助类库基本无法完成工作。

因为 SSE 能在现有的 HTTP/HTTPS 上运作，所以它能直接运行于现有的代理服务器和认证技术。而对 WebSocket 而言，代理服务器需要做一些开发（或其他工作）才能支持。SSE 还有一个优势，它是一种文本协议，脚本调试非常容易。

不过，这就引出了 WebSocket 相较 SSE 的一个潜在优势，WebSocket 是二进制协议，而 SSE 是文本协议（通常使用 UTF-8 编码）。当然，可以通过 SSE 连接传输二进制数据。在 SSE 中，只有两个具有特殊意义的字符，它们是 CR 和 LF，而对它们进行转码并不难。但用 SSE 传输二进制数据时数据会变大，如果需要从服务端到客户端传输大量的二进制数据，最好还是用 WebSocket。

WebSocket 相较 SSE 最大的优势在于它是双向交流的，这意味向服务端发送数据就像从服务端接收数据一样简单。用 SSE 时，一般通过一个独立的 Ajax 请求从客户端向服务端传送数据。相对于 WebSocket，这样使用 Ajax 会增加开销，但也就多一点点而已。如此一来，问题就变成了“什么时候需要关心这个差异？”如果需要以 1 次 / 秒或者更快的频率向服务端传输数据，那应该用 WebSocket。0.2 次 / 秒至 1 次 / 秒的频率是一个灰色地带，用 WebSocket 和用 SSE 差别不大；但如果期望重负载，那就有必要确定基准点。频率低于 0.2 次 / 秒时，两者差别不大。

从服务端向客户端传输数据的性能如何？如果是文本数据而非二进制数据（如前文所提到的），SSE 和 WebSocket 没什么区别。它们都用 TCP/IP 套接字，都是轻量级协议。延迟、带宽和服务器负载等都没有区别。

在旧版本浏览器上的兼容，WebSocket 难兼容，SSE 易兼容。

WebSocket 是 HTML5 开始提供的一种在单个 TCP 连接上进行全双工通信的协议。

WebSocket 使得客户端和服务器之间的数据交换变得更加简单，允许服务端主动向客户端推送数据。在 WebSocket API 中，浏览器和服务器只需要完成一次握手，两者之间就直接可以创建持久性的连接，并进行双向数据传输。

现在，很多网站为了实现推送技术，所用的技术都是 Ajax 轮询。轮询是在特定的时间间隔（如每 1 秒），由浏览器对服务器发出 HTTP 请求，然后由服务器返回最新的数据给客户端的浏览器。这种传统的模式具有很明显的缺点，即浏览器需要不断地向服务器发出请求，然而 HTTP 请求可能包含较长的头部，其中真正有效的数据可能只是很小的一部分，显然这样会浪费很多的带宽等资源。

HTML5 定义的 WebSocket 协议，能更好地节省服务器资源和带宽，并且能够更实时地进行通信。

### 9.7.3 ▶ WebSocket 实现原理

前面提到，WebSocket 复用了 HTTP 的握手通道。具体指的是，客户端通过 HTTP 请求与 WebSocket 服务端协商升级协议。协议升级完成后，后续的数据交换则遵照 WebSocket 的协议。

#### 1. 客户端申请协议升级

首先，客户端发起协议升级请求。可以看到，采用的是标准的 HTTP 报文格式，且只支持 GET 方法。

```
GET / HTTP/1.1
Host: localhost:8080
Origin: http://127.0.0.1:3000
```

```
Connection: Upgrade
Upgrade: websocket
Sec-WebSocket-Version: 13
Sec-WebSocket-Key: w4v7O6xFTi36lq3RNcgctw==
```

重点请求首部意义如下。

- Connection: Upgrade：表示要升级协议。
- Upgrade: websocket：表示要升级到 websocket 协议。
- Sec-WebSocket-Version: 13：表示 websocket 的版本。如果服务端不支持该版本，需要返回一个。
- Sec-WebSocket-Versionheader：里面包含服务端支持的版本号。
- Sec-WebSocket-Key：与后面服务端响应首部的 Sec-WebSocket-Accept 是配套的，提供基本的防护，例如，恶意的连接或者无意的连接。

注意，上面请求省略了部分非重点请求首部。由于是标准的 HTTP 请求，类似 Host、Origin、Cookie 等请求首部会照常发送。在握手阶段，可以通过相关请求首部进行安全限制、权限校验等。

### 2. 服务端响应协议升级

服务端返回内容如下，状态代码 101 表示协议切换。到此完成协议升级，后续的数据交互都按照新的协议来。

```
HTTP/1.1 101 Switching Protocols
Connection:Upgrade
Upgrade: websocket
Sec-WebSocket-Accept: Oy4NRAQ13jhfONC7bP8dTKb4PTU=
```

每个 header 都以 \r\n 结尾，并且最后一行加上一个额外的空行 \r\n。此外，服务端回应的 HTTP 状态码只能在握手阶段使用。过了握手阶段后，就只能采用特定的错误码。

### 3. Sec-WebSocket-Accept 的计算

Sec-WebSocket-Accept 根据客户端请求将首部的 Sec-WebSocket-Key 计算出来。

计算公式如下。

- 将 Sec-WebSocket-Key 跟 258EAFA5-E914-47DA-95CA-C5AB0DC85B11 拼接。
- 通过 SHA1 计算出摘要，并转成 base64 字符串。

伪代码如下。

```
>toBase64( sha1( Sec-WebSocket-Key + 258EAFA5-E914-47DA-95CA-C5AB0DC85B11 )  )
```

验证前面的返回结果。

```
const crypto = require('crypto');
const magic = '258EAFA5-E914-47DA-95CA-C5AB0DC85B11';
const secWebSocketKey = 'w4v7O6xFTi36lq3RNcgctw==';
```

```
let secWebSocketAccept = crypto.createHash('sha1')
    .update(secWebSocketKey + magic)
    .digest('base64');

console.log(secWebSocketAccept);
// Oy4NRAQ13jhfONC7bP8dTKb4PTU=
```

#### 4. 数据帧格式

客户端、服务端数据的交换，离不开数据帧格式的定义。因此，在实际讲解数据交换之前，先来看 WebSocket 的数据帧格式。

WebSocket 客户端、服务端通信的最小单位是帧（frame），由 1 个或多个帧组成一条完整的消息（message）。

- 发送端：将消息切割成多个帧，并发送给服务端。
- 接收端：接收消息帧，并将关联的帧重新组装成完整的消息。

图 9-13 给出了 WebSocket 数据帧的统一格式。

```
 0                   1                   2                   3
 0 1 2 3 4 5 6 7 8 9 0 1 2 3 4 5 6 7 8 9 0 1 2 3 4 5 6 7 8 9 0 1
+-+-+-+-+-------+-+-------------+-------------------------------+
|F|R|R|R| opcode|M| Payload len |    Extended payload length    |
|I|S|S|S|  (4)  |A|     (7)     |             (16/64)           |
|N|V|V|V|       |S|             |   (if payload len==126/127)   |
| |1|2|3|       |K|             |                               |
+-+-+-+-+-------+-+-------------+ - - - - - - - - - - - - - - - +
|     Extended payload length continued, if payload len == 127  |
+ - - - - - - - - - - - - - - - +-------------------------------+
|                               |Masking-key, if MASK set to 1  |
+-------------------------------+-------------------------------+
| Masking-key (continued)       |          Payload Data         |
+-------------------------------- - - - - - - - - - - - - - - - +
:                     Payload Data continued ...                :
+ - - - - - - - - - - - - - - - - - - - - - - - - - - - - - - - +
|                     Payload Data continued ...                |
+---------------------------------------------------------------+
```

图 9-13 WebSocket 数据帧的统一格式

从左到右，单位是比特。例如，FIN、RSV1 各占据 1 比特，opcode 占据 4 比特。内容包括了标识、操作代码、掩码、数据和数据长度等。

- FIN：1 个比特。如果是 1，表示这是消息（message）的最后一个分片（fragment），如果是 0，表示不是消息（message）的最后一个分片（fragment）。
- RSV1、RSV2、RSV3：各占 1 个比特。一般情况下全为 0。当客户端、服务端协商采用 WebSocket 扩展时，这 3 个标志位可以为非 0，且值的含义由扩展进行定义。如果出现非零的值，且并没有采用 WebSocket 扩展，连接出错。
- Opcode: 4。操作代码，Opcode 的值决定了应该如何解析后续的数据载荷（data payload）。如果操作代码是不认识的，那么接收端应该断开连接（fail the connection）。可选的操作代码如下。

– %x0：表示一个延续帧。当 Opcode 为 0 时，表示本次数据传输采用了数据分片，当前收到的数据帧为其中一个数据分片。

– %x1：表示这是一个文本帧（frame）

– %x2：表示这是一个二进制帧（frame）

– %x3-7：保留的操作代码，用于后续定义的非控制帧。

– %x8：表示连接断开。

– %x9：表示这是一个 ping 操作。

– %xA：表示这是一个 pong 操作。

– %xB-F：保留的操作代码，用于后续定义的控制帧。

– Mask: 1 个比特。

- 如果服务端接收到的数据没有进行过掩码操作，服务端需要断开连接。如果 Mask 是 1，那么在 Masking-key 中会定义一个掩码键（masking key），并用这个掩码键来对数据载荷进行反掩码。所有客户端发送到服务端的数据帧，Mask 都是 1。

- Payload len：数据载荷的长度，单位是字节。为 7 位，或 7+16 位，或 1+64 位。假设数 Payload len 为 $x$，则有以下说明。

– $x$ 为 0~126：数据的长度为 $x$ 字节。

– $x$ 为 126：后续 2 个字节代表一个 16 位的无符号整数，该无符号整数的值为数据的长度。

– $x$ 为 127：后续 8 个字节代表一个 64 位的无符号整数（最高位为 0），该无符号整数的值为数据的长度。

- Masking-key：0 或 4 字节（32 位）。所有从客户端传送到服务端的数据帧，数据载荷都进行了掩码操作，Mask 为 1，且携带了 4 字节的 Masking-key。如果 Mask 为 0，则没有 Masking-key。

- Payload data：

– 载荷数据：包括了扩展数据、应用数据。其中，扩展数据 $x$ 字节，应用数据 $y$ 字节。

– 扩展数据：如果没有协商使用扩展的话，扩展数据为 0 字节。所有的扩展都必须声明扩展数据的长度，或者可以计算出扩展数据的长度。此外，扩展如何使用必须在握手阶段就协商好。如果扩展数据存在，那么载荷数据长度必须将扩展数据的长度包含在内。

– 应用数据：任意的应用数据，在扩展数据之后（如果存在扩展数据），占据了数据帧剩余的位置。载荷数据长度减去扩展数据长度，就得到应用数据的长度。

#### 5. 数据传递

一旦 WebSocket 客户端、服务端建立连接后，后续的操作都是基于数据帧的传递。

WebSocket 根据 opcode 来区分操作的类型。例如，0x8 表示断开连接，0x0-0x2 表示数据交互。

### 6. 连接保持与心跳

WebSocket 为了保持客户端、服务端的实时双向通信，需要确保客户端、服务端之间的 TCP 通道保持连接没有断开。然而，对于长时间没有数据往来的连接，如果依旧长时间保持着，可能会浪费包括的连接资源。

但不排除有些场景，客户端、服务端虽然长时间没有数据往来，但仍需要保持连接。这个时候，可以采用心跳来实现。

- 发送方 -> 接收方：ping。
- 接收方 -> 发送方：pong。

ping、pong 的操作，对应的是 WebSocket 的两个控制帧，opcode 分别为 0x9、0xA。

例如，WebSocket 服务端向客户端发送 ping，只需要如下代码（采用 ws 模块）。

```
ws.ping('', false, true);
```

### 7. Sec-WebSocket-Key/Accept 的作用

前面提到了，Sec-WebSocket-Key/Sec-WebSocket-Accept 的主要作用是提供基础的防护，减少恶意连接和意外连接。

用浏览器发起 ajax 请求，设置 header 时，Sec-WebSocket-Key 及其他相关的 header 是被禁止的。这样可以避免客户端发送 ajax 请求时，意外请求协议升级可以防止反向代理（不理解 ws 协议）返回错误的数据。例如，反向代理前后收到两次 ws 连接的升级请求，反向代理把第一次请求的返回给缓存，然后第二次请求到来时直接把缓存的请求返回（无意义的返回）。

Sec-WebSocket-Key 主要目的并不是确保数据的安全性，因为 Sec-WebSocket-Key、Sec-WebSocket-Accept 的转换计算公式是公开的，而且非常简单，最主要的作用是预防一些常见的意外情况（非故意的）。

需要注意的是，Sec-WebSocket-Key/Sec-WebSocket-Accept 的换算只能带来基本的保障，但连接是否安全、数据是否安全、客户端 / 服务端是不是合法的 ws 客户端 /ws 服务端，其实并没有实际性的保证。

### 8. 数据掩码的作用

WebSocket 协议中，数据掩码的作用是增强协议的安全性。但数据掩码并不是为了保护数据本身，因为算法本身是公开的，运算也不复杂。除了加密通道本身，似乎没有太多有效的保护通信安全的办法。

那么为什么还要引入掩码计算呢，除了增加计算机器的运算量外似乎并没有太多的收益（这也是不少同学疑惑的点）。

答案还是两个字：安全。但并不是为了防止数据泄密，而是为了防止早期版本的协议中存在的代理缓存污染攻击（proxy cache poisoning attacks）等问题。

# 9.8 Netty 对于 WebSocket 的支持

Netty 中对 WebSocket 支持的类集中在 io.netty.handler.codec.http.websocketx 包下。本节对这些包中核心的几个类做详细的介绍。

## 9.8.1 ▶ 对 WebSocket 帧的处理

在 Netty 中用 WebSocketFrame 类来表示 WebSocket 帧。以下是 WebSocketFrame 的核心源码。

```
package io.netty.handler.codec.http.websocketx;

import io.netty.buffer.ByteBuf;
import io.netty.buffer.DefaultByteBufHolder;
import io.netty.util.internal.StringUtil;

public abstract class WebSocketFrame extends DefaultByteBufHolder {

    private final boolean finalFragment;

    private final int rsv;

    protected WebSocketFrame(ByteBuf binaryData) {
        this(true, 0, binaryData);
    }

    protected WebSocketFrame(boolean finalFragment,
            int rsv, ByteBuf binaryData) {
        super(binaryData);
        this.finalFragment = finalFragment;
        this.rsv = rsv;
    }

    public boolean isFinalFragment() {
        return finalFragment;
    }

    public int rsv() {
        return rsv;
    }

    @Override
    public WebSocketFrame copy() {
```

```
        return (WebSocketFrame) super.copy();
    }

    @Override
    public WebSocketFrame duplicate() {
        return (WebSocketFrame) super.duplicate();
    }

    @Override
    public WebSocketFrame retainedDuplicate() {
        return (WebSocketFrame) super.retainedDuplicate();
    }

    @Override
    public abstract WebSocketFrame replace(ByteBuf content);

    @Override
    public String toString() {
        return StringUtil.simpleClassName(this)
                + "(data: " + contentToString() + ')';
    }

    @Override
    public WebSocketFrame retain() {
        super.retain();
        return this;
    }

    @Override
    public WebSocketFrame retain(int increment) {
        super.retain(increment);
        return this;
    }

    @Override
    public WebSocketFrame touch() {
        super.touch();
        return this;
    }

    @Override
    public WebSocketFrame touch(Object hint) {
        super.touch(hint);
        return this;
    }
}
```

从上述源码可以看出，WebSocketFrame 继承自 DefaultByteBufHolder，而 DefaultByteBufHolder 的主要职责是数据容器，因此，WebSocketFrame 主要用于放置 WebSocket 帧数据。

根据帧作用的不同，WebSocketFrame 抽象类又有以下 6 个子类。

- BinaryWebSocketFrame：包含二进制数据。
- CloseWebSocketFrame：Close 帧，用于关闭连接。
- ContinuationWebSocketFrame：包含延续的文本或二进制数据。
- PingWebSocketFrame：Ping 帧，包含二进制数据。
- PongWebSocketFrame：Pong 帧，包含二进制数据。
- TextWebSocketFrame：包含文本数据。

### 9.8.2 ▶ WebSocketServerProtocolHandler 类

WebSocketServerProtocolHandler 类承担着 Websocket 服务器的处理器职责，职责如下。

- 处理 WebSocket 握手及处理控制帧（Close、Ping、Pong 等）。
- 将文本和二进制数据帧传递到管道中的下一个处理程序进行处理。

WebSocketServerProtocolHandler 类的核心代码如下。

```
public class WebSocketServerProtocolHandler
       extends WebSocketProtocolHandler {

    public WebSocketServerProtocolHandler(String websocketPath,
                  String subprotocols,
                  boolean checkStartsWith,
                  boolean dropPongFrames,
                  long handshakeTimeoutMillis,
                  WebSocketDecoderConfig decoderConfig) {
        super(dropPongFrames);
        this.websocketPath = websocketPath;
        this.subprotocols = subprotocols;
        this.checkStartsWith = checkStartsWith;
        this.handshakeTimeoutMillis =
           checkPositive(handshakeTimeoutMillis, "handshakeTimeoutMillis");
        this.decoderConfig = checkNotNull(decoderConfig, "decoderConfig");
    }

    @Override
    public void handlerAdded(ChannelHandlerContext ctx) {
        ChannelPipeline cp = ctx.pipeline();
        if (cp.get(WebSocketServerProtocolHandshakeHandler.class) == null) {
           cp.addBefore(ctx.name(),
                  WebSocketServerProtocolHandshakeHandler.class.getName(),
                  new WebSocketServerProtocolHandshakeHandler(
                              websocketPath, subprotocols, checkStartsWith,
handshakeTimeoutMillis, decoderConfig));
        }
        if (decoderConfig.withUTF8Validator()
```

```
            && cp.get(Utf8FrameValidator.class) == null) {
        cp.addBefore(ctx.name(), Utf8FrameValidator.class.getName(),
                new Utf8FrameValidator());
    }
}

@Override
protected void decode(ChannelHandlerContext ctx, WebSocketFrame frame,
        List<Object> out) throws Exception {
    if (frame instanceof CloseWebSocketFrame) {
        WebSocketServerHandshaker handshaker = getHandshaker(ctx.channel());
        if (handshaker != null) {
            frame.retain();
            handshaker.close(ctx.channel(), (CloseWebSocketFrame) frame);
        } else {
            ctx.writeAndFlush(Unpooled.EMPTY_BUFFER)
                .addListener(ChannelFutureListener.CLOSE);
        }
        return;
    }
    super.decode(ctx, frame, out);
}

@Override
public void exceptionCaught(ChannelHandlerContext ctx, Throwable cause)
        throws Exception {
    if (cause instanceof WebSocketHandshakeException) {
        FullHttpResponse response = new DefaultFullHttpResponse(
                HTTP_1_1, HttpResponseStatus.BAD_REQUEST,
                Unpooled.wrappedBuffer(cause.getMessage().getBytes()));
        ctx.channel().writeAndFlush(response)
            .addListener(ChannelFutureListener.CLOSE);
    } else {
        ctx.fireExceptionCaught(cause);
        ctx.close();
    }
}

static WebSocketServerHandshaker getHandshaker(Channel channel) {
    return channel.attr(HANDSHAKER_ATTR_KEY).get();
}

static void setHandshaker(Channel channel,
        WebSocketServerHandshaker handshaker) {
    channel.attr(HANDSHAKER_ATTR_KEY).set(handshaker);
}

static ChannelHandler forbiddenHttpRequestResponder() {
    return new ChannelInboundHandlerAdapter() {
```

```
            @Override
            public void channelRead(ChannelHandlerContext ctx,
                    Object msg) throws Exception {
                if (msg instanceof FullHttpRequest) {
                    ((FullHttpRequest) msg).release();
                    FullHttpResponse response =
                            new DefaultFullHttpResponse(HTTP_1_1,
                                HttpResponseStatus.FORBIDDEN,
                                ctx.alloc().buffer(0));
                    ctx.channel().writeAndFlush(response);
                } else {
                    ctx.fireChannelRead(msg);
                }
            }
        };
    }
}
```

## 9.9 实战：基于 WebSocket 的聊天室

本节将使用 Netty 快速实现一个聊天室应用。该应用基于 WebSocket 协议，因此用户可以在浏览器里进行文本聊天。

### 9.9.1 ▶ 应用概述

WebSocket 是通过“Upgrade handshake”（升级握手）从标准的 HTTP 或 HTTPS 协议转为 WebSocket。因此，使用 WebSocket 的应用程序将始终以 HTTP 开始，然后进行升级。在什么时候发生这种情况取决于具体的应用，它可以是在应用启动时，或当一个特定的 URL 被请求时。

在本例中，当 URL 请求以“/ws”结束时，才会将 HTTP 升级为 WebSocket 协议。否则，服务器将使用基本的 HTTP。一旦升级连接成功后，将使用 WebSocket 传输所有数据。

整个服务器的逻辑如下。

- 客户端（用户）连接到服务器并加入聊天。
- HTTP 请求页面或 WebSocket 升级握手。
- 服务器处理所有客户端 / 用户请求。
- 响应 URI“/”的请求，转到默认 HTML 页面。
- 如果访问的是 URI“/ws”，处理 WebSocket 升级握手。
- 升级握手完成后，通过 WebSocket 发送聊天消息。

## 9.9.2 ▶ 实现服务器

下面从处理 HTTP 请求的实现开始讲解。

### 1. 处理 HTTP 请求

HttpRequestHandler 类用于处理 HTTP 请求，代码如下。

```
package com.waylau.netty.demo.websocketchat;

import java.io.File;
import java.io.RandomAccessFile;
import java.net.URISyntaxException;
import java.net.URL;

import io.netty.channel.Channel;
import io.netty.channel.ChannelFuture;
import io.netty.channel.ChannelFutureListener;
import io.netty.channel.ChannelHandlerContext;
import io.netty.channel.DefaultFileRegion;
import io.netty.channel.SimpleChannelInboundHandler;
import io.netty.handler.codec.http.DefaultFullHttpResponse;
import io.netty.handler.codec.http.DefaultHttpResponse;
import io.netty.handler.codec.http.FullHttpRequest;
import io.netty.handler.codec.http.FullHttpResponse;
import io.netty.handler.codec.http.HttpHeaderNames;
import io.netty.handler.codec.http.HttpHeaderValues;
import io.netty.handler.codec.http.HttpResponse;
import io.netty.handler.codec.http.HttpResponseStatus;
import io.netty.handler.codec.http.HttpUtil;
import io.netty.handler.codec.http.HttpVersion;
import io.netty.handler.codec.http.LastHttpContent;
import io.netty.handler.ssl.SslHandler;
import io.netty.handler.stream.ChunkedNioFile;

public class HttpRequestHandler extends
        SimpleChannelInboundHandler<FullHttpRequest> { // (1)
    private final String wsUri;
    private static final File INDEX;

    static {
        URL location =
            HttpRequestHandler.class.getProtectionDomain()
                .getCodeSource().getLocation();
        try {
            String path = location.toURI() + "WebsocketChatClient.html";
            path = !path.contains("file:") ? path : path.substring(5);
            INDEX = new File(path);
        } catch (URISyntaxException e) {
```

```
        throw new IllegalStateException(
                "Unable to locate WebsocketChatClient.html", e);
    }
}

public HttpRequestHandler(String wsUri) {
    this.wsUri = wsUri;
}

@Override
public void channelRead0(ChannelHandlerContext ctx,
        FullHttpRequest request) throws Exception {
    if (wsUri.equalsIgnoreCase(request.uri())) {
        ctx.fireChannelRead(request.retain()); // (2)
    } else {
        if (HttpUtil.is100ContinueExpected(request)) {
            send100Continue(ctx); // (3)
        }

        RandomAccessFile file = new RandomAccessFile(INDEX, "r");// (4)

        HttpResponse response =
                new DefaultHttpResponse(request.protocolVersion(),
                    HttpResponseStatus.OK);
        response.headers().set(HttpHeaderNames.CONTENT_TYPE,
                "text/html; charset=UTF-8");

        boolean keepAlive = HttpUtil.isKeepAlive(request);

        if (keepAlive) { // (5)
            response.headers().set(HttpHeaderNames.CONTENT_LENGTH,
                    file.length());
            response.headers().set(HttpHeaderNames.CONNECTION,
                    HttpHeaderValues.KEEP_ALIVE);
        }
        ctx.write(response); // (6)

        if (ctx.pipeline().get(SslHandler.class) == null) { // (7)
            ctx.write(new DefaultFileRegion(file.getChannel(),
                    0, file.length()));
        } else {
            ctx.write(new ChunkedNioFile(file.getChannel()));
        }
        ChannelFuture future =
            ctx.writeAndFlush(LastHttpContent.EMPTY_LAST_CONTENT);// (8)
        if (!keepAlive) {
            future.addListener(ChannelFutureListener.CLOSE); // (9)
        }
```

```
            file.close();
        }
    }

    private static void send100Continue(ChannelHandlerContext ctx) {
        FullHttpResponse response =
                new DefaultFullHttpResponse(HttpVersion.HTTP_1_1,
                    HttpResponseStatus.CONTINUE);
        ctx.writeAndFlush(response);
    }

    @Override
    public void exceptionCaught(ChannelHandlerContext ctx,
            Throwable cause) throws Exception {
        Channel incoming = ctx.channel();
        System.out.println("Client:"
                + incoming.remoteAddress() + "异常");
        // 当出现异常就关闭连接
        cause.printStackTrace();
        ctx.close();
    }
}
```

对上述代码说明如下。

（1）HttpRequestHandler 扩展了 SimpleChannelInboundHandler 用于处理 FullHttpRequest 信息。

（2）如果请求是 WebSocket 升级，递增引用计数器（保留）并且将它传递给在 ChannelPipeline 中的下一个 ChannelInboundHandler。

（3）处理符合 HTTP/1.1 的“100 Continue”请求。

（4）读取默认的 WebsocketChatClient.html 页面。

（5）判断 keepalive 是否在请求头里面。

（6）写 HttpResponse 到客户端。

（7）写 index.html 到客户端，判断 SslHandler 是否在 ChannelPipeline 中，决定是使用 DefaultFileRegion 还是 ChunkedNioFile。

（8）写并刷新 LastHttpContent 到客户端，标记响应完成。

（9）如果 keepalive 没有要求，当写完成时，关闭 Channel。

HttpRequestHandler 主要做了下面几件事。

- 如果该 HTTP 请求被发送到 URI “/ws”，则调用 FullHttpRequest 上的 retain()，并通过调用 fireChannelRead(msg) 转发到下一个 ChannelInboundHandler。retain() 是必要的，因为 channelRead() 完成后，它会调用 FullHttpRequest 上的 release() 来释放其资源。
- 如果客户端发送的 HTTP/1.1 头是“Expect: 100-continue”，将发送“100 Continue”的响应。

- 在头被设置后，返回一个 HttpResponse 给客户端。注意，这是不是 FullHttpResponse。此外，不使用 writeAndFlush()。
- 如果没有加密也不压缩，要达到最大的效率可以通过存储 index.html 的内容在一个 DefaultFileRegion 实现。这将利用零拷贝来执行传输。出于这个原因，可检查是否有一个 SslHandler 在 ChannelPipeline 中。另外，我们使用 ChunkedNioFile 来实现如下功能。
- 写 LastHttpContent 来标记响应的结束，并终止它。
- 如果不要求 keepalive，添加 ChannelFutureListener 到 ChannelFuture 对象的最后写入，并关闭连接。注意，这里调用 writeAndFlush() 来刷新所有以前写的信息。

#### 2. 处理 WebSocket 帧

WebSockets 在“帧”里面来发送数据，其中每一个都代表了一个消息的一部分，一个完整的消息可以利用多个帧。在前面一节已经介绍了，WebSocket 共有 6 种不同的帧。在本例中，只需要显示处理 TextWebSocketFrame，其他的会由 WebSocketServerProtocolHandler 自动处理。

下面代码展示了 ChannelInboundHandler 处理 TextWebSocketFrame 的过程，同时也将跟踪在 ChannelGroup 中所有活动的 WebSocket 连接。

```
package com.waylau.netty.demo.websocketchat;

import io.netty.channel.Channel;
import io.netty.channel.ChannelHandlerContext;
import io.netty.channel.SimpleChannelInboundHandler;
import io.netty.channel.group.ChannelGroup;
import io.netty.channel.group.DefaultChannelGroup;
import io.netty.handler.codec.http.websocketx.TextWebSocketFrame;
import io.netty.util.concurrent.GlobalEventExecutor;

public class TextWebSocketFrameHandler
      extends SimpleChannelInboundHandler<TextWebSocketFrame> {

   public static ChannelGroup channels =
         new DefaultChannelGroup(GlobalEventExecutor.INSTANCE);

   @Override
   protected void channelRead0(ChannelHandlerContext ctx,
         TextWebSocketFrame msg) throws Exception { // (1)
      Channel incoming = ctx.channel();
      for (Channel channel : channels) {
         if (channel != incoming) {
            channel.writeAndFlush(
               new TextWebSocketFrame("["
                  + incoming.remoteAddress() + "]" + msg.text()));
         } else {
```

```
            channel.writeAndFlush(
                new TextWebSocketFrame("[you]" + msg.text()));
        }
    }
}

@Override
public void handlerAdded(ChannelHandlerContext ctx)
        throws Exception { // (2)
    Channel incoming = ctx.channel();

    // 广播
    channels.writeAndFlush(
        new TextWebSocketFrame("[SERVER] - "
            + incoming.remoteAddress() + " 加入"));

    channels.add(incoming);
    System.out.println("Client:"
        + incoming.remoteAddress() + "加入");
}

@Override
public void handlerRemoved(ChannelHandlerContext ctx) throws Exception { // (3)
    Channel incoming = ctx.channel();

    // 广播
    channels.writeAndFlush(new TextWebSocketFrame("[SERVER] - "
            + incoming.remoteAddress() + " 离开"));

    System.out.println("Client:" + incoming.remoteAddress() + "离开");
}

@Override
public void channelActive(ChannelHandlerContext ctx) throws Exception { // (5)
    Channel incoming = ctx.channel();
    System.out.println("Client:" + incoming.remoteAddress() + "在线");
}

@Override
public void channelInactive(ChannelHandlerContext ctx) throws Exception { // (6)
    Channel incoming = ctx.channel();
    System.out.println("Client:" + incoming.remoteAddress() + "掉线");
}

@Override
public void exceptionCaught(ChannelHandlerContext ctx, Throwable cause) // (7)
        throws Exception {
    Channel incoming = ctx.channel();
    System.out.println("Client:" + incoming.remoteAddress() + "异常");
```

```
        // 当出现异常就关闭连接
        cause.printStackTrace();
        ctx.close();
    }

}
```

对以上代码说明如下。

（1）TextWebSocketFrameHandler 继承自 SimpleChannelInboundHandler，这个类实现了 ChannelInboundHandler 接口，ChannelInboundHandler 提供了许多事件处理的接口方法，然后可以覆盖这些方法。现在只需要继承 SimpleChannelInboundHandler 类而不是自己去实现接口方法。

（2）覆盖了 handlerAdded() 事件处理方法。每当从服务端收到新的客户端连接时，客户端的 Channel 存入 ChannelGroup 列表中，并通知列表中的其他客户端 Channel。

（3）覆盖了 handlerRemoved() 事件处理方法。每当从服务端收到客户端断开时，客户端的 Channel 自动从 ChannelGroup 列表中移除了，并通知列表中的其他客户端 Channel。

（4）覆盖了 channelRead0() 事件处理方法。每当从服务端读到客户端写入信息时，将信息转发给其他客户端的 Channel。

（5）覆盖了 channelActive() 事件处理方法。服务端监听到客户端活动。

（6）覆盖了 channelInactive() 事件处理方法。服务端监听到客户端不活动。

（7）exceptionCaught() 事件处理方法是当出现 Throwable 对象才会被调用，即当 Netty 出现 I/O 错误或者处理器在处理事件过程中抛出异常时。在大部分情况下，捕获的异常应该被记录下来并且把关联的 Channel 关闭。然而这个方法的处理方式会在遇到不同异常的情况下有不同的实现，如可在关闭连接之前发送一个错误码的响应消息。

上面显示了 TextWebSocketFrameHandler 仅做了以下几件事。

- 当 WebSocket 与新客户端已成功握手完成，通过写入信息到 ChannelGroup 中的 Channel 来通知所有连接的客户端，然后添加新 Channel 到 ChannelGroup。
- 如果接收到 TextWebSocketFrame，则调用 retain()，并将其写、刷新到 ChannelGroup，使所有连接的 WebSocketChannel 都能接收到它。和之前一样，retain() 是必需的，因为当 channelRead0() 返回时，TextWebSocketFrame 的引用计数将递减。由于所有操作都是异步的，writeAndFlush() 可能会在以后完成，并不希望它来访问无效的引用。

由于 Netty 处理了其余大部分功能，唯一剩下的是初始化 ChannelPipeline 给每一个创建的新的 Channel。做到这一点，需要一个 ChannelInitializer。

### 3. 实现 ChannelInitializer

ChannelInitializer 实现类 WebSocketChatServerInitializer 的代码如下。

```
package com.waylau.netty.demo.websocketchat;
```

```
import io.netty.channel.ChannelInitializer;
import io.netty.channel.ChannelPipeline;
import io.netty.channel.socket.SocketChannel;
import io.netty.handler.codec.http.HttpObjectAggregator;
import io.netty.handler.codec.http.HttpServerCodec;
import io.netty.handler.codec.http.websocketx.WebSocketServerProtocolHandler;
import io.netty.handler.stream.ChunkedWriteHandler;

public class WebSocketChatServerInitializer extends
       ChannelInitializer<SocketChannel> { // (1)

    @Override
    public void initChannel(SocketChannel ch) throws Exception {// (2)
         ChannelPipeline pipeline = ch.pipeline();

        pipeline.addLast(new HttpServerCodec());
        pipeline.addLast(new HttpObjectAggregator(64*1024));
        pipeline.addLast(new ChunkedWriteHandler());
        pipeline.addLast(new HttpRequestHandler("/ws"));
        pipeline.addLast(new WebSocketServerProtocolHandler("/ws"));
        pipeline.addLast(new TextWebSocketFrameHandler());

    }
}
```

上述代码较为简单，说明如下。

（1）WebSocketChatServerInitializer 扩展了 ChannelInitializer。

（2）添加 ChannelHandler 到 ChannelPipeline。

#### 4. 实现服务器主程序启动类

服务器主程序启动类 WebSocketChatServer 的代码如下。

```
package com.waylau.netty.demo.websocketchat;

import io.netty.bootstrap.ServerBootstrap;
import io.netty.channel.ChannelFuture;
import io.netty.channel.ChannelOption;
import io.netty.channel.EventLoopGroup;
import io.netty.channel.nio.NioEventLoopGroup;
import io.netty.channel.socket.nio.NioServerSocketChannel;

public class WebSocketChatServer {

    private int port;

    public WebSocketChatServer(int port) {
        this.port = port;
    }
```

```
    public void run() throws Exception {

        EventLoopGroup bossGroup = new NioEventLoopGroup(1);
        EventLoopGroup workerGroup = new NioEventLoopGroup();
        try {
            ServerBootstrap b = new ServerBootstrap();
            b.group(bossGroup, workerGroup)
             .channel(NioServerSocketChannel.class)
             .childHandler(new WebSocketChatServerInitializer())
             .option(ChannelOption.SO_BACKLOG, 128)
             .childOption(ChannelOption.SO_KEEPALIVE, true);

            System.out.println("WebsocketChatServer 启动了" + port);

            // 绑定端口，开始接收进来的连接
            ChannelFuture f = b.bind(port).sync();

            // 等待服务器 Socket 关闭
            f.channel().closeFuture().sync();

        } finally {
            workerGroup.shutdownGracefully();
            bossGroup.shutdownGracefully();

            System.out.println("WebsocketChatServer 关闭了");
        }
    }

    public static void main(String[] args) throws Exception {
        int port;
        if (args.length > 0) {
            port = Integer.parseInt(args[0]);
        } else {
            port = 8080;
        }
        new WebSocketChatServer(port).run();

    }
}
```

上述代码较为简单。这样就已经完成了 Netty 聊天服务端程序。

### 9.9.3 ▶ 实现客户端

在程序的 resources 目录下，创建一个 WebSocketChatClient.html 页面来作为客户端，代码如下。

```
<!DOCTYPE html>
<html>
<head>
<meta charset="UTF-8">
<title>WebSocket Chat</title>
</head>
<body>
   <script type="text/javascript">
      var socket;
      if (!window.WebSocket) {
         window.WebSocket = window.MozWebSocket;
      }
      if (window.WebSocket) {
         socket = new WebSocket("ws://localhost:8080/ws");
         socket.onmessage = function(event) {
            var ta = document.getElementById('responseText');
            ta.value = ta.value + '\n' + event.data
         };
         socket.onopen = function(event) {
            var ta = document.getElementById('responseText');
            ta.value = "连接开启 !";
         };
         socket.onclose = function(event) {
            var ta = document.getElementById('responseText');
            ta.value = ta.value + "连接被关闭";
         };
      } else {
         alert("你的浏览器不支持 WebSocket！ ");
      }

      function send(message) {
         if (!window.WebSocket) {
            return;
         }
         if (socket.readyState == WebSocket.OPEN) {
            socket.send(message);
         } else {
            alert("连接没有开启 .");
         }
      }
   </script>
   <form onsubmit="return false;">
      <h3>WebSocket 聊天室：</h3>
      <textarea id="responseText"
         style="width: 500px; height: 300px;"></textarea>
      <br>
      <input type="text" name="message"  style="width: 300px"
         value="Welcome to waylau.com">
      <input type="button" value="发送消息"
```

```
            onclick="send(this.form.message.value)">
        <input type="button"
            onclick="javascript:document.getElementById('responseText').value=''"
            value=" 清空聊天记录 ">
    </form>
    <br>
    <br>
    <a href="https://waylau.com/" >更多例子请访问  waylau.com</a>
</body>
</html>
```

逻辑比较简单，不赘述。

## 9.9.4 ▶ 测试

先运行 WebSocketChatServer，再打开多个浏览器页面实现多个客户端访问 http://localhost:8080。运行效果如图 9-14 所示。

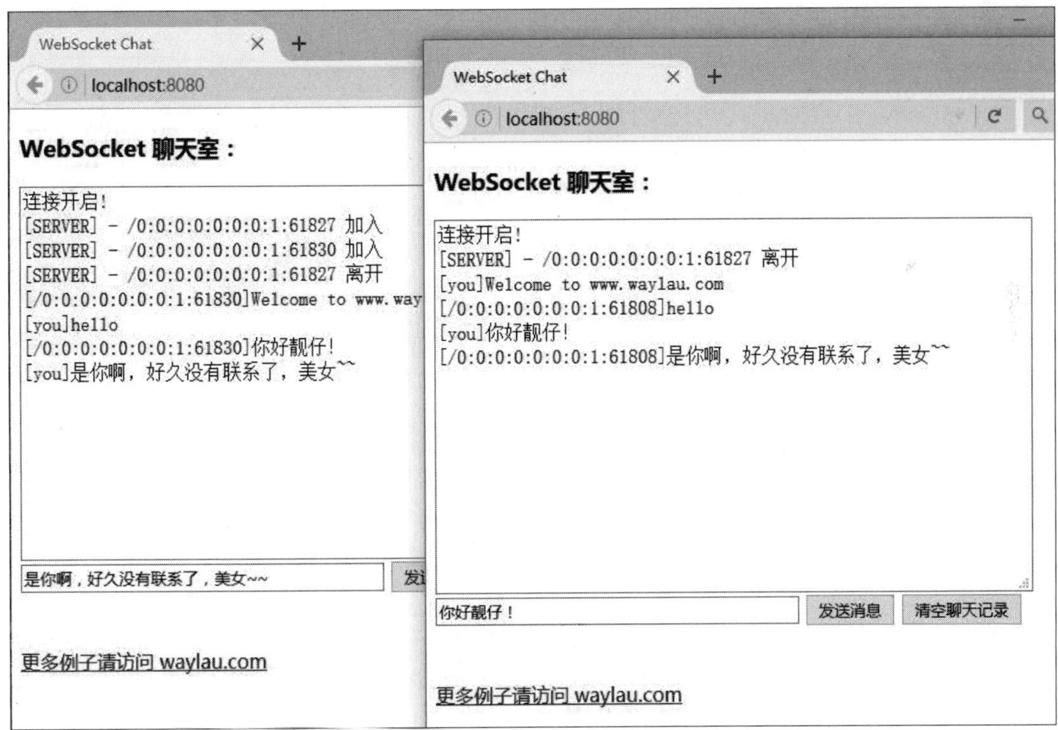


图 9-14　WebSocket 数据帧的统一格式

本节示例，可以在 com.waylau.netty.demo.websocketchat 包下找到。

# 第 10 章

10

# 测试

本章将详细地讨论如何使用 EmbeddedChannel 类来为 ChannelHandler 的实现创建单元测试用例。

# 10.1 EmbeddedChannel类

对 Netty 的 ChannelHandler 进行单元测试，Netty 提供了 EmbeddedChannel 嵌入式传输通道来完成这一过程，主要使用该通道来测试数据的入站、出站过程是否合法。

EmbeddedChannel 类提供以下常用的 API。

- writeInbound(Object… msgs)：将入站消息写到 EmbeddedChannel 中。如果可以通过 readInbound() 方法从 EmbeddedChannel 中读取数据，则返回 true。
- readInbound()：从 EmbeddedChannel 中读取一个入站消息。任何返回的数据都穿越了整个 ChannelPipeline。如果没有任何可供读取的，则返回 null。
- writeOutbound(Object… msgs)：将出站消息写到 EmbeddedChannel 中。如果现在可以通过 readOutbound() 方法从 EmbeddedChannel 中读取到数据，则返回 true。
- readOutbound()：从 EmbeddedChannel 中读取一个出站消息。任何返回的数据都穿越了整个 ChannelPipeline。如果没有任何可供读取的，则返回 null。
- finish()：将 EmbeddedChannel 标记为完成，并且如果有可被读取的入站数据或者出站数据，则返回 true。这个方法还将会调用 EmbeddedChannel 中的 close() 方法。

图 10-1 展示了 EmbeddedChannel 的处理流程。

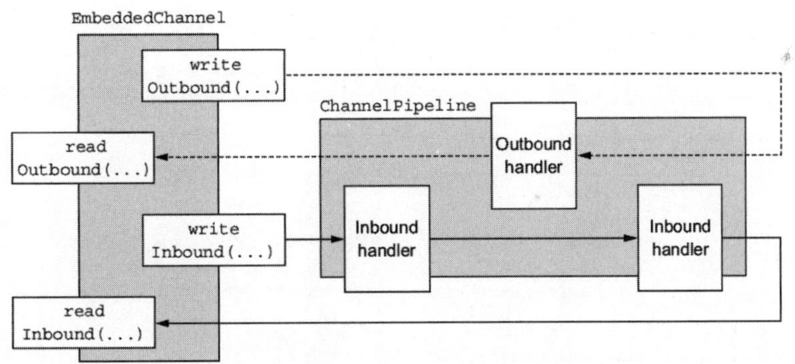


图 10-1 EmbeddedChannel 处理流程

在上述 EmbeddedChannel 的处理流程中，使用 writeOutbound() 方法将消息写到 Channel 中，并通过 ChannelPipeline 沿着出站的方向传递。随后，可以使用 readOutbound() 方法来读取已被处理过的消息，以确定结果是否和预期一样。类似地，对于入站数据，可以考虑使用 writeInbound() 和 readInbound() 方法。

在每种情况下，消息都将会传递过 ChannelPipeline，并且被相关的 ChannelInboundHandler 或者 ChannelOutboundHandler 所处理。如果消息没有被消费，那么可以在使用 readInbound() 或者 readOutbound() 方法处理过了这些消息之后，再酌情把它们从 Channel 中读出来。

# 10.2 实战：EmbeddedChannel 测试入站信息

在这一节中，将演示如何使用 EmbeddedChannel 来测试 ChannelHandler 的入站信息。

## 10.2.1 ▶ 了解 FixedLengthFrameDecoder 类

Netty 提供了内置的固定长度解码器 FixedLengthFrameDecoder。FixedLengthFrameDecoder 能够按照指定的长度对消息进行自动解码，开发者不需要考虑 TCP 的粘包与拆包问题，非常实用。无论一次接收到多少数据报，它都会按照构造器中设置的固定长度进行解码，如果是半包消息，FixedLengthFrameDecoder 会缓存半包消息并等待下个包到达之后进行拼包合并，直到读取一个完整的消息包。

例如，如果收到以下 4 个分段的数据包：

```
+---+----+------+----+
| A | BC | DEFG | HI |
+---+----+------+----+
```

那么，FixedLengthFrameDecoder(3) 会将它们解码为以下 3 个具有固定长度的数据包。

```
+-----+-----+-----+
| ABC | DEF | GHI |
+-----+-----+-----+
```

FixedLengthFrameDecoder 的核心源码如下。

```
package io.netty.handler.codec;

import static io.netty.util.internal.ObjectUtil.checkPositive;

import io.netty.buffer.ByteBuf;
import io.netty.channel.ChannelHandlerContext;

import java.util.List;

public class FixedLengthFrameDecoder extends ByteToMessageDecoder {

    private final int frameLength;

    public FixedLengthFrameDecoder(int frameLength) {
        checkPositive(frameLength, "frameLength");
        this.frameLength = frameLength;
    }
```

```
    @Override
    protected final void decode(ChannelHandlerContext ctx,
            ByteBuf in, List<Object> out) throws Exception {
        Object decoded = decode(ctx, in);
        if (decoded != null) {
            out.add(decoded);
        }
    }

    protected Object decode(
            @SuppressWarnings("UnusedParameters") ChannelHandlerContext ctx,
                    ByteBuf in) throws Exception {
        if (in.readableBytes() < frameLength) {
            return null;
        } else {
            return in.readRetainedSlice(frameLength);
        }
    }
}
```

上述 frameLength 参数是指每个数据包的固定长度。

### 10.2.2 ▶ 测试 FixedLengthFrameDecoder 类

那么，又如何来保证 FixedLengthFrameDecoder 类的正确性呢？需要编写以下测试用例。

```
package com.waylau.netty.demo.decoder;

import static org.junit.jupiter.api.Assertions.assertEquals;
import static org.junit.jupiter.api.Assertions.assertFalse;
import static org.junit.jupiter.api.Assertions.assertNull;
import static org.junit.jupiter.api.Assertions.assertTrue;

import org.junit.jupiter.api.Test;

import io.netty.buffer.ByteBuf;
import io.netty.buffer.Unpooled;
import io.netty.channel.embedded.EmbeddedChannel;
import io.netty.handler.codec.FixedLengthFrameDecoder;

class FixedLengthFrameDecoderTest {

    @Test
    void testFramesDecoded() {
        ByteBuf buf = Unpooled.buffer();
        for (int i = 0; i < 9; i++) {
            buf.writeByte(i);
        }
```

```
        ByteBuf input = buf.duplicate();
        EmbeddedChannel channel =
            new EmbeddedChannel(new FixedLengthFrameDecoder(3));

        // 写字节
        assertTrue(channel.writeInbound(input.retain()));
        assertTrue(channel.finish());

        // 读消息
        ByteBuf read = (ByteBuf) channel.readInbound();
        assertEquals(buf.readSlice(3), read);
        read.release();
        read = (ByteBuf) channel.readInbound();
        assertEquals(buf.readSlice(3), read);
        read.release();
        read = (ByteBuf) channel.readInbound();
        assertEquals(buf.readSlice(3), read);
        read.release();
        assertNull(channel.readInbound());
        buf.release();
    }

    @Test
    void testFramesDecoded2() {
        ByteBuf buf = Unpooled.buffer();
        for (int i = 0; i < 9; i++) {
            buf.writeByte(i);
        }
        ByteBuf input = buf.duplicate();
        EmbeddedChannel channel =
            new EmbeddedChannel(new FixedLengthFrameDecoder(3));
        assertFalse(channel.writeInbound(input.readBytes(2)));
        assertTrue(channel.writeInbound(input.readBytes(7)));
        assertTrue(channel.finish());
        ByteBuf read = (ByteBuf) channel.readInbound();
        assertEquals(buf.readSlice(3), read);
        read.release();
        read = (ByteBuf) channel.readInbound();
        assertEquals(buf.readSlice(3), read);
        read.release();
        read = (ByteBuf) channel.readInbound();
        assertEquals(buf.readSlice(3), read);
        read.release();
        assertNull(channel.readInbound());
        buf.release();
    }
}
```

上述示例中，第一个方法 testFramesDecoded() 验证了：一个包含 9 个可读字节的

ByteBuf 被解码为 3 个 ByteBuf，每个都包含了 3 个字节。需要注意的是，仅通过一次对 writeInbound() 方法的调用，ByteBuf 是如何被填充了 9 个可读字节的。在此之后，通过执行 finish() 方法，将 EmbeddedChannel 标记为已完成状态。最后，通过调用 readInbound() 方法，从 EmbeddedChannel 中正好读取了 3 个帧和一个 null。

第二个方法 testFramesDecoded2() 方法也是类似的，只有一处不同：入站 ByteBuf 是通过两个步骤写入的。当 writeInbound(input.readBytes(2)) 被调用时，返回了 false。如果对 readInbound() 的后续调用返回数据，那么 writeInbound() 方法将会返回 true。但是只有当有 3 个或者更多的字节可供读取时，FixedLengthFrameDecoder 才会产生输出。该测试剩下的部分和 testFramesDecoded() 是相同的。

## 10.3 实战：EmbeddedChannel 测试出站信息

在这一节中，将演示如何使用 EmbeddedChannel 来测试 ChannelHandler 的出站信息。

### 10.3.1 了解 AbsIntegerEncoder 类

AbsIntegerEncoder 类是自定义的一个编码器，用于将负值整数转换为绝对值，代码如下。

```
package com.waylau.netty.demo.encoder;

import java.util.List;

import io.netty.buffer.ByteBuf;
import io.netty.channel.ChannelHandlerContext;
import io.netty.handler.codec.MessageToMessageEncoder;

public class AbsIntegerEncoder
        extends MessageToMessageEncoder<ByteBuf> {
    @Override
    protected void encode(ChannelHandlerContext channelHandlerContext,
            ByteBuf in, List<Object> out) throws Exception {
        while (in.readableBytes() >= 4) {
            int value = Math.abs(in.readInt());
            out.add(value);
        }
    }
}
```

## 10.3.2 ▶ 测试 AbsIntegerEncoder 类

编写 AbsIntegerEncoder 测试类。

```
package com.waylau.netty.demo.encoder;

import static org.junit.jupiter.api.Assertions.assertEquals;
import static org.junit.jupiter.api.Assertions.assertNull;
import static org.junit.jupiter.api.Assertions.assertTrue;

import org.junit.jupiter.api.Test;

import io.netty.buffer.ByteBuf;
import io.netty.buffer.Unpooled;
import io.netty.channel.embedded.EmbeddedChannel;

class AbsIntegerEncoderTest {

    @Test
    void testEncoded() {
        ByteBuf buf = Unpooled.buffer();
        for (int i = 1; i < 10; i++) {
            buf.writeInt(i * -1); // (1)
        }

        EmbeddedChannel channel =
                new EmbeddedChannel(new AbsIntegerEncoder()); // (2)
        assertTrue(channel.writeOutbound(buf)); // (3)
        assertTrue(channel.finish()); // (4)

        // 读字节
        for (int i = 1; i < 10; i++) {
            assertEquals(Integer.valueOf(i+""),
                    channel.readOutbound()); // (5)
        }
        assertNull(channel.readOutbound());
    }
}
```

以上代码的执行步骤如下。

（1）将 4 字节的负整数写到一个新的 ByteBuf 中。

（2）创建一个 EmbeddedChannel，并为它分配一个 AbsIntegerEncoder。

（3）调用 EmbeddedChannel 中的 writeOutbound() 方法来写入该 ByteBuf。

（4）标记该 Channel 为已完成状态。

（5）从 EmbeddedChannel 的出站端读取所有的整数，并验证是否只产生了绝对值。

# 10.4 使用 Apache JMeter 进行性能测试

虽然 Netty 是高性能的网络框架，但 Netty 实际的性能只能存在于实际的应用中，其他人的性能测试报告并不一定适用于当前的应用。那么又如何获知当前应用的真实性能情况呢？

有非常多的工具可以进行性能测试。本节将演示如何通过 Apache JMeter 来对 Netty 应用进行性能测试。

## 10.4.1 ▶ Apache JMeter 概述

Apache JMeter 是开源性能测试工具，是基于 Java 平台构建的。它主要被认为是一种性能测试工具，当然也可以与测试计划集成。除了性能测试计划，还可以创建一个功能测试计划。该工具具有加载到服务器或网络的能力，可以检查其性能并分析其在不同条件下的工作。

可以从 Apache JMeter 官网（http://jmeter.apache.org/download_jmeter.cgi/）下载到最新的 Apache JMeter 安装包。本例下载了 apache-jmeter-5.2.1.zip 压缩包。解压 apache-jmeter-5.2.1.zip 压缩包到任意目录。单击 bin 目录下的 jmeter.bat 文件，即可运行 JMeter。图 10-2 是 JMeter 的应用界面。

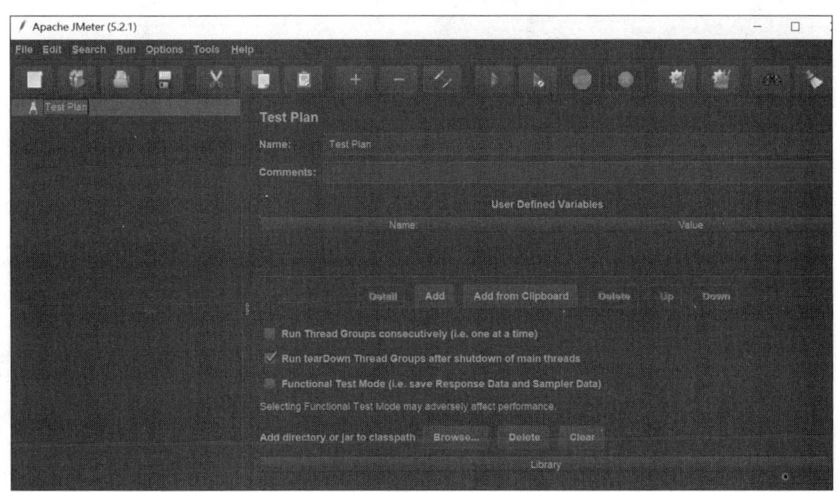


图 10-2 JMeter 的应用界面

## 10.4.2 ▶ 创建测试计划

在 JMeter 的应用主界面，创建一个测试计划，名字可以是任意字符，如图 10-3 所示。

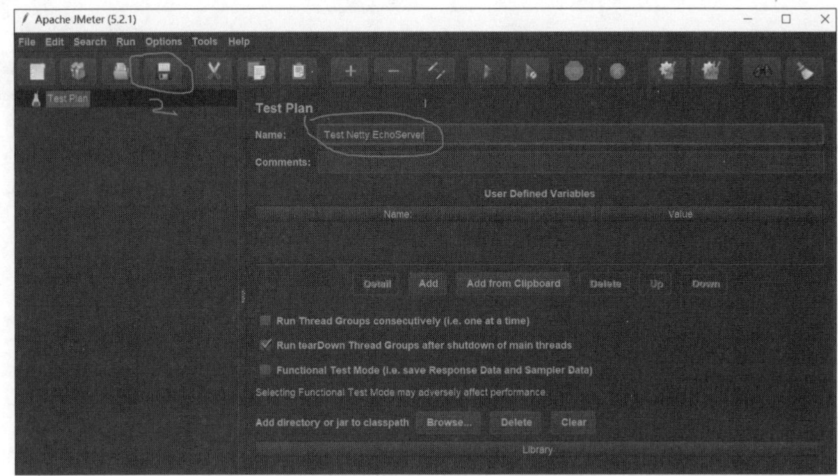


图 10–3　创建测试计划

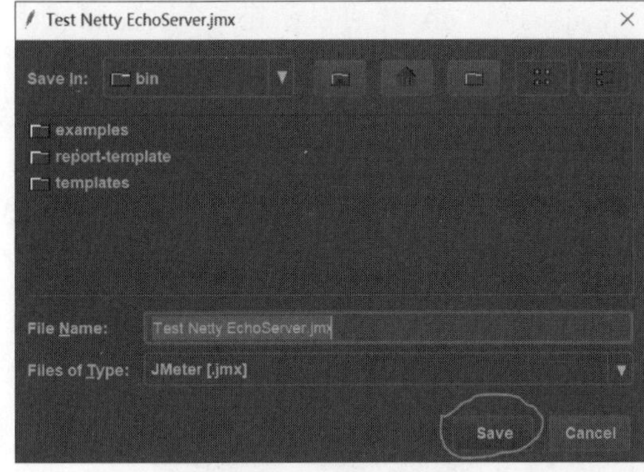


图 10–4 保存测试计划

在“Name”一列输入测试计划名字，单击菜单栏“Save”按钮，将会弹出如图 10–4 所示的对话框。

单击“Save”按钮将保存测试计划。

### 10.4.3 ▶ 添加线程组

JMeter 线程组是线程的集合。每个线程代表一个用户，每个 Thread 模拟一个到服务器的真实用户请求。线程组的控件可设置每个组的线程数。图 10–5 线程组可以设置一些属性。

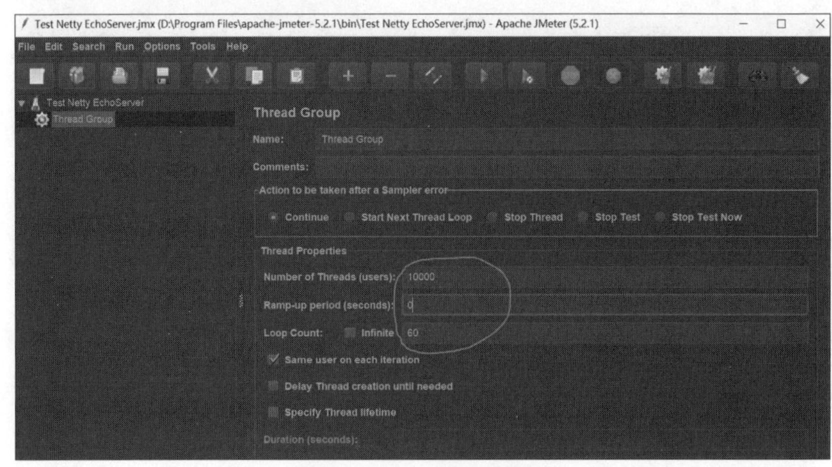


图 10–5　设置线程组

线程组属性含义如下。

- Number of Threads(users)：线程数。如果将线程数设置为 10000，JMeter 将创建并模拟 10000 个用户对被测服务器的请求。
- Ramp-up period(seconds)：加速时间，单位为秒。是指上述每个启动的间隔时间。如果设置为 1，则表示上一个线程启动后间隔 1 秒再启动第二个线程。如果设置为 0，则表示所有的线程同时启动。
- Loop Count：循环的次数。

## 10.4.4 ▶ 添加测试样例

按图 10–6 所示，添加 TCP 测试样例。

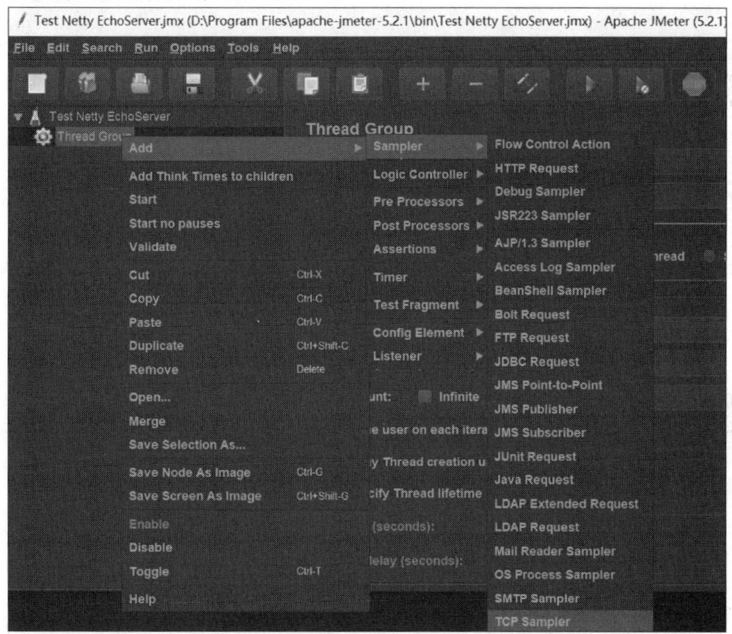


图 10–6 测试样例

按图 10–7 所示，设置测试样例属性。

测试样例属性主要有以下几种。

- Server Name or IP：待测试服务器的地址。
- Port Number：端口号。
- Text to send：发送给服务器的消息。

在本例，设置的是 Echo 服务器的地址和端口。

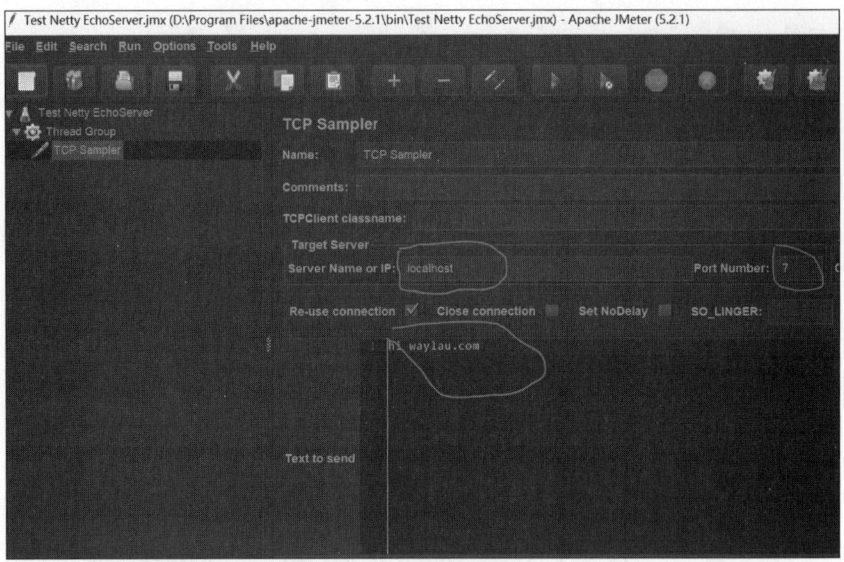

图 10-7 测试样例属性

## 10.4.5 ▶ 添加测试报告

按图 10-8 所示，添加测试报告（Summary Report）。

测试报告（Summary Report）主要设置属性报告文件的路径。在测试结束后，可以查看该报告。

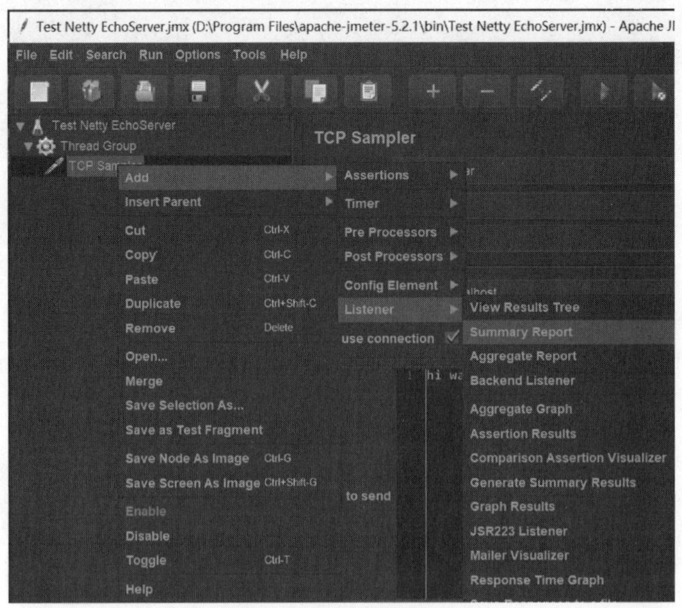


图 10-8 测试报告

## 10.4.6 ▶ 执行测试

先启动 Echo 服务器，然后单击菜单栏的“Start”按钮，如图 10-9 所示。

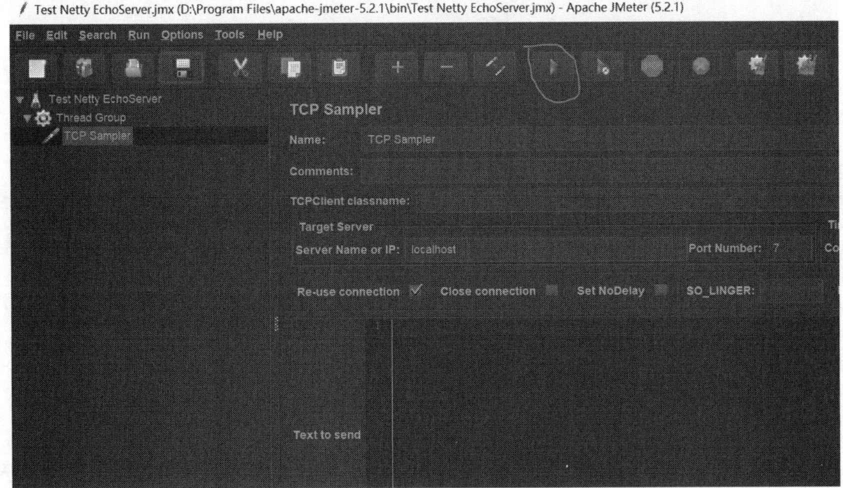


图 10-9　执行测试

可以在测试报告（Summary Report）界面查看测试结果，效果如图 10-10 所示。

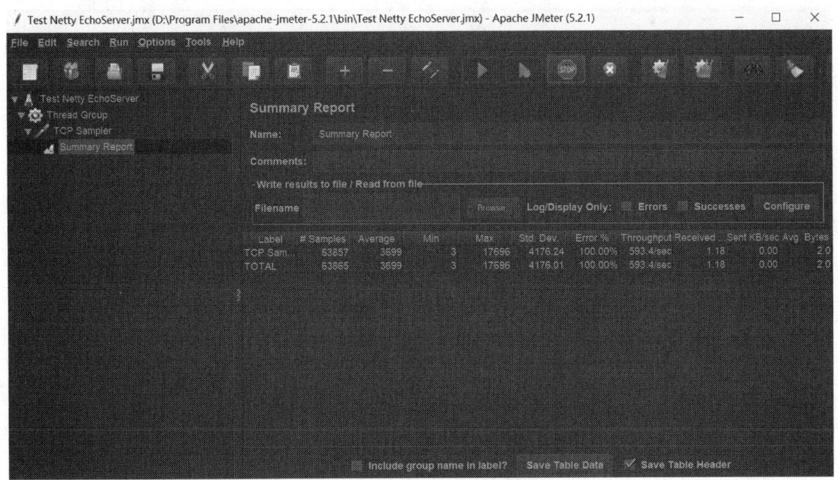


图 10-10　查看测试报告

# 第11章 案例分析

Netty 在业界广泛应用，基于 Netty 已衍生出了非常多的互联网产品。本章选取了 3 个不同领域的知名产品作为案例，详细讲解它们是如何基于 Netty 来实现自身功能的。

这 3 个产品耳熟能详，分别是 Apache RocketMQ、Eclipse Vert.x 和 Apache Dubbo。

# 11.1 高性能消息中间件——Apache RocketMQ

Apache RocketMQ 是阿里巴巴开源的消息中间件，在其消息生产者和消息消费者之间，也是采用 Netty 进行高性能、异步通信。消息中间件实现了发送方和接收方的解耦合，即发送方应用不直接调用接收方应用。直接调用通常是用远程过程调用的技术。消息中间件的使用除去了接收和发送应用程序同时执行的要求。分布式消息中间件集群是为了保证消息队列在高并发和大数据量场景下的高效率和高可靠。

RocketMQ 思路起源于 Kafka，但它对消息的可靠传输及事务性做了增强，目前在阿里集团被广泛应用于交易、流计算、消息推送、日志流式处理和 binglog 分发等场景，其特点如下。

- 支持发布 / 订阅（Pub/Sub）和点对点（P2P）消息模型。
- 在一个队列中可靠地先进先出（FIFO）和严格的顺序传递。
- 支持拉（pull）和推（push）两种消息模式。
- 单一队列百万消息的堆积能力。
- 支持多种消息协议，如 JMS、MQTT 等。
- 分布式高可用的部署架构，满足至少一次消息传递语义。
- 提供 Docker 镜像用于隔离测试和云集群部署。
- 提供配置、指标和监控等功能丰富的 Dashboard。

## 11.1.1 入门示例 Producer

先从官方的入门示例入手，以下是一个生产者 Producer 源码。

```
package org.apache.rocketmq.example.quickstart;

import org.apache.rocketmq.client.exception.MQClientException;
import org.apache.rocketmq.client.producer.DefaultMQProducer;
import org.apache.rocketmq.client.producer.SendResult;
import org.apache.rocketmq.common.message.Message;
import org.apache.rocketmq.remoting.common.RemotingHelper;

public class Producer {
    public static void main(String[] args)
            throws MQClientException, InterruptedException {
        DefaultMQProducer producer =
            new DefaultMQProducer("please_rename_unique_group_name"); // (1)
        producer.start();// (2)

        for (int i = 0; i < 1000; i++) {
```

```
            try {
                Message msg = new Message("TopicTest" /* Topic */,
                    "TagA" /* Tag */,
                    ("Hello RocketMQ " + i)
                        .getBytes(RemotingHelper.DEFAULT_CHARSET) /* Message body */
                );

                SendResult sendResult = producer.send(msg); // (3)
                System.out.printf("%s%n", sendResult);
            } catch (Exception e) {
                e.printStackTrace();
                Thread.sleep(1000);
            }
        }

        producer.shutdown();// (4)
    }
}
```

对上述代码中的步骤说明如下。

（1）生成了一个 RocketMQ 所提供的 DefaultMQProducer 实例 producer。

（2）启动 producer。

（3）通过 producer 发送消息。

（4）关闭 producer。

## 11.1.2 生成 DefaultMQProducer 实例

首先是生成了一个 RocketMQ 所提供的 DefaultMQProducer 实例。DefaultMQProducer 的构造方法源码如下。

```
public DefaultMQProducer(final String namespace,
        final String producerGroup, RPCHook rpcHook) {

    this.namespace = namespace;
    this.producerGroup = producerGroup;
    defaultMQProducerImpl = new DefaultMQProducerImpl(this, rpcHook);
}
```

在上述构造方法中，实例化了一个 DefaultMQProducerImpl。DefaultMQProducerImpl 的构造方法源码如下。

```
public DefaultMQProducerImpl(final DefaultMQProducer defaultMQProducer,
        RPCHook rpcHook) {
    this.defaultMQProducer = defaultMQProducer;
    this.rpcHook = rpcHook;
    this.asyncSenderThreadPoolQueue =
```

```
            new LinkedBlockingQueue<Runnable>(50000);
        this.defaultAsyncSenderExecutor = new ThreadPoolExecutor(
            Runtime.getRuntime().availableProcessors(),
            Runtime.getRuntime().availableProcessors(),
            1000 * 60,
            TimeUnit.MILLISECONDS,
            this.asyncSenderThreadPoolQueue,
            new ThreadFactory() {
                private AtomicInteger threadIndex = new AtomicInteger(0);
                @Override
                public Thread newThread(Runnable r) {
                    return new Thread(r, "AsyncSenderExecutor_"
                        + this.threadIndex.incrementAndGet());
                }
            });
}
```

在上述代码中可以看出，DefaultMQProducerImpl 主要是有两个属性：asyncSenderThreadPoolQueue 和 defaultAsyncSenderExecutor。而 defaultAsyncSenderExecutor 就是线程池执行器 ThreadPoolExecutor。

### 11.1.3 ▶ 启动 DefaultMQProducer 实例

调用 DefaultMQProducer 方法 start() 来启动生产者，方法如下。

```
@Override
public void start() throws MQClientException {
    this.setProducerGroup(withNamespace(this.producerGroup));
    this.defaultMQProducerImpl.start();
    if (null != traceDispatcher) {
        try {
                traceDispatcher.start(this.getNamesrvAddr(), this.
getAccessChannel());
        } catch (MQClientException e) {
            log.warn("trace dispatcher start failed ", e);
        }
    }
}
```

从上述方法可以看出，DefaultMQProducer 的 start() 方法最终会调用 DefaultMQProducerImpl 的 start() 方法，源码如下。

```
```java public void start() throws MQClientException { this.start(true); }
public void start(final boolean startFactory) throws MQClientException { switch
(this.serviceState) { case CREATE_JUST: this.serviceState = ServiceState.
START_FAILED; this.checkConfig();
       if (!this.defaultMQProducer.getProducerGroup()
             .equals(MixAll.CLIENT_INNER_PRODUCER_GROUP)) {
```
```

```
            this.defaultMQProducer.changeInstanceNameToPID();
        }

        // 生成了 MQClientInstance 实例
        this.mQClientFactory =
                MQClientManager.getInstance()
                .getAndCreateMQClientInstance(
                        this.defaultMQProducer, rpcHook);

        boolean registerOK =
                mQClientFactory
                .registerProducer(
                        this.defaultMQProducer.getProducerGroup(), this);

        if (!registerOK) {
            this.serviceState = ServiceState.CREATE_JUST;
            throw new MQClientException("The producer group["
                + this.defaultMQProducer.getProducerGroup()
                + "] has been created before, specify another name please."
                + FAQUrl.suggestTodo(FAQUrl.GROUP_NAME_DUPLICATE_URL),
                null);
        }

        this.topicPublishInfoTable.put(this.defaultMQProducer.getCreateTopicKey(),
                new TopicPublishInfo());

        // 启动 MQClientInstance 实例
        if (startFactory) {
            mQClientFactory.start();
        }

          log.info("the producer [{}] start OK. sendMessageWithVIPChannel={}",
this.defaultMQProducer.getProducerGroup(),
            this.defaultMQProducer.isSendMessageWithVIPChannel());
        this.serviceState = ServiceState.RUNNING;
        break;
    case RUNNING:
    case START_FAILED:
    case SHUTDOWN_ALREADY:
        throw new MQClientException(
                "The producer service state not OK, maybe started once, "
                + this.serviceState
                + FAQUrl.suggestTodo(FAQUrl.CLIENT_SERVICE_NOT_OK), null);
    default:
        break;
}

this.mQClientFactory.sendHeartbeatToAllBrokerWithLock();
}
```

从上述代码可以看到，通过 MQClientManager 创建了一个 MQClientInstance，并启动了该实例。MQClientInstance 的 start() 方法源码如下。

```
public void start() throws MQClientException {
    synchronized (this) {
        switch (this.serviceState) {
            case CREATE_JUST:
                this.serviceState = ServiceState.START_FAILED;
                if (null == this.clientConfig.getNamesrvAddr()) {
                    this.mQClientAPIImpl.fetchNameServerAddr();
                }

                this.mQClientAPIImpl.start();
                this.startScheduledTask();
                this.pullMessageService.start();
                this.rebalanceService.start();
                this.defaultMQProducer.getDefaultMQProducerImpl().start(false);
                log.info("the client factory [{}] start OK", this.clientId);
                this.serviceState = ServiceState.RUNNING;
                break;
            case RUNNING:
                break;
            case SHUTDOWN_ALREADY:
                break;
            case START_FAILED:
                throw new MQClientException("The Factory object["
                    + this.getClientId()
                    + "] has been created before, and failed.", null);
            default:
                break;
        }
    }
}
```

从源码中可以看到，该方法内部还启动了好几个服务。

### 11.1.4 ▶ 通过 DefaultMQProducer 实例发送消息

入门示例中，通过 send() 方法来发送消息，源码如下。

```
@Override
public SendResult send(Message msg) throws MQClientException,
        RemotingException, MQBrokerException, InterruptedException {
    Validators.checkMessage(msg, this);
    msg.setTopic(withNamespace(msg.getTopic()));

    return this.defaultMQProducerImpl.send(msg);
}
```

从上述方法可以看出，DefaultMQProducer 的 send() 方法最终会调用 DefaultMQProducerImpl 的 send() 方法。在该 send() 方法中调用了 this.mQClientFactory.getMQClientAPIImpl().sendMessage() 方法，源码如下。

```
public SendResult sendMessage(
    final String addr,
    final String brokerName,
    final Message msg,
    final SendMessageRequestHeader requestHeader,
    final long timeoutMillis,
    final CommunicationMode communicationMode,
    final SendMessageContext context,
    final DefaultMQProducerImpl producer
) throws RemotingException, MQBrokerException, InterruptedException {

    return sendMessage(addr, brokerName, msg, requestHeader,
        timeoutMillis, communicationMode, null, null, null,
        0, context, producer);
}

public SendResult sendMessage(
    final String addr,
    final String brokerName,
    final Message msg,
    final SendMessageRequestHeader requestHeader,
    final long timeoutMillis,
    final CommunicationMode communicationMode,
    final SendCallback sendCallback,
    final TopicPublishInfo topicPublishInfo,
    final MQClientInstance instance,
    final int retryTimesWhenSendFailed,
    final SendMessageContext context,
    final DefaultMQProducerImpl producer
) throws RemotingException, MQBrokerException, InterruptedException {

    long beginStartTime = System.currentTimeMillis();
    RemotingCommand request = null;

    if (sendSmartMsg || msg instanceof MessageBatch) {
        SendMessageRequestHeaderV2 requestHeaderV2 =
        SendMessageRequestHeaderV2.createSendMessageRequestHeaderV2(requestHeader);
        request = RemotingCommand.createRequestCommand(msg instanceof MessageBatch
            ? RequestCode.SEND_BATCH_MESSAGE
            : RequestCode.SEND_MESSAGE_V2,
              requestHeaderV2);
    } else {
        request =
            RemotingCommand.createRequestCommand(RequestCode.SEND_MESSAGE,
```

```
                requestHeader);
    }

    request.setBody(msg.getBody());
    switch (communicationMode) {
        case ONEWAY:
            this.remotingClient.invokeOneway(addr, request, timeoutMillis);
            return null;
        case ASYNC:
            final AtomicInteger times = new AtomicInteger();
            long costTimeAsync =
                    System.currentTimeMillis() - beginStartTime;
            if (timeoutMillis < costTimeAsync) {
                throw new RemotingTooMuchRequestException(
                        "sendMessage call timeout");
            }
            this.sendMessageAsync(addr, brokerName, msg,
                timeoutMillis - costTimeAsync,
                request, sendCallback, topicPublishInfo, instance,
                retryTimesWhenSendFailed, times, context, producer);
            return null;
        case SYNC:
            long costTimeSync =
                    System.currentTimeMillis() - beginStartTime;
            if (timeoutMillis < costTimeSync) {
                throw new RemotingTooMuchRequestException(
                    "sendMessage call timeout");
            }
            return this.sendMessageSync(addr, brokerName, msg,
                    timeoutMillis - costTimeSync, request);
        default:
            assert false;
            break;
    }

    return null;
}
```

在上述代码中，重点关注 sendMessageAsync 方法，源码如下。

```
private SendResult sendMessageSync(
    final String addr,
    final String brokerName,
    final Message msg,
    final long timeoutMillis,
    final RemotingCommand request
) throws RemotingException, MQBrokerException, InterruptedException {
    RemotingCommand response =
        this.remotingClient.invokeSync(addr, request, timeoutMillis);
```

```
    assert response != null;
    return this.processSendResponse(brokerName, msg, response);
}
```

在上述代码，重点关注 this.remotingClient.invokeSync 方法。remotingClient 是 NettyRemotingClient 的实例，源码如下。

```
@Override
public RemotingCommand invokeSync(String addr,
        final RemotingCommand request, long timeoutMillis)
    throws InterruptedException, RemotingConnectException,
    RemotingSendRequestException, RemotingTimeoutException {

    long beginStartTime = System.currentTimeMillis();
    final Channel channel = this.getAndCreateChannel(addr);

    if (channel != null && channel.isActive()) {
        try {
            doBeforeRpcHooks(addr, request);
            long costTime = System.currentTimeMillis() - beginStartTime;

            if (timeoutMillis < costTime) {
                throw new RemotingTimeoutException("invokeSync call timeout");
            }

            RemotingCommand response =
                this.invokeSyncImpl(channel, request, timeoutMillis - costTime);
                doAfterRpcHooks(RemotingHelper.parseChannelRemoteAddr(channel),
request, response);
            return response;
        } catch (RemotingSendRequestException e) {
            log.warn("invokeSync: send request exception, so close the channel[{}]",
                addr);
            this.closeChannel(addr, channel);
            throw e;
        } catch (RemotingTimeoutException e) {
            if (nettyClientConfig.isClientCloseSocketIfTimeout()) {
                this.closeChannel(addr, channel);
                log.warn("invokeSync: close socket because of timeout, {}ms, {}",
                        timeoutMillis, addr);
            }
            log.warn("invokeSync: wait response timeout exception, the channel[{}]",
                    addr);
            throw e;
        }
    } else {
        this.closeChannel(addr, channel);
        throw new RemotingConnectException(addr);
    }
```

这里，重点关注 invokeSyncImpl 方法，源码如下。

```
public RemotingCommand invokeSyncImpl(final Channel channel,
      final RemotingCommand request, final long timeoutMillis)
      throws InterruptedException, RemotingSendRequestException,
      RemotingTimeoutException {

   final int opaque = request.getOpaque();

   try {
      final ResponseFuture responseFuture =
         new ResponseFuture(channel, opaque, timeoutMillis, null, null);

      this.responseTable.put(opaque, responseFuture);
      final SocketAddress addr = channel.remoteAddress();
      channel.writeAndFlush(request).addListener(new ChannelFutureListener() {
         @Override
         public void operationComplete(ChannelFuture f) throws Exception {
            if (f.isSuccess()) {
               responseFuture.setSendRequestOK(true);
               return;
            } else {
               responseFuture.setSendRequestOK(false);
            }

            responseTable.remove(opaque);
            responseFuture.setCause(f.cause());
            responseFuture.putResponse(null);

            log.warn("send a request command to channel <"
                  + addr + "> failed.");
         }
      });

      RemotingCommand responseCommand = responseFuture.waitResponse(timeoutMillis);
      if (null == responseCommand) {
         if (responseFuture.isSendRequestOK()) {
            throw new RemotingTimeoutException(
               RemotingHelper.parseSocketAddressAddr(addr),
               timeoutMillis,
               responseFuture.getCause());
         } else {
            throw new RemotingSendRequestException(
               RemotingHelper.parseSocketAddressAddr(addr),
               responseFuture.getCause());
         }
      }

      return responseCommand;
   } finally {
```

```
        this.responseTable.remove(opaque);
    }
}
```

在上述方法中，终于看到了 Netty 中熟悉的 channel.writeAndFlush 方法。通过该方法将消息发送出去。

## 11.1.5 ▶ 入门示例 Consumer

下面再看一个官方的入门示例中的消费者 Consumer 源码。

```
package org.apache.rocketmq.example.quickstart;

import java.util.List;
import org.apache.rocketmq.client.consumer.DefaultMQPushConsumer;
import org.apache.rocketmq.client.consumer.listener.ConsumeConcurrentlyContext;
import org.apache.rocketmq.client.consumer.listener.ConsumeConcurrentlyStatus;
import org.apache.rocketmq.client.consumer.listener.MessageListenerConcurrently;
import org.apache.rocketmq.client.exception.MQClientException;
import org.apache.rocketmq.common.consumer.ConsumeFromWhere;
import org.apache.rocketmq.common.message.MessageExt;

public class Consumer {
    public static void main(String[] args)
            throws InterruptedException, MQClientException {
        DefaultMQPushConsumer consumer =
                new DefaultMQPushConsumer("please_rename_unique_group_name_4");// (1)

        consumer.setConsumeFromWhere(ConsumeFromWhere.CONSUME_FROM_FIRST_OFFSET);
        consumer.subscribe("TopicTest", "*");
        consumer.registerMessageListener(new MessageListenerConcurrently() {// (2)
            @Override
            public ConsumeConcurrentlyStatus consumeMessage(List<MessageExt> msgs,
                ConsumeConcurrentlyContext context) {
                System.out.printf("%s Receive New Messages: %s %n",
                    Thread.currentThread().getName(), msgs);
                return ConsumeConcurrentlyStatus.CONSUME_SUCCESS;
            }
        });

        consumer.start();// (3)
        System.out.printf("Consumer Started.%n");
    }
}
```

对上述代码中的步骤说明如下。

（1）生成了一个 RocketMQ 所提供的 DefaultMQPushConsumer 实例 consumer。

（2）注册监听。

（3）启动 consumer。

## 11.1.6 ▶ 生成 DefaultMQPushConsumer 实例

首先是生成了一个 RocketMQ 所提供的 DefaultMQPushConsumer 实例。DefaultMQPushConsumer 的构造方法源码如下。

```
public DefaultMQPushConsumer(final String namespace,
        final String consumerGroup,
        RPCHook rpcHook,
        AllocateMessageQueueStrategy allocateMessageQueueStrategy) {

    this.consumerGroup = consumerGroup;
    this.namespace = namespace;
    this.allocateMessageQueueStrategy = allocateMessageQueueStrategy;
    defaultMQPushConsumerImpl =
        new DefaultMQPushConsumerImpl(this, rpcHook);
}
```

在上述构造方法中，实例化了一个 DefaultMQPushConsumerImpl。DefaultMQPushConsumerImpl 的构造方法源码如下。

```
public DefaultMQPushConsumerImpl(DefaultMQPushConsumer defaultMQPushConsumer,
        RPCHook rpcHook) {
    this.defaultMQPushConsumer = defaultMQPushConsumer;
    this.rpcHook = rpcHook;
}
```

## 11.1.7 ▶ DefaultMQPushConsumer 实例注册监听

注册监听器的方法如下。

```
@Override
public void registerMessageListener(MessageListenerConcurrently messageListener) {
    this.messageListener = messageListener;
    this.defaultMQPushConsumerImpl.registerMessageListener(messageListener);
}
```

从上述方法可以看出，DefaultMQPushConsumer 的 registerMessageListener() 方法入参是一个 MessageListenerConcurrently 类型。当监听器监听到该类型时，就会执行回调。该方法最终会调用 DefaultMQPushConsumerImpl 的 registerMessageListener() 方法，源码如下。

```
public void registerMessageListener(MessageListener messageListener) {
    this.messageListenerInner = messageListener;
}
```

### 11.1.8 ▶ 启动 DefaultMQPushConsumer 实例

start() 方法的源码如下。

```
@Override
public void start() throws MQClientException {
    setConsumerGroup(NamespaceUtil.wrapNamespace(this.getNamespace(),
            this.consumerGroup));
    this.defaultMQPushConsumerImpl.start();

    if (null != traceDispatcher) {
        try {
            traceDispatcher.start(this.getNamesrvAddr(), this.getAccessChannel());
        } catch (MQClientException e) {
            log.warn("trace dispatcher start failed ", e);
        }
    }
}
```

从上述方法可以看出，DefaultMQPushConsumer 的 start () 方法最终会调用 DefaultMQPush ConsumerImpl 的 start () 方法，源码如下。

```
public synchronized void start() throws MQClientException {
    switch (this.serviceState) {
        case CREATE_JUST:
                log.info("the consumer [{}] start beginning. messageModel={},
isUnitMode={}", this.defaultMQPushConsumer.getConsumerGroup(),
            this.defaultMQPushConsumer.getMessageModel(),
            this.defaultMQPushConsumer.isUnitMode());
            this.serviceState = ServiceState.START_FAILED;
            this.checkConfig();
            this.copySubscription();
            if (this.defaultMQPushConsumer.getMessageModel()
                    == MessageModel.CLUSTERING) {
                this.defaultMQPushConsumer.changeInstanceNameToPID();
            }

            // 生成了 MQClientInstance 实例
            this.mQClientFactory =
                    MQClientManager.getInstance().getAndCreateMQClientInstance(
                        this.defaultMQPushConsumer, this.rpcHook);

                this.rebalanceImpl.setConsumerGroup(this.defaultMQPushConsumer.
getConsumerGroup());
                this.rebalanceImpl.setMessageModel(this.defaultMQPushConsumer.
getMessageModel());
                this.rebalanceImpl.setAllocateMessageQueueStrategy(this.
defaultMQPushConsumer.getAllocateMessageQueueStrategy());
```

```
this.rebalanceImpl.setmQClientFactory(this.mQClientFactory);
this.pullAPIWrapper = new PullAPIWrapper(
    mQClientFactory,
    this.defaultMQPushConsumer.getConsumerGroup(), isUnitMode());
this.pullAPIWrapper.registerFilterMessageHook(filterMessageHookList);

if (this.defaultMQPushConsumer.getOffsetStore() != null) {
    this.offsetStore = this.defaultMQPushConsumer.getOffsetStore();
} else {
    switch (this.defaultMQPushConsumer.getMessageModel()) {
        case BROADCASTING:
            this.offsetStore =
                new LocalFileOffsetStore(this.mQClientFactory,
                        this.defaultMQPushConsumer.getConsumerGroup());
            break;
        case CLUSTERING:
            this.offsetStore =
                    new RemoteBrokerOffsetStore(this.mQClientFactory,
                    this.defaultMQPushConsumer.getConsumerGroup());
            break;
        default:
            break;
    }
    this.defaultMQPushConsumer.setOffsetStore(this.offsetStore);
}

this.offsetStore.load();
if (this.getMessageListenerInner() instanceof MessageListenerOrderly) {
    this.consumeOrderly = true;
    this.consumeMessageService =
        new ConsumeMessageOrderlyService(this,
            (MessageListenerOrderly) this.getMessageListenerInner());
} else if (this.getMessageListenerInner() instanceof MessageListenerConcurrently) {
    this.consumeOrderly = false;
    this.consumeMessageService =
        new ConsumeMessageConcurrentlyService(this,
            (MessageListenerConcurrently) this.getMessageListenerInner());
}

this.consumeMessageService.start();
boolean registerOK =
        mQClientFactory.registerConsumer(
            this.defaultMQPushConsumer.getConsumerGroup(), this);

if (!registerOK) {
    this.serviceState = ServiceState.CREATE_JUST;
    this.consumeMessageService.shutdown();
    throw new MQClientException("The consumer group["
        + this.defaultMQPushConsumer.getConsumerGroup()
```

```
                    + "] has been created before, specify another name please."
                    + FAQUrl.suggestTodo(FAQUrl.GROUP_NAME_DUPLICATE_URL),
                    null);
            }

            // 启动 MQClientInstance 实例
            mQClientFactory.start();
            log.info("the consumer [{}] start OK.",
                this.defaultMQPushConsumer.getConsumerGroup());
            this.serviceState = ServiceState.RUNNING;
            break;
        case RUNNING:
        case START_FAILED:
        case SHUTDOWN_ALREADY:
            throw new MQClientException(
                "The PushConsumer service state not OK, maybe started once, "
                + this.serviceState
                + FAQUrl.suggestTodo(FAQUrl.CLIENT_SERVICE_NOT_OK), null);
        default:
            break;
    }

    this.updateTopicSubscribeInfoWhenSubscriptionChanged();
    this.mQClientFactory.checkClientInBroker();
    this.mQClientFactory.sendHeartbeatToAllBrokerWithLock();
    this.mQClientFactory.rebalanceImmediately();
}
```

与 Producer 中的代码类似，上述代码最终会启动 MQClientInstance 实例。两者的 MQClientInstance 的 start() 方法是同一个，此处不再赘述。还需要关注另外一个方法 this.consumeMessageService.start()。因为监听器的参数是 MessageListenerConcurrently 类型，因此 consumeMessageService 的类型是 ConsumeMessageConcurrentlyService。以下是 ConsumeMessageConcurrentlyService start() 方法的源码。

```
public void start() {
    this.cleanExpireMsgExecutors.scheduleAtFixedRate(new Runnable() {
        @Override
        public void run() {
            cleanExpireMsg();
        }
    }, this.defaultMQPushConsumer.getConsumeTimeout(),
        this.defaultMQPushConsumer.getConsumeTimeout(),
        TimeUnit.MINUTES);
}

private void cleanExpireMsg() {
    Iterator<Map.Entry<MessageQueue, ProcessQueue>> it =
        this.defaultMQPushConsumerImpl.getRebalanceImpl()
```

```
        .getProcessQueueTable().entrySet().iterator();
    while (it.hasNext()) {
        Map.Entry<MessageQueue, ProcessQueue> next = it.next();
        ProcessQueue pq = next.getValue();
        pq.cleanExpiredMsg(this.defaultMQPushConsumer);
    }
}
```

cleanExpiredMsg 方法用于清理过期的消息。

## 11.2 异步编程框架——Eclipse Vert.x

近年来，移动网络、社交网络和电商的兴起使各大服务提供商的客户端请求数量激增，传统服务器架构已不堪重负，致使基于事件和异步的解决方案备受追捧，如 Nginx、Node.js、Netty 等。Eclipse Vert.x 框架基于事件和异步，底层实现是基于 Netty，并扩展了很多其他特性，以其轻量、高性能和支持多语言开发而备受开发者青睐。

Vert.x 适用于以下应用场景。

- Web 开发：Vert.x 封装了 Web 开发常用的组件，支持路由、Session 管理、模板等，可以非常方便地进行 Web 开发。因此不需要第三方容器（如 Tomcat、Jetty 等）。
- TCP/UDP 开发：Vert.x 底层基于 Netty，提供了丰富的 I/O 类库，支持多种网络应用开发。不需要处理底层细节（如拆包和粘包），注重业务代码编写。
- WebSocket 开发：可以做网络聊天室、动态推送等。
- Event Bus（事件总线）：Event Bus 是 Vert.x 的神经系统，通过 Event Bus 可以实现分布式消息、远程方法调用等。正是因为 Event Bus 的存在，Vert.x 可以非常便捷地开发微服务应用。
- 支持主流的数据和消息的访问：如 Redis、MongoDB、RabbitMQ 和 Kafka 等。
- 支持常见的分布式模式：如分布式锁、分布式计数器和分布式 Map 等。

### 11.2.1 入门示例

以下是一个 Vert.x 的入门示例。

```
package com.waylau.vertx;


import io.vertx.core.Vertx;
import io.vertx.core.http.HttpServer;
```

```java
public class HelloHttpServer {
   static final int PORT = 8080;
   static final String RESPONSE_MSG = "Hello World! Welcome to waylau.com!";

   public static void main(String[] args) {
      Vertx vertx = Vertx.vertx();
      HttpServer server = vertx.createHttpServer();

      // 请求处理
      server.requestHandler(request -> {
        request.response().end(RESPONSE_MSG);
      });

      // 启动服务器
      server.listen(PORT, "localhost", res -> {
         if (res.succeeded()) {
            System.out.println("Server is listening at port: " + PORT);
         } else {
            System.out.println("Failed to bind!");
         }
      });
   }
}
```

上面实现了一个 HTTP 服务器，当使用浏览器访问 http://localhost:8080/ 时，服务器就会给浏览器返回一个“Hello World”字样的消息。这个 HelloHttpServer 类可以直接运行，不需要使用 tomcat 进行部署，就可以直接通过浏览器来进行访问。它非常类似于 Node.js，但是比 Node.js 的性能要高很多。访问效果如图 11-1 所示。

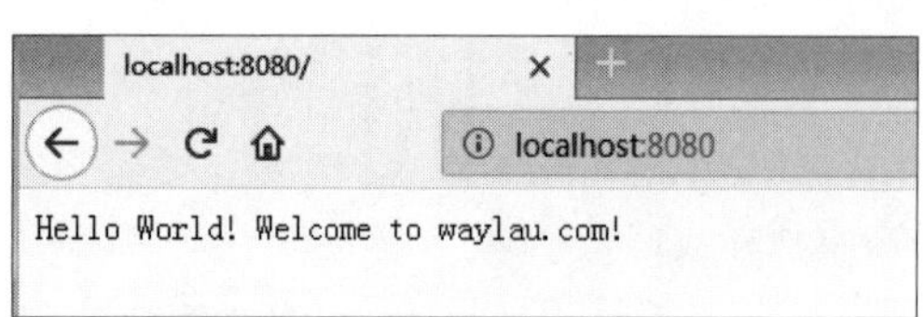


图 11-1 Vert.x 应用访问效果

接下来，就从这个示例开始，分析 Vert.x 是如何基于 Netty 来实现其功能的。

## 11.2.2 ▶ Vertx 接口

Vertx 是整个 Vert.x 的核心组件，可从 Vertx 和 Vert.x 的命名上看出。在 Vert.x 中，Vertx 作用如下。

- 创建 TCP 客户端和服务器。
- 创建 HTTP 客户端和服务器。
- 创建 DNS 客户端。
- 创建数据报套接字。
- 设置和取消周期定时器和一次性定时器。

- 获取对事件总线 API 的引用。
- 获取对文件系统 API 的引用。
- 获取对共享数据 API 的引用。
- 部署 Verticle。

要创建 Vertx 的实例，可以使用静态工厂方法。以下是 Vertx 的核心代码。

```
@VertxGen
public interface Vertx extends Measured {
  static Vertx vertx() {
    return factory.vertx();
  }

  static Vertx vertx(VertxOptions options) {
    return factory.vertx(options);
  }

  static void clusteredVertx(VertxOptions options,
       Handler<AsyncResult<Vertx>> resultHandler) {
    factory.clusteredVertx(options, resultHandler);
  }

  @GenIgnore
  VertxFactory factory = ServiceHelper.loadFactory(VertxFactory.class);
}
```

从代码可以看出，通过工厂方法的实例是 VertxFactory 类型的，核心源码如下。

```
package io.vertx.core.spi;

import io.vertx.core.AsyncResult;
import io.vertx.core.Context;
import io.vertx.core.Handler;
import io.vertx.core.Vertx;
import io.vertx.core.VertxOptions;
import io.vertx.core.net.impl.transport.Transport;

public interface VertxFactory {
  Vertx vertx();

  Vertx vertx(VertxOptions options);

  Vertx vertx(VertxOptions options, Transport transport);

  void clusteredVertx(VertxOptions options,
       Handler<AsyncResult<Vertx>> resultHandler);

  void clusteredVertx(VertxOptions options, Transport transport,
       Handler<AsyncResult<Vertx>> resultHandler);
```

```
    Context context();

}
```

## 11.2.3 ▶ Vertx 接口实现 VertxImpl

VertxImpl 类是 Vertx 接口的默认实现。上述入门示例中，createHttpServer 方法用于创建 HttpServer，源码如下。

```
public HttpServer createHttpServer(HttpServerOptions serverOptions) {
    return new HttpServerImpl(this, serverOptions);
}

@Override
public HttpServer createHttpServer() {
    return createHttpServer(new HttpServerOptions());
}
```

HttpServerOptions 是上述方法的参数对象，参数对象包含了以下属性及其默认值。

```
// 端口号
public static final int DEFAULT_PORT = 80;

// 是否支持压缩
public static final boolean DEFAULT_COMPRESSION_SUPPORTED = false;

// 压缩等级
public static final int DEFAULT_COMPRESSION_LEVEL = 6;

// 最大 WebSocket 帧大小
public static final int DEFAULT_MAX_WEBSOCKET_FRAME_SIZE = 65536;

// 最大 WebSocket 消息大小
public static final int DEFAULT_MAX_WEBSOCKET_MESSAGE_SIZE = 65536 * 4;

// 最大 HTTP 片大小
public static final int DEFAULT_MAX_CHUNK_SIZE = 8192;

// 最长初始化行
public static final int DEFAULT_MAX_INITIAL_LINE_LENGTH = 4096;

// 所有头的最大行
public static final int DEFAULT_MAX_HEADER_SIZE = 8192;

// 是否自动处理 100-Continue
public static final boolean DEFAULT_HANDLE_100_CONTINE_AUTOMATICALLY = false;
```

```
// 默认协商版本
public static final List<HttpVersion> DEFAULT_ALPN_VERSIONS =
        Collections.unmodifiableList(
            Arrays.asList(HttpVersion.HTTP_2, HttpVersion.HTTP_1_1));

// HTTP/2 服务器的最大并发流
public static final long DEFAULT_INITIAL_SETTINGS_MAX_CONCURRENT_STREAMS = 100;

// HTTP/2 连接窗口大小
public static final int DEFAULT_HTTP2_CONNECTION_WINDOW_SIZE = -1;

// 是否支持解压
public static final boolean DEFAULT_DECOMPRESSION_SUPPORTED = false;

// 是否 WebSocket Masked
public static final boolean DEFAULT_ACCEPT_UNMASKED_FRAMES = false;

// HttpObjectDecoder 初始化缓冲区大小
public static final int DEFAULT_DECODER_INITIAL_BUFFER_SIZE = 128;

// 是否支持 WebSockets 预帧压缩扩展
public static final boolean DEFAULT_PER_FRAME_WEBSOCKET_COMPRESSION_SUPPORTED = true;


// 是否支持 WebSockets 预消息压缩扩展
public static final boolean DEFAULT_PER_MESSAGE_WEBSOCKET_COMPRESSION_SUPPORTED = true;

// WebSocket 压缩级别
public static final int DEFAULT_WEBSOCKET_COMPRESSION_LEVEL = 6;

// 是否支持 server_no_context_takeover 压缩扩展
public static final boolean DEFAULT_WEBSOCKET_ALLOW_SERVER_NO_CONTEXT = false;

// 是否支持 client_no_context_takeover 压缩扩展
public static final boolean DEFAULT_WEBSOCKET_PREFERRED_CLIENT_NO_CONTEXT = false;
```

这些参数对象都是在 HTTP 协议中常用的参数。

### 11.2.4 ▶ HttpServer 接口及其实现

HttpServer 在 Vert.x 中承担 HTTP 和 WebSocket 服务器。在源码中也可以看到，HttpServerImpl 是 HttpServer 接口的默认实现。

在入门示例中，通过提供的 requestHandler 方法来接收 HTTP 请求。当请求到达服务器时，处理程序将与请求一起被调用，源码如下。

```
@Override
```

```
public synchronized HttpServer requestHandler(Handler<HttpServerRequest>
handler) {
    requestStream.handler(handler);
    return this;
}
```

上述方法调用了内部变量 requestStream 的 handler 方法。requestStream 是 HttpStreamHandler 类型的实例。

HttpStreamHandler 是 HttpServerImpl 的内部类，源码如下。

```
class HttpStreamHandler<C extends ReadStream<Buffer>> implements ReadStream<C>
{

    private Handler<C> handler;
    private long demand = Long.MAX_VALUE;
    private Handler<Void> endHandler;

    Handler<C> handler() {
      synchronized (HttpServerImpl.this) {
        return handler;
      }
    }

    boolean accept() {
      synchronized (HttpServerImpl.this) {
        boolean accept = demand > 0L;
        if (accept && demand != Long.MAX_VALUE) {
          demand--;
        }
        return accept;
      }
    }

    Handler<Void> endHandler() {
      synchronized (HttpServerImpl.this) {
        return endHandler;
      }
    }

    @Override
    public ReadStream handler(Handler<C> handler) {
      synchronized (HttpServerImpl.this) {
        if (listening) {
           throw new IllegalStateException(
              "Please set handler before server is listening");
        }

        this.handler = handler;
```

```
      return this;
    }
  }

  @Override
  public ReadStream pause() {
    synchronized (HttpServerImpl.this) {
      demand = 0L;
      return this;
    }
  }

  @Override
  public ReadStream fetch(long amount) {
    if (amount > 0L) {
      demand += amount;
      if (demand < 0L) {
        demand = Long.MAX_VALUE;
      }
    }

    return this;
  }

  @Override
  public ReadStream resume() {
    synchronized (HttpServerImpl.this) {
      demand = Long.MAX_VALUE;
      return this;
    }
  }

  @Override
  public ReadStream endHandler(Handler<Void> endHandler) {
    synchronized (HttpServerImpl.this) {
      this.endHandler = endHandler;
      return this;
    }
  }

  @Override
  public ReadStream exceptionHandler(Handler<Throwable> handler) {
    return this;
  }
}
```

简言之，处理器 Handler<HttpServerRequest> handler 会被设置到服务器实例 server 上。

## 11.2.5 ▶ Handler 接口

从入门示例中可以看出，requestHandler 所接收的 Handler<HttpServerRequest> handler 是一个 lambda 表达式。Handler 接口定义如下。

```
@FunctionalInterface
public interface Handler<E> {
  void handle(E event);
}
```

在入门示例中，request.response().end(RESPONSE_MSG) 方法用于接收请求，并响应指定的字符串内容。end() 方法的源码实现如下。

```
private void end(Buffer chunk, ChannelPromise promise) {
    synchronized (conn) {
      if (written) {
        throw new IllegalStateException(RESPONSE_WRITTEN);
      }
      ByteBuf data = chunk.getByteBuf();
      bytesWritten += data.readableBytes();
      HttpObject msg;

      if (!headWritten) {
        prepareHeaders(bytesWritten);
        msg = new AssembledFullHttpResponse(head, version,
            status, headers, data, trailingHeaders);
      } else {
        msg = new AssembledLastHttpContent(data, trailingHeaders);
      }

      // conn 是 io.vertx.core.http.impl.Http1xServerConnection 的示例
      conn.writeToChannel(msg, promise);
      written = true;
      conn.responseComplete();

      if (bodyEndHandler != null) {
        bodyEndHandler.handle(null);
      }

      if (!closed && endHandler != null) {
        endHandler.handle(null);
      }

      if (!keepAlive) {
        closeConnAfterWrite();
        closed = true;
      }
    }
```

```
}
```

上述源码是通过 Http1xServerConnection 的 writeToChannel 方法来将消息写入到 Channel 的。该方法的具体实现源码如下。

```
@Override
public void writeToChannel(Object msg, ChannelPromise promise) {

    if (METRICS_ENABLED) {
      reportBytesWritten(msg);
    }

    // 父类是 io.vertx.core.net.impl.ConnectionBase
    super.writeToChannel(msg, promise);
}
```

上述方法调用的是父类ConnectionBase的writeToChannel方法。该方法的具体实现源码如下。

```
public void writeToChannel(Object msg, ChannelPromise promise) {

    synchronized (this) {
      if (!chctx.executor().inEventLoop()
            || writeInProgress > 0) {
        queueForWrite(msg, promise);
        return;
      }
    }

    write(msg, !read, promise);
}

private void write(Object msg, boolean flush,
    ChannelPromise promise) {
    needsFlush = !flush;
    if (flush) {

    // chctx 类型是 Netty 中的 ChannelHandlerContext
      chctx.writeAndFlush(msg, promise);
    } else {
      chctx.write(msg, promise);
    }

}
```

最终，上述方法调用的是 chctx 的 writeAndFlush 或者 write 方法，而这个 chctx 就是 Netty 中的 ChannelHandlerContext。

## 11.2.6 HttpServer 的 listen 方法

最后需要关注的是服务器的 listen 方法，实现代码如下。

```
public HttpServer listen(int port, String host,
        Handler<AsyncResult<HttpServer>> listenHandler) {
    return listen(SocketAddress.inetSocketAddress(port, host), listenHandler);
}

public synchronized HttpServer listen(SocketAddress address,
        Handler<AsyncResult<HttpServer>> listenHandler) {
    if (requestStream.handler() == null && wsStream.handler() == null) {
      throw new IllegalStateException("Set request or websocket handler first");
    }

    if (listening) {
      throw new IllegalStateException("Already listening");
    }

    listenContext = vertx.getOrCreateContext();
    listening = true;
    String host = address.host() != null ? address.host() : "localhost";
    int port = address.port();

    List<HttpVersion> applicationProtocols = options.getAlpnVersions();
    if (listenContext.isWorkerContext()) {
      applicationProtocols =  applicationProtocols.stream()
        .filter(v -> v != HttpVersion.HTTP_2).collect(Collectors.toList());
    }

    sslHelper.setApplicationProtocols(applicationProtocols);
    Map<ServerID, HttpServerImpl> sharedHttpServers = vertx.sharedHttpServers();
    synchronized (sharedHttpServers) {
      this.actualPort = port;
      id = new ServerID(port, host);
      HttpServerImpl shared = sharedHttpServers.get(id);
      if (shared == null || port == 0) {
      // 服务器启动类
      serverChannelGroup =
            new DefaultChannelGroup("vertx-acceptor-channels",
                GlobalEventExecutor.INSTANCE);
        ServerBootstrap bootstrap = new ServerBootstrap();

        bootstrap.group(vertx.getAcceptorEventLoopGroup(), availableWorkers);
        applyConnectionOptions(address.path() != null, bootstrap);
        sslHelper.validate(vertx);
        String serverOrigin = (options.isSsl() ? "https" : "http")
            + "://" + host + ":" + port;
```

```
        bootstrap.childHandler(childHandler(address, serverOrigin));
        addHandlers(this, listenContext);

        try {

        // 绑定到执行地址和端口
        bindFuture = AsyncResolveConnectHelper.doBind(vertx, address, bootstrap);
          bindFuture.addListener((GenericFutureListener<io.netty.util.concurrent.
Future<Channel>>) res -> {
            if (!res.isSuccess()) {
              synchronized (sharedHttpServers) {
                sharedHttpServers.remove(id);
              }
            } else {
              Channel serverChannel = res.getNow();
              if (serverChannel.localAddress() instanceof InetSocketAddress) {
                HttpServerImpl.this.actualPort =
                    ((InetSocketAddress)serverChannel.localAddress()).getPort();
              } else {
                HttpServerImpl.this.actualPort = address.port();
              }

              serverChannelGroup.add(serverChannel);
            }
          });
        } catch (final Throwable t) {
          if (listenHandler != null) {
            vertx.runOnContext(v -> listenHandler.handle(Future.failedFuture(t)));
          } else {
            log.error(t);
          }
          listening = false;

          return this;
        }

        sharedHttpServers.put(id, this);
        actualServer = this;
      } else {
        actualServer = shared;
        this.actualPort = shared.actualPort;
        addHandlers(actualServer, listenContext);
        VertxMetrics metrics = vertx.metricsSPI();
        this.metrics = metrics != null
            ? metrics.createHttpServerMetrics(options, address)
            : null;
      }

        actualServer.bindFuture.addListener((GenericFutureListener<io.netty.
```

```
util.concurrent.Future<Channel>>) future -> {
          if (listenHandler != null) {
            final AsyncResult<HttpServer> res;
            if (future.isSuccess()) {
              res = Future.succeededFuture(HttpServerImpl.this);
            } else {
              res = Future.failedFuture(future.cause());
              listening = false;
            }
            listenContext.runOnContext((v) -> listenHandler.handle(res));
          } else if (!future.isSuccess()) {
            listening  = false;
            if (metrics != null) {
              metrics.close();
              metrics = null;
            }
            log.error(future.cause());
          }
        });
      }

      return this;

  }
```

在上面的源码中，可以看到 Netty 中的 ServerBootstrap 和 DefaultChannelGroup。简言之，上述方法就是封装了 Netty 应用的服务器启动类，并绑定到指定的地址和端口。

### 11.2.7 ▶ 总结

Vert.x 底层是基于 Netty 实现事件驱动和异步 I/O 框架的，其特征是通过引入 lambda 表达式。由于 lambda 表达式是在 JDK 8 中提供的，因此使用 Vert.x 必须要保证有 JDK 8 以上的版本配套。lambda 表达式可以简化匿名内部类的编写，可以极大地提高代码的可读性。在 Java 领域，Web 开发一般有很多的选择，如使用原生的 Servlet、SpringMVC 和 Struts 等。相比于这些传统的 Web 框架，Vert.x 拥有更强的并发处理能力。

## 11.3 高性能 PRC 框架——Apache Dubbo

Apache Dubbo 是由阿里巴巴开源的分布式服务框架，致力于提供高性能和透明化的 RPC 远程服务调用方案，以及 SOA 服务治理方案。其核心部分包括以下内容。

- 远程通信：提供对多种基于长连接的NIO框架抽象封装，包括多种线程模型、序列化、“请求—响应”模式的信息交换方案。
- 集群容错：提供基于借口方法的透明远程过程调用，包括多协议支持、软负载均衡、失败容错、地址路由和动态配置等集群支持。
- 自动发现：基于注册中心目录服务，使服务消费方能动态地查找服务提供方，使地址透明，使服务提供方可以平滑增加或减少机器。

Dubbo的主要功能如下。

- 透明化的远程方法调用，就像调用本地方法一样调用远程方法，只需要简单配置，没有任何API侵入。
- 软负载均衡及容错机制，可在内网替代F5等硬件负载均衡器，降低成本、节省资源。
- 服务自动注册与发现，不再需要写死服务提供方地址，注册中心基于接口名查询服务提供者的IP地址，并且能够平滑添加或删除服务提供者。

Dubbo基于Netty实现了数据传输，本节介绍其实现原理。

## 11.3.1 入门示例 Provider

先从官方的入门示例入手。以下是一个Provider源码。

```
package org.apache.dubbo.demo.provider;
import org.springframework.context.support.ClassPathXmlApplicationContext;
public class Application {

    public static void main(String[] args) throws Exception {
        ClassPathXmlApplicationContext context =
                new ClassPathXmlApplicationContext("spring/dubbo-provider.xml");
        context.start();
        System.in.read();
    }

}
```

上述是一个典型的Spring的启动程序。Spring应用配置文件dubbo-provider.xml如下。

```
<beans xmlns:xsi="http://www.w3.org/2001/XMLSchema-instance"
       xmlns:dubbo="http://dubbo.apache.org/schema/dubbo"
       xmlns="http://www.springframework.org/schema/beans"
       xsi:schemaLocation="http://www.springframework.org/schema/beans
       http://www.springframework.org/schema/beans/spring-beans-4.3.xsd
       http://dubbo.apache.org/schema/dubbo
       http://dubbo.apache.org/schema/dubbo/dubbo.xsd">

    <dubbo:application name="demo-provider"/>
    <dubbo:registry address="zookeeper://127.0.0.1:2181"/>
```

```
    <dubbo:protocol name="dubbo"/>
      <bean id="demoService" class="org.apache.dubbo.demo.provider.
DemoServiceImpl"/>
      <dubbo:service interface="org.apache.dubbo.demo.DemoService"
ref="demoService"/>
</beans>
```

上述配置定义了 Spring 的 bean 及 dubbo。

- application：应用名称。
- Registry：注册中心。
- protocol：通信协议是 dubbo。
- service：发布的服务。ref 是指引用的服务，这里是 bean demoService。
- demoService：接口的实现类是 DemoServiceImpl。

DemoService 接口及实现类 DemoServiceImpl 都较为简单，源码如下。

```
package org.apache.dubbo.demo.provider;

import org.apache.dubbo.demo.DemoService;
import org.apache.dubbo.rpc.RpcContext;
import org.slf4j.Logger;
import org.slf4j.LoggerFactory;

public class DemoServiceImpl implements DemoService {
    private static final Logger logger =
            LoggerFactory.getLogger(DemoServiceImpl.class);

    @Override
    public String sayHello(String name) {
        logger.info("Hello " + name + ", request from consumer: " +
                RpcContext.getContext().getRemoteAddress());
        return "Hello " + name + ", response from provider: " +
                RpcContext.getContext().getLocalAddress();

    }

}
```

## 11.3.2 ▶ ServiceBean 类

当 Spring 容器启动时，会调用一些扩展类的初始化方法，如继承了 InitializingBean、ApplicationContextAware、ApplicationListener 等 。而 dubbo 创建了 ServiceBean 并继承了一个监听器。Spring 会调用它的 onApplicationEvent 方法，该类有一个 export 方法，用于发布服务，源码如下。

```
@Override
```

```
public void export() {
    super.export();
    // 发布 ServiceBeanExportedEvent
    publishExportEvent();

}
```

ServiceBean 的 export 方法实际上是调用了父类 ServiceConfig 的方法。

## 11.3.3 ▶ ServiceConfig 类

ServiceConfig 的 export 方法的源码如下。

```
public synchronized void export() {
    checkAndUpdateSubConfigs();
    if (!shouldExport()) {
        return;
    }

    if (shouldDelay()) {
        DELAY_EXPORT_EXECUTOR.schedule(this::doExport, getDelay(),
                TimeUnit.MILLISECONDS);
    } else {
        doExport();
    }

}

protected synchronized void doExport() {

    if (unexported) {
        throw new IllegalStateException("The service "
            + interfaceClass.getName() + " has already unexported!");
    }

    if (exported) {
        return;
    }
    exported = true;

    if (StringUtils.isEmpty(path)) {
        path = interfaceName;
    }

    doExportUrls();
}

@SuppressWarnings({"unchecked", "rawtypes"})
```

```
private void doExportUrls() {
    List<URL> registryURLs = loadRegistries(true);

    for (ProtocolConfig protocolConfig : protocols) {
        String pathKey =
            URL.buildKey(getContextPath(protocolConfig).map(p -> p + "/" + path)
            .orElse(path), group, version);
        ProviderModel providerModel =
                new ProviderModel(pathKey, ref, interfaceClass);
        ApplicationModel.initProviderModel(pathKey, providerModel);
        doExportUrlsFor1Protocol(protocolConfig, registryURLs);

    }
}
```

上述源码中，doExportUrlsFor1Protocol 方法是根据 ProtocolConfig 来进行服务的发布，而 ProtocolConfig 其实就是 dubbo 配置的封装。doExportUrlsFor1Protocol 方法较长，可主要关注以下核心内容。

```
String scope = url.getParameter(SCOPE_KEY);

if (!SCOPE_NONE.equalsIgnoreCase(scope)) {

    // 如果不是 remote，导出为 local
    if (!SCOPE_REMOTE.equalsIgnoreCase(scope)) {
        exportLocal(url);
    }

    // 如果不是 local，导出为 remote
    if (!SCOPE_LOCAL.equalsIgnoreCase(scope)) {
        if (CollectionUtils.isNotEmpty(registryURLs)) {
            for (URL registryURL : registryURLs) {
                if (LOCAL_PROTOCOL.equalsIgnoreCase(url.getProtocol())) {
                    continue;
                }
                url = url.addParameterIfAbsent(DYNAMIC_KEY,
                        registryURL.getParameter(DYNAMIC_KEY));
                URL monitorUrl = loadMonitor(registryURL);
                if (monitorUrl != null) {
                    url = url.addParameterAndEncoded(MONITOR_KEY,
                        monitorUrl.toFullString());
                }

                if (logger.isInfoEnabled()) {
                    if (url.getParameter(REGISTER_KEY, true)) {
                        logger.info("Register dubbo service " +
                            interfaceClass.getName() + " url "
                            + url + " to registry "
```

```
                    + registryURL);
            } else {
                logger.info("Export dubbo service " +
                    interfaceClass.getName() + " to url " + url);

            }
        }

        String proxy = url.getParameter(PROXY_KEY);
        if (StringUtils.isNotEmpty(proxy)) {
            registryURL = registryURL.addParameter(PROXY_KEY, proxy);
        }

        // 通过 proxyFactory 对象生成接口实现类代理对象 Invoker
        Invoker<?> invoker =
            PROXY_FACTORY.getInvoker(ref, (Class) interfaceClass,
            registryURL.addParameterAndEncoded(EXPORT_KEY, url.toFullString()));

        DelegateProviderMetaDataInvoker wrapperInvoker =
                new DelegateProviderMetaDataInvoker(invoker, this);

        // 将 Invoker 对象封装到 protocol 协议对象中，同时开启 socket 服务监听端口
        // 这里 socket 通信是使用 netty 框架来处理的，protocol 类型是 DubboProtocol
        Exporter<?> exporter = protocol.export(wrapperInvoker);
        exporters.add(exporter);
    }
} else {
    if (logger.isInfoEnabled()) {
        logger.info("Export dubbo service " +
            interfaceClass.getName() + " to url " + url);
    }

    Invoker<?> invoker =
            PROXY_FACTORY.getInvoker(ref, (Class) interfaceClass, url);

    DelegateProviderMetaDataInvoker wrapperInvoker =
            new DelegateProviderMetaDataInvoker(invoker, this);

    Exporter<?> exporter = protocol.export(wrapperInvoker);
    exporters.add(exporter);
}

MetadataReportService metadataReportService = null;
if ((metadataReportService = getMetadataReportService()) != null) {
    metadataReportService.publishProvider(url);
}
}
}
```

上述代码根据是本地服务还是远程服务来执行不同的导出。重点关注 protocol.export 方法。由于在 dubbo 配置中，使用的通信协议是 dubbo，因此该 protocol 的类型是 DubboProtocol。

## 11.3.4 ▶ DubboProtocol 类

DubboProtocol 的 export 方法的源码如下。

```
@Override
public <T> Exporter<T> export(Invoker<T> invoker) throws RpcException {
    URL url = invoker.getUrl();

    // 发布服务
    String key = serviceKey(url);
    DubboExporter<T> exporter =
        new DubboExporter<T>(invoker, key, exporterMap);
    exporterMap.put(key, exporter);

    // 导出调度事件的桩服务
    Boolean isStubSupportEvent =
            url.getParameter(STUB_EVENT_KEY, DEFAULT_STUB_EVENT);
    Boolean isCallbackservice =
            url.getParameter(IS_CALLBACK_SERVICE, false);
    if (isStubSupportEvent && !isCallbackservice) {
        String stubServiceMethods =
            url.getParameter(STUB_EVENT_METHODS_KEY);
        if (stubServiceMethods == null
                || stubServiceMethods.length() == 0) {
            if (logger.isWarnEnabled()) {
                logger.warn(new IllegalStateException(
                    "consumer [" + url.getParameter(INTERFACE_KEY)
                    + "], has set stubproxy support event ,"
                    + "but no stub methods founded."));
            }
        } else {
            stubServiceMethodsMap.put(url.getServiceKey(), stubServiceMethods);
        }
    }

    openServer(url);
    optimizeSerialization(url);
    return exporter;

}
```

这个方法将传入的 Invoker 对象封装到 DubboExporter 对象中，并生成了唯一的 key 值。同时将 key 与 DubboExporter 对象关联保存到 exporterMap 中。exporterMap 是一个支持高并发的 ConcurrentHashMap 类。当客户端做远程请求服务时，就是根据 key 值从这个 exporterMap 中取出的真正接口实现对象来响应客户端的请求。openServer(url) 方法的代码如下。

```
private void openServer(URL url) {
    String key = url.getAddress();
    boolean isServer = url.getParameter(IS_SERVER_KEY, true);

    if (isServer) {
        ExchangeServer server = serverMap.get(key);

        if (server == null) {
            synchronized (this) {
                server = serverMap.get(key);
                if (server == null) {
                    serverMap.put(key, createServer(url));
                }
            }
        } else {
            server.reset(url);
        }
    }

}
```

上述源码首先判断 serverMap 中是否已经包含了当前服务的 ExchangeServer 对象，如果不包含，则调用 createServer(url) 来创建一个，并保存到 serverMap 中。

```
private ExchangeServer createServer(URL url) {
    url = URLBuilder.from(url)
        .addParameterIfAbsent(CHANNEL_READONLYEVENT_SENT_KEY, Boolean.TRUE.toString())
        .addParameterIfAbsent(HEARTBEAT_KEY, String.valueOf(DEFAULT_HEARTBEAT))
        .addParameter(CODEC_KEY, DubboCodec.NAME)
        .build();

    String str = url.getParameter(SERVER_KEY, DEFAULT_REMOTING_SERVER);// 参数 server
默认是 netty

    if (str != null && str.length() > 0 &&
            !ExtensionLoader.getExtensionLoader(Transporter.class)
                    .hasExtension(str)) {
        throw new RpcException("Unsupported server type: "
                + str + ", url: " + url);
    }

    ExchangeServer server;
    try {
        server = Exchangers.bind(url, requestHandler);
```

```
    } catch (RemotingException e) {
        throw new RpcException("Fail to start server(url: "
                + url + ") " + e.getMessage(), e);
    }

    str = url.getParameter(CLIENT_KEY);

    if (str != null && str.length() > 0) {
        Set<String> supportedTypes =
                ExtensionLoader.getExtensionLoader(Transporter.class)
                        .getSupportedExtensions();

        if (!supportedTypes.contains(str)) {
            throw new RpcException("Unsupported client type: " + str);
        }

    }

    return server;
}
```

上述方法中调用了 Exchangers 类的静态方法 bind 创建了一个 ExchangeServer 对象，并返回出去了。注意 bind 方法的两个参数，第一个是 URL，第二个参数是 requestHandler，它是 ExchangeHandlerAdapter 类。它重写了很多父接口中的方法，里面重写了一个 received 方法，即 Netty 框架在接收到客户端请求以后响应处理的入口。

### 11.3.5 ▶ Exchangers 类

以下是 Exchangers 类的静态方法 bind 的所有处理，getExchanger 方法最终返回了 HeaderExchanger 对象，源码如下。

```
```java public static ExchangeServer bind(URL url, ExchangeHandler handler) throws
RemotingException { if (url == null) { throw new IllegalArgumentException("url == null"); }
if (handler == null) {
    throw new IllegalArgumentException("handler == null");
}

url = url.addParameterIfAbsent(Constants.CODEC_KEY, "exchange");

return getExchanger(url).bind(url, handler);
}
public static Exchanger getExchanger(URL url) { String type = url.
getParameter(Constants.EXCHANGER_KEY, Constants.DEFAULT_EXCHANGER); return
getExchanger(type); }
public static Exchanger getExchanger(String type) { return ExtensionLoader.
getExtensionLoader(Exchanger.class) .getExtension(type); }
```
```

## 11.3.6 ▶ HeaderExchanger 类

HeaderExchanger 类中 bind 方法的代码如下。

```
public class HeaderExchanger implements Exchanger {

    public static final String NAME = "header";

    @Override
    public ExchangeClient connect(URL url, ExchangeHandler handler)
            throws RemotingException {
        return new HeaderExchangeClient(Transporters.connect(url,
                new DecodeHandler(new HeaderExchangeHandler(handler))), true);
    }

    @Override
    public ExchangeServer bind(URL url, ExchangeHandler handler)
            throws RemotingException {
        return new HeaderExchangeServer(Transporters.bind(url,
                new DecodeHandler(new HeaderExchangeHandler(handler))));
    }

}
```

将 dubbo 协议的 handler 对象最终包装成了 DecodeHandler 对象，并传入到了 Transporters 类的 bind 方法中。

## 11.3.7 ▶ Transporters 类

Transporters 类的 bind 方法的源码如下。

```
public static Server bind(URL url, ChannelHandler... handlers)
        throws RemotingException {
    if (url == null) {
        throw new IllegalArgumentException("url == null");
    }

    if (handlers == null || handlers.length == 0) {
        throw new IllegalArgumentException("handlers == null");
    }

    ChannelHandler handler;

    if (handlers.length == 1) {
        handler = handlers[0];
    } else {
        handler = new ChannelHandlerDispatcher(handlers);
```

```
    }

    return getTransporter().bind(url, handler);

}


public static Transporter getTransporter() {
    return ExtensionLoader.getExtensionLoader(Transporter.class)
            .getAdaptiveExtension();
}
```

上述代码的总体思路就是通过 getTransporter 方法获取 Transporter 接口的具体实现类，然后调用该实现的 bind 方法。Transporter 接口的具体实现类有 MinaTransporter、NettyTransporter、GrizzlyTransporter 和 MockTransporter 等。当未指定实现类时，默认使用 NettyTransporter。

### 11.3.8 ▶ NettyTransporter 类

NettyTransporter 类的 bind 方法的源码如下。

```
public class NettyTransporter implements Transporter {

    public static final String NAME = "netty";

    @Override
    public Server bind(URL url, ChannelHandler listener)
            throws RemotingException {
        return new NettyServer(url, listener);
    }

    @Override
    public Client connect(URL url, ChannelHandler listener)
            throws RemotingException {
        return new NettyClient(url, listener);
    }

}
```

上述 bind 方法，新建了一个 NettyServer 对象，也就是 Netty 服务器。

### 11.3.9 ▶ NettyServer 类

NettyServer 的构造函数的代码如下。

```
public NettyServer(URL url, ChannelHandler handler)
        throws RemotingException {
```

```
    super(url, ChannelHandlers.wrap(handler,
            ExecutorUtil.setThreadName(url, SERVER_THREAD_POOL_NAME)));
}
```

NettyServer 的构造函数本质是调用了父类的构造方法，代码如下。

```
public AbstractServer(URL url, ChannelHandler handler)
        throws RemotingException {
    super(url, handler);
    localAddress = getUrl().toInetSocketAddress();
    String bindIp =
            getUrl().getParameter(Constants.BIND_IP_KEY, getUrl().getHost());
    int bindPort =
            getUrl().getParameter(Constants.BIND_PORT_KEY, getUrl().getPort());

    if (url.getParameter(ANYHOST_KEY, false)
            || NetUtils.isInvalidLocalHost(bindIp)) {
        bindIp = ANYHOST_VALUE;
    }

    bindAddress = new InetSocketAddress(bindIp, bindPort);
    this.accepts = url.getParameter(ACCEPTS_KEY, DEFAULT_ACCEPTS);
    this.idleTimeout = url.getParameter(IDLE_TIMEOUT_KEY, DEFAULT_IDLE_TIMEOUT);

    try {
        doOpen();
        if (logger.isInfoEnabled()) {
            logger.info("Start " + getClass().getSimpleName()
                + " bind " + getBindAddress()
                + ", export " + getLocalAddress());
        }
    } catch (Throwable t) {
        throw new RemotingException(url.toInetSocketAddress(), null,
                "Failed to bind " + getClass().getSimpleName() + " on " +
                getLocalAddress() + ", cause: " + t.getMessage(), t);
    }

    DataStore dataStore =
            ExtensionLoader.getExtensionLoader(DataStore.class).getDefaultExtension();
     executor = (ExecutorService) dataStore.get(Constants.EXECUTOR_SERVICE_
COMPONENT_KEY,                    Integer.toString(url.getPort()));
}
```

这里重点关注 doOpen 方法。在 AbstractServer 中 doOpen 是个抽象方法，因此，要回到 NettyServer 的 doOpen 方法中，该方法的源码如下。

```
@Override
protected void doOpen() throws Throwable {
    bootstrap = new ServerBootstrap();
```

```
    bossGroup = new NioEventLoopGroup(1,
            new DefaultThreadFactory("NettyServerBoss", true));
    workerGroup = new NioEventLoopGroup(getUrl()
            .getPositiveParameter(IO_THREADS_KEY, Constants.DEFAULT_IO_THREADS),
            new DefaultThreadFactory("NettyServerWorker", true));
    final NettyServerHandler nettyServerHandler =
            new NettyServerHandler(getUrl(), this);

    channels = nettyServerHandler.getChannels();
    bootstrap.group(bossGroup, workerGroup)
            .channel(NioServerSocketChannel.class)
            .childOption(ChannelOption.TCP_NODELAY, Boolean.TRUE)
            .childOption(ChannelOption.SO_REUSEADDR, Boolean.TRUE)
            .childOption(ChannelOption.ALLOCATOR, PooledByteBufAllocator.DEFAULT)
            .childHandler(new ChannelInitializer<NioSocketChannel>() {
                @Override
                protected void initChannel(NioSocketChannel ch) throws Exception {
                    int idleTimeout = UrlUtils.getIdleTimeout(getUrl());
                    NettyCodecAdapter adapter =
                        new NettyCodecAdapter(getCodec(), getUrl(), NettyServer.this);
                    ch.pipeline()
                        .addLast("decoder", adapter.getDecoder())
                        .addLast("encoder", adapter.getEncoder())
                        .addLast("server-idle-handler",
                            new IdleStateHandler(0, 0, idleTimeout, MILLISECONDS))
                        .addLast("handler", nettyServerHandler);
                }

            });

    ChannelFuture channelFuture = bootstrap.bind(getBindAddress());

    channelFuture.syncUninterruptibly();

    channel = channelFuture.channel();

}
```

上述代码即为 Netty 服务器启动程序。这样服务器就启动了。

### 11.3.10 ▶ 总结

分析本章代码，已经知道 Dubbo 框架是如何发布一个服务，又是如何启动底层的 Netty 框架了。看似很简单，但是涉及的设计模式比较多，如装饰模式、工厂模式和抽象模板方法模式等。

# 第12章

12

# 实战：实现监控系统整体设计

通过前面章节的学习，读者们应该都已经基本掌握了 Netty 的基本概念和用法，是不是都跃跃欲试，想要亲自构建一个真实的 Netty 应用呢？从本章开始，笔者将带领读者们从零开始设计一个真实的分布式应用 lite-monitoring，一款基于 Netty 的监控系统。

本章聚焦 lite-monitoring 应用的架构设计、通信协议设计和数据库设计。

## 12.1 监控系统概述

lite-monitoring 是一款轻量级的分布式应用，主要专注于主机性能的监控。

在大型系统中，应用往往是采用分布式的架构。大型分布式应用会由众多的节点组成，因此如何监控这些节点的状态将变得非常重要。在分布式系统中，往往会配套安装监控系统，以随时跟踪各节点的运行状况。

在监控系统领域，有非常多的成熟产品可供选择，如 Nagios、Zabbix、Consul、ZooKeeper 等。这些产品都能在不同场景下发挥重要的作用，若想了解这些产品的完整使用方法，可以参考笔者所著的《分布式系统常用技术及案例分析》。本章将通过监控系统作为一个切入点，让读者可以有机会发挥自己所掌握的 Netty 知识，能够实打实地创建一款属于自己的真实的应用。通过构建监控系统，读者自然便具备了掌握架构完整应用的能力。

正如前面所讲，lite-monitoring 是一款轻量级的分布式应用，因此所要实现的功能应尽量精简。lite-monitoring 主要是分为以下几个部分。

- 数据通信：lite-monitoring 是一个典型的 C/S 模式的通信架构，由客户端发起请求，服务端作为响应。主要基于 Netty 实现。
- 数据采集：主机节点的状态有非常多的指标，如 CPU 使用率、内存使用率、磁盘使用率和网络速率等，为了力求精简，在本书中，主要采集已用内存、总内存和 CPU 使用率这 3 个重要的指标。数据采集主要是基于 OSHI 工具实现的。
- 数据存储：完成数据采集之后，数据需要落盘，在本书采用 MySQL 关系型数据库作为存储介质。同时，为了能让 Java 应用操作 MySQL，还将引入 DBCP2 和 DbUtils 等工具。
- 数据展示：为了能够实现数据的展示，还需要一个 Web 服务器及客户端应用。在本书中，Web 服务器是采用 Lite 框架以 REST 形式提供 Web 服务。而客户端则采用 Node.js 和 Angular 来构建，同时引入 ECharts 来实现数据的图标展示。

## 12.2 架构设计

虽然 lite-monitoring 的功能已经非常的精简，但仍然是一个完整的分布式应用，由众多的技术框架组成。接下来从分层架构和应用部署两个方面来探讨 lite-monitoring 的架构设计。

## 12.2.1 ▶ 分层架构

lite-monitoring 的架构遵循分层架构的原则。图 12-1 所示为完整的架构设计图。

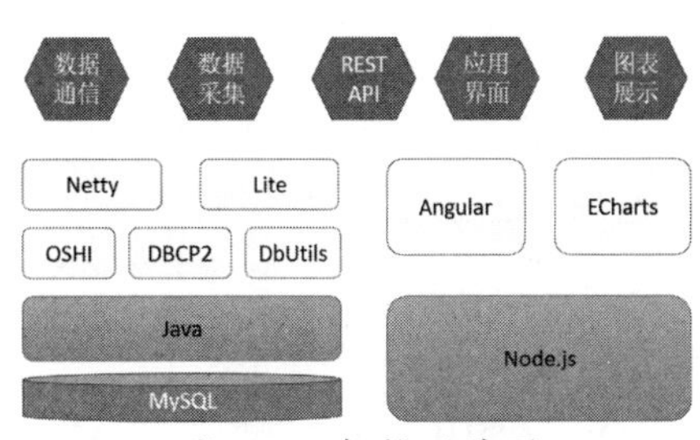


图 12-1 架构设计图

图 12-1 从下至上，分别如下。

- 数据存储。
- 开发平台。
- 开源框架。
- 模块功能。

接下来详细介绍这些组成。

### 1. 数据存储

数据存储采用的是流行的关系型数据库 MySQL。

在关系型数据库方面，同属于 Oracle 公司的 MySQL 数据库和 Oracle 数据库，是开源与闭源技术的两大代表，两者占据了全球数据库的占有率前两名。MySQL 数据库主要是在中小企业或者是云计算供应商中广泛采用，而 Oracle 数据库则由于其稳定、高性能的特性，深受政府和银行等客户的信赖。图 12-2 展示了 2020 年 9 月的数据库排名。

| Rank | | | DBMS | Database Model | Score | | |
|---|---|---|---|---|---|---|---|
| Sep 2020 | Aug 2020 | Sep 2019 | | | Sep 2020 | Aug 2020 | Sep 2019 |
| 1. | 1. | 1. | Oracle | Relational, Multi-model | 1369.36 | +14.21 | +22.71 |
| 2. | 2. | 2. | MySQL | Relational, Multi-model | 1264.25 | +2.67 | -14.83 |
| 3. | 3. | 3. | Microsoft SQL Server | Relational, Multi-model | 1062.76 | -13.12 | -22.30 |
| 4. | 4. | 4. | PostgreSQL | Relational, Multi-model | 542.29 | +5.52 | +60.04 |
| 5. | 5. | 5. | MongoDB | Document, Multi-model | 446.48 | +2.92 | +36.42 |
| 6. | 6. | 6. | IBM Db2 | Relational, Multi-model | 161.24 | -1.21 | -10.32 |
| 7. | 7. | ↑8. | Redis | Key-value, Multi-model | 151.86 | -1.02 | +9.95 |
| 8. | 8. | ↓7. | Elasticsearch | Search engine, Multi-model | 150.50 | -1.82 | +1.23 |
| 9. | 9. | ↑11. | SQLite | Relational | 126.68 | -0.14 | +3.31 |
| 10. | ↑11. | 10. | Cassandra | Wide column | 119.18 | -0.66 | -4.22 |

图 12-2 数据库排名

有关 MySQL 的内容还会在后续章节介绍。

### 2. 开发平台

在本书中，开发平台主要分为 Java 和 Node.js 两大阵营。Java 平台自然无须多介绍，主要是用于运行以 Netty 为主的后台应用。

Node.js 是类似于 Java 的开发平台，编程语言主要以 JavaScript、TypeScript 为主。Node.js 能够构建前端应用和后台应用，因此 Node.js 是非常优秀的全栈开发平台。在本书中，主要是使用 Node.js 来开发前端应用。

读者如果对 Node.js 全栈开发感兴趣，可以参阅笔者所著的《Node.js 企业级应用开发实战》。

### 3. 开源框架

使用开源框架的目的是为了简化开发，节省开发和测试的时间，降低使用框架的费用，并能最大限度地保证应用的质量。

除了 Netty 之外，本书还使用了 OSHI、DBCP2、DbUtils、Lite、Angular 和 ECharts 等开源框架。这些框架的作用如下。

- OSHI：跨平台的操作系统及硬件信息收集工具。
- DBCP2：流行的数据库连接池。
- DbUtils：流行的数据库操作工具。
- Lite：轻量级 Web 框架。其底层基于 Spring、Jetty、Spring Web MVC 和 MyBatis 等技术。
- Angular：前端组件化开发平台。
- ECharts：流行的图表展示工具。

### 4. 模块功能

在前文已经介绍了 lite-monitoring 的功能模块，包括数据通信、数据采集、REST API、应用界面和图表展示等几个功能。

## 12.2.2 ▶ 应用部署

图 12–3 所示为 lite-monitoring 的应用部署图。

从图 12–3 可以看出，整个 lite-monitoring 应用分为以下几个微服务。

- 采集客户端。
- 采集服务器。
- Web 服务器。
- 应用客户端。

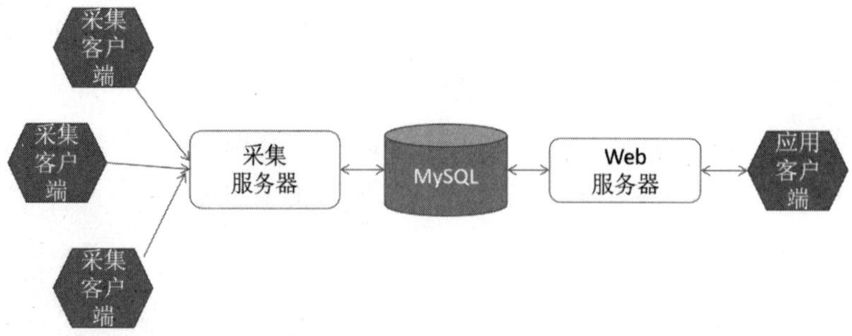


图 12–3　应用部署图

从上面的应用部署可以看出，lite-monitoring 是一个典型的分布式应用，采用的是微服务架构。接下来介绍上述微服务所承担的职责。

#### 1. 采集客户端

采集客户端负责采集本节点的主机状态，这些状态包括已用内存、总内存和 CPU 使用率等。采集功能通过 OSHI 实现。通过设置定时机制，来不断地采集主机状态并发送给采集服务器。采集客户端与采集服务器的通信主要是基于 Netty 实现的。

#### 2. 采集服务器

采集服务器不断监听来自采集客户端请求，并将收到的请求数据存储至 MySQL 数据库中。这里涉及 MySQL 的操作，主要是基于 DBCP2、DbUtils 实现的。

#### 3. Web 服务器

Web 服务器主要是响应应用客户端的请求。当应用客户端发起请求后，Web 服务器将数据从数据库中查询出来，并通过 REST API 的形式提供给应用客户端。Web 服务器主要是基于 Lite 框架实现的。

#### 4. 应用客户端

应用客户端是基于浏览器的应用。当用户访问应用主页时，应用客户端会向 Web 服务器请求数据，当数据返回后，应用客户端将数据渲染成图表形式展示给用户。

应用客户端主要基于 Node.js、Angular 和 ECharts 来构建。

有关 Angular 的内容，可以参阅笔者所著的《Angular 企业级应用开发实战》。

### 12.2.3 ▶ 模块设计

采集客户端、采集服务器、Web 服务器都是 Java 应用，因此可以放在同一个 lite-monitoring 应用下管理。lite-monitoring 应用的模块划分如下。

```
<modules>
    <module>lite-monitoring-common</module>
    <module>lite-monitoring-client</module>
    <module>lite-monitoring-server</module>
    <module>lite-monitoring-web</module>
</modules>
```

对以上模块说明如下。

- lite-monitoring-common 模块：lite-monitoring 的通用模块，常用的工具类、共用 API 可以放置在该模块下。
- lite-monitoring-client 模块：采集客户端应用，基于 lite-monitoring-common 模块。
- lite-monitoring-server 模块：采集服务器应用，基于 lite-monitoring-common 模块。
- lite-monitoring-web 模块：Web 服务器应用，基于 lite-monitoring-common 模块。

lite-monitoring 应用完整的 pom 文件如下。

```
<project xmlns="http://maven.apache.org/POM/4.0.0"
```

```
    xmlns:xsi="http://www.w3.org/2001/XMLSchema-instance"
    xsi:schemaLocation="http://maven.apache.org/POM/4.0.0
                    http://maven.apache.org/xsd/maven-4.0.0.xsd">
    <modelVersion>4.0.0</modelVersion>

    <groupId>com.waylau</groupId>
    <artifactId>lite-monitoring</artifactId>
    <version>1.0.0</version>
    <packaging>pom</packaging>

    <name>${project.groupId}:${project.artifactId}</name>
     <description>Lite Monitoring is a fast and cross-platform open source
monitoring solution for operating systems monitoring.
    </description>
    <url>https://github.com/waylau/lite-monitoring</url>
    <organization>
        <name>Way Lau</name>
        <url>https://waylau.com</url>
    </organization>

    <licenses>
        <license>
            <name>MIT License</name>
            <url>http://www.opensource.org/licenses/mit-license.php</url>
        </license>
    </licenses>

    <scm>
        <connection>scm:git:git://github.com/waylau/lite-monitoring.git</connection>
          <developerConnection>scm:git:ssh://github.com:waylau/lite-monitoring.
git</developerConnection>
        <url>http://github.com/waylau/lite-monitoring/tree/master</url>
    </scm>

    <developers>
        <developer>
            <id>waylau</id>
            <name>Way Lau</name>
            <email>waylau521@gmall.com</email>
        </developer>
    </developers>

    <distributionManagement>
        <snapshotRepository>
            <id>ossrh</id>
            <url>https://oss.sonatype.org/content/repositories/snapshots</url>
        </snapshotRepository>
        <repository>
            <id>ossrh</id>
```

```
        <url>https://oss.sonatype.org/service/local/staging/deploy/maven2</url>
      </repository>
   </distributionManagement>

   <properties>
      <project.build.sourceEncoding>UTF-8</project.build.sourceEncoding>
      <maven-compiler-plugin.version>3.8.0</maven-compiler-plugin.version>
      <maven-shade-plugin.version>3.2.1</maven-shade-plugin.version>
      <maven-gpg-plugin.version>1.6</maven-gpg-plugin.version>
      <nexus-staging-maven-plugin.version>1.6.8</nexus-staging-maven-plugin.version>
      <maven-source-plugin.version>3.0.1</maven-source-plugin.version>
      <java.version>1.8</java.version>
   </properties>

   <modules>
     <module>lite-monitoring-common</module>
     <module>lite-monitoring-client</module>
     <module>lite-monitoring-server</module>
     <module>lite-monitoring-web</module>
   </modules>


</project>
```

## 12.2.4 ▶ 使用测试框架

本章需要编写测试用例以保证程序的正确性。JUnit 是流行的 Java 单元测试框架，目前最新的版本是 JUnit 5。要使用 JUnit 5 需要添加如下依赖。

```
<!-- 测试相关的依赖 -->
<dependency>
   <groupId>org.junit.jupiter</groupId>
   <artifactId>junit-jupiter</artifactId>
   <version>${junit.jupiter.version}</version>
   <scope>test</scope>
</dependency>
```

需要注意的是，JUnit 5 测试库无须在程序发布时嵌入应用中，因此需要将 scope 设置为 test。JUnit 5 需要在所有的模块中引入。

## 12.2.5 ▶ 使用日志框架

不仅需要编写测试用例以保证程序的正确性，同时，也需要使用日志来记录程序运行过程中的关键时间点和数据，以便在程序异常时查找原因。

### 1. 日志框架概述

日志是来自正在运行的进程的事件流。对于传统的 Java 应用程序而言，有许多框架和库可用于日志记录。Java Util Logging 是 Java 自身所提供的现成选项。除此之外，还有 Log4j、logbac 和 SLF4J 等其他一些流行的日志框架。

- Log4j 是 Apache 旗下的 Java 日志记录工具。它是由 Ceki Gülcü 首创的。
- Log4j 2 是 Log4j 的升级产品。
- Commons Logging 是 Apache 基金会所属的项目，是一套 Java 日志接口，之前叫 Jakarta Commons Logging，后更名为 Commons Logging。
- SLF4J（Simple Logging Facade for Java）类似于 Commons Logging，是一套简易 Java 日志门面，本身并无日志的实现。同样也是由 Ceki Gülcü 首创的。
- logback 是 SLF4J 的实现，与 SLF4J 是一个作者。
- JUL（Java Util Logging）是自 Java 1.4 以来的官方日志实现。

这些框架都能很好地支持 UDP 及 TCP。应用程序将日志条目发送到控制台或文件系统。通常使用文件回收技术来避免日志填满所有磁盘空间。

日志处理的最佳实践之一是关闭生产中的大部分日志条目，因为磁盘 I/O 的成本很高。磁盘 I/O 不但会减慢应用程序的运行速度，还会严重影响可伸缩性。将日志写入磁盘也需要较大的磁盘容量。当磁盘空间用完之后，就有可能会降低应用程序的性能。日志框架提供了在运行时控制日志记录的选项，以限制必须打印的内容及不打印的内容。这些框架中的大部分都对日志记录控件提供了细粒度的控制，还提供了在运行时更改这些配置的选项。

另一方面，日志可能包含重要的信息，如果分析得当，则可能具有很高的价值。因此，限制日志条目本质上限制了理解应用程序行为的能力。所以，日志是一把双刃剑。

本书主要介绍 logback 和 SLF4J 的使用。

### 2. 添加依赖

要使用日志框架模块的 pom.xml 文件中，添加如下依赖。

```
<!-- 日志相关 -->
<dependency>
    <groupId>ch.qos.logback</groupId>
    <artifactId>logback-classic</artifactId>
    <version>${logback-classic.version}</version>
</dependency>
```

其中，logback-classic 就是需要引入的 logbac 依赖，该依赖自身就包括了 SLF4J，因此无须显示引入 SLF4J 的依赖。

### 3. 添加日志配置文件

在应用的 resource 目录下添加 logback.xml 文件，用于配置 logback。配置内容如下。

```
<?xml version="1.0" encoding="UTF-8"?>
```

```
<configuration>

  <appender name="STDOUT" class="ch.qos.logback.core.ConsoleAppender">
    <layout class="ch.qos.logback.classic.PatternLayout">
        <Pattern>%d{HH:mm:ss.SSS} [%thread] %-5level %logger{36} - %msg%n</
Pattern>
    </layout>
  </appender>

  <root level="info">
    <appender-ref ref="STDOUT" />
  </root>
</configuration>
```

#### 4. 使用日志框架

使用日志框架非常简单，首先要在使用的类中使用工厂创建日志对象。

```
static final Logger logger =
    LoggerFactory.getLogger(JettyServer.class);
```

然后就可以使用该 logger 对象进行日志的记录了。例如：

```
logger.info("Lite start at {}", port);

logger.error("Lite start exception!", e);
```

info 和 error 代表了不同的日志级别。一般而言，平常的日志就用 info，如果是一些错误信息，则需要用 error 级别的日志。

需要在所有的模块中添加日志框架。

## 12.3 通信协议设计

图 12–4 所示为 lite-monitoring 通信架构设计图。

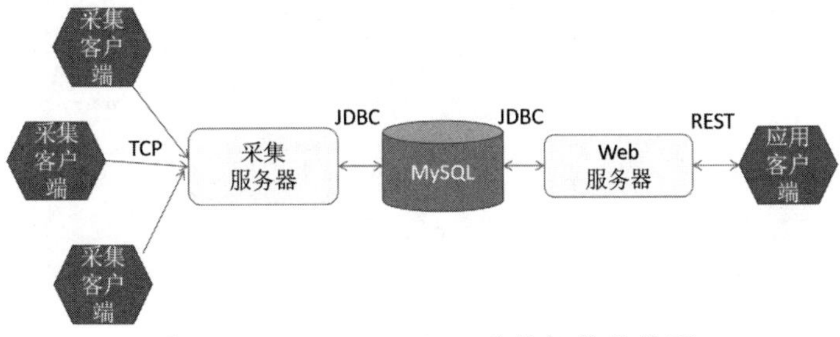


图 12-4　lite-monitoring 通信架构设计图

### 12.3.1 ▶ 采集客户端与采集服务器之间的通信

从图 12-4 可以看出，采集客户端与采集服务器之间通过 TCP 进行通信，其底层是通过 Netty 实现的。在本书中所列举的大部分 Netty 示例都是使用 TCP，因此读者对该协议的使用已经不再陌生。

采集客户端通过 OSHI 工具收集节点主机的信息，并序列化该信息发到采集服务器。采集服务器将接收到的信息进行反序列化，转为 Java 对象。

采集客户端与采集服务器之间的消息类型如下。

```
package com.waylau.litemonitoring.common.api;

import java.io.Serializable;

public class HostInfo implements Serializable {

    private static final Long serialVersionUID = 1L;

    /**
     * 主机位置（IP+ 端口），也是主机的唯一表示
     */
    private String host;

    /**
     * 创建时间
     */
    private Long createTime;

    /**
     * 已用内存（单位：byte）
     */
    private Long usedMemory;

    /**
     * 总内存（单位：byte）
     */
    private Long totalMemory;

    /**
     * CPU 使用率
     */
    private Double usedCpu;

    public Long getUsedMemory() {
        return usedMemory;
    }
```

```
    public void setUsedMemory(Long usedMemory) {
        this.usedMemory = usedMemory;
    }

    public Long getTotalMemory() {
        return totalMemory;
    }

    public void setTotalMemory(Long totalMemory) {
        this.totalMemory = totalMemory;
    }

    public Double getUsedCpu() {
        return usedCpu;
    }

    public void setUsedCpu(Double usedCpu) {
        this.usedCpu = usedCpu;
    }

    public Long getCreateTime() {
        return createTime;
    }

    public void setCreateTime(Long createTime) {
        this.createTime = createTime;
    }

    public String getHost() {
        return host;
    }

    public void setHost(String host) {
        this.host = host;
    }

    @Override
    public String toString() {
        return "HostInfo [host=" + host + ", createTime=" + createTime
                + ", usedMemory=" + usedMemory + ", totalMemory="
                + totalMemory + ", usedCpu=" + usedCpu + "]";
    }

}
```

需要注意的是，HostInfo 必须要实现 Serializable 接口，以便执行序列化。

### 12.3.2 ▶ 采集服务器与 MySQL 数据库之间的通信

采集服务器需要将采集客户端所发送的消息存储至 MySQL 数据库中。

Java 与数据库交互的规范是 JDBC。在本例中，没有直接使用 JDBC 来操作数据库，而是使用了 DBCP 连接池。连接池技术的核心思想是连接复用。通过建立一个数据库连接池及一套连接使用、分配、管理策略，使得该连接池中的连接可以得到高效、安全的复用，避免了数据库连接频繁建立、关闭的开销。另外，由于对 JDBC 中的原始连接进行了封装，从而方便了数据库应用对于连接的使用（特别是对于事务处理），提高了获取数据库连接效率，也正是因为这个封装层的存在，隔离了应用本身的处理逻辑和具体数据库访问逻辑，使应用本身的复用成为可能。连接池主要由 3 部分组成：连接池的建立、连接池中连接的使用管理和连接池的关闭。

同时，还使用了 DbUtils 等工具来方便 SQL 语句的执行。

### 12.3.3 ▶ MySQL 数据库与 Web 服务器之间的通信

Web 服务器是采用 Lite 框架来实现的。Lite 是一款轻量级的 Web 框架，是由笔者创建并已经开源了的，其底层是基于 Maven、Jetty、Spring 框架、Spring MVC、Spring Security 和 MyBatis 等技术实现的，提供了一整套开箱即用的基础设施，包括 Servlet 容器、MVC 模式、事务管理、安全认证和数据库访问等。

Lite 框架实现数据库访问的基础是 MyBatis，而 MyBatis 也是遵循 JDBC 协议的。

有关 Lite 的内容可以访问官网 https://github.com/waylau/lite，或者参阅笔者所著的《大型互联网应用轻量级架构实战》，书中对 Lite 的实现过程有详细的描述。

### 12.3.4 ▶ Web 服务器与应用客户端之间的通信

当今互联网应用的形式是多种多样的，常见的有 Web 页面、手机 App、桌面程序等。为了针对繁多的客户端，希望能够提供一套统一的接口，这种接口就是 REST 风格的 API。

Web 服务器提供 REST 风格的 API，这样无论应用客户端是哪种形式，都能够正常访问这类 API。

在本例中，将提供以下 REST API。

- GET /hosts：获取主机唯一标识列表。
- GET /hosts/:host：获取某个唯一标识是 host 的主机状态信息。

# 12.4 数据库设计

为了实现采集数据的存储，需要使用 MySQL 数据库。在使用 MySQL 数据库之前，需要进行建库、建表等设计工作。本节主要是针对 lite-monitoring 进行数据库设计。

同时，为了方便对 MySQL 陌生的读者使用，本节也安排了 MySQL 基础入门内容。如果读者熟悉 MySQL 可跳过相关的章节。

## 12.4.1 ▶ MySQL 安装及基本操作

本节将简单介绍 MySQL 在 Windows 下安装及基本使用。其他环境的安装，如 Linux、Mac 等系统都是类似的，也可以参照本节的安装步骤。

### 1. 下载解压安装包

可以从 https://dev.mysql.com/downloads/mysql/8.0.html 地址免费下载最新的 MySQL 8 版本的安装包。MySQL 8 带来了全新的体验，比如支持 NoSQL、JSON 等，性能比 MySQL 5.7 提升两倍以上。

本例下载的安装包为 mysql-8.0.15-winx64.zip。

解压至安装目录，如 D 盘根目录下。

本例为 D:\mysql-8.0.15-winx64。

### 2. 创建 my.ini

my.ini 是 MySQL 安装的配置文件，配置内容如下。

```
[mysqld]
# 安装目录
basedir=D:\\mysql-8.0.15-winx64
# 数据存放目录
datadir=D:\\mysqlData\\data
```

其中，basedir 指定了 MySQL 的安装目录；datadir 指定了数据目录。

将 my.ini 放置在 MySQL 安装目录的根目录下。需要注意的是，要先创建 D:\mysqlData 目录。data 目录由 MySQL 来创建。

### 3. 初始化安装

执行以下命令行来进行安装。

```
mysqld --defaults-file=D:\mysql-8.0.15-winx64\my.ini --initialize --console
```

如看到控制台输出如下内容，则说明安装成功。

```
>mysqld --defaults-file=D:\mysql-8.0.15-winx64\my.ini --initialize --console
2020-01-11T16:14:45.287448Z 0 [System] [MY-013169] [Server] D:\mysql-8.0.15-winx64\bin\
mysqld.exe (mysqld 8.0.12) initializing of server in progress as process 5012
2020-01-11T16:14:45.289628Z 0 [ERROR] [MY-010457] [Server] --initialize
specified but the data directory has files in it. Aborting.
2020-01-11T16:14:45.299329Z 0 [ERROR] [MY-010119] [Server] Aborting
2020-01-11T16:14:45.301316Z 0 [System] [MY-010910] [Server] D:\mysql-8.0.15-winx64\bin\
mysqld.exe: Shutdown complete (mysqld 8.0.12)  MySQL Community Server - GPL.

D:\mysql-8.0.15-winx64\bin>mysqld --defaults-file=D:\mysql-8.0.15-winx64\my.
ini --initialize --console
2020-01-11T16:15:25.729771Z 0 [System] [MY-013169] [Server] D:\mysql-8.0.15-winx64\bin\
mysqld.exe (mysqld 8.0.12) initializing of server in progress as process 18148
2020-01-11T16:15:43.569562Z 5 [Note] [MY-010454] [Server] A temporary password
is generated for root@localhost: L-hk!rBuk9-.
2020-01-11T16:15:55.811470Z 0 [System] [MY-013170] [Server] D:\mysql-8.0.15-
winx64\bin\mysqld.exe (mysqld 8.0.12) initializing of server has completed
```

其中，“L-hk!rBuk9-.”就是 root 用户的初始化密码。稍后可以对该密码做更改。

### 4. 启动、关闭 MySQL server

执行 mysqld 就能启动 MySQL server，或者执行 mysqld –console 来查看完整的启动信息。

```
>mysqld --console
2020-01-11T16:18:23.698153Z 0 [Warning] [MY-010915] [Server] 'NO_ZERO_DATE', 'NO_
ZERO_IN_DATE' and 'ERROR_FOR_DIVISION_BY_ZERO' sql modes should be used with
strict mode. They will be merged with strict mode in a future release.
2020-01-11T16:18:23.698248Z 0 [System] [MY-010116] [Server] D:\mysql-8.0.15-
winx64\bin\mysqld.exe (mysqld 8.0.12) starting as process 16304
2020-01-11T16:18:27.624422Z 0 [Warning] [MY-010068] [Server] CA certificate
ca.pem is self signed.
2020-01-11T16:18:27.793310Z 0 [System] [MY-010931] [Server] D:\mysql-8.0.15-
winx64\bin\mysqld.exe: ready for connections. Version: '8.0.12'  socket: ''
port: 3306  MySQL Community Server - GPL.
```

可以通过执行 mysqladmin -u root shutdown 来关闭 MySQL server。

### 5. 使用 MySQL 客户端

使用 mysql 来登录 MySQL，账号为 root，密码为“L-hk!rBuk9-.”。

```
>mysql -u root -p
Enter password: ************
Welcome to the MySQL monitor.  Commands end with ; or \g.
Your MySQL connection id is 11
Server version: 8.0.12

Copyright (c) 2000, 2018, Oracle and/or its affiliates. All rights reserved.

Oracle is a registered trademark of Oracle Corporation and/or its
```

```
affiliates. Other names may be trademarks of their respective
owners.

Type 'help;' or '\h' for help. Type '\c' to clear the current input statement.
```

执行下面的语句来修改密码，其中“123456”即为新密码。

```
mysql> ALTER USER 'root'@'localhost' IDENTIFIED BY '123456';
Query OK, 0 rows affected (0.13 sec)
```

### 6. MySQL 常用指令

以下总结了 MySQL 常用的指令。

要显示已有的数据库，执行下面指令。

```
mysql> show databases;
+--------------------+
| Database           |
+--------------------+
| information_schema |
| mysql              |
| performance_schema |
| sys                |
+--------------------+
4 rows in set (0.08 sec)
```

要创建新的数据库，执行下面的指令。

```
mysql> CREATE DATABASE lite;
Query OK, 1 row affected (0.19 sec)
```

要使用数据库，执行下面的指令。

```
mysql> USE lite;
Database changed
```

要建表，则执行下面的指令。

```
mysql> CREATE TABLE t_user (user_id BIGINT NOT NULL, username VARCHAR(20));
Query OK, 0 rows affected (0.82 sec)
```

要查看数据库中的所有表，执行下面的指令。

```
mysql> SHOW TABLES;
+----------------+
| Tables_in_lite |
+----------------+
| t_user         |
+----------------+
1 row in set (0.00 sec)
```

查看表的详情，执行下面的指令。

```
mysql> DESCRIBE t_user;
+----------+-------------+------+-----+---------+-------+
| Field    | Type        | Null | Key | Default | Extra |
+----------+-------------+------+-----+---------+-------+
| user_id  | bigint(20)  | NO   |     | NULL    |       |
| username | varchar(20) | YES  |     | NULL    |       |
+----------+-------------+------+-----+---------+-------+
2 rows in set (0.00 sec)
```

要插入数据，则执行下面的指令。

```
mysql> INSERT INTO t_user(user_id, username) VALUES(1, '老卫');
Query OK, 1 row affected (0.08 sec)
```

### 12.4.2 ▶ lite-monitoring 表结构设计

在创建表之前，必须要事先创建数据库，然后才能建表。

**1. 建库**

可以按照如下命令来创建新的数据库。

```
mysql> CREATE DATABASE lite;
Query OK, 1 row affected (0.19 sec)
```

或者是按照如下命令来使用已有的数据库。

```
mysql> USE lite;
Database changed
```

本例，使用的是 Lite 数据库。

**2. 建表**

需要创建一个名为 t_host_info 的表来存储所采集的节点状态数据。执行脚本如下。

```
CREATE TABLE t_host_info (
    host_info_id BIGINT UNSIGNED NOT NULL PRIMARY KEY AUTO_INCREMENT,
    host VARCHAR(50),
    create_time BIGINT,
    used_memory BIGINT,
    total_memory BIGINT,
    used_cpu DOUBLE
)
```

在上述脚本中，host_info_id 是一个自增长的主键。

# 第 13 章

# 13

# 实战：实现监控系统数据采集

在第 12 章学习了如何基于 Netty 来实现监控系统整体设计。本章将实现监控系统的数据采集功能。

# 13.1 基于 OSHI 数据采集功能实现

OSHI 是基于 Java 的免费开源操作系统和硬件信息收集工具。它不需要安装任何其他本机库，并且旨在提供一种跨平台的实现来检索系统信息，例如操作系统版本、进程、内存和 CPU 使用率、磁盘和分区、设备、传感器等。

在 lite-monitoring 应用中，基于 OSHI 库来实现主机信息数据采集功能。

## 13.1.1 ▶ 添加 OSHI 依赖

要使用 OSHI，最为方便的是在应用中添加 OSHI 依赖。以下是使用 Maven 的例子。

```
<dependency>
   <groupId>com.github.oshi</groupId>
   <artifactId>oshi-core</artifactId>
   <version>${oshi-core.version}</version>
</dependency>
```

## 13.1.2 ▶ 编写数据采集器

添加了 OSHI 之后，就可以编写数据采集器了。以下是 HostInfoCollector 类，实现了数据采集的功能。

```
package com.waylau.litemonitoring.common.util;

import java.util.concurrent.TimeUnit;

import com.waylau.litemonitoring.common.api.HostInfo;

import oshi.SystemInfo;
import oshi.hardware.CentralProcessor;
import oshi.hardware.GlobalMemory;
import oshi.hardware.HardwareAbstractionLayer;

public class HostInfoCollector {

    public static HostInfo getHostInfo() throws InterruptedException {
        SystemInfo si = new SystemInfo();
        HardwareAbstractionLayer hal = si.getHardware();

        GlobalMemory memory = hal.getMemory();
        long totalMemory = memory.getTotal();
```

```
        long usedMemory = totalMemory - memory.getAvailable();

        CentralProcessor processor = hal.getProcessor();
        long[] prevTicks = processor.getSystemCpuLoadTicks();

        // 睡眠 1s
        TimeUnit.SECONDS.sleep(1);
        long[] ticks = processor.getSystemCpuLoadTicks();
        long nice = ticks[CentralProcessor.TickType.NICE.getIndex()]
                - prevTicks[CentralProcessor.TickType.NICE.getIndex()];
        long irq = ticks[CentralProcessor.TickType.IRQ.getIndex()]
                - prevTicks[CentralProcessor.TickType.IRQ.getIndex()];
        long softirq = ticks[CentralProcessor.TickType.SOFTIRQ.getIndex()]
                - prevTicks[CentralProcessor.TickType.SOFTIRQ.getIndex()];
        long steal = ticks[CentralProcessor.TickType.STEAL.getIndex()]
                - prevTicks[CentralProcessor.TickType.STEAL.getIndex()];
        long cSys = ticks[CentralProcessor.TickType.SYSTEM.getIndex()]
                - prevTicks[CentralProcessor.TickType.SYSTEM.getIndex()];
        long user = ticks[CentralProcessor.TickType.USER.getIndex()]
                - prevTicks[CentralProcessor.TickType.USER.getIndex()];
        long iowait = ticks[CentralProcessor.TickType.IOWAIT.getIndex()]
                - prevTicks[CentralProcessor.TickType.IOWAIT.getIndex()];
        long idle = ticks[CentralProcessor.TickType.IDLE.getIndex()]
                - prevTicks[CentralProcessor.TickType.IDLE.getIndex()];
        long totalCpu =
                user + nice + cSys + idle + iowait + irq + softirq + steal;

        HostInfo hostInfo = new HostInfo();
        hostInfo.setCreateTime(System.currentTimeMillis());
        hostInfo.setUsedMemory(usedMemory); // 已用内存
        hostInfo.setTotalMemory(totalMemory); // 总内存
        hostInfo.setUsedCpu(1.0-(idle * 1.0 / totalCpu)); // CPU 使用率

        return hostInfo;
    }

}
```

HostInfoCollector 的功能主要是收集已用内存、总内存、CPU 使用率三项指标，并转换为 HostInfo 类型的对象。HostInfo 的 createTime 取得是当前时间。

### 13.1.3 ▶ 编写数据采集器测试用例

数据采集器编写完成后，就可以编写测试用例以测试其正确性。以下是 HostInfoCollector 类的测试用例。

```
package com.waylau.litemonitoring.common.util;
```

```
import org.junit.jupiter.api.Test;
import org.slf4j.Logger;
import org.slf4j.LoggerFactory;

import com.waylau.litemonitoring.common.api.HostInfo;

public class HostInfoCollectorTest {

    static final Logger logger =
            LoggerFactory.getLogger(HostInfoCollectorTest.class);

    @Test
    void testGetHostInfo() throws InterruptedException {
        HostInfo info = HostInfoCollector.getHostInfo();
        logger.info("采集信息：{}", info);
    }
}
```

执行测试用例，观察控制台输出，内容如下。

```
11:03:38,829 |-INFO in ch.qos.logback.classic.LoggerContext[default] - Could NOT find resource [logback-test.xml]
11:03:38,829 |-INFO in ch.qos.logback.classic.LoggerContext[default] - Could NOT find resource [logback.groovy]
11:03:38,829 |-INFO in ch.qos.logback.classic.LoggerContext[default] - Found resource [logback.xml] at [file:/D:/workspaceGithub/lite-monitoring/lite-monitoring-common/target/classes/logback.xml]
11:03:38,902 |-INFO in ch.qos.logback.classic.joran.action.ConfigurationAction - debug attribute not set
11:03:38,902 |-INFO in ch.qos.logback.core.joran.action.AppenderAction - About to instantiate appender of type [ch.qos.logback.core.ConsoleAppender]
11:03:38,912 |-INFO in ch.qos.logback.core.joran.action.AppenderAction - Naming appender as [STDOUT]
11:03:38,958 |-WARN in ch.qos.logback.core.ConsoleAppender[STDOUT] - This appender no longer admits a layout as a sub-component, set an encoder instead.
11:03:38,958 |-WARN in ch.qos.logback.core.ConsoleAppender[STDOUT] - To ensure compatibility, wrapping your layout in LayoutWrappingEncoder.
11:03:38,958 |-WARN in ch.qos.logback.core.ConsoleAppender[STDOUT] - See also http://logback.qos.ch/codes.html#layoutInsteadOfEncoder for details
11:03:38,958 |-INFO in ch.qos.logback.classic.joran.action.RootLoggerAction - Setting level of ROOT logger to INFO
11:03:38,958 |-INFO in ch.qos.logback.core.joran.action.AppenderRefAction - Attaching appender named [STDOUT] to Logger[ROOT]
11:03:38,959 |-INFO in ch.qos.logback.classic.joran.action.ConfigurationAction - End of configuration.
11:03:38,959 |-INFO in ch.qos.logback.classic.joran.JoranConfigurator@1b7cc17c - Registering current configuration as safe fallback point
```

```
11:03:40.736 [main] INFO c.w.l.c.util.HostInfoCollectorTest - 采集信息：HostInfo [host=null,
createTime=1578711820735, usedMemory=5746311168, totalMemory=8470065152, usedCpu=0.03106674984404245]
```

## 13.2 实现数据采集客户端

本节将演示如何实现数据采集客户端。数据采集客户端 lite-monitoring-client 是基于 Netty 的客户端应用，创建一个 Netty 的客户端应用主要分为自定义 ChannelHandler、编写 ChannelInitializer、编写客户端启动程序三步。

### 13.2.1 ▶ 自定义 ChannelHandler

在 lite-monitoring-client 应用中添加如下自定义 ChannelHandler。

```
package com.waylau.litemonitoring.client;

import java.util.concurrent.TimeUnit;

import org.slf4j.Logger;
import org.slf4j.LoggerFactory;

import com.waylau.litemonitoring.common.api.HostInfo;
import com.waylau.litemonitoring.common.util.HostInfoCollector;

import io.netty.channel.Channel;
import io.netty.channel.ChannelHandlerContext;
import io.netty.channel.SimpleChannelInboundHandler;

public class LiteMonitoringClientHandler extends
        SimpleChannelInboundHandler<Object> {
    private static final Logger logger =
            LoggerFactory.getLogger(LiteMonitoringClientHandler.class);

    @Override
    protected void channelRead0(ChannelHandlerContext ctx, Object obj)
            throws Exception {
        // NOOP
    }

    @Override
    public void channelActive(ChannelHandlerContext ctx) throws Exception {
        Channel ch = ctx.channel();
```

```
        ch.eventLoop().scheduleAtFixedRate(
                new Runnable() {
                    @Override
                    public void run() {

                        // 获取主机性能信息
                        HostInfo hostInfo = null;
                        try {
                            hostInfo = HostInfoCollector.getHostInfo();
                        } catch (InterruptedException e) {
                            logger.error("error: {}", e);
                        }
                        ch.write(hostInfo);
                        ch.flush();

                        logger.info(" 调度一次任务，数据：{}", hostInfo);
                    }
                }, 5, 5, TimeUnit.SECONDS);
    }

}
```

上述程序中，当采集客户端与采集服务器建立连接之后，会触发 channelActive 方法。可使用 scheduleAtFixedRate 来定时执行调度任务，调度任务中使用 HostInfoCollector 获取主机信息。定时器设置了每 5s 启动一次。

有关任务调度的内容，可以回顾 6.5.2 节的内容。

### 13.2.2 ▶ 编写 ChannelInitializer

在采集客户端应用中编写 ChannelInitializer，代码如下。

```
package com.waylau.litemonitoring.client;

import io.netty.channel.Channel;
import io.netty.channel.ChannelInitializer;
import io.netty.channel.ChannelPipeline;
import io.netty.handler.codec.serialization.ClassResolvers;
import io.netty.handler.codec.serialization.ObjectDecoder;
import io.netty.handler.codec.serialization.ObjectEncoder;

public class LiteMonitoringClientInitializer extends
        ChannelInitializer<Channel> {

    private final static int MAX_OBJECT_SIZE = 1024 * 1024;

    @Override
```

```
    protected void initChannel(Channel ch) throws Exception {
        ChannelPipeline pipeline = ch.pipeline();
        pipeline.addLast(new ObjectDecoder(MAX_OBJECT_SIZE,
                ClassResolvers.weakCachingConcurrentResolver(this.getClass()
                        .getClassLoader())));
        pipeline.addLast(new ObjectEncoder());
        pipeline.addLast(new LiteMonitoringClientHandler());
    }
}
```

上述代码中，使用了 ObjectDecoder、ObjectEncoder 以进行编解码。

### 13.2.3 ▶ 编写客户端启动程序

编写采集客户端的启动程序，代码如下。

```
package com.waylau.litemonitoring.client;

import io.netty.bootstrap.Bootstrap;
import io.netty.channel.Channel;
import io.netty.channel.EventLoopGroup;
import io.netty.channel.nio.NioEventLoopGroup;
import io.netty.channel.socket.nio.NioSocketChannel;

public class LiteMonitoringClient {

    public static void main(String[] args) throws Exception{
        new LiteMonitoringClient("localhost", 8082).run();
    }

    private final String host;
    private final int port;

    public LiteMonitoringClient(String host, int port){
        this.host = host;
        this.port = port;
    }

    public void run() throws Exception{
        EventLoopGroup group = new NioEventLoopGroup();
        try {
            Bootstrap bootstrap  = new Bootstrap()
                    .group(group)
                    .channel(NioSocketChannel.class)
                    .handler(new LiteMonitoringClientInitializer());

            Channel channel = bootstrap.connect(host, port).sync().channel();
```

```
            // 等待连接关闭
            channel.closeFuture().sync();
        } catch (Exception e) {
            e.printStackTrace();
        } finally {
            group.shutdownGracefully();
        }

    }

}
```

采集客户端启动程序比较简单，启动后会连接到 localhost:8082 的服务器。

## 13.3 实现数据采集服务器

本节将演示如何实现数据采集服务器。数据采集服务器 lite-monitoring-server 是基于 Netty 的服务器应用，创建一个 Netty 的服务器应用主要分为自定义 ChannelHandler、编写 ChannelInitializer、编写服务器启动程序三步。

### 13.3.1 ▶ 自定义 ChannelHandler

在 lite-monitoring-server 应用中添加如下自定义 ChannelHandler。

```
package com.waylau.litemonitoring.server;

import org.slf4j.Logger;
import org.slf4j.LoggerFactory;

import com.waylau.litemonitoring.common.api.HostInfo;

import io.netty.channel.ChannelHandlerContext;
import io.netty.channel.SimpleChannelInboundHandler;

public class LiteMonitoringServerHandler
        extends SimpleChannelInboundHandler<Object> {
    private static final Logger logger =
            LoggerFactory.getLogger(LiteMonitoringServerHandler.class);

    @Override
    protected void channelRead0(ChannelHandlerContext ctx,
            Object obj) throws Exception {
```

```
        if (obj instanceof HostInfo) {
            HostInfo hostInfo = (HostInfo) obj;
            String host =
                ctx.channel().remoteAddress().toString().replace("/","");
            hostInfo.setHost(host);

            logger.info("{} -> Server: {}" , hostInfo.getHost(), hostInfo);
        }
    }

}
```

上述程序中，当采集客户端与采集服务器建立连接之后，会触发 channelRead0 方法。在该方法中，将接收到的主机信息打印到控制台。

### 13.2.2 ▶ 编写 ChannelInitializer

在采集客户端应用中编写 ChannelInitializer，代码如下。

```
package com.waylau.litemonitoring.server;

import io.netty.channel.Channel;
import io.netty.channel.ChannelInitializer;
import io.netty.channel.ChannelPipeline;
import io.netty.handler.codec.serialization.ClassResolvers;
import io.netty.handler.codec.serialization.ObjectDecoder;
import io.netty.handler.codec.serialization.ObjectEncoder;

public class LiteMonitoringServerInitializer
        extends ChannelInitializer<Channel> {

    private final static int MAX_OBJECT_SIZE = 1024 * 1024;

    @Override
    protected void initChannel(Channel ch) throws Exception {
        ChannelPipeline pipeline = ch.pipeline();
        pipeline.addLast(new ObjectDecoder(MAX_OBJECT_SIZE,
                ClassResolvers.weakCachingConcurrentResolver(this.getClass()
                        .getClassLoader())));
        pipeline.addLast(new ObjectEncoder());
        pipeline.addLast(new LiteMonitoringServerHandler());
    }
}
```

上述代码中，使用了 ObjectDecoder、ObjectEncoder 以进行编解码。

### 13.3.3 ▶ 编写服务器启动程序

编写采集服务器的启动程序，代码如下。

```
package com.waylau.litemonitoring.server;

import io.netty.bootstrap.ServerBootstrap;
import io.netty.channel.ChannelFuture;
import io.netty.channel.ChannelOption;
import io.netty.channel.EventLoopGroup;
import io.netty.channel.nio.NioEventLoopGroup;
import io.netty.channel.socket.nio.NioServerSocketChannel;
import io.netty.handler.logging.LogLevel;
import io.netty.handler.logging.LoggingHandler;

public final class LiteMonitoringServer {

    static final int PORT = 8082;

    public static void main(String[] args) throws Exception {

        // 配置服务器
        EventLoopGroup bossGroup = new NioEventLoopGroup(1);
        EventLoopGroup workerGroup = new NioEventLoopGroup();
        try {
            ServerBootstrap b = new ServerBootstrap();
            b.group(bossGroup, workerGroup)
             .channel(NioServerSocketChannel.class)
             .option(ChannelOption.SO_BACKLOG, 100)
             .childOption(ChannelOption.SO_KEEPALIVE, true)
             .handler(new LoggingHandler(LogLevel.INFO))
             .childHandler(new LiteMonitoringServerInitializer());

            // 启动服务器
            ChannelFuture f = b.bind(PORT).sync();

            // 等待 socket 关闭
            f.channel().closeFuture().sync();
        } finally {
            // 关闭事件循环器终止线程
            bossGroup.shutdownGracefully();
            workerGroup.shutdownGracefully();
        }
    }
}
```

采集服务器启动程序比较简单，启动后会等待客户端连接。

## 13.4 运行测试

先启动采集服务器，再启动采集客户端。

采集客户端控制台输出如下。

```
11:41:57,776 |-INFO in ch.qos.logback.classic.LoggerContext[default] - Could NOT find resource [logback-test.xml]
11:41:57,778 |-INFO in ch.qos.logback.classic.LoggerContext[default] - Could NOT find resource [logback.groovy]
11:41:57,781 |-INFO in ch.qos.logback.classic.LoggerContext[default] - Found resource [logback.xml] at [file:/D:/workspaceGithub/lite-monitoring/lite-monitoring-client/target/classes/logback.xml]
11:41:57,782 |-WARN in ch.qos.logback.classic.LoggerContext[default] - Resource [logback.xml] occurs multiple times on the classpath.
11:41:57,782 |-WARN in ch.qos.logback.classic.LoggerContext[default] - Resource [logback.xml] occurs at [file:/D:/workspaceGithub/lite-monitoring/lite-monitoring-client/target/classes/logback.xml]
11:41:57,782 |-WARN in ch.qos.logback.classic.LoggerContext[default] - Resource [logback.xml] occurs at [file:/D:/workspaceGithub/lite-monitoring/lite-monitoring-common/target/classes/logback.xml]
11:41:57,969 |-INFO in ch.qos.logback.classic.joran.action.ConfigurationAction - debug attribute not set
11:41:57,970 |-INFO in ch.qos.logback.core.joran.action.AppenderAction - About to instantiate appender of type [ch.qos.logback.core.ConsoleAppender]
11:41:57,982 |-INFO in ch.qos.logback.core.joran.action.AppenderAction - Naming appender as [STDOUT]
11:41:58,102 |-WARN in ch.qos.logback.core.ConsoleAppender[STDOUT] - This appender no longer admits a layout as a sub-component, set an encoder instead.
11:41:58,102 |-WARN in ch.qos.logback.core.ConsoleAppender[STDOUT] - To ensure compatibility, wrapping your layout in LayoutWrappingEncoder.
11:41:58,102 |-WARN in ch.qos.logback.core.ConsoleAppender[STDOUT] - See also http://logback.qos.ch/codes.html#layoutInsteadOfEncoder for details
11:41:58,103 |-INFO in ch.qos.logback.classic.joran.action.RootLoggerAction - Setting level of ROOT logger to INFO
11:41:58,104 |-INFO in ch.qos.logback.core.joran.action.AppenderRefAction - Attaching appender named [STDOUT] to Logger[ROOT]
11:41:58,104 |-INFO in ch.qos.logback.classic.joran.action.ConfigurationAction - End of configuration.
11:41:58,106 |-INFO in ch.qos.logback.classic.joran.JoranConfigurator@26aa12dd - Registering current configuration as safe fallback point

11:42:05.602 [nioEventLoopGroup-2-1] INFO  c.w.l.c.LiteMonitoringClientHandler - 调度一次任务，数据：HostInfo [host=null, createTime=1578714125554, usedMemory=5615521792, totalMemory=8470065152, usedCpu=0.031191515907673106]
```

```
11:42:10.129 [nioEventLoopGroup-2-1] INFO c.w.l.c.LiteMonitoringClientHandler - 调度一次任务，数据：HostInfo [host=null, createTime=1578714130128, usedMemory=5669703680, totalMemory=8470065152, usedCpu=0.052743407074115733]
11:42:15.128 [nioEventLoopGroup-2-1] INFO c.w.l.c.LiteMonitoringClientHandler - 调度一次任务，数据：HostInfo [host=null, createTime=1578714135128, usedMemory=5673070592, totalMemory=8470065152, usedCpu=0.06825853231653956]
11:42:20.133 [nioEventLoopGroup-2-1] INFO c.w.l.c.LiteMonitoringClientHandler - 调度一次任务，数据：HostInfo [host=null, createTime=1578714140133, usedMemory=5681758208, totalMemory=8470065152, usedCpu=0.11113889236154517]
...
```

可以看到客户端每 5s 启动了一次任务调度。

采集服务器控制台输出如下。

```
11:41:51,265 |-INFO in ch.qos.logback.classic.LoggerContext[default] - Could NOT find resource [logback-test.xml]
11:41:51,266 |-INFO in ch.qos.logback.classic.LoggerContext[default] - Could NOT find resource [logback.groovy]
11:41:51,267 |-INFO in ch.qos.logback.classic.LoggerContext[default] - Found resource [logback.xml] at [file:/D:/workspaceGithub/lite-monitoring/lite-monitoring-server/target/classes/logback.xml]
11:41:51,268 |-WARN in ch.qos.logback.classic.LoggerContext[default] - Resource [logback.xml] occurs multiple times on the classpath.
11:41:51,268 |-WARN in ch.qos.logback.classic.LoggerContext[default] - Resource [logback.xml] occurs at [file:/D:/workspaceGithub/lite-monitoring/lite-monitoring-common/target/classes/logback.xml]
11:41:51,268 |-WARN in ch.qos.logback.classic.LoggerContext[default] - Resource [logback.xml] occurs at [file:/D:/workspaceGithub/lite-monitoring/lite-monitoring-server/target/classes/logback.xml]
11:41:51,426 |-INFO in ch.qos.logback.classic.joran.action.ConfigurationAction - debug attribute not set
11:41:51,427 |-INFO in ch.qos.logback.core.joran.action.AppenderAction - About to instantiate appender of type [ch.qos.logback.core.ConsoleAppender]
11:41:51,438 |-INFO in ch.qos.logback.core.joran.action.AppenderAction - Naming appender as [STDOUT]
11:41:51,524 |-WARN in ch.qos.logback.core.ConsoleAppender[STDOUT] - This appender no longer admits a layout as a sub-component, set an encoder instead.
11:41:51,524 |-WARN in ch.qos.logback.core.ConsoleAppender[STDOUT] - To ensure compatibility, wrapping your layout in LayoutWrappingEncoder.
11:41:51,524 |-WARN in ch.qos.logback.core.ConsoleAppender[STDOUT] - See also http://logback.qos.ch/codes.html#layoutInsteadOfEncoder for details
11:41:51,525 |-INFO in ch.qos.logback.classic.joran.action.RootLoggerAction - Setting level of ROOT logger to INFO
11:41:51,525 |-INFO in ch.qos.logback.core.joran.action.AppenderRefAction - Attaching appender named [STDOUT] to Logger[ROOT]
11:41:51,526 |-INFO in ch.qos.logback.classic.joran.action.ConfigurationAction - End of configuration.
11:41:51,528 |-INFO in ch.qos.logback.classic.joran.JoranConfigurator@26aa12dd -
```

```
Registering current configuration as safe fallback point

11:41:52.465 [nioEventLoopGroup-2-1] INFO  i.n.handler.logging.LoggingHandler - [id:
0xaf8e9206] REGISTERED
11:41:52.472 [nioEventLoopGroup-2-1] INFO  i.n.handler.logging.LoggingHandler - [id:
0xaf8e9206] BIND: 0.0.0.0/0.0.0.0:8082
11:41:52.476 [nioEventLoopGroup-2-1] INFO  i.n.handler.logging.LoggingHandler -
[id: 0xaf8e9206, L:/0:0:0:0:0:0:0:0:8082] ACTIVE
11:41:59.107 [nioEventLoopGroup-2-1] INFO  i.n.handler.logging.LoggingHandler -
[id: 0xaf8e9206, L:/0:0:0:0:0:0:0:0:8082] READ: [id: 0xa343f4c7, L:/127.0.0.1:8082
- R:/127.0.0.1:58796]
11:41:59.108 [nioEventLoopGroup-2-1] INFO  i.n.handler.logging.LoggingHandler - [id:
0xaf8e9206, L:/0:0:0:0:0:0:0:0:8082] READ COMPLETE
11:42:05.637 [nioEventLoopGroup-3-1] INFO  c.w.l.s.LiteMonitoringServe
rHandler - 127.0.0.1:58796 -> Server: HostInfo [host=127.0.0.1:58796,
createTime=1578714125554, usedMemory=5615521792, totalMemory=8470065152,
usedCpu=0.031191515907673106]
11:42:10.129 [nioEventLoopGroup-3-1] INFO  c.w.l.s.LiteMonitoringServe
rHandler - 127.0.0.1:58796 -> Server: HostInfo [host=127.0.0.1:58796,
createTime=1578714130128, usedMemory=5669703680, totalMemory=8470065152,
usedCpu=0.052743407074115733]
11:42:15.129 [nioEventLoopGroup-3-1] INFO  c.w.l.s.LiteMonitoringServe
rHandler - 127.0.0.1:58796 -> Server: HostInfo [host=127.0.0.1:58796,
createTime=1578714135128, usedMemory=5673070592, totalMemory=8470065152,
usedCpu=0.06825853231653956]
11:42:20.134 [nioEventLoopGroup-3-1] INFO  c.w.l.s.LiteMonitoringServe
rHandler - 127.0.0.1:58796 -> Server: HostInfo [host=127.0.0.1:58796,
createTime=1578714140133, usedMemory=5681758208, totalMemory=8470065152,
usedCpu=0.11113889236154517]
...
```

## 13.5 程序改进：指定启动参数

在前面所实现的采集服务器和采集客户端应用中，虽然可以正常实现采集客户端向采集服务器的通信，但仍然会有一个缺陷，那就是采集客户端所要连接的服务器地址是写死在程序中的。这个实现方式非常不友好，如果服务器更改了地址，或者变更了端口，那么采集客户端就无法找到服务器了。

因此，需要有一种机制在采集客户端启动时，指定采集服务器的地址和端口等参数。在 lite-monitoring-common 模块下提供了 CommandLineArgs 和 CommandLineArgsParser 两个类。

## 13.5.1 ▶ CommandLineArgs 类

CommandLineArgs 类代表命令行参数，代码如下。

```
package com.waylau.litemonitoring.common.util;

import java.util.HashMap;
import java.util.Map;

public class CommandLineArgs {

    private final Map<String, String> args = new HashMap<>();

    public void addArg(String argName, String argValue) {
        this.args.put(argName, argValue);
    }

    public boolean contains(String argName) {
        return this.args.containsKey(argName);
    }

    public String getArg(String argName) {
        return this.args.get(argName);
    }

    public Integer getIntArg(String argName) {
        String argValue = this.getArg(argName);
        return argValue == null ? null : Integer.valueOf(argValue);
    }

}
```

CommandLineArgs 会将命令行参数以键值对的方式存储在内部的 Map 中。

## 13.5.2 ▶ CommandLineArgsParser 类

CommandLineArgsParser 类是 CommandLineArgs 的解析器，代码如下。

```
package com.waylau.litemonitoring.common.util;

public class CommandLineArgsParser {

    public static CommandLineArgs parse(String... args) {
        CommandLineArgs commandLineArgs = new CommandLineArgs();
        for (String arg : args) {
            if (arg.startsWith("--")) {
```

```
                String argText = arg.substring(2, arg.length());
                String argName;
                String argValue = null;
                if (argText.contains("=")) {
                    argName = argText.substring(0, argText.indexOf("="));
                    argValue = argText.substring(argText.indexOf("=") + 1,
                            argText.length());
                } else {
                    argName = argText;
                }
                if (argName.isEmpty()
                        || (argValue != null && argValue.isEmpty())) {
                    throw new IllegalArgumentException(
                            "Invalid argument syntax: " + arg);
                }
                commandLineArgs.addArg(argName, argValue);
            }

        }
        return commandLineArgs;
    }

}
```

在命令行中指定参数，需要以“–”开头。

### 13.5.3 ▶ 如何使用

那么如何使用 CommandLineArgs 和 CommandLineArgsParser 呢？以下是一个示例。

在命令中，指定了如下的端口参数。

```
java -jar target/lite-1.0.0.jar --port=8081
```

那么就可以通过以下方式来获取端口号。

```
@Override
public void run(String[] args) {
    CommandLineArgs commandLineArgs = CommandLineArgsParser.parse(args);
    Integer port = commandLineArgs.getIntArg("port");

    // ...
}
```

### 13.5.4 ▶ 改进采集客户端启动程序

采集客户端的启动程序改动如下。

```
public class LiteMonitoringClient {

    private static final String CMD_PORT = "port";
    private static final String CMD_SERVER = "server";
    private static final int DEFUALT_PORT = 8082;
    private static final String DEFUALT_SERVER = "localhost";

    public static void main(String[] args) throws Exception {
        CommandLineArgs commandLineArgs = CommandLineArgsParser.parse(args);
        Integer port = commandLineArgs.getIntArg(CMD_PORT);
        String server = commandLineArgs.getArg(CMD_SERVER);

        if (port == null) {
            port = DEFUALT_PORT;
        }

        if (server == null) {
            server = DEFUALT_SERVER;
        }

        new LiteMonitoringClient(server, port).run();
    }

    ...
```

上述程序中，通过 CommandLineArgs 和 CommandLineArgsParser 两个类来获取启动参数。如果没有从命令行获取到指定的参数，则会使用默认值。

## 13.6 程序改进：使用 fat jar 启动应用

fat jar 也叫作 uber jar，是一种可执行的 jar 包，它将自己的程序及其依赖的三方 jar 全部打到一个 jar 包中。通过 fat jar 的方式，可以很方便地启动和运行程序。

### 13.6.1 ▶ 添加 maven-shade-plugin

为了使用 fat jar，需要在应用中添加 maven-shade-plugin。

采集客户端的改动如下。

```
<!-- 可执行的 jar 插件 -->
<plugin>
    <groupId>org.apache.maven.plugins</groupId>
    <artifactId>maven-shade-plugin</artifactId>
```

```
    <version>${maven-shade-plugin.version}</version>
    <configuration>
        <createDependencyReducedPom>false</createDependencyReducedPom>
    </configuration>
    <executions>
        <execution>
            <phase>package</phase>
            <goals>
                <goal>shade</goal>
            </goals>
            <configuration>
                <transformers>
                    <transformer
                        implementation="org.apache.maven.plugins.shade.resource.
ManifestResourceTransformer">
                                <mainClass>com.waylau.litemonitoring.client.
LiteMonitoringClient</mainClass>
                    </transformer>
                </transformers>
            </configuration>
        </execution>
    </executions>
</plugin>
```

其中，<mainClass> 用户指定应用程序的入口类。对于客户端而言，入口是“com.waylau.litemonitoring.client.LiteMonitoringClient”。而对于服务器而言，入口是“com.waylau.litemonitoring.server.LiteMonitoringServer”。同样的，Web 服务器也要做相应的修改，入口是“com.waylau.litemonitoring.web.LiteMonitoringWebStarter”。

### 13.6.2 ▶ 运行测试

使用 Maven 对应用进行编译、打包，代码如下。

```
mvn clean package
```

这样，在每个模块下，都会生成可以执行的 jar 文件。

执行以下命令可以启动采集服务器。

```
java -jar target/lite-monitoring-server-1.0.0.jar
```

执行以下命令可以启动采集客户端。

```
java -jar target/lite-monitoring-client-1.0.0.jar --server=127.0.0.1
--port=8082
```

启动效果如图 13-1 所示。

图 13-1　fat jar 启动效果

# 第 14 章

# 实战：实现监控系统数据存储

在第 13 章学习了如何基于 Netty 来实现监控系统的数据采集功能。本章将实现监控系统的数据存储功能。

# 14.1 基于 DBCP 的连接池实现

DBCP（DataBase connection pool）是流行的数据库连接池工具，是 Apache 上的一个 Java 连接池项目，也是 Tomcat 使用的连接池组件。目前，DBCP 最新版本为 2.x，基于 DBCP 可以方便地实现数据库连接的重用。

## 14.1.1 ▶ 连接池的概念和使用

在实际应用开发中，特别是在 Web 应用系统中，如果 JSP、Servlet 或 EJB 使用 JDBC 直接访问数据库中的数据，每一次数据访问请求都必须经历建立数据库连接、打开数据库、存取数据和关闭数据库连接等步骤，而连接并打开数据库是一件既消耗资源又费时的工作，如果频繁发生这种数据库操作，系统的性能必然会急剧下降，甚至会导致系统崩溃。数据库连接池技术是解决这个问题最常用的方法。

数据库连接池的主要操作如下。

- 建立数据库连接池对象。
- 按照事先指定的参数创建初始数量的数据库连接（即空闲连接数）。
- 对于一个数据库访问请求，直接从连接池中得到一个连接。如果数据库连接池对象中没有空闲的连接，且连接数没有达到最大（即最大活跃连接数），创建一个新的数据库连接。
- 存取数据库。
- 关闭数据库，释放所有数据库连接（此时的关闭数据库连接，并非真正关闭，而是将其放入空闲队列中。如实际空闲连接数大于初始空闲连接数则释放连接）。
- 释放数据库连接池对象（服务器停止、维护期间，释放数据库连接池对象，并释放所有连接）。

## 14.1.2 ▶ 添加 DBCP 依赖

要使用 DBCP，需要在 pom.xml 文件中添加 DBCP 依赖，配置如下。

```
<dependency>
    <groupId>org.apache.commons</groupId>
    <artifactId>commons-dbcp2</artifactId>
    <version>${dbcp2.version}</version>
</dependency>
```

由于本书例子使用的是 MySQL 数据库，因此需要在应用中添加 MySQL 的驱动。

```
<dependency>
```

```
    <groupId>mysql</groupId>
    <artifactId>mysql-connector-java</artifactId>
    <version>${mysql-connector-java.version}</version>
</dependency>
```

### 14.1.3 ▶ 编写数据库工具类

为了简化数据的连接操作，在 lite-monitoring-common 模块下编写了基于 DBCP 的数据库工具类，代码如下。

```
package com.waylau.litemonitoring.common.db;

import java.io.InputStream;
import java.sql.Connection;
import java.sql.ResultSet;
import java.sql.SQLException;
import java.sql.Statement;
import java.util.Properties;

import javax.sql.DataSource;

import org.apache.commons.dbcp2.ConnectionFactory;
import org.apache.commons.dbcp2.DriverManagerConnectionFactory;
import org.apache.commons.dbcp2.PoolableConnection;
import org.apache.commons.dbcp2.PoolableConnectionFactory;
import org.apache.commons.dbcp2.PoolingDataSource;
import org.apache.commons.pool2.ObjectPool;
import org.apache.commons.pool2.impl.GenericObjectPool;

public class DbUtil {
    public static DataSource dataSource;

    static {
        try {
            InputStream in = DbUtil.class.getClassLoader()
                    .getResourceAsStream("lite.properties");
            Properties properties = new Properties();
            properties.load(in);

            // 返回数据源对象
            dataSource =
                setupDataSource(properties.getProperty("url"), properties);
        } catch (Exception e) {
            e.printStackTrace();
        }
    }
```

```
/**
 * 获取数据源
 *
 * @return 数据源
 */
public static DataSource getDataSource() {
    return dataSource;
}

/**
 * 从连接池中获取连接
 *
 * @return 连接
 */
public static Connection getConnection() {
    try {
        return dataSource.getConnection();
    } catch (SQLException e) {
        throw new RuntimeException(e);
    }
}

/**
 * 释放资源
 *
 * @param resultSet 查询结果
 * @param statement 语句
 * @param connection 连接
 */
public static void releaseResources(ResultSet resultSet,
        Statement statement, Connection connection) {
    try {
        if (resultSet != null)
            resultSet.close();
    } catch (SQLException e) {
        e.printStackTrace();
    } finally {
        resultSet = null;
        try {
            if (statement != null) {
                statement.close();
            }

        } catch (SQLException e) {
            e.printStackTrace();
        } finally {
            statement = null;
            try {

                if (connection != null) {
```

```
                    connection.close();
                }
            } catch (SQLException e) {
                e.printStackTrace();
            } finally {
                connection = null;
            }
        }
    }
}

/**
 * 设置数据源
 *
 * @param connectionUri 数据库连接 URI
 * @param properties    连接属性
 * @return 数据源
 */
private static DataSource setupDataSource(final String connectionUri, final
Properties properties) {
    ConnectionFactory connectionFactory =
        new DriverManagerConnectionFactory(connectionUri, properties);
    PoolableConnectionFactory poolableConnectionFactory =
        new PoolableConnectionFactory(connectionFactory, null);
    ObjectPool<PoolableConnection> connectionPool =
        new GenericObjectPool<>(poolableConnectionFactory);
    poolableConnectionFactory.setPool(connectionPool);
    PoolingDataSource<PoolableConnection> dataSource =
        new PoolingDataSource<>(connectionPool);
    return dataSource;
}

}
```

其中，setupDataSource 方法用于初始化 DBCP 数据源，方法参数是连接 URI 及连接属性。该数据源由 DBCP 框架实现，可以实现连接池的管理。

当执行 getConnectio() 方法时，连接是从连接池获取的而非实时创建，因此可以实现连接的重用。

同理，当执行 releaseResourcesn() 方法时，其中的 connection.close() 并非真正的关闭连接，而是将连接放回了连接池。

## 14.1.4 ▶ 理解 DbUtil 的配置化

另外一个需要关注点是 DbUtil 的初始化。

```
static {
    try {
```

```
        InputStream in = DbUtil.class.getClassLoader()
                .getResourceAsStream("lite.properties");
        Properties properties = new Properties();
        properties.load(in);

        // 返回数据源对象
        dataSource = setupDataSource(properties.getProperty("url"), properties);
    } catch (Exception e) {
        e.printStackTrace();
    }
}
```

在上述方法中，从lite.properties 文件中读取内容，并转成了Java的配置类Properties对象。也就是说，创建数据源时常用的配置都可以放置在 lite.properties 文件中。

lite.properties 文件处于应用的 resources 目录下，内容如下。

```
driverClassName=com.mysql.cj.jdbc.Driver
url=jdbc:mysql://localhost:3306/lite?useSSL=false&serverTimezone=UTC&allowPub
licKeyRetrieval=true
user=root
password=123456
```

上述 4 个参数是建立 JDBC 连接最为基本的参数，最终会传递给 setupDataSource 方法。

### 14.1.5 ▶ 编写测试用例

测试用例的代码如下。

```
package com.waylau.litemonitoring.common.db;

import java.io.IOException;
import java.sql.Connection;
import java.sql.ResultSet;
import java.sql.SQLException;
import java.sql.Statement;

import org.junit.jupiter.api.Test;
import org.slf4j.Logger;
import org.slf4j.LoggerFactory;

public class DbUtilTest {

    static final Logger logger =
            LoggerFactory.getLogger(DbUtilTest.class);

    @Test
    void testGetConnection() throws IOException {
        Connection conn = null;
```

```
        Statement stmt = null;
        ResultSet rset = null;

        try {
            logger.info("Creating connection.");
            conn = DbUtil.getConnection();
            logger.info("Creating statement.");
            stmt = conn.createStatement();
            logger.info("Executing statement.");
            boolean insertResult = stmt.execute(
                    "INSERT INTO t_host_info (host,create_time,used_memory,"
                    + "total_memory,used_cpu) VALUES "
                    + "('i@waylau.com',54321, 123, 345, 0.24);");

            logger.info("Insert Results:" + insertResult);
            rset = stmt.executeQuery("select host,create_time,used_memory,"
                    + "total_memory,used_cpu from t_host_info;");
            logger.info("Query Results:");
            int numcols = rset.getMetaData().getColumnCount();

            while (rset.next()) {
                for (int i = 1; i <= numcols; i++) {
                    logger.info(rset.getString(i));
                }
                logger.info("");
            }

        } catch (SQLException e) {
            e.printStackTrace();
        } finally {
            DbUtil.releaseResources(rset, stmt, conn);
        }
    }
}
```

上述代码，stmt.execute 用于创建一个 t_host_info 记录，而 stmt.executeQuery 则是用于查询所创建 t_host_info 记录。

执行控制台，输出如下。

```
19:27:49.093 [main] INFO  c.w.l.common.db.DbUtilTest - Creating connection.
19:27:49.505 [main] INFO  c.w.l.common.db.DbUtilTest - Creating statement.
19:27:49.509 [main] INFO  c.w.l.common.db.DbUtilTest - Executing statement.
19:27:49.514 [main] INFO  c.w.l.common.db.DbUtilTest - Insert Results:false
19:27:49.529 [main] INFO  c.w.l.common.db.DbUtilTest - Query Results:
19:27:49.530 [main] INFO  c.w.l.common.db.DbUtilTest - i@waylau.com
19:27:49.531 [main] INFO  c.w.l.common.db.DbUtilTest - 54321
19:27:49.531 [main] INFO  c.w.l.common.db.DbUtilTest - 123
19:27:49.531 [main] INFO  c.w.l.common.db.DbUtilTest - 345
19:27:49.532 [main] INFO  c.w.l.common.db.DbUtilTest - 0.24
19:27:49.532 [main] INFO  c.w.l.common.db.DbUtilTest -
```

## 14.2 使用 DbUtils 简化数据库操作

在前面一节，已介绍了使用 Apache DBCP 作为连接池实现工具。但 DBCP 只是简化了数据库连接池的管理，执行具体的 SQL 操作仍然需要很多繁琐的样板代码。本文介绍使用 Apache DbUtils 以简化数据库的操作。

### 14.2.1 ▶ 使用 DBCP 的局限

以下是前一节所使用的 DBCP 测试用例。

```
public class DbUtilTest {

    static final Logger logger =
            LoggerFactory.getLogger(DbUtilTest.class);

    @Test
    void testGetConnection() throws IOException {
        Connection conn = null;
        Statement stmt = null;
        ResultSet rset = null;

        try {
            logger.info("Creating connection.");
            conn = DbUtil.getConnection();
            logger.info("Creating statement.");
            stmt = conn.createStatement();
            logger.info("Executing statement.");
            boolean insertResult = stmt.execute(
                    "INSERT INTO t_host_info (host,create_time,used_memory,"
                    + "total_memory,used_cpu) VALUES "
                    + "('i@waylau.com',54321, 123, 345, 0.24);");

            logger.info("Insert Results:" + insertResult);
            rset = stmt.executeQuery("select host,create_time,used_memory,"
                    + "total_memory,used_cpu from t_host_info;");
            logger.info("Query Results:");
            int numcols = rset.getMetaData().getColumnCount();

            while (rset.next()) {
                for (int i = 1; i <= numcols; i++) {
                    logger.info(rset.getString(i));
                }
                logger.info("");
            }
```

```
        } catch (SQLException e) {
            e.printStackTrace();
        } finally {
            DbUtil.releaseResources(rset, stmt, conn);
        }
    }
}
```

从上述代码中可以看出，为了获得 SQL 执行的结果，需要对 ResultSet rest 进行遍历，再将数据的内容打印到控制台。需要强调的是，在实际应用中，不可能直接使用 ResultSet 的数据，而是需要将数据转为 Java Bean。DBCP 缺乏这方面的支持。

## 14.2.2 ▶ 安装数据库工具 DbUtils

DbUtils 是一款开源的数据库工具，是 Apache 上的一个 Java 项目，能够提供方便的连接创建和关闭、SQL 执行结果转为 Java Bean 等功能。目前，DBCP 最新版本为 1.7。

将 DbUtils 添加到项目中，只需要在 pom 文件中添加如下配置。

```
<dependency>
    <groupId>commons-dbutils</groupId>
    <artifactId>commons-dbutils</artifactId>
    <version>${dbutils.version}</version>
</dependency>
```

在 DbUtils 中，其核心类和接口是 QueryRunner 和 ResultSetHandler。

## 14.2.3 ▶ QueryRunner 类

QueryRunner 可以从指定的数据源中获取连接，示例如下。

```
QueryRunner run = new QueryRunner(dataSource);
```

同时，也提供了执行 SQL 的方法，示例如下。

```
ResultSetHandler<Object[]> h = new ResultSetHandler<Object[]>() {
    public Object[] handle(ResultSet rs) throws SQLException {
        if (!rs.next()) {
            return null;
        }

        ResultSetMetaData meta = rs.getMetaData();
        int cols = meta.getColumnCount();
        Object[] result = new Object[cols];

        for (int i = 0; i < cols; i++) {
```

```
            result[i] = rs.getObject(i + 1);
        }

        return result;
    }
};

Object[] result = run.query(
    "SELECT * FROM Person WHERE name=?", h, "Way Lau");
```

上面示例中，QueryRunner 调用 query 方法来执行一个 SQL 查询。

除了 query 方法外，QueryRunner 还提供了 update 方法用于执行 INSERT、UPDATE 和 DELETE 操作。

### 14.2.4 ▶ ResultSetHandler 接口

在上述示例中，还应注意到，query 方法的入参之一是 ResultSetHandler。ResultSetHandler 用于实现将数据库的查询记录转为 Java 对象。ResultSetHandler 接口的具体实现可以由用户自定义，如在上述例子中，将数据库的查询记录转为 Object[] 对象。

### 14.2.5 ▶ ResultSetHandler 接口的默认实现

在数据库操作中，常用的方式是将数据库的查询记录转为 Java Bean。DbUtils 提供了两种默认实现 BeanHandler 和 BeanListHandler，以分别处理单个 Java Bean 对象及 Java Bean 列表。

#### 1. BeanHandler 类

BeanHandler 类用于将数据库的查询记录转为 Java Bean，示例如下。

```
QueryRunner run = new QueryRunner(dataSource);

ResultSetHandler<Person> h = new BeanHandler<Person>(Person.class);

Person p = run.query(
    "SELECT * FROM Person WHERE name=?", h, "Way Lau");
```

在 BeanHandler 类中指定了参数类型为 Persion，同时将 ResultSetHandler 的类型执行为 Person，这样执行 run.query 就能将数据库记录转成了 Persion 对象。

需要注意的是，示例中数据库的查询记录有可能会有多条，但上述 BeanHandler 只会转换其中的第一条记录并返回。

#### 2. BeanListHandler 类

类似于 BeanHandler，BeanListHandler 提供了将数据库的查询记录转为 Java Bean 列表的功能，示例如下。

```
QueryRunner run = new QueryRunner(dataSource);

ResultSetHandler<List<Person>> h = new BeanListHandler<Person>(Person.class);

List<Person> persons = run.query("SELECT * FROM Person", h);
```

在 BeanListHandler 中指定了参数类型为 Persion，同时将 ResultSetHandler 的类型执行为 List，这样执行 run.query 就能将数据库记录转成了 Persion 对象列表了。

### 14.2.6 ▶ DbUtils 测试用例

以下测试用例用于演示DbUtils的使用，包括对于数据库的增删改查。测试用例代码如下。

```
package com.waylau.litemonitoring.common.db;

import java.io.IOException;
import java.sql.SQLException;
import java.util.List;

import org.apache.commons.dbutils.QueryRunner;
import org.apache.commons.dbutils.ResultSetHandler;
import org.apache.commons.dbutils.handlers.BeanHandler;
import org.apache.commons.dbutils.handlers.BeanListHandler;
import org.junit.jupiter.api.MethodOrderer.OrderAnnotation;
import org.slf4j.Logger;
import org.slf4j.LoggerFactory;
import org.junit.jupiter.api.Order;
import org.junit.jupiter.api.Test;
import org.junit.jupiter.api.TestMethodOrder;

import com.waylau.litemonitoring.common.api.HostInfo;

@TestMethodOrder(OrderAnnotation.class)
public class DbUtilsTest {
    static final Logger logger =
            LoggerFactory.getLogger(DbUtilsTest.class);

    private static final String SQL_QUERY =
            "Select host, create_time AS createTime, used_memory AS usedMemory, "
                + "total_memory AS totalMemory, used_cpu AS usedCpu "
                + "FROM t_host_info ORDER BY create_time desc LIMIT 10";

    private static final String SQL_INSERT =
            "INSERT INTO t_host_info (host, create_time, used_memory, "
            + "total_memory, used_cpu) VALUES (?, ?, ?, ?, ?)";

    private static final String SQL_UPDATE =
            "UPDATE t_host_info SET create_time=?, used_memory=?, "
```

```
        + "total_memory=?, used_cpu=? WHERE host=?";

private static final String SQL_DELETE =
        "DELETE FROM t_host_info WHERE host=?";

@Test
@Order(3)
void testQueryRunnerBeanHandler() throws IOException, SQLException {
    QueryRunner run = new QueryRunner(DbUtil.getDataSource());

    // BeanHandler 用于将 ResultSet 中的第一条记录转为 JavaBean
    ResultSetHandler<HostInfo> h =
            new BeanHandler<HostInfo>(HostInfo.class);
    HostInfo p = run.query(SQL_QUERY, h);

    logger.info(p.toString());
}

@Test
@Order(4)
void testQueryRunnerBeanListHandler() throws IOException, SQLException {
    QueryRunner run = new QueryRunner(DbUtil.getDataSource());

    // BeanListHandler 用于将 ResultSet 中的所有记录转为 JavaBean List
    ResultSetHandler<List<HostInfo>> h =
            new BeanListHandler<HostInfo>(HostInfo.class);
    List<HostInfo> hostInfoList = run.query(SQL_QUERY, h);

    logger.info(hostInfoList.toString());
}

@Test
@Order(1)
void testQueryRunnerInsert() throws IOException, SQLException {
    QueryRunner run = new QueryRunner(DbUtil.getDataSource());

    // 创建
    int inserts = run.update(SQL_INSERT, "i@waylau.com",
            54321, 123, 345, 0.24);
    logger.info("Insert Results：{}" ,inserts);
}

@Test
@Order(2)
void testQueryRunnerUpdate() throws IOException, SQLException {
    QueryRunner run = new QueryRunner(DbUtil.getDataSource());

    // 更新
    int inserts = run.update(SQL_UPDATE, 4444,
```

```
                1213, 3451, 0.54, "i@waylau.com");
        logger.info("Update Results：{}" ,inserts);

    }

    @Test
    @Order(5)
    void testQueryRunnerDelete() throws IOException, SQLException {

        QueryRunner run = new QueryRunner(DbUtil.getDataSource());
        // 删除
        int inserts = run.update(SQL_DELETE, "i@waylau.com");
        logger.info("Deleted Results：{}" ,inserts);
    }
}
```

上述代码中使用原有的 DbUtil 工具类来获取数据源，并将数据源作为参数传递到 QueryRunner 中。需要注意的是，在执行 SQL 语句时，需要将查询字段做 AS 的别名处理，以便与 HostInfo 属性名一致。只有别名与属性名一致才能正常转换。

控制台输出如下。

```
19:47:29.928 [main] INFO  c.w.l.common.db.DbUtilsTest - Insert Results：1
19:47:29.941 [main] INFO  c.w.l.common.db.DbUtilsTest - Update Results：1
19:47:29.973 [main] INFO  c.w.l.common.db.DbUtilsTest - HostInfo [host=i@
waylau.com, createTime=4444, usedMemory=1213, totalMemory=3451, usedCpu=0.54]
19:47:29.976 [main] INFO  c.w.l.common.db.DbUtilsTest - [HostInfo [host=i@
waylau.com, createTime=4444, usedMemory=1213, totalMemory=3451, usedCpu=0.54]]
19:47:29.979 [main] INFO  c.w.l.common.db.DbUtilsTest - Deleted Results：1
```

## 14.3 实现数据存储功能

通过前一节的学习，很容易结合 DBCP 和 DbUtils 来实现数据库操作。现在需要修改采集服务器的处理器代码如下。

```
package com.waylau.litemonitoring.server;

import org.apache.commons.dbutils.QueryRunner;
import org.slf4j.Logger;
import org.slf4j.LoggerFactory;

import com.waylau.litemonitoring.common.api.HostInfo;
import com.waylau.litemonitoring.common.db.DbUtil;
```

```
import io.netty.channel.ChannelHandlerContext;
import io.netty.channel.SimpleChannelInboundHandler;

public class LiteMonitoringServerHandler
       extends SimpleChannelInboundHandler<Object> {
    private static final Logger logger =
           LoggerFactory.getLogger(LiteMonitoringServerHandler.class);

    private static final String SQL_INSERT =
           "INSERT INTO t_host_info (host, create_time, used_memory, "
           + "total_memory, used_cpu) VALUES (?, ?, ?, ?, ?)";

    @Override
    protected void channelRead0(ChannelHandlerContext ctx,
           Object obj) throws Exception {

       if (obj instanceof HostInfo) {
           HostInfo hostInfo = (HostInfo) obj;
           String host = ctx.channel().remoteAddress().toString().replace("/","");
           hostInfo.setHost(host);

           logger.info("{} -> Server: {}" , hostInfo.getHost(), hostInfo);

           QueryRunner run = new QueryRunner(DbUtil.getDataSource());

           // 创建
           int inserts = run.update(SQL_INSERT, hostInfo.getHost(),
                  hostInfo.getCreateTime(), hostInfo.getUsedMemory(),
                  hostInfo.getTotalMemory(), hostInfo.getUsedCpu());
           logger.info("Insert Results：{}" ,inserts);
       }
    }

}
```

上述代码所增加的创建数据库记录的内容非常少，与前一节测试用例的代码基本一致。

运行采集服务器和采集客户端，一段时间后再次查询数据，可以看到有以下记录。

```
mysql> select * from t_host_info;
+--------------+-----------------+---------------+-------------+--------------+----------------------+
| host_info_id | host            | create_time   | used_memory | total_memory | used_cpu             |
+--------------+-----------------+---------------+-------------+--------------+----------------------+
|            4 | 127.0.0.1:63054 | 1578744119184 | 5649956864  |  8470065152  | 0.04064739313071408  |
|            5 | 127.0.0.1:63054 | 1578744123790 | 5714063360  |  8470065152  | 0.05873512836568562  |
|            6 | 127.0.0.1:63054 | 1578744128786 | 5791920128  |  8470065152  | 0.025375000000000036 |
|            7 | 127.0.0.1:63054 | 1578744133789 | 5778333696  |  8470065152  | 0.025375000000000036 |
|            8 | 127.0.0.1:63054 | 1578744138800 | 5744738304  |  8470065152  | 0.013624999999999998 |
|            9 | 127.0.0.1:63054 | 1578744143782 | 5766045696  |  8470065152  | 0.029249999999999998 |
|           10 | 127.0.0.1:63054 | 1578744148783 | 5783457792  |  8470065152  | 0.09982464929859725  |
+--------------+-----------------+---------------+-------------+--------------+----------------------+
7 rows in set (0.00 sec)
```

# 第 15 章

15

# 实战：实现监控系统数据展示

在第 14 章学习了如何基于 DBCP 和 DbUtilsNetty 来实现监控系统的数据存储功能。本章将实现监控系统的数据展示功能。

要实现数据展示，除了需要 Web 服务器外，还需要一个应用客户端。

# 15.1 基于 Lite 的 Web 服务器

传统企业级应用技术存在非常多的不足，例如，规范太多、学习成本太高、不够灵活、发展缓慢等，迫使开发者将目光转向了开源社区。Rod Johnson 在 2002 年编著的 *Expert One-on-One J2EE Design and Development* 一书中，一针见血地指出了当时 Java EE 架构在实际开发中的种种弊端，并推出 Spring 框架来简化企业级应用的开发。

之后，开源社区日益繁荣，Hibernate、Structs 等轻量级框架相继推出，以替换 Java EE 中的“重量级”实现。在此背景之下，Lite 应运而生。

Lite 框架是笔者开源的 Web 服务器框架。该框架吸收市面上优秀的开源框架，来实现属于自己的轻量级框架。正如名字所表达的含义，Lite 意味着开源、简单和轻量。

那么，Lite 框架到底是怎么样的？

## 15.1.1 ▶ 轻量级架构

Lite 框架是一套轻量级 Web 框架，基于 Lite 可以轻松实现企业级应用。Lite 具有非侵入性，依赖的东西非常少，占用资源也非常少，部署简单，启动快速，比较容易使用。

Lite 底层基于 Spring 框架来实现 bean 的管理，因此，只要有 Spring 的开发经验，上手 Lite 也是非常容易，即便只是 Spring 的新手。

## 15.1.2 ▶ 符合二八定律

Lite 旨在通过较少（10%~20%）的成本解决大部分（80%~90%）的问题。

Lite 专注于解决企业级应用中的场景问题，例如对象管理、事务管理、认证与授权、数据存储、负载均衡和缓存等，而这些场景基本上涵盖了所有的企业级应用。

通过 Lite 框架的学习，读者能够掌握互联网公司常用的技术，能够解决企业关注的大部分问题，有利于提升作为一名技术人员的核心竞争力。

## 15.1.3 ▶ 基于开源技术

Lite 框架吸收市面上优秀的开源框架技术，去其糟粕取其精华，使得 Lite 功能强大，但自身又保持着简单、易于理解的优点。

Lite 框架所使用的开源技术都是目前大型互联网公司所采用的成熟技术，包括以下内容。

- 基于 Maven 实现模块化开发及项目管理。

- 基于 Jetty 提供开箱即用的 Servlet 容器。
- 使用 Spring 实现了 IoC 和 AOP 机制。
- 基于 Spring TestContext 实现开发过程中的单元测试。
- 使用 Spring Web MVC 实现 RESTful 风格的架构。
- 基于 Spring Security 实现认证与授权。
- 使用 MySQL 实现数据的高效存储。
- 使用 MyBatis 实现数据库的操作与对象的关系映射。
- 使用 NGINX 实现应用的负载均衡与高可用。
- 使用 Redis 实现应用的高并发。
- 使用 Spring Boot 简化应用的配置。

### 15.1.4 ▶ 支持微服务

在复杂的大型互联网应用架构中，倾向于使用微服务架构来划分为不同的微服务。这些微服务面向特定的领域，因此开发能够更加专注，所实现的功能也相对专一。

Lite 框架支持微服务架构。Lite 非常轻量，启动速度非常快。同时，Lite 倾向于将应用打包成 fat jar 的方式，因而能够轻易地在微服务架构中常用的容器等技术中运行。

### 15.1.5 ▶ 可用性和扩展性

由于 Lite 框架支持微服务架构，所以 Lite 很容易实现自身的横向扩展。

理论上，每个微服务都是独立部署的，且每个微服务会部署多个实例以保证可用性和扩展性。同时，独立部署微服务实例，有利于监控每个微服务实例运行的状态，方便在应用达到告警阈值时，及时做出调整。

### 15.1.6 ▶ 支撑大型互联网应用

正是由于 Lite 具有良好的可用性和扩展性，使得 Lite 非常适用于大型互联网应用。因为，大型互联网应用既要部署快、运行快，同时，还要求在运维过程中能够及时处置突发事件。

以微服务实例自动扩展的场景为例，监控程序会对应用持续监控，当现有的服务实例 CPU 超过了预设的阈值（60%）时，监控程序会做出自动扩展的决策，新启动一个实例来加入原有的系统中。

# 15.2 创建基于 Lite 的 Web 服务器

本节演示如何基于 Lite 来创建 Web 服务器，并提供 REST API 给应用客户端。

## 15.2.1 ▶ 引入 Lite 框架依赖

要使用 Lite 框架，只需要在 lite-monitoring-web 应用的 pom.xml 文件加入以下依赖。

```
<dependency>
    <groupId>com.waylau</groupId>
    <artifactId>lite</artifactId>
    <version>${lite.version}</version>
</dependency>
```

## 15.2.2 ▶ 编写第一个 Lite 应用

编写 Lite 应用是非常简单的，代码如下。

```
package com.waylau.litemonitoring.web;

import com.waylau.lite.jetty.LiteJettyServer;

public class LiteMonitoringWebStarter {
    public static void main(String[] args) {
        new LiteJettyServer().run(args);
    }
}
```

从上述代码可以看出，编写 Lite 应用只需要一行代码。

运行应用后，看到控制台输出内容如下。

```
20:38:20.575 [main] INFO  c.waylau.lite.jetty.LiteJettyServer - Lite start at 8080
```

Lite 应用已经启动在了 8080 端口。

访问 http://localhost:8080/lite 地址，可以看到如图 15-1 所示的界面，说明 Lite 应用运行正常。

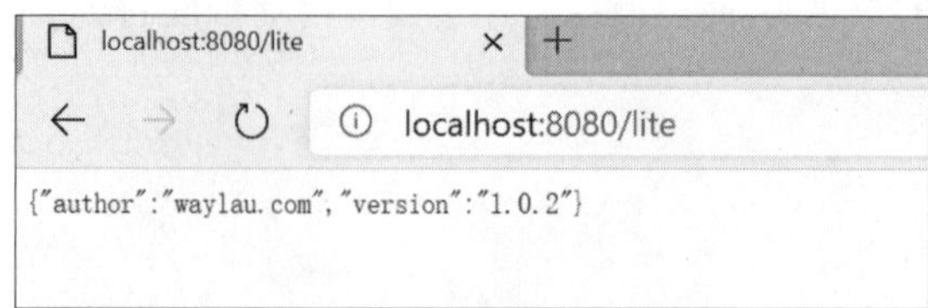


图 15-1 Lite 启动效果

### 15.2.3 ▶ 配置数据源、事务管理、MyBatis

Lite 内嵌了 Spring、MyBatis 等框架，因此可以开箱即用地使用事务管理及 MyBatis 来操作数据库。要使用配置数据源、事务管理、MyBatis，只需要在应用的 lite-spring.xml 文件中增加相应的配置即可。

#### 1. 配置数据源

要配置数据源，需要在 lite-spring.xml 文件中增加如下内容。

```
<bean class="org.springframework.beans.factory.config.PropertyPlaceholderConfigurer">
    <property name="locations" value="classpath:lite.properties"/>
</bean>

<!-- 数据源 -->
<bean id="dataSource"
        class="org.apache.commons.dbcp2.BasicDataSource"
        destroy-method="close">
    <property name="driverClassName"
        value="${lite.jdbc.driverClassName}" />
    <property name="url" value="${lite.jdbc.url}" />
    <property name="username" value="${lite.jdbc.username}" />
    <property name="password" value="${lite.jdbc.password}" />
</bean>
```

上述数据源 dataSource 是一个 Spring Bean，使用的是 DBCP 的数据源。有关 DBCP 的数据源已经在上一章做了介绍了。其中，dataSource 的属性值来自于配置文件 lite.properties，而该文件是会由 Spring 的 PropertyPlaceholderConfigurer 自动加载。lite.properties 文件的内容如下。

```
lite.jdbc.driverClassName=com.mysql.cj.jdbc.Driver
lite.jdbc.url=jdbc:mysql://localhost:3306/lite?useSSL=false&serverTimezone=UT
C&allowPublicKeyRetrieval=true
lite.jdbc.username=root
lite.jdbc.password=123456
```

上述文件的配置值与上一章采集服务器所使用的配置值是一致的，只是键不同而已。

#### 2. 事务管理

事务管理是基于 Spring 的事务管理功能。要使用事务管理，需要在 lite-spring.xml 文件中增加如下内容。

```
<!-- 事务管理 -->
<bean id="txManager"
        class="org.springframework.jdbc.datasource.DataSourceTransactionManager">
    <property name="dataSource" ref="dataSource"/>
</bean>

<!-- 事务 dvice -->
```

```
<tx:advice id="txAdvice" transaction-manager="txManager">
    <tx:attributes>
        <!--get,find,list 开头的方法设置为 " 只读 " -->
        <tx:method name="get*" read-only="true" propagation="NOT_SUPPORTED" />
        <tx:method name="find*" read-only="true" propagation="NOT_SUPPORTED" />
        <tx:method name="list*" read-only="true" propagation="NOT_SUPPORTED" />

<!-- 其余方法使用默认事务 -->
<tx:method name="*" propagation="REQUIRED"/>
    </tx:attributes>
</tx:advice>

<!-- 配置 事务 dvice -->
<aop:config>
    <aop:pointcut id="serviceOperation"
        expression="execution(* com..service.*.*(..))
            || execution(* org..service.*.*(..))"/>
    <aop:advisor advice-ref="txAdvice" pointcut-ref="serviceOperation"/>
</aop:config>
```

上述配置在 get、find、list 开头的方法上设置为了“只读”，而在其他其余方法上使用了默认事务。其中，通过 AOP 机制，事务只会在 service 包下的类上才会生效。

### 3. 配置 MyBatis

启用 MyBatis 以操作数据，配置 MyBatis 工厂如下。

```
<!-- MyBatis 工厂 -->
<bean id="sqlSessionFactory"
      class="org.mybatis.spring.SqlSessionFactoryBean">
    <property name="dataSource" ref="dataSource" />
</bean>

<!-- 扫描 MyBatis Mapper 接口所在的包 -->
<bean class="org.mybatis.spring.mapper.MapperScannerConfigurer">
    <property name="basePackage"
        value="com.waylau.litemonitoring.web.mapper" />
</bean>
```

同时还要指定带扫描的 MyBatis Mapper 接口所在的包的位置。

## 15.3 提供采集数据 REST API

采集数据 REST API 主要有以下两个。

- GET /hosts：获取主机唯一标识列表。

- GET /hosts/:host：获取某个唯一标识是 host 的主机状态信息。

### 15.3.1 提供 Mapper 接口及实现

在 MyBatis 中，Mapper 用于数据库结果映射为 Java Bean。

在 lite-monitoring-web 下，增加了 mapper 包，并在该包下创建 HostInfoMapper 接口。以下是一个 HostInfo 的 Mapper。

```
package com.waylau.litemonitoring.web.mapper;

import java.util.List;

import com.waylau.litemonitoring.common.api.HostInfo;

public interface HostInfoMapper {

    /**
     * 获取主机唯一标识列表
     * @return 主机唯一标识列表
     */
    List<String> findHostInfoList();

    /**
     * 根据主机唯一标识查询主机状态信息
     * @return 主机状态信息
     */
    List<HostInfo> findHostInfo(String host);

}
```

与上述 Mapper 接口对应的 XML 文件 HostInfoMapper.xml，内容如下。

```
<?xml version="1.0" encoding="UTF-8"?>
<!DOCTYPE mapper
    PUBLIC "-//mybatis.org//DTD Mapper 3.0//EN"
    "http://mybatis.org/dtd/mybatis-3-mapper.dtd">

<mapper namespace="com.waylau.litemonitoring.web.mapper.HostInfoMapper">

    <select id="findHostInfo"
          resultType="com.waylau.litemonitoring.common.api.HostInfo">
        SELECT host, create_time AS createTime, used_memory AS usedMemory,
              total_memory AS totalMemory, used_cpu AS usedCpu
              FROM t_host_info WHERE host = #{host}
              ORDER BY create_time desc LIMIT 100
    </select>
```

```
    <select id="findHostInfoList"
            resultType="string">
        SELECT DISTINCT host FROM t_host_info
    </select>
</mapper>
```

可以看到，SQL 查询语句可以直接写在 XML 中，MyBatis 会自动做 Java Bean 的映射。

### 15.3.2 ▶ 提供服务接口

在 lite-monitoring-web 下，增加了 service 包，并在该包下创建 HostInfoService 服务接口。代码如下。

```
package com.waylau.litemonitoring.web.service;

import java.util.List;

import com.waylau.litemonitoring.common.api.HostInfo;

public interface HostInfoService {

    /**
     * 获取主机唯一标识列表
     * @return 主机唯一标识列表
     */
    List<String> findHostInfoList();

    /**
     * 根据主机唯一标识查询主机状态信息
     * @return 主机状态信息
     */
    List<HostInfo> findHostInfo(String host);

}
```

其中，findHostInfoList 方法用于获取主机唯一标识列表；findHostInfo 方法用于根据主机唯一标识查询主机状态信息。

### 15.3.3 ▶ 服务接口实现

HostInfoServiceImpl 是 HostInfoService 接口的实现，代码如下。

```
package com.waylau.litemonitoring.web.service;

import java.util.List;
```

```
import org.springframework.beans.factory.annotation.Autowired;
import org.springframework.stereotype.Service;

import com.waylau.litemonitoring.common.api.HostInfo;
import com.waylau.litemonitoring.web.mapper.HostInfoMapper;

@Service
public class HostInfoServiceImpl implements HostInfoService {

    @Autowired
    private HostInfoMapper hostInfoMapper;

    @Override
    public List<String> findHostInfoList() {
        return hostInfoMapper.findHostInfoList();
    }

    @Override
    public List<HostInfo> findHostInfo(String host) {
        return hostInfoMapper.findHostInfo(host);
    }

}
```

HostInfoServiceImpl 上标注了 @Service 注解，以标识该服务是一个 Spring Bean。另外，通过 @Autowired 来将 HostInfoMapper 接口的实现自动注入。

HostInfoServiceImpl 方法的实现主要是依赖于 HostInfoMapper 接口的实现。

## 15.3.4 ▶ 提供 REST API

Lite 内嵌了 Spring Web MVC 功能，可以开箱即用地编写 REST API。

在 lite-monitoring-web 下，增加了 controller 包，并在该包下创建控制器 HostInfoController，代码如下。

```
package com.waylau.litemonitoring.web.controller;

import java.util.List;

import org.springframework.beans.factory.annotation.Autowired;
import org.springframework.web.bind.annotation.GetMapping;
import org.springframework.web.bind.annotation.PathVariable;
import org.springframework.web.bind.annotation.RequestMapping;
import org.springframework.web.bind.annotation.RestController;

import com.waylau.litemonitoring.common.api.HostInfo;
import com.waylau.litemonitoring.web.service.HostInfoService;
```

```
@RestController
@RequestMapping("/hosts")
public class HostInfoController {

    @Autowired
    private HostInfoService hostInfoService;

    /**
     * 根据 host 查询主机信息
     * @param host 主机唯一标识
     * @return 主机信息
     */
    @GetMapping("/{host:.*}")
    public List<HostInfo> findHostInfo(@PathVariable String host) {
        return hostInfoService.findHostInfo(host);
    }

    /**
     * 查询主机唯一标识列表
     * @return 主机唯一标识列表
     */
    @GetMapping
    public List<String> findHostInfoList() {
        return hostInfoService.findHostInfoList();
    }
}
```

主要注意 findHostInfo 上 @GetMapping 注解中的参数，host 后面 :.* 表示允许任意字符的意思。因为在 host 是 IP+ 端口的组合，因此会出现“.”和“:”符号。

## 15.3.5 ▶ 增加应用配置

应用配置采用注解的方式。应用配置主要有 AppConfiguration 和 MvcConfiguration 两个配置组成。在 lite-monitoring-web 下，增加了 config 包，以防止上述配置。

### 1. MvcConfiguration 类

MvcConfiguration 类主要用于配置 Spring Web MVC。MvcConfiguration 类代码如下。

```
package com.waylau.litemonitoring.web.config;

import java.util.List;

import org.springframework.context.annotation.Configuration;
import org.springframework.http.converter.HttpMessageConverter;
import org.springframework.http.converter.json.MappingJackson2HttpMessageConv
erter;
```

```
import org.springframework.web.servlet.config.annotation.EnableWebMvc;
import org.springframework.web.servlet.config.annotation.WebMvcConfigurer;

@EnableWebMvc // 启用 MVC
@Configuration
public class MvcConfiguration implements WebMvcConfigurer {

    public void extendMessageConverters(List<HttpMessageConverter<?>> cs) {
        // 使用 Jackson JSON 来进行消息转换
        cs.add(new MappingJackson2HttpMessageConverter());
    }
}
```

Spring 的配置类都是加了 @Configuration 注解的。其中，@EnableWebMvc 注解用于启用 MVC 功能。

在 extendMessageConverters 方法中，加入了 MappingJackson2HttpMessageConverter 实例，采用 Jackson JSON 来进行消息转换。

### 2. AppConfiguration 类

AppConfiguration 类是应用的主配置类，代码如下。

```
package com.waylau.litemonitoring.web.config;

import org.springframework.context.annotation.ComponentScan;
import org.springframework.context.annotation.Configuration;
import org.springframework.context.annotation.Import;
import org.springframework.context.annotation.ImportResource;

@Configuration
@ComponentScan(basePackages = { "com.waylau" })
@Import({ MvcConfiguration.class})
@ImportResource("classpath*:*spring.xml")
public class AppConfiguration {

}
```

该 AppConfiguration 类没有任何实现，只有注解。@ComponentScan 用于扫描自动注入的包的位置。@Import 用于导入其他配置类，如本例为 MvcConfiguration 类。@ImportResource 用于导入外部配置文件，如本例中的 lite-spring.xml 配置文件。

主配置类需要在应用程序启动类中指定，代码如下。

```
package com.waylau.litemonitoring.web;

import com.waylau.lite.jetty.LiteJettyServer;
import com.waylau.litemonitoring.web.config.AppConfiguration;

public class LiteMonitoringWebStarter {
```

```
    public static void main(String[] args) {
        new LiteJettyServer(AppConfiguration.class).run(args); // 指定主配置类
    }
}
```

### 15.3.6 ▶ 测试 REST API

可以使用专业 REST 客户端程序来测试 REST API。当然也可以直接在浏览器地址里面进行测试，毕竟上述 API 都是 GET 请求，能够直接通过访问 URL 地址来获取响应结果。

执行下面的命令来运行 Web 服务器。

```
java -jar target/lite-monitoring-web-1.0.0.jar --port=8080
```

访问 http://localhost:8080/hosts 地址，可以查询数据库现有的主机唯一标识列表，界面效果如图 15-2 所示。

图 15-2　界面效果（一）

访问 http://localhost:8080/hosts/ 地址，可以查看某台主机信息情况。界面效果如图 15-3 所示。

localhost:8080/hosts/127.0.0.1:6
localhost:8080/hosts/127.0.0.1:63054

[{"host":"127.0.0.1:63054","createTime":1578744153780,"usedMemory":5678010368,"totalMemory":8470065152,"usedCpu":0.03712499999999964},
{"host":"127.0.0.1:63054","createTime":1578744148783,"usedMemory":5783457792,"totalMemory":8470065152,"usedCpu":0.09982464929859725},
{"host":"127.0.0.1:63054","createTime":1578744143782,"usedMemory":5766045696,"totalMemory":8470065152,"usedCpu":0.02924999999999998},
{"host":"127.0.0.1:63054","createTime":1578744138800,"usedMemory":5744738304,"totalMemory":8470065152,"usedCpu":0.01362499999999998},
{"host":"127.0.0.1:63054","createTime":1578744133789,"usedMemory":5778333696,"totalMemory":8470065152,"usedCpu":0.02537500000000036},
{"host":"127.0.0.1:63054","createTime":1578744128786,"usedMemory":5791920128,"totalMemory":8470065152,"usedCpu":0.02537500000000036},
{"host":"127.0.0.1:63054","createTime":1578744123790,"usedMemory":5714063360,"totalMemory":8470065152,"usedCpu":0.05873512836568562},
{"host":"127.0.0.1:63054","createTime":1578744119184,"usedMemory":5649956864,"totalMemory":8470065152,"usedCpu":0.04064739313071408}]

图 15-3　界面效果（二）

## 15.4 使用 Angular 创建客户端

本节将演示如何利用 Angular 创建客户端 lite-monitoring-ui。Angular 是基于 Node.js 平台构建的，其编程语言是类 JavaScript 的 TypeScript。

受限于篇幅，本节只涉及与本书主题相关的 Angular 核心内容的开发。如果读者想要完整了解 Angular 及 TypeScript 语言方面的相关知识，建议参阅笔者所著的《Angular 企业级应用开发实战》一书。

## 15.4.1 ▶ 开发环境准备

开发 Angular 应用，需要具备 Node.js 和 npm 环境。如果计算机中没有 Node.js 和 npm，请安装它们。

### 1. 安装 Node.js 和 npm 的原因

如果熟悉 Java，那么一定知道 Maven。Node.js 与 npm 的关系就如同 Java 与 Maven 的关系。

- Node.js 与 Java 都是运行应用的平台，都运行在虚拟机中。Node.js 基于 Google V8 引擎，而 Java 是基于 JVM 的。
- npm 与 Maven 类似，都是用于依赖管理。npm 管理 JavaScript 库，而 Maven 管理 Java 库。

### 2. 安装步骤

Node.js 下载地址为 https://nodejs.org/en/download/。为了能够享受最新的 Angular 开发所带来的乐趣，请安装最新版本的 Node.js 和 npm。

Node.js 的安装比较简单，请按图 15-4 ～图 15-7 所示的步骤来进行安装。

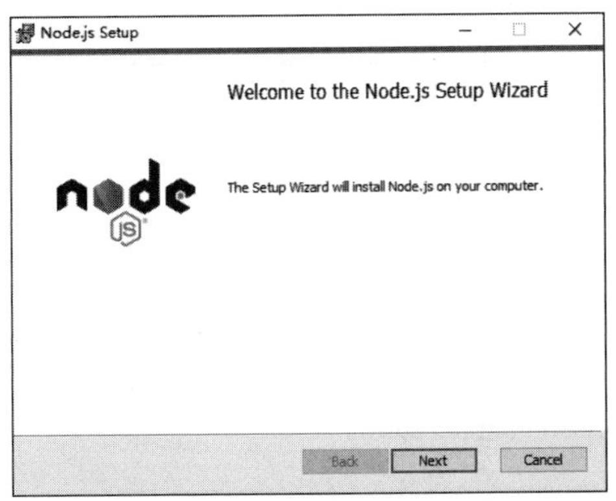


图 15-4　安装 Node.js 的步骤 1

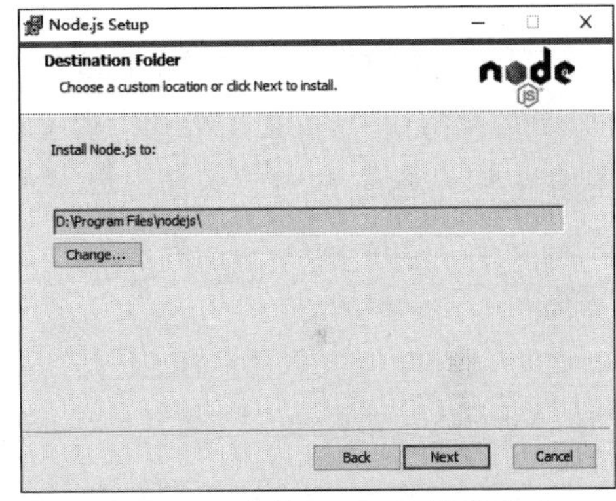


图 15-5　安装 Node.js 的步骤 2

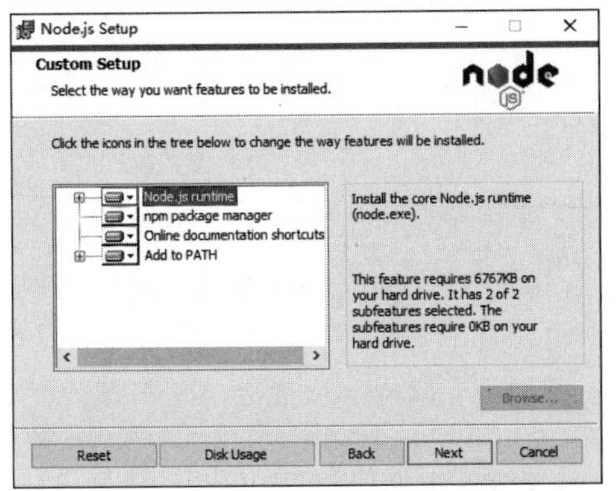


图 15-6　安装 Node.js 的步骤 3

图 15-7　安装 Node.js 的步骤 4

安装完成之后，请先在终端 / 控制台窗口中运行命令“node -v”和“npm –v”（见图 15-8），来验证安装是否正确。

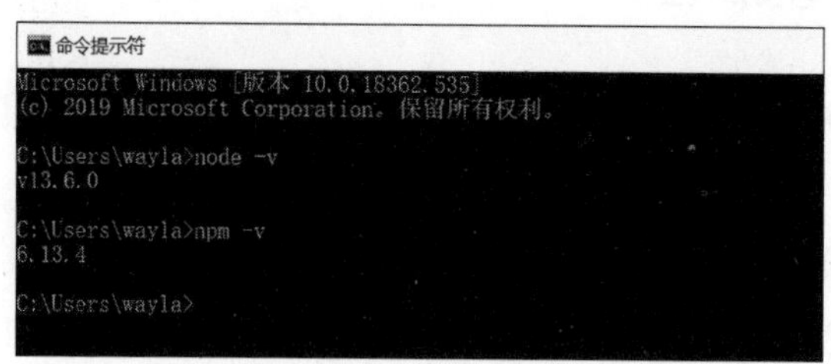


图 15-8　验证安装

### 3. 设置 npm 镜像

npm 默认从国外的 npm 源来获取和下载包信息，由于网络的原因，有时可能无法正常访问源，导致无法正常安装软件。

可以采用国内的 npm 镜像来解决网速慢的问题。在终端，通过以下命令来设置 npm 镜像。

```
npm config set registry=http://registry.npm.taobao.org
```

更多其他设置方式，可以参考笔者的博客 https://waylau.com/faster-npm/。

### 4. 选择合适的 IDE

如果读者是一名前端工程师，那么可以不必花太多时间来安装 IDE，用平时熟悉的 IDE 来开发 Angular 即可。例如，前端工程师经常会选择如 Visual Studio Code、Eclipse、WebStorm 和 Sublime Text 等。理论上，开发 Angular 不会对开发工具有任何的限制，甚至可以直接用文本编辑器来开发。

如果读者是一名初级的前端工程师，或者不知道如何来选择 IDE，建议尝试 Visual Studio Code。Visual Studio Code 的下载地址为 https://code.visualstudio.com。

> 提示　Visual Studio Code 与 TypeScript 一样都是微软出品的，对 TypeScript 和 Angular 编程有着一流的支持，而且这款 IDE 还是免费的，可以随时下载使用。选择合适自己的 IDE 有助于提升编程质量和开发效率。

### 5. 安装 Angular CLI

Angular CLI 是一个命令行界面工具，它可以创建项目、添加文件及执行一大堆开发任务，例如测试、打包和发布 Angular 应用。可通过 npm 采用全局安装的方式来安装 Angular CLI，具体命令如下。

```
npm install -g @angular/cli
```

如看到控制台输出如下内容，则说明 Angular CLI 已经安装成功。

```
C:\Users\wayla>npm install -g @angular/cli
C:\Users\wayla\AppData\Roaming\npm\ng -> C:\Users\wayla\AppData\Roaming\npm\
```

```
node_modules\@angular\cli\bin\ng

> @angular/cli@8.3.22 postinstall C:\Users\wayla\AppData\Roaming\npm\node_
modules\@angular\cli
> node ./bin/postinstall/script.js

? Would you like to share anonymous usage data with the Angular Team at Google under
Google's Privacy Policy at https://policies.google.com/privacy? For more details and
how to change this setting, see http://angular.io/analytics. No
+ @angular/cli@8.3.22
added 251 packages from 186 contributors in 30.75s
```

## 15.4.2 ▶ 初始化 lite-monitoring-ui

通过 Angular CLI 工具可以快速初始化 Angular 应用的骨架，执行以下命令。

```
ng new lite-monitoring-ui
```

执行“ng serve”可以启动该应用，并可以在浏览器 http://localhost:4200/ 访问该应用。效果如图 15-9 所示。

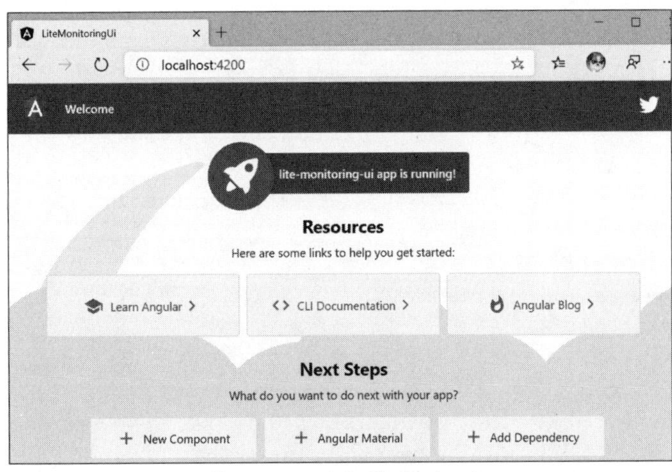


图 15-9 运行界面（一）

## 15.4.3 ▶ 添加 Angular Material

为了提升用户体验，需要在应用中引入一款成熟的 UI 组件。目前，市面上有非常多的 UI 组件可供选择，如 Angular Material、Ant Design。这些 UI 组件各有优势。在本实例中，采用了 Angular Material，主要考虑到该 UI 组件是 Angular 官方团队开发的，且帮助文档、社区资源非常丰富，对于开发者而言非常友好。

为了添加 Angular Material 库到应用中，通过 Angular CLI 执行下面命令。

```
ng add @angular/material
```

在安装过程中，命令行会做出如下提示，要求用户选择 Y 或者 N。任意选择 Y 按回车键继续即可。

```
D:\workspaceGithub\lite-monitoring-ui>ng add @angular/material
Installing packages for tooling via npm.
Installed packages for tooling via npm.
? Choose a prebuilt theme name, or "custom" for a custom theme: Indigo/Pink
[ Preview: https://material.angular.i
o?theme=indigo-pink ]
? Set up HammerJS for gesture recognition? Yes
? Set up browser animations for Angular Material? Yes
UPDATE package.json (1394 bytes)
npm WARN karma-jasmine-html-reporter@1.5.1 requires a peer of jasmine-
core@>=3.5 but none is installed. You must install peer dependencies yourself.
npm WARN optional SKIPPING OPTIONAL DEPENDENCY: fsevents@1.2.11 (node_modules\
webpack-dev-server\node_modules\fsevents):
npm WARN notsup SKIPPING OPTIONAL DEPENDENCY: Unsupported platform
for fsevents@1.2.11: wanted {"os":"darwin","arch":"any"} (current:
{"os":"win32","arch":"x64"})
npm WARN optional SKIPPING OPTIONAL DEPENDENCY: fsevents@1.2.11 (node_modules\
watchpack\node_modules\fsevents):
npm WARN notsup SKIPPING OPTIONAL DEPENDENCY: Unsupported platform
for fsevents@1.2.11: wanted {"os":"darwin","arch":"any"} (current:
{"os":"win32","arch":"x64"})
npm WARN optional SKIPPING OPTIONAL DEPENDENCY: fsevents@1.2.11 (node_modules\
karma\node_modules\fsevents):
npm WARN notsup SKIPPING OPTIONAL DEPENDENCY: Unsupported platform
for fsevents@1.2.11: wanted {"os":"darwin","arch":"any"} (current:
{"os":"win32","arch":"x64"})
npm WARN optional SKIPPING OPTIONAL DEPENDENCY: fsevents@1.2.11 (node_
modules\@angular\compiler-cli\node_modules\fsevents):
npm WARN notsup SKIPPING OPTIONAL DEPENDENCY: Unsupported platform
for fsevents@1.2.11: wanted {"os":"darwin","arch":"any"} (current:
{"os":"win32","arch":"x64"})
npm WARN optional SKIPPING OPTIONAL DEPENDENCY: fsevents@2.1.2 (node_modules\
fsevents):
npm WARN notsup SKIPPING OPTIONAL DEPENDENCY: Unsupported platform
for fsevents@2.1.2: wanted {"os":"darwin","arch":"any"} (current:
{"os":"win32","arch":"x64"})

added 3 packages from 4 contributors in 12.529s

23 packages are looking for funding
  run `npm fund` for details
```

```
UPDATE src/main.ts (391 bytes)
UPDATE src/app/app.module.ts (423 bytes)
UPDATE angular.json (3856 bytes)
UPDATE src/index.html (496 bytes)
UPDATE src/styles.css (181 bytes)
```

### 1. 配置动画

安装完 Angular Material 库之后，应用会自动导入 BrowserAnimationsModule 以支持动画。打开 app.module.ts 文件，可以观察到 Angular CLI 生成的源码。

```
import { BrowserModule } from '@angular/platform-browser';
import { NgModule } from '@angular/core';

import { AppComponent } from './app.component';
import { BrowserAnimationsModule } from '@angular/platform-browser/
animations';

@NgModule({
  declarations: [
    AppComponent
  ],
  imports: [
    BrowserModule,
    BrowserAnimationsModule // 动画模块
  ],
  providers: [],
  bootstrap: [AppComponent]
})
export class AppModule { }
```

提示 TypeScript 语言支持模块化开发。上述代码中的 import 和 export 与 Java 9 中的模块化操作，功能是极其类似的。

### 2. 按需导入组件模块

将需要用到的 UI 组件的模块导入应用中。例如，想使用 HTTP 客户端，就在 app.module.ts 文件中导入 HttpClientModule。

```
...
import { HttpClientModule } from '@angular/common/http';

@NgModule({
  declarations: [
    AppComponent
  ],
  imports: [
    BrowserModule,
```

```
    AppRoutingModule,
    BrowserAnimationsModule,
    HttpClientModule // HTTP 客户端
  ],
  providers: [],
  bootstrap: [AppComponent]
})
export class AppModule { }
```

## 15.4.4 ▶ 创建主机列表组件

主机列表组件用于展示主机的唯一标识。通过选择主机列表，用户可以选中某台主机的唯一标识，从而触发获取该主机状态信息的事件。

使用 Angular CLI 执行命令以创建组件。

```
ng generate component hosts
```

通过执行上面的命令，可以看到 Angular CLI 生成了以下文件。

```
D:\workspaceGithub\lite-monitoring-ui>ng generate component hosts
CREATE src/app/hosts/hosts.component.html (20 bytes)
CREATE src/app/hosts/hosts.component.spec.ts (621 bytes)
CREATE src/app/hosts/hosts.component.ts (265 bytes)
CREATE src/app/hosts/hosts.component.css (0 bytes)
UPDATE src/app/app.module.ts (580 bytes)
```

观察 hosts.component.ts 文件，内容如下。

```
import { Component, OnInit } from '@angular/core';

@Component({
  selector: 'app-hosts',
  templateUrl: './hosts.component.html',
  styleUrls: ['./hosts.component.css']
})
export class HostsComponent implements OnInit {

  constructor() { }

  ngOnInit() {
  }

}
```

上面代码中，“app-hosts”代表了该组件的名称。通过该名称，可以引用该组件。例如，在主界面中将 app.component.html 修改成如下内容。

```
<app-hosts></app-hosts>
```

上述代码的含义为，应用主模板引用了主机列表组件的模板。其中“app-hosts”就是主机列表组件的模板的选择器（selector）。

运行应用，可以看到如图 15-10 所示的运行效果。

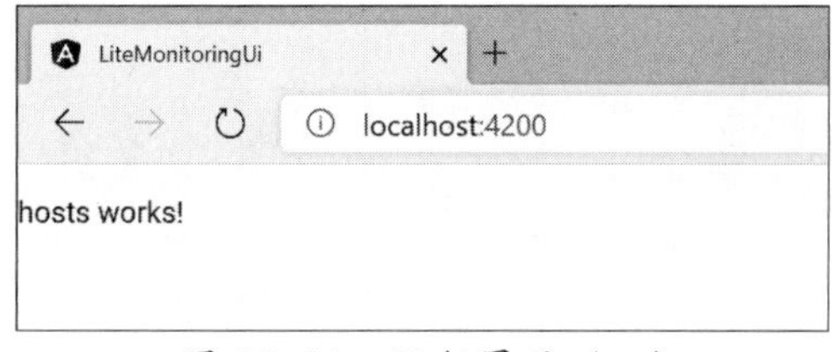


图 15-10　运行界面（二）

## 15.4.5 ▶ 实现主机列表原型设计

为了实现主机列表，需要导入 FormsModule、ReactiveFormsModule、MatAutocompleteModule 和 MatInputModule 模块，代码如下。

```
...
import { FormsModule, ReactiveFormsModule } from '@angular/forms';
import { MatAutocompleteModule} from '@angular/material/autocomplete';
import { MatInputModule} from '@angular/material/input';

@NgModule({
  declarations: [
    AppComponent,
    HostsComponent
  ],
  imports: [
    ...
    FormsModule, // 表单
    ReactiveFormsModule, // 响应式表单
    MatAutocompleteModule, // 下拉框
    MatInputModule // 输入框
  ],
```

修改 hosts.component.html 文件，修改为如下内容。

```
<form class="example-form">
    <mat-form-field class="example-full-width">
        <input type="text" placeholder="Pick one" aria-label="Number"
            matInput [formControl]="myControl"
            [matAutocomplete]="auto">
        <mat-autocomplete #auto="matAutocomplete">
            <mat-option *ngFor="let host of hosts" [value]="host">
                {{host}}
            </mat-option>
        </mat-autocomplete>
    </mat-form-field>
</form>
```

修改 hosts.component.ts 件，修改为如下内容。

```
import { Component, OnInit } from '@angular/core';
import { FormControl } from '@angular/forms';

@Component({
  selector: 'app-hosts',
  templateUrl: './hosts.component.html',
  styleUrls: ['./hosts.component.css']
})
export class HostsComponent implements OnInit {
  myControl = new FormControl();
   hosts: string[] = ['192.168.1.1:68011', '192.168.1.2:68013',
'192.168.1.3:68012'];

  constructor() { }

  ngOnInit() {

  }

}
```

其中，hosts 是主机列表的数据源。

上述内容是静态数据，用于展示主机列表的原型。

运行应用，可以看到如图 15-11 所示的运行效果。

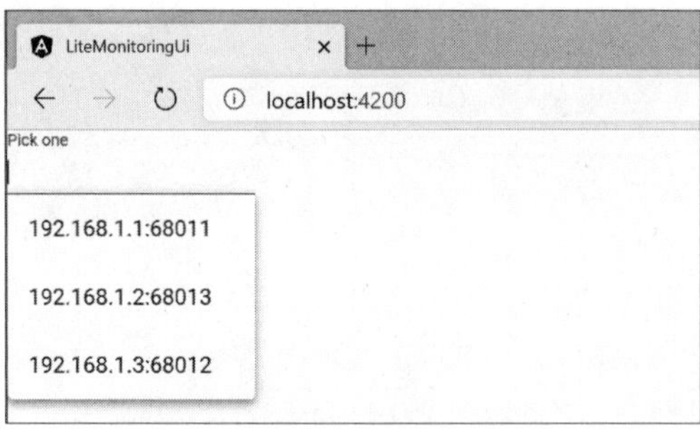


图 15-11　运行界面（三）

## 15.4.6 ▶ 实现主机状态信息原型设计

接下来要实现主机状态信息原型的设计。

主机状态信息用于展示某台主机的详细状态信息，其采用图表的信息展示。

### 1. 新建主机状态信息组件

通过 Angular CLI 编写主机状态信息组件，命令如下。

```
ng generate component host-info
```

执行上述命令，将生成如下文件。

```
D:\workspaceGithub\lite-monitoring-ui>ng generate component host-info
CREATE src/app/host-info/host-info.component.html (24 bytes)
CREATE src/app/host-info/host-info.component.spec.ts (643 bytes)
CREATE src/app/host-info/host-info.component.ts (280 bytes)
CREATE src/app/host-info/host-info.component.css (0 bytes)
UPDATE src/app/app.module.ts (1029 bytes)
```

### 2. 引用 ECharts

为了实现主机状态信息的图表展示，需要引入 ECharts 库。

ECharts 是一个由 Apache 孵化器赞助的 Apache 开源基金会的孵化项目，是由百度公司开源的。官方网址为 https://echarts.apache.org/。ECharts 是使用 JavaScript 实现的开源可视化库，可以流畅地运行在 PC 和移动设备上，兼容当前绝大部分浏览器（IE8/9/10/11、Chrome、Firefox 和 Safari 等），底层依赖矢量图形库 ZRender，提供直观、交互丰富和可高度个性化定制的数据可视化图表。

要在 Angular 应用中使用 ECharts，需要执行如下命令。

```
npm install echarts -S
npm install ngx-echarts -S
```

安装过程如下。

```
D:\workspaceGithub\lite-monitoring-ui>npm install echarts -S
npm WARN karma-jasmine-html-reporter@1.5.1 requires a peer of jasmine-core@>=3.5
but none is installed. You must install peer dependencies yourself.
npm WARN optional SKIPPING OPTIONAL DEPENDENCY: fsevents@1.2.11 (node_modules\
webpack-dev-server\node_modules\fsevents):
npm WARN notsup SKIPPING OPTIONAL DEPENDENCY: Unsupported platform
for fsevents@1.2.11: wanted {"os":"darwin","arch":"any"} (current:
{"os":"win32","arch":"x64"})
npm WARN optional SKIPPING OPTIONAL DEPENDENCY: fsevents@1.2.11 (node_modules\
watchpack\node_modules\fsevents):
npm WARN notsup SKIPPING OPTIONAL DEPENDENCY: Unsupported platform
for fsevents@1.2.11: wanted {"os":"darwin","arch":"any"} (current:
{"os":"win32","arch":"x64"})
npm WARN optional SKIPPING OPTIONAL DEPENDENCY: fsevents@1.2.11 (node_modules\
karma\node_modules\fsevents):
npm WARN notsup SKIPPING OPTIONAL DEPENDENCY: Unsupported platform
for fsevents@1.2.11: wanted {"os":"darwin","arch":"any"} (current:
{"os":"win32","arch":"x64"})
npm WARN optional SKIPPING OPTIONAL DEPENDENCY: fsevents@1.2.11 (node_
modules\@angular\compiler-cli\node_modules\fsevents):
npm WARN notsup SKIPPING OPTIONAL DEPENDENCY: Unsupported platform
```

```
for fsevents@1.2.11: wanted {"os":"darwin","arch":"any"} (current:
{"os":"win32","arch":"x64"})
npm WARN optional SKIPPING OPTIONAL DEPENDENCY: fsevents@2.1.2 (node_modules\fsevents):
npm WARN notsup SKIPPING OPTIONAL DEPENDENCY: Unsupported platform
for fsevents@2.1.2: wanted {"os":"darwin","arch":"any"} (current:
{"os":"win32","arch":"x64"})

+ echarts@4.6.0
added 2 packages and removed 1 package in 16.224s

23 packages are looking for funding
  run `npm fund` for details


D:\workspaceGithub\lite-monitoring-ui>npm install ngx-echarts -S
npm WARN karma-jasmine-html-reporter@1.5.1 requires a peer of jasmine-core@>=3.5
but none is installed. You must install peer dependencies yourself.
npm WARN optional SKIPPING OPTIONAL DEPENDENCY: fsevents@1.2.11 (node_modules\
webpack-dev-server\node_modules\fsevents):
npm WARN notsup SKIPPING OPTIONAL DEPENDENCY: Unsupported platform
for fsevents@1.2.11: wanted {"os":"darwin","arch":"any"} (current:
{"os":"win32","arch":"x64"})
npm WARN optional SKIPPING OPTIONAL DEPENDENCY: fsevents@1.2.11 (node_modules\
watchpack\node_modules\fsevents):
npm WARN notsup SKIPPING OPTIONAL DEPENDENCY: Unsupported platform
for fsevents@1.2.11: wanted {"os":"darwin","arch":"any"} (current:
{"os":"win32","arch":"x64"})
npm WARN optional SKIPPING OPTIONAL DEPENDENCY: fsevents@1.2.11 (node_modules\
karma\node_modules\fsevents):
npm WARN notsup SKIPPING OPTIONAL DEPENDENCY: Unsupported platform
for fsevents@1.2.11: wanted {"os":"darwin","arch":"any"} (current:
{"os":"win32","arch":"x64"})
npm WARN optional SKIPPING OPTIONAL DEPENDENCY: fsevents@1.2.11 (node_
modules\@angular\compiler-cli\node_modules\fsevents):
npm WARN notsup SKIPPING OPTIONAL DEPENDENCY: Unsupported platform
for fsevents@1.2.11: wanted {"os":"darwin","arch":"any"} (current:
{"os":"win32","arch":"x64"})
npm WARN optional SKIPPING OPTIONAL DEPENDENCY: fsevents@2.1.2 (node_modules\
fsevents):
npm WARN notsup SKIPPING OPTIONAL DEPENDENCY: Unsupported platform
for fsevents@2.1.2: wanted {"os":"darwin","arch":"any"} (current:
{"os":"win32","arch":"x64"})

+ ngx-echarts@4.2.2
added 1 package from 1 contributor in 14.225s

23 packages are looking for funding
  run `npm fund` for details
```

导入 MatCardModule 模块，代码如下。

```
...
import { NgxEchartsModule } from 'ngx-echarts';

@NgModule({
  declarations: [
    AppComponent,
    HostsComponent,
    HostInfoComponent
  ],
  imports: [
    ...
    NgxEchartsModule // ECharts 库
  ],
  providers: [],
  bootstrap: [AppComponent]
})
export class AppModule { }
```

### 3. 修改主机状态信息组件模板

修改主机状态信息组件模板 host-info.component.html，代码如下。

```
<div echarts [options]="hostInfoChartOption" class="host-info-chart"></div>
```

同时修改 host-info.component.ts，代码如下。

```
import { Component, OnInit } from '@angular/core';
import { EChartOption } from 'echarts';

@Component({
  selector: 'app-host-info',
  templateUrl: './host-info.component.html',
  styleUrls: ['./host-info.component.css']
})
export class HostInfoComponent implements OnInit {

  hosts = [
  { "host": "127.0.0.1:63054", "createTime": 1578744153780, "usedMemory": 5678010368,
   "totalMemory": 8470065152, "usedCpu": 0.037124999999999964 },
  { "host": "127.0.0.1:63054", "createTime": 1578744148783, "usedMemory": 5783457792,
  "totalMemory": 8470065152, "usedCpu": 0.09982464929859725 },
  { "host": "127.0.0.1:63054", "createTime": 1578744143782, "usedMemory": 5766045696,
   "totalMemory": 8470065152, "usedCpu": 0.029249999999999998 },
  { "host": "127.0.0.1:63054", "createTime": 1578744138800, "usedMemory": 5744738304,
  "totalMemory": 8470065152, "usedCpu": 0.013624999999999998 },
  { "host": "127.0.0.1:63054", "createTime": 1578744133789, "usedMemory": 5778333696,
  "totalMemory": 8470065152, "usedCpu": 0.025375000000000036 },
```

```
{ "host": "127.0.0.1:63054", "createTime": 1578744128786, "usedMemory": 5791920128,
 "totalMemory": 8470065152, "usedCpu": 0.025375000000000036 },
{ "host": "127.0.0.1:63054", "createTime": 1578744123790, "usedMemory": 5714063360,
 "totalMemory": 8470065152, "usedCpu": 0.05873512836568562 },
{ "host": "127.0.0.1:63054", "createTime": 1578744119184, "usedMemory": 5649956864,
 "totalMemory": 8470065152, "usedCpu": 0.04064739313071408 }];

usedCpuList = [];
usedMemList = [];

usedCpuChartOption: EChartOption = null;
usedMemChartOption: EChartOption = null;

constructor() { }
ngOnInit() {
  for (var i = this.hosts.length - 1; i >= 0; i--) {
    this.usedCpuList.push([this.hosts[i].createTime,
        formatNumberToPercentage(this.hosts[i].usedCpu)]);
    this.usedMemList.push([this.hosts[i].createTime,
        formatNumberToPercentage(
          this.hosts[i].usedMemory / this.hosts[i].totalMemory)]);

    this.usedCpuChartOption =
    {
      legend: {
        data: ['CPU 使用率 ']
      },
      xAxis: {
        type: 'time'
      },
      yAxis: {
        type: 'value',
        show: true,
        axisLabel: {
          formatter: '{value}%'
        }
      },
      series: [{
        name: 'CPU 使用率 ',
        data: this.usedCpuList,
        type: 'line'
      }]
    };

    this.usedMemChartOption =
    {
      legend: {
        data: [' 内存使用率 ']
```

```
        },
        xAxis: {
          type: 'time'
        },
        yAxis: {
          type: 'value',
          show: true,
          axisLabel: {
            formatter: '{value}%'
          }
        },
        series: [{
          name: '内存使用率',
          data: this.usedMemList,
          type: 'line'
        }]
      }
    }
  }
}

/**
 * 转为百分比．小数点保留 2 位．
 * @param value 原值
 */
function formatNumberToPercentage(value: number) {
  return (value * 100).toFixed(2);
}
```

上述代码中，hosts 代表了主机状态信息。将该数据转换为 ECharts 组件能够识别的 usedCpuList 和 usedMemList 数据。

formatNumberToPercentage 方法用于将数值转为百分比。

#### 4. 修改 app.component.html

为了能访问主机状态信息组件界面，修改 app.component.html，代码如下。

```
<app-hosts></app-hosts>
<app-host-info></app-host-info>
```

其中，“app-host-info” 是主机状态信息组件的模板的选择器（selector），可以在 host-info.component.ts 文件中找到。

最终，主机状态信息界面原型的运行效果如图 15-12 所示。

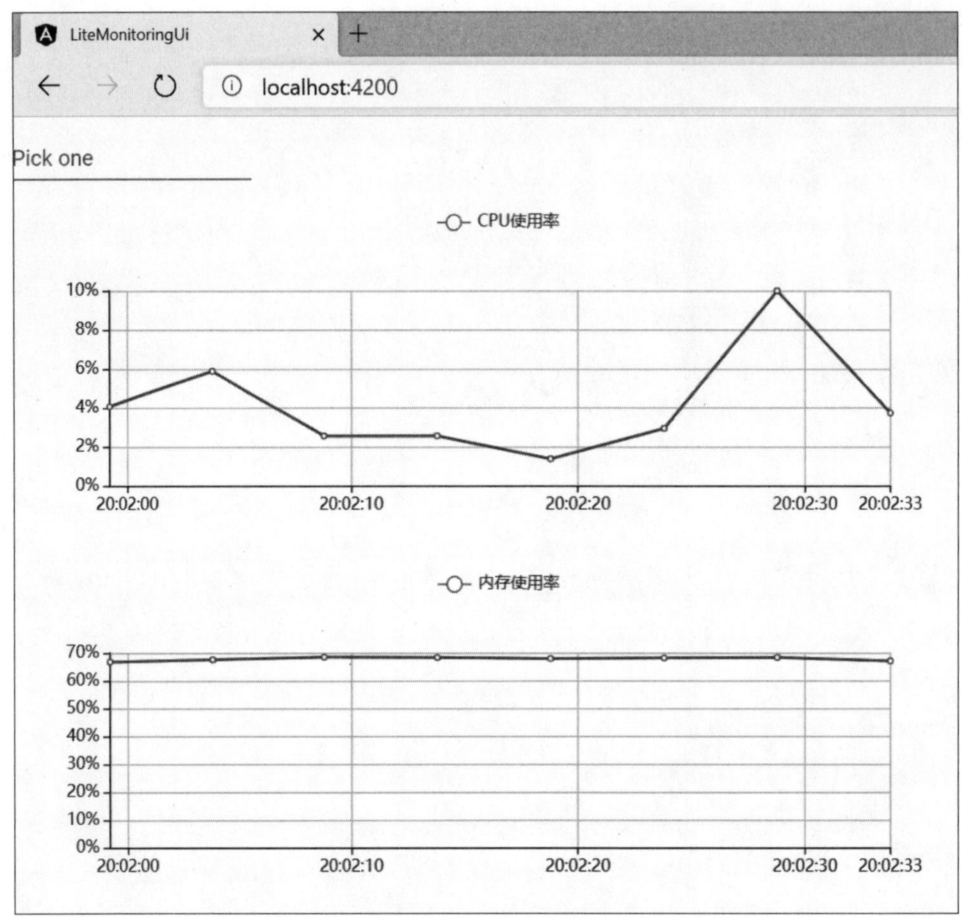


图 15-12　运行界面（四）

# 15.5 使用 HTTP 客户端访问 REST API

在上一节，使用 Angular 创建了应用客户端，但是应用中的数据都是静态的。

在本节，将通过 Angular 的 HTTP 客户端去访问 Web 服务器的 REST API 来获取真实的应用数据。

## 15.5.1 注入 HTTP 客户端

为了实现在 Angular 中发起 HTTP 请求的功能，需要使用 Angular HttpClient API。该 API 包含在了 HttpClientModule 模块，因此需要在应用中导入该模块，代码如下。

```
...
import { HttpClientModule } from '@angular/common/http';

@NgModule({
  declarations: [
    AppComponent,
    HostsComponent,
    HostInfoComponent
  ],
  imports: [
    ...
    HttpClientModule // HTTP 客户端
  ],
```

同时，需要在 HostsComponent 和 HostInfoComponent 中注入 HttpClient。例如，在 HostsComponent 中，代码如下。

```
import { Component, OnInit } from '@angular/core';
import { HttpClient } from '@angular/common/http';

@Component({
  selector: 'app-admin',
  templateUrl: './admin.component.html',
  styleUrls: ['./admin.component.css']
})
export class AdminComponent implements OnInit {

  // 注入 HttpClient
  constructor(private http: HttpClient) { }

  ngOnInit() {
  }

}
```

## 15.5.2 ▶ 客户端访问后台接口

有了 HttpClient，就能远程发起 HTTP 到后台 REST 接口中。

### 1. 设置反向代理

由于本项目是一个前后台分离的应用，是分开部署应用的，则势必会遇到跨域访问的问题。

解决跨域问题，业界最为常用的方式是设置反向代理。其原理是设置反向代理服务器，让 Angular 应用都访问自己服务器中的 API，而这类 API 都会被反向代理服务器转发到 Java 等后台服务 API 中，而这个过程对于 Angular 应用是无感知的。

业界经常采用 NGINX 服务来承担反向代理的职责。而在 Angular 中，使用反向代理将变得更加简单，因为Angular自带了反向代理服务器。设置方式为，在Angualr应用的根目录下，添加配置文件proxy.config.json，并填写如下格式的内容。

```
{
  "/api/": {
    "target": "http://localhost:8080/",
    "secure": false,
    "pathRewrite": {
      "^/api": ""
    }
  }
}
```

这个配置说明了，任何在Angular发起的以“/api/”开头的URL，都会反向代理到“http://localhost:8080/”开头的URL中。例如，当在Angular应用中发起请求到“http://localhost:4200/api/hosts”的URL时，反向代理服务器会将该URL映射到“http://localhost:8080/hosts”。

添加了该配置文件后，在启动应用时，只要指定该文件即可，命令如下。

```
ng serve --proxy-config proxy.config.json
```

### 2. 客户端发起HTTP请求

修改HostsComponent，使用HttpClient发起HTTP请求，代码如下。

```
import { Component, OnInit } from '@angular/core';
import { FormControl } from '@angular/forms';
import { HttpClient } from '@angular/common/http';

@Component({
  selector: 'app-hosts',
  templateUrl: './hosts.component.html',
  styleUrls: ['./hosts.component.css']
})
export class HostsComponent implements OnInit {
  myControl = new FormControl();
  hosts = null;
  hostsUrl = '/api/hosts';

  // 注入 HttpClient
  constructor(private http: HttpClient) { }

  ngOnInit() {
    this.getData();
  }

  // 获取后台接口数据
  getData() {
    return this.http.get(this.hostsUrl)
```

```
      .subscribe(data => this.hosts = data);
  }
}
```

在上述代码中，调用 REST API 返回的数据会赋值给 hosts 变量。

修改 HostInfoComponent，使用 HttpClient 发起 HTTP 请求，代码如下。

```
import { Component, OnInit } from '@angular/core';
import { HttpClient } from '@angular/common/http';
import { EChartOption } from 'echarts';

@Component({
  selector: 'app-host-info',
  templateUrl: './host-info.component.html',
  styleUrls: ['./host-info.component.css']
})
export class HostInfoComponent implements OnInit {
  hosts = null;
  hostsUrl = '/api/hosts/';
  host = '127.0.0.1:63054';
  usedCpuList = [];
  usedMemList = [];

  usedCpuChartOption: EChartOption = null;
  usedMemChartOption: EChartOption = null;

  // 注入 HttpClient
  constructor(private http: HttpClient) { }

  ngOnInit() {
    this.getData();
  }

  // 获取后台接口数据
  getData() {
    return this.http.get(this.hostsUrl + this.host)
      .subscribe(data => {
        this.hosts = data;

        this.usedCpuList = [];
        this.usedMemList = [];

        for (var i = this.hosts.length - 1; i >= 0; i--) {
          this.usedCpuList.push([this.hosts[i].createTime,
            formatNumberToPercentage(this.hosts[i].usedCpu)]);
          this.usedMemList.push([this.hosts[i].createTime,
            formatNumberToPercentage(
              this.hosts[i].usedMemory / this.hosts[i].totalMemory)]);
```

```
        this.usedCpuChartOption =
        {
          legend: {
            data: ['CPU 使用率 ']
          },
          xAxis: {
            type: 'time'
          },
          yAxis: {
            type: 'value',
            show: true,
            axisLabel: {
              formatter: '{value}%'
            }
          },
          series: [{
            name: 'CPU 使用率 ',
            data: this.usedCpuList,
            type: 'line'
          }]
        };

        this.usedMemChartOption =
        {
          legend: {
            data: [' 内存使用率 ']
          },
          xAxis: {
            type: 'time'
          },
          yAxis: {
            type: 'value',
            show: true,
            axisLabel: {
              formatter: '{value}%'
            }
          },
          series: [{
            name: ' 内存使用率 ',
            data: this.usedMemList,
            type: 'line'
          }]
        }
      }
    }
  );
 }
}

/**
```

```
 * 转为百分比．小数点保留 2 位．
 * @param value 原值
 */
function formatNumberToPercentage(value: number) {
  return (value * 100).toFixed(2);
}
```

在上述代码中，调用 REST API 返回的数据会赋值给 hosts 变量。

需要注意的是，上述代码在调用 REST API 时，写死了调用的参数 host 为“127.0.0.1:63054”，这个在接下来需要解决。

## 15.5.3 ▶ 组件之间通信

虽然在 HostsComponent 和 HostInfoComponent 组件中注入 HttpClient，并且已经能够正常调用 REST API，但这两个组件之间是完全独立的。希望在 HostsComponent 组件有选中某个主机的标识，HostInfoComponent 组件就能拿到该标识作为参数，接着去调用 REST API 获取主机状态信息。

那么如何解决组件之间的通信问题呢？发送事件是组件之间通信比较好的一种方式。

### 1. 获取选中的主机标识

在 hosts.component.html 中添加 click 事件，代码如下。

```
<form class="example-form">
    <mat-form-field class="example-full-width">
        <input type="text" placeholder="Pick one" aria-label="Number"
            matInput [formControl]="myControl"
            [matAutocomplete]="auto" >
        <mat-autocomplete #auto="matAutocomplete">
            <mat-option *ngFor="let host of hosts" [value]="host"
                (click)="onSelect(host)">
                {{host}}
            </mat-option>
        </mat-autocomplete>
    </mat-form-field>
</form>
```

click 事件会触发 onSelect 方法，并将所选中的主机标识 host 传递给该方法。hosts.component.ts 代码增加如下。

```
selectedHost: string;

onSelect(host: string): void {
    this.selectedHost = host;
}
```

其中，selectedHost 用于存储已经选中的主机标识。

### 2. 创建服务

使用下面的命令来创建服务。

```
ng generate service host-info
```

看到如下输出内容，说明服务已经创建成功。

```
D:\workspaceGithub\lite-monitoring-ui>ng generate service host-info
CREATE src/app/host-info.service.spec.ts (344 bytes)
CREATE src/app/host-info.service.ts (137 bytes)
```

### 3. 定义事件发射器

在 host-info.service.ts 中定义事件发射器，代码如下。

```
import { Injectable, EventEmitter } from '@angular/core';

@Injectable({
  providedIn: 'root'
})
export class HostInfoService {
  public eventEmit: any;

  constructor() {
    // 定义发射事件
    this.eventEmit = new EventEmitter();
  }
}
```

HostInfoService 在实例化时，会初始化 EventEmitter。

### 4. 发射事件

修改 hosts.component.ts 文件，在 HostsComponent 的构造器中注入 HostInfoService，代码如下。

```
...
import { HostInfoService } from '../host-info.service';

@Component({
  selector: 'app-hosts',
  templateUrl: './hosts.component.html',
  styleUrls: ['./hosts.component.css']
})
export class HostsComponent implements OnInit {
  myControl = new FormControl();
  hosts = null;
  hostsUrl = '/api/hosts';
```

```
  selectedHost: string;

  // 注入 HttpClient、HostInfoService
  constructor(private http: HttpClient,
    public hostInfoService: HostInfoService) { }

  ...
```

同时修改 onSelect 方法，触发 onSelect 方式，通过 hostInfoService 发送事件，代码如下。

```
// 选中事件处理
onSelect(host: string): void {
  this.selectedHost = host;
  this.hostInfoService.eventEmit.emit(this.selectedHost);// 发送事件
}
```

hostInfoService 的成员 eventEmit 可以通过 emit 发送事件，事件的内容就是所选中的主机标识。

### 5. 监听事件

同样的，可以修改 host-info.component.ts 文件，在其构造器中中注入 HostInfoService，代码如下。

```
...
import { HostInfoService } from '../host-info.service';

@Component({
  selector: 'app-host-info',
  templateUrl: './host-info.component.html',
  styleUrls: ['./host-info.component.css']
})
export class HostInfoComponent implements OnInit {
  hosts = null;
  hostsUrl = '/api/hosts/';
  host = '127.0.0.1:63054';
  usedCpuList = [];
  usedMemList = [];

  usedCpuChartOption: EChartOption = null;
  usedMemChartOption: EChartOption = null;

  // 注入 HttpClient、HostInfoService
  constructor(private http: HttpClient,
    public hostInfoService: HostInfoService) { }

  ...
```

在 ngOnInit 方法中，使用 hostInfoService 的 eventEmit 来监听事件，代码如下。

```
ngOnInit() {

  // 监听事件接收发射过来的数据
  this.hostInfoService.eventEmit.subscribe((value: any) => {
    console.info('接收' + value);
    this.host = value;

    this.getData();
  });
}
```

当监听到事件时，将事件中的 value 值赋值给了 host。

运行应用，进行测试。当选中不同的主机标识时，页面图表也会进行刷新响应。界面效果如图 15-13 所示。

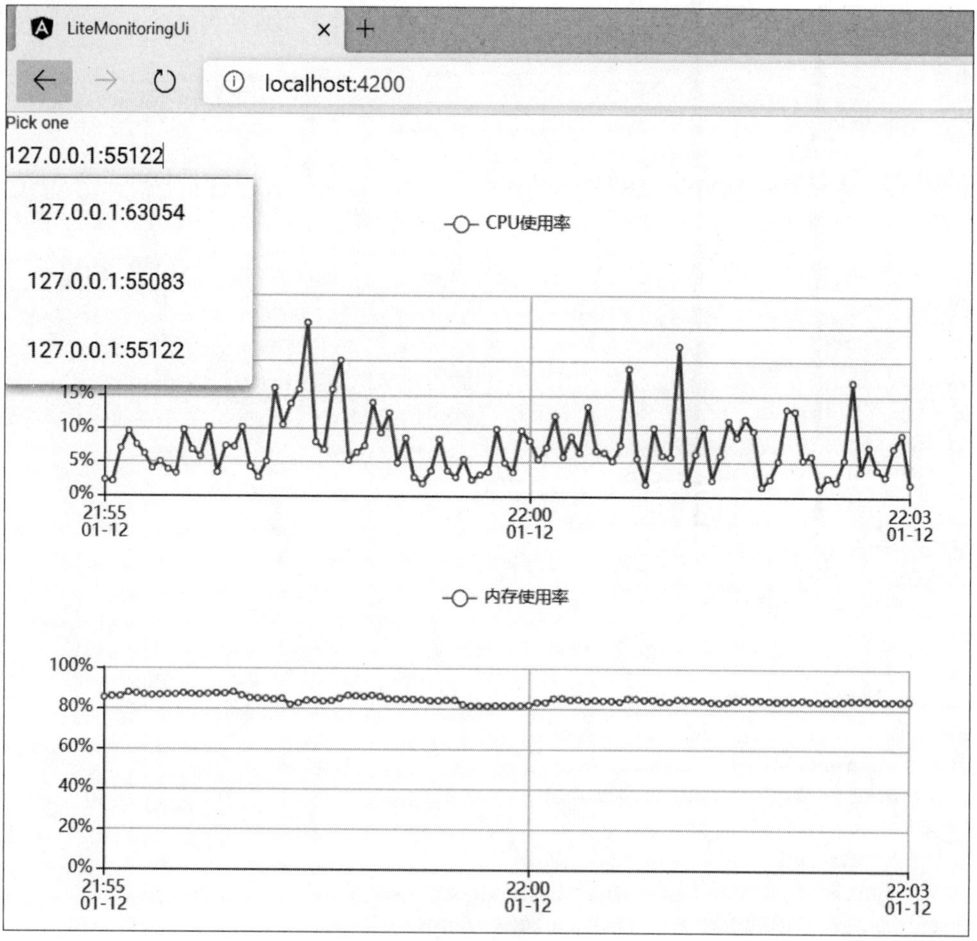

图 15-13　运行界面（五）

# 第 16 章

# 16

# 实战：实现监控系统高可用部署

NGINX 是免费的、开源的和高性能的 HTTP 服务器和反向代理，同时也是 IMAP/POP3 代理服务器。NGINX 以其高性能、稳定性、丰富的功能集、简单的配置和低资源消耗而闻名。

本章将介绍如何通过 NGINX 来实现 Anuglar 应用的部署，同时实现监控系统的高可用。

# 16.1 NGINX 概述

NGINX 是为解决 C10K 问题[①]而编写的市面上仅有的几个少数服务器之一。与传统服务器不同，NGINX 不依赖于线程来处理请求。相反，它使用更加可扩展的事件驱动（异步）架构。这种架构在负载下使用小的但更重要的可预测内存量。即使在不需要处理数千个并发请求的场景下，仍然可以从 NGINX 的高性能和占用内存少等方面中获益。NGINX 在各个方面都能适用，从最小的 VPS 一直到大型服务器集群。

NGINX 的用户包括 Netflix、Hulu、Pinterest、CloudFlare、Airbnb、WordPress.com、GitHub、SoundCloud、Zynga、Eventbrite、Zappos、Media Temple、Heroku、RightScale、Engine、Yard 和 MaxCDN 等众多高知名度网站。

更多有关 NGINX 的介绍，可以参阅笔者所著的开源书《NGINX 教程》[②]。

## 16.1.1 ▶ NGINX 特性

NGINX 具有很多非常优越的特性，分别如下。

- 作为 Web 服务器：相比 Apache，NGINX 使用更少的资源，支持更多的并发连接，体现更高的效率，这些使 NGINX 尤其受到虚拟主机提供商的欢迎。
- 作为负载均衡服务器：NGINX 既可以在内部直接支持 Rails 和 PHP，也支持作为 HTTP 代理服务器对外进行服务。NGINX 用 C 语言编写，系统资源开销小，CPU 使用效率高。
- 作为邮件代理服务器：NGINX 同时也是一个非常优秀的邮件代理服务器。

## 16.1.2 ▶ 下载、安装、运行 NGINX

NGINX 下载地址为：http://nginx.org/en/download.html，可以免费在该网页地址下载到各个操作系统的安装包。

以下是各个操作系统不同的安装方式。

---

① 所谓 C10K 问题，指的是服务器同时支持成千上万个客户端的问题，也就是“Concurrent 10000 Connection”的简写。由于硬件成本的大幅度降低和硬件技术的进步，如果一台服务器同时能够服务更多的客户端，那么也就意味着服务每一个客户端的成本大幅度降低，从这个角度来看，C10K 问题显得非常有意义。

② 笔者免费的电子书地址为 https://waylau.com/books/。

### 1. Linux 和 BSD

大多数 Linux 发行版和 BSD 版本在通常的软件包存储库中都有 NGINX，它们可以通过安装软件的方法进行安装，如在 Debian 平台使用 apt-get，在 Gentoo 平台使用 emerge，在 FreeBSD 平台使用 ports 等。

### 2. Red Hat 和 CentOS

首先添加 NGINX 的 yum 库，接着创建名为 /etc/yum.repos.d/nginx.repo 的文件，并粘贴如下配置到文件中。

CentOS 的配置如下。

```
[nginx]
name=nginx repo
baseurl=http://nginx.org/packages/centos/$releasever/$basearch/
gpgcheck=0
enabled=1
```

RHEL 的配置如下。

```
[nginx]
name=nginx repo
baseurl=http://nginx.org/packages/rhel/$releasever/$basearch/
gpgcheck=0
enabled=1
```

由于 CentOS、RHEL 和 Scientific Linux 之间填充 $releasever 变量的差异，有必要根据操作系统版本手动将 $releasever 变量替换为 5（5.x）或 6（6.x）。

### 3. Debian/Ubuntu

此分发页面 http://nginx.org/packages/ubuntu/dists/ 列出了可用的 NGINX Ubuntu 版本支持。有关 Ubuntu 的版本，请访问官方 Ubuntu 版本页面 https://wiki.ubuntu.com/Releases。

在 /etc/apt/sources.list 中附加适当的脚本。如果担心存储库所提供的持久性功能（即 DigitalOceanDroplets），则可以将适当的部分添加到 /etc/apt/sources.list.d/ 下的其他列表文件中，例如 /etc/apt/sources.list.d/nginx.list。

```
## Replace $release with your corresponding Ubuntu release.
deb http://nginx.org/packages/ubuntu/ $release nginx
deb-src http://nginx.org/packages/ubuntu/ $release nginx
```

比如 Ubuntu 16.04 (Xenial) 版本，设置如下。

```
deb http://nginx.org/packages/ubuntu/ xenial nginx
deb-src http://nginx.org/packages/ubuntu/ xenial nginx
```

要想安装，执行如下脚本。

```
sudo apt-get update
```

```
sudo apt-get install nginx
```

安装过程如果有如下的错误。

```
W: GPG error: http://nginx.org/packages/ubuntu xenial Release: The following
signatures couldn't be verified because the public key is not available: NO_
PUBKEY $key
```

则执行下面命令。

```
## Replace $key with the corresponding $key from your GPG error.
sudo apt-key adv --keyserver keyserver.ubuntu.com --recv-keys $key
sudo apt-get update
sudo apt-get install nginx
```

#### 4. Debian 6

在 Debian 6 上安装 NGINX，可添加下面脚本到 /etc/apt/sources.list。

```
deb http://nginx.org/packages/debian/ squeeze nginx
deb-src http://nginx.org/packages/debian/ squeeze nginx
```

#### 5. Ubuntu PPA

UbuntuPPA 由志愿者维护，不由 nginx.org 分发。由于它有一些额外的编译模块，所以可能更适合开发者自己的环境。

可以从 Launchpad 上的 NGINX PPA 获取最新的稳定版本的 NGINX。需要具有 root 权限才能执行以下命令。

Ubuntu 10.04 及更新版本执行下面的命令。

```
sudo -s
nginx=stable # use nginx=development for latest development version
add-apt-repository ppa:nginx/$nginx
apt-get update
apt-get install nginx
```

如果有关于 add-apt-repository 的错误，则可能先要安装 python-software-properties。对于其他基于 Debian/Ubuntu 的发行版，可以尝试使用最可能在旧版套件上工作的 PPA 的变体：

```
sudo -s
nginx=stable # use nginx=development for latest development version
echo "deb http://ppa.launchpad.net/nginx/$nginx/ubuntu lucid main" > /etc/
apt/sources.list.d/nginx-$nginx-lucid.list
apt-key adv --keyserver keyserver.ubuntu.com --recv-keys C300EE8C
apt-get update
apt-get install nginx
```

#### 6. Win32

在 Windows 环境中安装 NGINX，命令如下。

```
cd c:\
unzip nginx-1.15.8.zip
ren nginx-1.15.8 nginx
cd nginx
start nginx
```

如果有问题，可以参看日志 c:nginxlogserror.log。

此外，NGINX 官网只提供了 32 位的安装包，如果想安装 64 位的版本，可以查看由 Kevin Worthington 维护的 Windows 版本，见 https://kevinworthington.com/nginx-for-windows/。

### 16.1.3 ▶ 验证安装

NGINX 正常启动后会占用 80 端口。打开任务管理器，能够看到相关的 NGINX 活动线程，如图 16–1 所示。

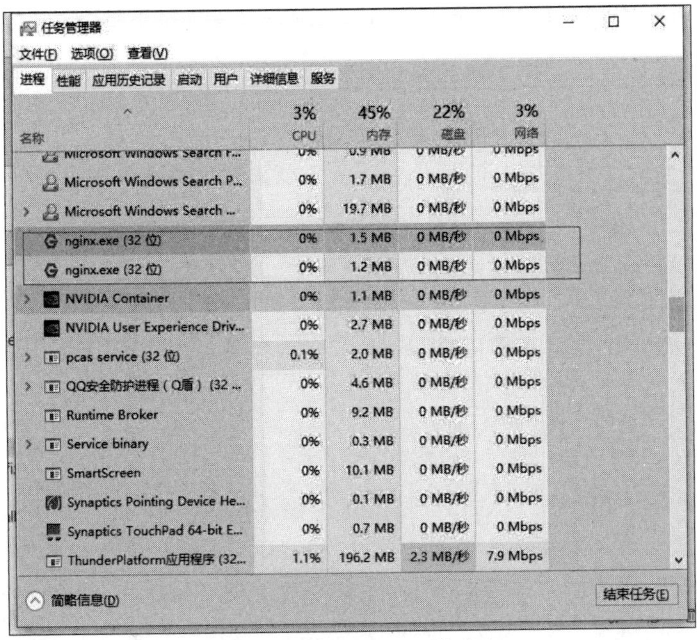

图 16–1　NGINX 活动线程

打开浏览器，访问 http://localhost:80（其中 80 端口号可以省略）就能看到 NGINX 的欢迎页面，如图 16–2 所示。

关闭 NGINX，则执行如下代码。

```
nginx -s stop
```

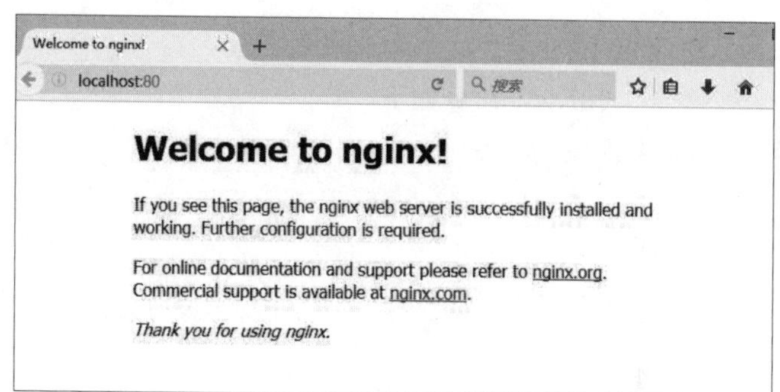


图 16–2　NGINX 的欢迎页面

### 16.1.4 常用命令

NGINX 启动后，有一个主进程（master process）和一个或多个工作进程（worker process），主进程的作用主要是读入和检查 NGINX 的配置信息，以及维护工作进程；工作进程才是真正处理客户端请求的进程。具体要启动多少个工作进程，可以在 NGINX 的配置文件 nginx.conf 中通过 worker_processes 指令指定。可以通过以下命令来控制 NGINX。

```
nginx -s [ stop | quit | reopen | reload ]
```

对以上命令说明如下。

- nginx -s stop：强制停止 NGINX，不管工作进程当前是否正在处理用户请求，都会立即退出。
- nginx -s quit：优雅地退出 NGINX，执行这个命令后，工作进程会将当前正在处理的请求处理完毕后，再退出。
- nginx -s reload：重载配置信息。当 NGINX 的配置文件改变之后，同过执行这个命令，使更改的配置信息生效，而无须重新启动 NGINX。
- nginx -s reopen：重新打开日志文件。

提示

当重载配置信息时，NGINX 的主进程首先检查配置信息，如果配置信息没有错误，主进程会启动新的工作进程，并发出信息通知旧的工作进程退出，旧的工作进程接收到信号后，会等到处理完当前正在处理的请求后退出。如果 NGINX 检查配置信息发现错误，就会回滚所做的更改，沿用旧的工作进程继续工作。

## 16.2 部署 Angular 应用

正如前面所介绍的那样，NGINX 也是高性能的 HTTP 服务器，因此可以部署 Angular 应用。

本节详细介绍部署 Angular 应用的完整流程。

### 16.2.1 ▶ 编译 Angular 应用

执行下面命令，将 Angular 应用进行编译。

```
ng build
```

控制台输出如下，说明编译成功。

```
D:\workspaceGithub\lite-monitoring-ui>ng build
Generating ES5 bundles for differential loading...
ES5 bundle generation complete.

chunk {runtime} runtime-es2015.js, runtime-es2015.js.map (runtime) 6.16 kB [entry] [rendered]
chunk {runtime} runtime-es5.js, runtime-es5.js.map (runtime) 6.16 kB [entry] [rendered]
chunk {polyfills} polyfills-es2015.js, polyfills-es2015.js.map (polyfills) 264 kB
[initial] [rendered]
chunk {styles} styles-es2015.js, styles-es2015.js.map (styles) 177 kB [initial] [rendered]
chunk {styles} styles-es5.js, styles-es5.js.map (styles) 179 kB [initial] [rendered]
chunk {main} main-es2015.js, main-es2015.js.map (main) 34.8 kB [initial] [rendered]
chunk {main} main-es5.js, main-es5.js.map (main) 40.2 kB [initial] [rendered]
chunk {polyfills-es5} polyfills-es5.js, polyfills-es5.js.map (polyfills-es5) 683 kB
[initial] [rendered]
chunk {vendor} vendor-es2015.js, vendor-es2015.js.map (vendor) 8.18 MB [initial] [rendered]
chunk {vendor} vendor-es5.js, vendor-es5.js.map (vendor) 9.58 MB [initial] [rendered]
Date: 2020-01-12T14:19:13.008Z - Hash: 1a7dcf20ce2e9e083bb9 - Time: 40135ms
```

编译后的文件，默认放在 dist 文件夹下，如图 16-3 所示。

脑 › 本地磁盘 (D:) › workspaceGithub › lite-monitoring-ui

| 名称 | 修改日期 | 类型 |
|---|---|---|
| .git | 2020/1/12 8:32 | 文件夹 |
| dist | 2020/1/12 22:18 | 文件夹 |
| e2e | 2020/1/12 9:18 | 文件夹 |
| node_modules | 2020/1/12 22:18 | 文件夹 |
| src | 2020/1/12 9:18 | 文件夹 |
| .editorconfig | 2020/1/12 9:18 | EDITORCONFI |
| .gitignore | 2020/1/12 9:18 | 文本文档 |
| angular.json | 2020/1/12 9:27 | JSON 文件 |
| browserslist | 2020/1/12 9:18 | 文件 |
| karma.conf.js | 2020/1/12 9:18 | JavaScript 文件 |
| LICENSE | 2020/1/12 8:32 | 文件 |
| package.json | 2020/1/12 11:48 | JSON 文件 |
| package-lock.json | 2020/1/12 12:30 | JSON 文件 |
| proxy.config.json | 2019/2/20 11:36 | JSON 文件 |
| README.md | 2020/1/12 9:18 | MD 文件 |
| tsconfig.app.json | 2020/1/12 9:18 | JSON 文件 |
| tsconfig.json | 2020/1/12 9:18 | JSON 文件 |
| tsconfig.spec.json | 2020/1/12 9:18 | JSON 文件 |
| tslint.json | 2020/1/12 9:18 | JSON 文件 |

图 16-3　dist 文件夹

## 16.2.2 ▶ 部署 Angular 编译文件

将 Angular 编译文件复制到 NGINX 安装目录的 html 目录下，如图 16-4 所示。

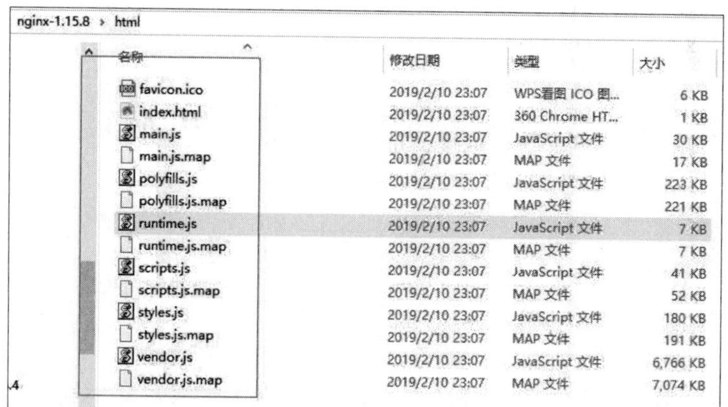


图 16-4　html 目录

## 16.2.3 ▶ 配置 NGINX

打开 NGINX 安装目录下的 conf/nginx.conf，配置如下。

```
worker_processes  1;

events {
    worker_connections  1024;
}


http {
    include       mime.types;
    default_type  application/octet-stream;

    sendfile        on;

    keepalive_timeout  65;

    server {
        listen       80;
        server_name  localhost;

        location / {
            root   html;
            index  index.html index.htm;

            # 处理 Angular 路由
```

```
            try_files $uri $uri/ /index.html;
        }

        # 反向代理
        location /api/ {
            proxy_pass  http://localhost:8080/;
        }

        error_page   500 502 503 504  /50x.html;
        location = /50x.html {
            root   html;
        }
    }

}
```

以上代码的修改点主要如下。

- 新增了“try_files”配置，主要用于处理 Anuglar 的路由器。
- 新增了“location”节点，用于执行反向代理，将 Anuglar 应用中 HTTP 请求转发到后台服务接口上。

## 16.3 实现负载均衡及高可用

在大型互联网应用中，应用的实例通常会部署多个，其好处如下。

- 实现了负载均衡。让多个实例去分担用户请求的负荷。
- 实现高可用。当多个实例中，任意一个实例挂掉了，剩下的实例仍然能够响应用户的请求访问。因此，从整体上看，部分实例的故障，并不影响整体使用，因此可以具备高可用。

本节将演示如何基于 NGINX 来实现负载均衡及高可用。

### 16.3.1 ▶ 配置负载均衡

在 NGINX 中，负载均衡配置如下。

```
upstream liteserver {
    server 127.0.0.1:8080;
    server 127.0.0.1:8081;
    server 127.0.0.1:8082;
}

server {
```

```
    listen       80;
    server_name  localhost;

    location / {
        root   html;
        index  index.html index.htm;

        # 处理 Angular 路由
        try_files $uri $uri/ /index.html;
    }

    # 反向代理
    location /api/ {
        proxy_pass  http://liteserver/;
    }

    error_page   500 502 503 504  /50x.html;
    location = /50x.html {
        root   html;
    }

}
```

其中，proxy_pass 设置了代理服务器，而这个代理服务器设置在 upstream 中。upstream 中的每个 server，代表了后台服务的一个实例。 以上代码中设置了 3 个后台服务实例。

针对 Angular 路由，还需要设置 try_files。

## 16.3.2 ▶ 负载均衡常用算法

在 NGINX 中，负载均衡常用算法主要包括以下几种。

### 1. 轮询（默认）

每个请求按时间顺序逐一分配到不同的后端服务器，如果某个后端服务器不可用，就能自动剔除。

以下就是轮询的配置。

```
upstream liteserver {
    server 127.0.0.1:8080;
    server 127.0.0.1:8081;
    server 127.0.0.1:8082;
}
```

### 2. 权重

可以通过 weight 来指定轮询权重，用于后端服务器性能不均的情况。权重值越大，则被分配请求的概率越高。

以下就是权重的配置。

```
upstream liteserver {
    server 127.0.0.1:8080 weight=1;
    server 127.0.0.1:8081 weight=2;
    server 127.0.0.1:8082 weight=3;
}
```

### 3. ip_hash

每个请求按访问 IP 的 hash 值来分配，这样每个访客固定访问一个后端服务器，可以解决 session 的问题。

以下就是 ip_hash 的配置。

```
upstream liteserver {
    ip_hash;
    server 192.168.0.1:8080;
    server 192.168.0.2:8081;
    server 192.168.0.3:8082;
}
```

### 4. fair

按后端服务器的响应时间来分配请求，响应时间短的优先分配。

以下就是 fair 的配置。

```
upstream liteserver {
    fair;
    server 192.168.0.1:8080;
    server 192.168.0.2:8081;
    server 192.168.0.3:8082;
}
```

### 5. url_hash

按访问 URL 的 hash 结果来分配请求，使每个 URL 定向到同一个后端服务器，后端服务器为缓存时比较有效。

例如，在 upstream 中加入 hash 语句，server 语句中不能写入 weight 等其他的参数，hash_method 使用的是 hash 算法。

以下就是 url_hash 的配置。

```
upstream liteserver {
    hash $request_uri;
    hash_method crc32;
    server 192.168.0.1:8080;
    server 192.168.0.2:8081;
    server 192.168.0.3:8082;
}
```

### 16.3.3 ▶ 实现 Web 服务的高可用

执行 Web 服务器的编译及打包，命令如下。

```
mvn clean package
```

打包完成之后，就可以在 target 目录下看到 lite-monitoring-web-1.0.0.jar 文件。该文件是一个可执行的 jar 文件。

执行下面命令启动 3 个不同的服务实例。

```
java -jar target/lite-monitoring-web-1.0.0.jar --port=8080

java -jar target/lite-monitoring-web-1.0.0.jar --port=8081

java -jar target/lite-monitoring-web-1.0.0.jar --port=8082
```

这 3 个实例，会占用不同的端口，是独立运行在各自进程中的。

> **提示** 在实际项目中，服务实例往往会部署在不同的主机中。书中示例仅为简单演示，所以部署在了同一个主机上，但本质上部署方式是类似的。

### 16.3.4 ▶ 运行

后台服务启动之后，再在浏览器 http://localhost/ 地址访问前台应用，同时观察后台控制台输出的内容，如图 16-5 所示。

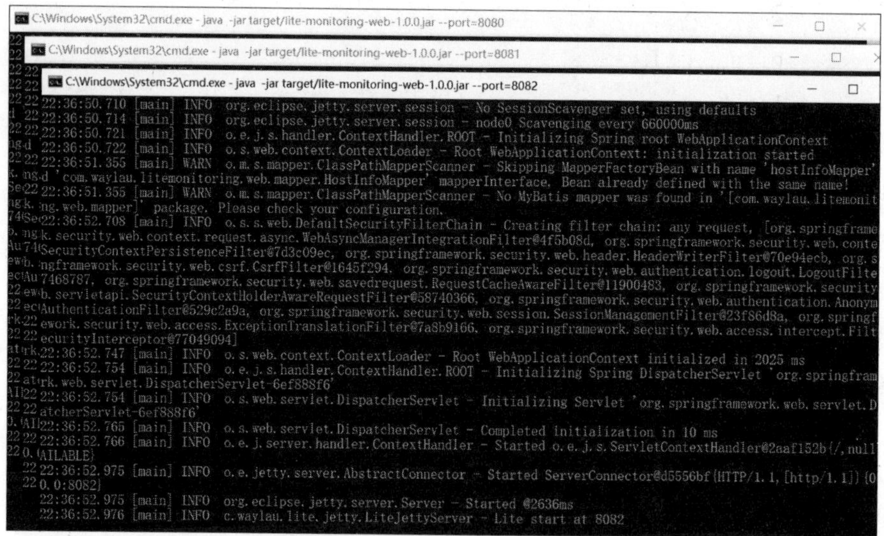


图 16-5　运行后台服务

可以看到，3 台后台服务都会轮流地接收前台的请求。为了模拟故障，也可以将其他的任意一个后台服务停掉，可以发现前台仍然能够正常响应，这就实现了应用的高可用。

# 附录：本书所涉及的技术及相关版本

本书所采用的技术及相关版本较新，请读者将相关开发环境设置成与本书所采用的一致，或者不低于本书所列的配置。

- JDK 13
- Apache Maven 3.6.3
- Eclipse 2019-12 (4.14)
- Netty 4.1.52.Final
- Jackson 2.10.1
- JUnit 5.5.2
- Logback 1.2.3
- MySQL 8.0.15
- OSHI 4.3.0
- Apache DBCP 2.7.0
- Apache DbUtils 1.7
- Lite 1.0.2
- Visual Studio Code 1.40.2
- Node.js 13.6.0
- Angular CLI 8.3.22
- Angular Material 8.2.3
- Apache ECharts 4.6.0
- NGINX 1.15.8

# 参考文献


[1] Echo Protocol[EB/OL]. https://tools.ietf.org/html/rfc862, 1983-05-01.

[2] LEA D. Scalable IO in Java[EB/OL]. http://gee.cs.oswego.edu/dl/cpjslides/nio.pdf, 2019-10-02.

[3] 柳伟卫 . Node.js 企业级应用开发实战 [M]. 北京：北京大学出版社，2020.

[4] 柳伟卫 . Java 核心编程 [M]. 北京：清华大学出版社，2020.

[5] JENKOV J. Java NIO Tutorial[EB/OL]. http://tutorials.jenkov.com/java-nio/index.html, 2019-10-03.

[6] 李林锋 . Netty 权威指南 [M]. 北京：电子工业出版社，2014.

[7] Norman Maurer，Marvin Allen Wolfthal. Netty 实战 [M]. 何品，译 . 北京：人民邮电出版社，2017.

[8] 李林锋 . Netty 进阶之路：跟着案例学 Netty[M]. 北京：电子工业出版社，2018.

[9] 柳伟卫 . Netty 4.x 用户指南 [EB/OL]. https://waylau.com/netty-4-user-guide/, 2019-10-04.

[10] 零拷贝技术 (zero-copy)[EB/OL]. https://blog.51cto.com/12182612/2424692, 2019-07-29.

[11] 浅析 Linux 中的零拷贝技术 [EB/OL]. https://www.jianshu.com/p/fad3339e3448, 2017-03-17.

[12] 对于 Netty ByteBuf 的零拷贝 (Zero Copy) 的理解 [EB/OL]. https://www.cnblogs.com/xys1228/p/6088805.html, 2016-11-22.

[13] 柳伟卫 . Spring Cloud 微服务架构开发实战 [M]. 北京：北京大学出版社，2018.

[14] Doug Lea. Scalable IO in Java[EB/OL]. http://gee.cs.oswego.edu/dl/cpjslides/nio.pdf, 2019-11-12.

[15] HTTP/2[EB/OL]. https://hpbn.co/http2, 2019-12-28.

[16] Hypertext Transfer Protocol (HTTP/1.1): Message Syntax and Routing[EB/OL]. https://tools.ietf.org/html/rfc7230, 2014-06-01.

[17] 柳伟卫 . 分布式系统常用技术及案例分析（第 2 版）[M]. 北京：电子工业出版社，2019.

[18] 柳伟卫 . Angular 企业级应用开发实战 [M]. 北京：电子工业出版社，2019.